21世纪高职高专土建立体化系列规划教材
浙江省高校重点教材建设项目
浙江省示范实训基地支持教材

智能建筑环境设备自动化

主　编　余志强
副主编　姜　浩　刘光平

内 容 简 介

本书从建筑设备自动化系统(BAS)的应用出发，理论联系实际，参阅国家部委最新颁发的标准文件，系统地阐述了BAS的基础知识和主要设备，给排水、暖通空调、变配电、电梯等机电系统的工艺流程和控制原理等内容。通过对本书的学习，读者可以掌握建筑设备自动化的基本原理，具备自行编制BAS初步设计文件的能力。

为便于学习和查阅，本书将建筑设备的工艺流程与控制原理相结合，对跨专业的知识进行有力整合。本书采用全新体例编写，将市场上常见的品牌设备和BAS工程应用案例穿插在相关章节中，增加了知识链接、特别提示及引例等模块，并附有多种题型的习题供读者自我检测和复习。

本书既可作为高职高专院校建筑设备类专业及电气自动化专业的教材和指导书，也可作为从事楼宇智能化工程、智能楼宇管理等领域相关人员的参考书或培训教材。

图书在版编目(CIP)数据

智能建筑环境设备自动化/余志强主编．—北京：北京大学出版社，2012.8

(21世纪高职高专土建立体化系列规划教材)

ISBN 978-7-301-21090-1

Ⅰ.①智… Ⅱ.①余… Ⅲ.①智能化建筑—自动化设备—高等职业教育—教材 Ⅳ.①TU85

中国版本图书馆CIP数据核字(2012)第187079号

书　　名：智能建筑环境设备自动化

著作责任者：余志强　主编

策 划 编 辑：赖　青　王红樱

责 任 编 辑：王红樱

标 准 书 号：ISBN 978-7-301-21090-1/TU・0254

出　版　者：北京大学出版社

地　　址：北京市海淀区成府路205号　　100871

网　　址：http://www.pup.cn　　http://www.pup6.cn

电　　话：邮购部 010－62752015　发行部 010－62750672　编辑部 010－62750667

电 子 邮 箱：pup_6@163.com

印　刷　者：北京虎彩文化传播有限公司

发　行　者：北京大学出版社

经　销　者：新华书店

787毫米×1092毫米　16开本　21印张　489千字

2012年8月第1版　2021年12月第7次印刷

定　　价：40.00元

北大版·高职高专土建系列规划教材

专家编审指导委员会

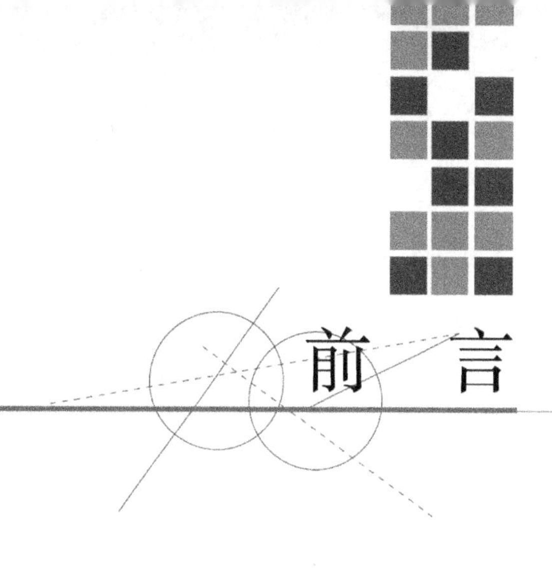

前　言

本书为“21世纪全国高职高专土建立体化系列规划教材”之一，为适应21世纪职业技术教育发展的需要，培养智能建筑行业具备建筑设备自动化知识和技能的专业技术应用型人才，结合当前建筑设备自动化系统发展的前沿问题编写了本书。

本书内容共分7章，主要包括建筑设备自动化系统工程认知、建筑设备自动化系统的主要硬件设备、给排水系统的控制、空调系统的控制、冷热源系统的控制、其他建筑设备的控制和BAS系统集成。此外，为便于读者学习，本书将建筑设备的工艺流程与控制原理相结合，将市场上常见的品牌设备和BAS工程应用案例穿插在相关章节中，增加了知识链接、特别提示及引例等模块。

本书突破已有相关教材的知识框架，注重理论与实践相结合，采用全新体例编写，内容丰富，案例翔实，并附有多种题型的习题供读者选用。

本书既可作为高职高专院校建筑设备类专业及电气自动化专业的教材和指导书，也可作为从事楼宇智能化工程、智能楼宇管理等领域相关人员的参考书或培训教材。

本书内容可按照56～102学时安排，推荐学时分配：第1章8～12学时，第2章8～18学时，第3章8～16学时，第4章12～22学时，第5章10～20学时，第6章6～10学时，第7章4学时。教师可根据不同的专业灵活安排学时，课堂重点讲解每章的主要知识模块，章节中的知识链接、应用案例和习题等模块可安排学生课后阅读和练习。如专业已经设置了“建筑设备”、“自动控制技术”课程，则第2章中自动控制的内容和第3章～第6章中的受控设备工艺流程的内容可以略过，而选学其他内容。对于BAS的安装调试施工、投标设计等专题实践性项目，可作为实训内容另行安排。

本书由浙江工商职业技术学院余志强担任主编，浙江工商职业技术学院姜浩和南京铁道职业技术学院苏州校区刘光平担任副主编，全书由余志强负责统稿。本书具体章节编写分工为：余志强编写第1章、第2章、第4章和第5章；姜浩编写第3章和第7章；刘光平编写第6章。浙江中控集团、宁波建筑设计院等单位的专家，以及本校的同事对本书的编写工作提供了很大的支持与帮助，在此一并表示感谢！

本书在编写过程中，参考和引用了国内外大量文献资料，在此谨向有关作者表示衷心感谢。由于编者水平有限，书中难免存在不足和疏漏之处，敬请各位读者批评指正。

编者

2012年4月

目　　录

第1章 建筑设备自动化系统工程认知

教学目标

通过了解智能建筑、建筑环境和建筑设备自动化系统的基本知识，初步认知智能建筑和建筑设备自动化系统的定义、功能作用、架构与组成和工程实施流程，为本课程的总体把握和后继章节的深入学习奠定基础。

教学步骤

能力目标	知识要点	权重	自测分数
掌握智能建筑的定义、组成和要素	智能建筑的各种定义	7%	
	3A系统	3%	
	智能建筑的设计要素	5%	
	建筑设备自动化系统与智能建筑的关系	3%	
了解智能建筑环境	智能建筑环境的总体要求	2%	
	智能建筑对物理环境、光环境、电磁环境、空气质量的具体要求	3%	
掌握建筑设备监控系统的定义、组成、功能和适用范围	广义的BAS与狭义的BAS	3%	
	BAS的发展历史	3%	
	BAS的监控内容与功能	7%	
	BAS的结构与组成	10%	
	BAS的软件平台	5%	
	BAS的操作	3%	

续表

能力目标	知识要点	权重	自测分数
了解建筑设备自动化系统的工程实施流程	BAS的设计依据	3%	
	BAS设计的深度要求及内容	7%	
	BAS的系统选型	5%	
	DDC控制器的设置原则	7%	
	BAS控制室的设置原则	7%	
	BAS的线路敷设方法	7%	
	BAS的供电与接地	5%	
	BAS的造价估算	5%	

▶▶章节导读

看到本书的书名和本章的标题，读者会问，智能建筑是什么？简单地说，智能建筑是指安装建筑设备自动化系统(简称为BAS)和其他建筑智能化系统的建筑。读者可以从1.1节了解智能建筑的定义、组成和设计要素。

读者会接着问，建造智能建筑和BAS的目的是什么呢？其实，智能建筑就是以满足人们对环保、节能和健康的需求为目的，向人们提供舒适、高效、便利的、适宜工作和生活的建筑环境。这也是给建筑装备BAS的目的。因此，读者有必要了解智能建筑环境的基本知识和要求。那么，建筑环境指的是什么呢？这可以从1.2节中获得思路。

接下来，读者就要想，BAS是怎么回事呢？BAS是智能建筑系统的一个重要系统，泛指基于计算机的楼宇控制系统。读者可以通过学习1.3节，了解BAS的定义、监控范围、功能、硬件架构、软件平台和基本操作等内容，建立起对BAS的初步的整体性的认识。

在初识BAS的总体概况后，读者会问，BAS在工程上是如何实施的？1.4节介绍了BAS的设计流程，以及BAS的设计依据、设计深度、系统选型、线路敷设、供电与接地、造价估算等内容。通过对1.4节的学习，读者将对BAS的工程实施过程了然于胸。

1.5节是对一个实际工程项目的认识参观。读者也可以亲自访问一个当地的工程项目。

通过本章的概述性介绍，读者将可以从整体上认知对智能建筑和建筑设备自动化系统，从而把握本书的主旨内容，并为后继章节的深入学习奠定基础。

引例

1984年1月，美国康涅狄格州哈特福德市(Hartford, Connecticut, USA)将一幢旧金融大厦进行改建。该大楼有38层，总建筑面积10万多m^2，出租率很低。该大楼住户之一的联合技术建筑系统公司(United Technologies Building System Co.，UTBS)承包了该大楼的空调、电梯及防灾设备等工程，采用综合布线技术和计算机网络技术对大楼的空调、电梯、照明设备进行监控，首次实现了大厦内的自动化综合管理。该大厦改建后，被命名为“都市办公大楼”(City Place Building)，如图1.1所示。

改建不仅为大厦内的用户提供语言、文字、数据、电子邮件和资料检索等信息服务，而且使用户感到舒适、方便和安全。对用户而言，最明显而吸引人的效益，是住户不必自购，而是以分租方式获得昂贵设备的使用权，既节省空间又节省人事费用。这些都大受大厦内办公用户的欢迎。因此，租金虽提高20%，大楼的出租率反而大为提高。

当初改建时，设计者与投资者并未意识到，这是形成“智能大厦”的创举，然而这正是世界上公认的第一幢智能建筑。

图 1.1　都市办公大楼(City Place Building)

案例小结

对大楼的空调、电梯、照明设备进行监控，实现大厦内的自动化综合管理，使用户感到舒适、方便和安全。尽管增加了初始投资，但后续的经济效益显著，体现了智能建筑的价值。

1.1　智能建筑认知

为适应现代社会信息化与经济国际化的需要，智能建筑在世界各地不断崛起，是现代化城市的重要标志。智能建筑在美、日、欧及世界各地蓬勃发展，已经成为21世纪建筑发展主流之势。我国智能建筑起步于20世纪90年代，发展速度之快以及所取得的成就令世人瞩目。

1.1.1　智能建筑的各种定义

智能建筑(Intelligent Building，IB)，也称为智能大厦，是当代高新科技和建筑技术结合的产物。智能建筑是随着计算机技术、通信技术和现代控制技术的发展和相互渗透而发展起来的，并将继续发展下去。因此，智能建筑本身是一个动态的概念。

国际上对智能建筑比较认同的一种定义是：所谓智能建筑，就是通过对建筑物的 4 个基本要素(结构、系统、服务、管理)以及它们之间的内在联系，以最优化的设计，提供一个既投资合理又拥有高效率的优雅舒适、便利快捷、高度安全的环境空间。

我国对于智能建筑的定义，强调智能建筑是多学科、多技术系统综合集成的特点。认为：智能建筑是指利用系统集成方法，将 3C 技术(Computer，计算机技术；Control，控制技术；Communication，通信技术)与建筑艺术(Architecture)有机结合，通过对设备的自动监控、对信息资源的管理和对使用者的信息服务及其与建筑的优化组合，所获得的投资合理、适合信息社会需要并且具有安全、高效、舒适、便利和灵活特点的建筑物。该定义可以简单地表示为：3C＋A→IB。

目前，国际上各组织对智能建筑定义的表述尚未统一。下面所列的是其他表述，供读者参考。

(1) 美国智能建筑学会(American Intelligent Building Institute，AIBI)定义为：智能建筑是对建筑结构、建筑设备(机电系统)、供应和服务、管理水平这四个基本要素进行最优化组合，为用户提供一个高效率并具有经济效益的环境。

(2) 日本智能建筑研究会认为，智能建筑应提供包括商业支持功能、通信支持功能等在内的高度通信服务，并能通过高度自动化的大楼管理体系保证舒适的环境和安全，以提高工作效率。

(3) 欧洲智能建筑集团认为，智能建筑是使其用户发挥最高效率，同时又以最低的保养成本、最有效地管理本身资源的建筑，能够提供一个反应快、效率高和有支持力的环境以使用户达到其业务目标。

特别提示

尽管各个组织对智能建筑的定义有不同的文字表述，但其内涵是基本一致的，都以实现高效、舒适、便捷、安全的建筑环境空间为目的。

知识链接

我国现行的国家标准规范对智能建筑的描述

(1)《智能建筑设计标准》(GB/T 50314—2006)第 2.0.1 款对智能建筑的描述。

“2.0.1 智能建筑(IB)intelligent building 以建筑物为平台，兼备信息设施系统、信息化应用系统、建筑设备管理系统、公共安全系统等，集结构、系统、服务、管理及其优化组合为一体，向人们提供安全、高效、便捷、节能、环保、健康的建筑环境。”

(2)《智能建筑工程质量验收规范》(GB 50339—2003)第 3.1.2 款对智能建筑的描述。

“3.1.2 智能建筑分部工程应包括通信网络系统、信息网络系统、建筑设备监控系统、火灾自动报警及消防联动系统、安全防范系统、综合布线系统。智能化系统集成、电源与接地、环境和住宅(小区)智能化等子分部工程；子分部工程又分为若干个分项工程(子系统)。”

1.1.2 智能建筑 3A 系统

智能建筑由三大基本要素有机结合，构筑于建筑物环境平台之上的。这三大基本要素即 3A 系统，是指 BAS(Building Automation System，建筑设备自动化系统)、CAS(Communication Automation System，通信网络自动化系统)、OAS(Office Automation System，办公自动化系统)，如图 1.2 所示。为实施 3A 系统，需借助 PDS(Premises Distribution System，综合布线系统)。PDS 在建筑物内组成标准、灵活、开放的信息传输通道，是智能建筑的“信息高速公路”，是构建智能建筑 3A 系统必备的基础设施。

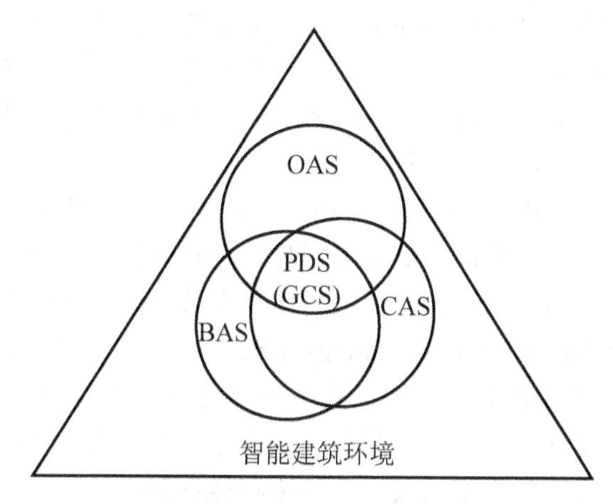

图 1.2 智能建筑 3A 系统

特别提示

对于智能建筑，除了上述的 3A 系统的提法，还有 5A 系统、7A 系统等多种提法。所谓的 5A 系统、7A 系统实际上是对 3A 系统的深化、细分和发展。从本质上来说，智能建筑本身是一个动态的概念，3A、5A、7A 等关于智能建筑的多种提法是统一的。

关于 5A 系统、7A 系统，请读者自行查阅资料，在此不做赘述。

1.1.3 智能建筑的设计要素

智能建筑以建筑物为平台，兼备信息设施系统、信息化应用系统、建筑设备管理系统、公共安全系统等，集结构、系统、服务、管理及其优化组合为一体，向人们提供安全、高效、便捷、节能、环保、健康的建筑环境。智能建筑的智能化系统工程设计宜由智能化集成系统、信息设施系统、信息化应用系统、建筑设备管理系统、公共安全系统、机房工程和建筑环境等设计要素构成。

(1) 智能化集成系统(Intelligented Integration System，IIS)。将不同功能的建筑智能化系统，通过统一的信息平台实现集成，以形成具有信息汇集、资源共享及优化管理等综合功能的系统。智能化集成系统构成宜包括智能化系统信息共享平台建设和信息化应用功能实施。

（2）信息设施系统（Information Technology System Infrastructure，ITSI）。为确保建筑物与外部信息通信网的互联及信息畅通，对语音、数据、图像和多媒体等各类信息予以接收、交换、传输、存储、检索和显示等进行综合处理的多种类信息设备系统加以组合，提供实现建筑物业务及管理等应用功能的信息通信基础设施。信息设施系统宜包括通信接入系统、电话交换系统、信息网络系统、综合布线系统、室内移动通信覆盖系统、卫星通信系统、有线电视及卫星电视接收系统、广播系统、会议系统、信息导引及发布系统、时钟系统和其他相关的信息通信系统。

（3）信息化应用系统（Information Technology Application System，ITAs）。以建筑物信息设施系统和建筑设备管理系统等为基础，为满足建筑物各类业务和管理功能的多种类信息设备与应用软件而组合的系统。信息化应用系统宜包括工作业务应用系统、物业运营管理系统、公共服务管理系统、公众信息服务系统、智能卡应用系统和信息网络安全管理系统等其他业务功能所需要的应用系统。

（4）公共安全系统（Public Security System，PSS）。为维护公共安全，综合运用现代科学技术，以应对危害社会安全的各类突发事件而构建的技术防范系统或保障体系。公共安全系统宜包括火灾自动报警系统、安全技术防范系统和应急联动系统等。

（5）建筑设备管理系统（Building Management System，BMS）。为实施综合管理，对建筑设备监控系统、火灾自动报警系统、安防自动化系统的集成。BMS 主要具有各子系统之间的协调、全局信息的管理以及全局事件的应急处理能力。其中，建筑设备监控系统也即建筑设备自动化系统，是本书的核心，后文将详细深入地介绍。

（6）机房工程（Engineering of Electronic Equipment Plant，EEEP）。为提供智能化系统的设备和装置等安装条件，以确保各系统安全、稳定和可靠地运行与维护的建筑环境而实施的综合工程。机房工程范围宜包括信息中心设备机房、数字程控交换机系统设备机房、通信系统总配线设备机房、消防监控中心机房、安防监控中心机房、智能化系统设备总控室、通信接入系统设备机房、有线电视前端设备机房、弱电间（电信间）和应急指挥中心机房及其他智能化系统的设备机房。机房工程内容宜包括机房配电及照明系统、机房空调、机房电源、防静电地板、防雷接地系统、机房环境监控系统和机房气体灭火系统等。

（7）建筑环境。参见 1.2 节。

特别提示

本小节所述的智能建筑设计要素的相关提法引自《智能建筑设计标准》（GB 50314—2006），供读者参考。

1.2 智能建筑环境认知

人类生活的环境，从广义上讲，包括自然环境和人工环境。自然环境就是指自然界中原有的山川、河流、地形、地貌、植被及一切生物所构成的地域空间；而人工环境就是人类改造自然界而形成的人为的地域空间。保持自然环境和人工环境的协调发展，是保证人类生存和发展的基本外部条件。

建筑环境为人工环境之一。建筑环境是指建筑内外的空间环境，其主要内容有建筑外环境、室内空气环境、建筑热湿环境、建筑声环境、建筑光环境等。其中，建筑热湿环境是建筑环境中的重要内容。应用智能建筑技术的目的就是要构筑舒适、高效的室内人工环境。

1. 智能建筑环境的总体要求

建筑物的整体环境应提供高效、便利的工作和生活环境，适应人们对舒适度的要求，满足人们对建筑的环保、节能和健康的需求，符合现行国家标准《公共建筑节能设计标准》(GB 50189—2005)有关的规定。

2. 建筑物的物理环境要求

(1) 建筑物内的空间应具有适应性、灵活性及空间的开敞性，各工作区的净高应不低于2.5m。

(2) 在信息系统线路较密集的楼层及区域宜采用铺设架空地板、网络地板或地面线槽等方式。

(3) 弱电间(电信间)应留有发展的空间。

(4) 应对室内装饰色彩进行合理组合。

(5) 应采取必要措施降低噪声和防止噪声扩散。

(6) 室内空调应符合环境舒适性要求，宜采取自动调节和控制。

3. 建筑物的光环境要求

(1) 应充分利用自然光源。

(2) 照明设计应符合现行国家标准《建筑照明设计标准》(GB 50034—2004)的有关规定。

4. 建筑物的电磁环境

建筑物的电磁环境应符合现行国家标准《环境电磁波卫生标准》(GB 9175—1988)有关的规定。

5. 建筑物内空气质量要求

建筑物内空气质量指标见表1-1。

表1-1 建筑物内空气质量指标

CO含量率/($\times10^{-6}$)	<10
CO_2含量率/($\times10^{-6}$)	<1000
温度/°C	冬天18～24，夏天22～28
湿度/%	冬天30～60，夏天40～65
气流/(m/s)	冬天<0.2，夏天<0.3

1.3 建筑设备自动化系统认知

1.3.1 BAS 的定义

建筑设备自动化系统(Building Automation System，BAS)就是将建筑物或建筑群内的变配电、照明、电梯、供热、通风、空调、给排水、消防、保安等众多分散设备的运行、安全状况、能源使用状况及节能管理实行集中监视、管理和分散控制的建筑物管理与控制系统。BAS 为用户提供一个既安全可靠、节约能源，又舒适宜人的工作或居住环境，是智能建筑系统的一个主要系统，是智能建筑实施的重点和难点。

在我国，通常将安全防范系统和火灾报警系统从 BAS 中分离出来，分别作为一个独立的系统进行设计和施工。因此，BAS 有广义和狭义之说。狭义的 BAS 的控制对象包括电力、照明、暖通空调、给水排水、电梯等设备。而广义的 BAS 包括狭义 BAS 和安全防范系统、火灾自动报警与消防联动控制系统，如图 1.3 所示。

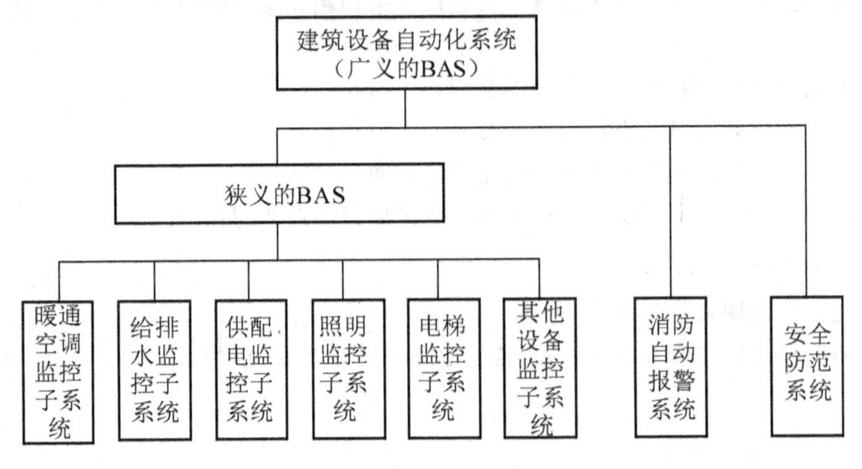

图 1.3 广义的 BAS 的构成

特别提示

在我国，安防、消防系统分别隶属于公安部门的安全技术防范管理办公室(技防办)和消防大队管理。因此，安全防范系统和火灾自动报警系统在行业内常常剥离于 BAS。

行业内所说的 BAS 一般指的是狭义的 BAS。狭义 BAS 有多种称法，如：建筑设备自动化系统、建筑设备监控系统、楼宇自动化系统、楼宇自控系统、楼控等。本书所讨论的即为狭义的 BAS。当工程有智能建筑集成要求时，狭义的 BAS 应提供与火灾自动报警系统及安全防范系统的通信接口，构成建筑设备管理系统(BMS)。

目前，BAS 不属于国家强制执行的标准范围。那么，应该如何设置 BAS 呢？一般来说，在实际工作中，应根据建筑物物业运行管理需要、各机电专业的监控要求，以及项目投资状况等实际需求来确定建筑物是否设置 BAS，以及 BAS 的设置范围、控制水平、产品选择等。BAS的设置应以达到实际应用所要求的效果为目的，避免盲目投资。通常在建筑物规模较大、机电系统及设备较多、控制管理水平要求较高、采用建筑设备监控系统后节能效果较为显著的情况下应用。

1.3.2 BAS的发展历史

BAS发展史是一个从监控到管理的发展过程如图1.4所示。到目前为止，BAS已经历四个阶段。

(1) 第一代(20世纪70年代)产品。基于中央监控系统(Center Contorl and Monitoring System，CCMS)的BAS，如图1.4(a)所示。

BAS从仪表系统发展成计算机系统，采用计算机键盘和CRT构成中央站，打印机代替了记录仪表，分散设置于建筑物各处的信息采集站(Data Gathering Panel，DGP)通过总线与中央站连接在一起组成中央监控型自动化系统。DGP分站连接着传感器和执行器等设备，其功能只是上传现场设备信息，下达中央站的控制命令。一台中央计算机操纵着整个系统的工作。中央站采集各DGP分站信息，作出决策，完成全部设备的控制，中央站根据采集的信息和能量计测数据完成节能控制和调节。

(2) 第二代(20世纪80年代)产品。基于集散控制系统(Distributed Control System，DCS)的BAS，如图1.4(b)所示。

随着微处理机技术的发展和成本降低，DGP分站安装了CPU，发展成现场控制器。直接数字控制器(Direct Digital Controller，DDC)是现场控制器的典型形式。配有微处理机芯片的DDC分站，可以独立完成所有控制工作，具有完善的控制、显示功能，可以进行节能管理，并可以连接打印机、安装人机接口等。BAS由现场设备、DDC分站、中央站和管理系统组成。DCS的主要特点是只有中央站和分站两类结点，中央站完成监视，分站完全自治，独立完成控制，保证了系统的可靠性。

特别提示

DDC控制器实际上就是一台计算机。如MEC控制器由32位Power PC微处理器、64MB内存、8MB固件内存、32路输入输出通道和115.2Kbps通信接口等构成。

(3) 第三代(20世纪90年代)产品。基于现场总线控制系统(Fieldbus Control System，FCS)的BAS，如图1.4(c)所示。

随着现场总线技术的发展，DDC分站连接传感器、执行器的输入输出模块应用现场总线，从分站内部走向设备现场，形成分布式输入输出现场网络层，构成FCS。此时的传感器和执行器包含CPU，具有数据处理和通信功能，是智能型传感器和智能型执行器。

现场总线是现场智能化设备之间的数字式、双向传输、多结点和多分支结构的数字通信网络。DCS是把控制网络连接到现场控制器DDC，而FCS则是把通信网络一直连接到现场设备。FCS适应了控制系统向分散化、网络化、标准化和开放性发展的趋势，是继DCS之后的新一代控制系统。

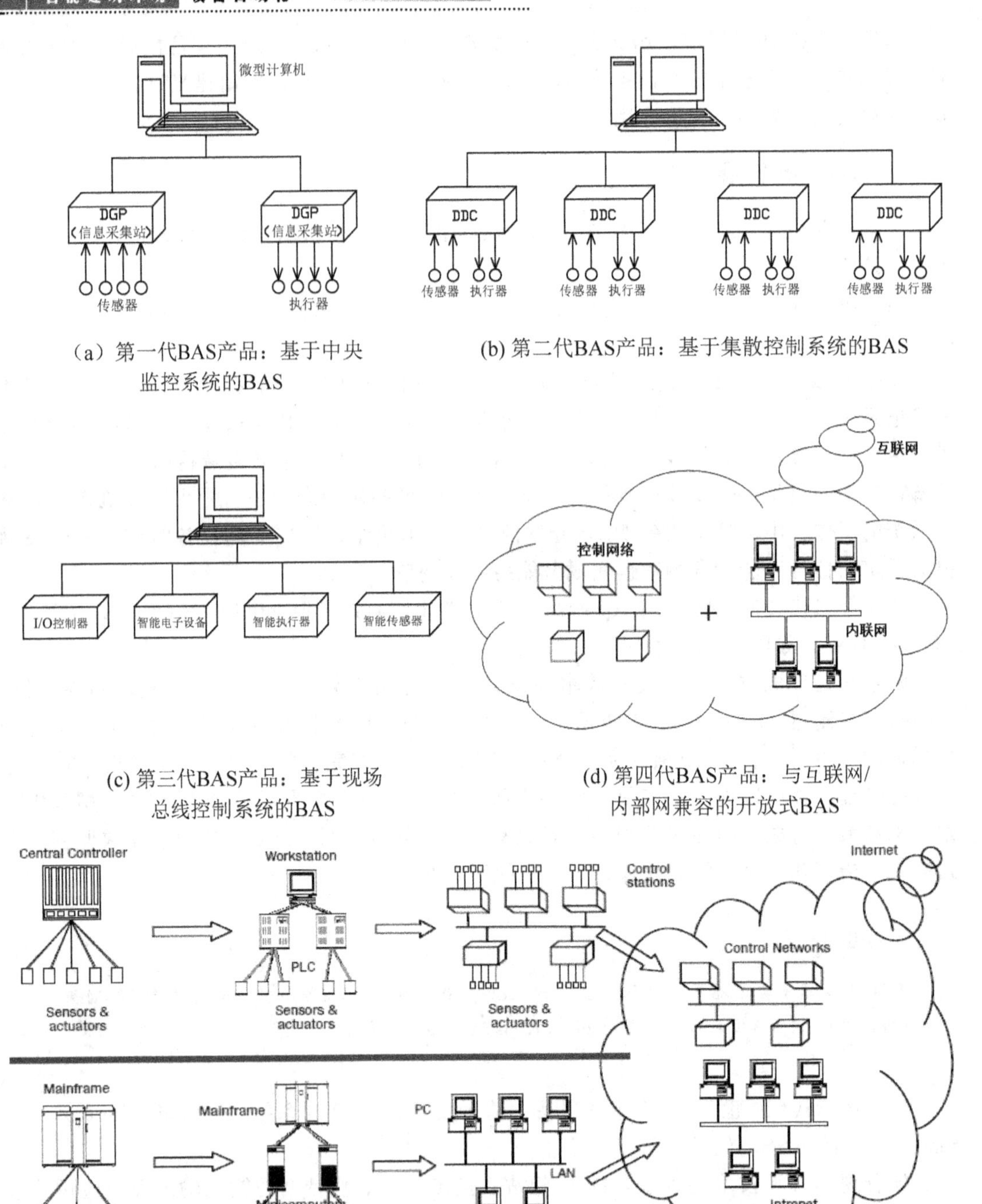

(a) 第一代BAS产品：基于中央监控系统的BAS

(b) 第二代BAS产品：基于集散控制系统的BAS

(c) 第三代BAS产品：基于现场总线控制系统的BAS

(d) 第四代BAS产品：与互联网/内部网兼容的开放式BAS

(e) 计算机和BAS技术的发展及其关联

图 1.4 BAS 发展过程

(4) 第四代(21 世纪)产品。与互联网/内部网兼容的开放式 BAS，如图 1.4(d)所示。BAS 技术的演化过程实际上就是计算机和信息技术在楼宇控制与管理上的应用和发展过程。在前三个阶段，BAS技术是以计算机技术为先导的，楼宇自动化系统和计算机系统/网络之间有清晰的界限。随着Internet/Intranet的发展，BAS在通信协议和信息处理的方法层面与计算机网络实现了兼容。许多计算机领域所使用的通信和软件技术被BAS直接采用。BAS采用Web技术，BAS中央站嵌入Web服务器，融合Web功能，以网页形式为工作模式，使BAS与计算机网络成为一体系统。从此，在BAS和计算机网络间就不再有界限了。无论系统在数量或空间上有多大的规模，系统间都可以方便地集成到一起。

特别提示

总结上述的BAS发展历程，可以发现计算机技术对BAS的巨大推动作用。如，DGP结合CPU，使之具备数据处理运算通信功能，成为可以独立完成所有现场控制工作的现场控制器。又如，传感器和执行器结合CPU，使之具备数据处理和通信功能，成为了智能型传感器和智能型执行器。

1.3.3 BAS的监控内容

BAS作为控制系统，必然有其相应的监测、控制与管理的对象。BAS监控的对象范围包括暖通空调系统、给水排水系统、电力系统、照明系统、电梯系统等。

1. 暖通空调系统

暖通空调系统是建筑物内功能最复杂、涉及设备最多、设备分布最分散和能耗最大的一个系统，是BAS的主要控制对象。需要监控的暖通空调设备有冷源系统(冷冻机组、冷冻水泵、冷却水泵、冷却塔)、热源系统(热水锅炉、热交换器、热水一次水泵)、空调机组(新风空调机组、新/回风空调机组、变风量空调)、送排风系统等。

2. 给水排水系统

智能建筑中的给水系统通常有水泵直接供水方式、高位水箱供水方式和气压罐压力供水方式等，而排水系统则先把污水集中于污水池，再用污水泵排出到室外排水管网。给水排水系统需要监控的设备主要有高位水箱、低位水箱、蓄水池、污水池、水泵、饮水设备、热水供应设备、生活水处理设备、污水处理设备等。

3. 供配电与照明系统

供配电系统为整幢建筑物各机电设施正常供电，保障整个建筑物的正常工作秩序，是智能建筑正常运行的先决条件。BAS可实现电力系统的继电保护与备用电源的自动投入，监视开关和变压器的状态，检测系统的电流、电压、有功功率与无功功率、电能等参数，实现全面能量管理等功能。

照明系统为人们的工作和生活提供必需的光环境，既要满足人体舒适感的要求，又要实现节能的目的。照明系统的监控范围包括楼层照明、泛光照明、障碍灯等。对于一般的建筑物，照明系统能耗比重很大，仅次于暖通空调系统。对照明系统实现智能控制对节能具有十分重要的意义。

4. 电梯系统

智能建筑中的运输系统主要有电梯、自动扶梯等，大多数为电梯群组。BAS可以监测电梯楼层的状况、电气参数，通过电梯群组的优化传送，控制平均设备使用率，并节约能源。

5. 其他系统

在工业建筑中，BAS可能还包括用于生产过程的压缩空气、蒸汽及热水系统等。

上述的建筑设备系统即为BAS的监控内容。一个BAS可能被用来监测、控制和管理这些设备系统的全部或部分。读者或许会接着问，BAS如何实现对这些建筑设备的监控呢？这正是后续章节的内容。

特别提示

一些初学者，往往认为"BAS由暖通空调系统、给水排水系统、电力系统、照明系统、电梯系统等组成"。有时，也会听到业内人士这样表述："BAS子系统包括暖通空调系统、给水排水系统、电力系统、照明系统、电梯系统等。"其实，这两种提法是不严谨的也是不正确的。

确切地说，BAS是一种控制系统，而暖通空调系统、给水排水系统、电力系统、照明系统、电梯系统等建筑设备只是BAS的控制对象。在建筑工程中，BAS属于弱电专业(楼宇智能化工程)的范畴，而暖通空调系统、给水排水系统、电力系统、照明系统、电梯系统则是属于其他的专业范畴。

1.3.4 BAS的功能

建筑设备监控系统在智能建筑中的功能主要体现在以下4个方面。

1. 为建筑物提供良好环境

人们在建筑物内长时间工作和生活，对各机电设备系统提供的人工环境提出了更高的要求。BAS可以按照内部环境对各个机电设备的运行管理要求，自动控制建筑物的各种环境参数，如室内的温度、湿度、CO_2浓度等，使建筑物内部具有良好的工作、生活环境。

2. 优化建筑物内机电设备的运行管理与控制

BAS实现对分散在建筑物内的成千上万台机电设备、参数进行集中而实时的监测、自动控制、故障报警、运行时间统计、数据报表打印等管理，实现管理的科学化。

BAS的控制功能可以被分成两类：局部控制(或设备管理与控制)功能和监督控制(能源管理)功能。局部控制功能属于基本的控制与自动化，可以确保建筑设备系统运行正常和提供足够的服务。局部控制功能可以进一步被分成两组，包括时序控制和过程控制。时序控制决定设备开启和关停相关的顺序和条件。在建筑系统中典型的时序控制包括制冷剂时序控制、水泵时序控制、照明开关控制等。过程控制是根据过程变量和(或)干扰变量的测量值，即使在有干扰的情况下，通过调节控制变量来达到预定的过程目标。在建筑中所采用的最为普遍的反馈控制功能是比例积分微分(PID)控制。在建筑工程中，启停控制、步进控制和调制控制是局部过程控制环路的有效控制执行机制。

3. 能源管理与节能控制

建筑物经过投资、设计、施工、竣工交付后，即进入运营期。建筑物的生命期通常有60～80年，建筑建成后的运营成本主要来自于暖通空调、照明等机电设备所需的能耗与设备维修更新费用。目前，建筑能耗已占到我国社会总能耗的30%以上。可见，建筑能源消耗之巨大。

特别提示

有读者可能会说，把耗能设备关掉不用，不是又省电又省钱吗？

当然，恐怕没有比关掉耗能设备的办法更节能的了。然而，如果关掉设备(如空调、照明等)，则建筑环境就会恶化，进而影响工作和生活。因此，当需要某设备时，我们是不能把它关掉的。

作为工程技术人员，其目标应该是在不牺牲服务或室内环境质量的条件下来开停机或优化提高设备运行效率。

某大型公共建筑的建筑设备能耗比例如图1.5所示。暖通空调、水和照明等系统是该建筑的主要能耗。这些机电设备在BAS的控制下，可减少能源消耗，实现成本节约。根据有关资料，BAS在充分采用了优化控制技术措施和节能运行方式后，建筑物可以减少20%左右的能耗，3～5年就有可能收回BAS的投资。因此，可以让业主确信投资建设BAS是经济划算的。

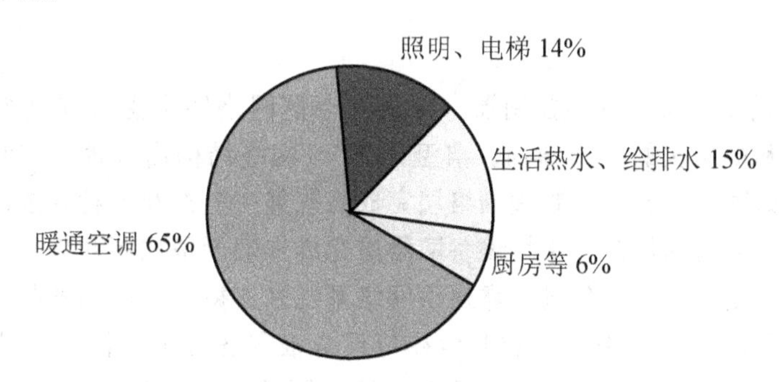

图1.5 某大型公共建筑的建筑设备能耗比例

BAS实现节能的途径可以在广义上分成两类：第一类是通过合理或优化开停机时间来实现节能；第二类是通过高效运行节能设备来实现节能，其典型的做法是把局部过程控制的设定值设定在合理或优化的范围内。

有两种高能效的途径来启动和停止设备运行，即“规划”和“优化”启停。在规划起停时，HVAC设备、照明设备等按照时钟和日历的组合进行启停。在优化启停程序时，BAS评估现有的运行工况，预测未来几个小时的工况并决策何时启停系统，以实现建筑在被使用期间以最小的能耗满足环境要求。

当考虑某些子系统或某个子系统的性能指标时，局部控制器的控制设置便可实现现代化和节能。监督控制，通常也被称为优化控制，是通过在允许的范围内系统地确定变量的控制值来使一个真实函数最大或最小化。以HVAC系统的控制为例，监督和优化控制的目的是考虑到不断变化的室内和室外条件，以及HVAC系统的特征，寻找最小的能耗输入或运行费用，来满足室内舒适度和健康环境。与局部控制相比较，监督控制是从整体层面考虑的，包括系统层次特征和所有设备间及其相关变量间的相互作用。

特别提示

所有类型的建筑都可以装配某种节能系统以实现建筑节能。如果安装某个系统与节能相关，该系统被称为能源管理和控制系统(Energy Management and Control System，EMCS)或者建筑能源管理系统(Building Energy Management System，BEMS)。一般来讲，EMCS 或 BEMS 被认为是 BAS 的一部分。EMCS 或 BEMS 可以被认为是对建筑能耗有显著贡献的建筑设备系统中的监测和控制系统。

4. 提高工作人员效率，减少运行人员及费用

当今，维护建筑及其设备的人力成本占建筑运营总成本的比例相当可观。这是由于人工成本的增加和现代建筑设备系统复杂度的增加造成的。采用 BAS 后，由计算机系统对建筑物内的大量机电设备的运行状态进行集中监控和管理，对设备运行中出现的故障及时发现和处理，从而大量节省运行管理和设备维修人员，节省整个大楼的机电系统的运行管理和设备维护费用。因此，BAS 对建筑设备的集成与管理，可以提高工作效率，减少人工成本，这对于降低每年的建筑运营成本是一个很大的贡献。

1.3.5 BAS 的硬件架构

1. 概述

BAS 通常是由中央站、现场控制器、仪表和通信网络四个主要部分组成。BAS 一般采用分布式系统和多层次的网络结构。典型的 BAS 网络结构由管理、控制、现场设备三个网络层构成，如图 1.6 所示。管理网络层完成系统集中监控和各种系统的集成，控制网络层完成建筑设备的自动控制，现场设备网络层完成末端设备控制和现场仪表设备的信息采集和处理。三层之间的信息传输依靠通信网络系统来支持，同层内各装置之间由本层的通信网络进行联系。用于网络互联的通信接口设备根据各层不同情况，以 ISO/OSI 开放式系统互联模型为参照体系，合理选择中继器、网桥、路由器、网关等互联通信接口设备。

在实际工程中，BAS 可能在规模和网络配置上会有较大差异。根据系统的规模、功能要求及所选用产品的特点，BAS 可以有单层的、两层的或三层的网络结构。但不同网络结构的 BAS 均应满足分布式系统集中监视操作和分散采集控制的原则。对于大型 BAS，一般采用由管理、控制、现场设备三个网络层构成的三层网络结构。中型 BAS 一般采用两层或三层的网络结构，其中两层网络结构宜由管理层和现场设备层构成。小型 BAS 一般采用以现场设备层为骨干构成的单层网络结构或两层网络结构。

2. BAS 三层网络

1) 管理网络层(中央管理工作站)

管理网络层主要由服务器、工作站和通信接口等设备组成。当今，这一层次的设备通常基于 TCP/IP 通信协议，采用符合 IEEE 802.3 的以太网，可以提供非常高的通信速度。这个

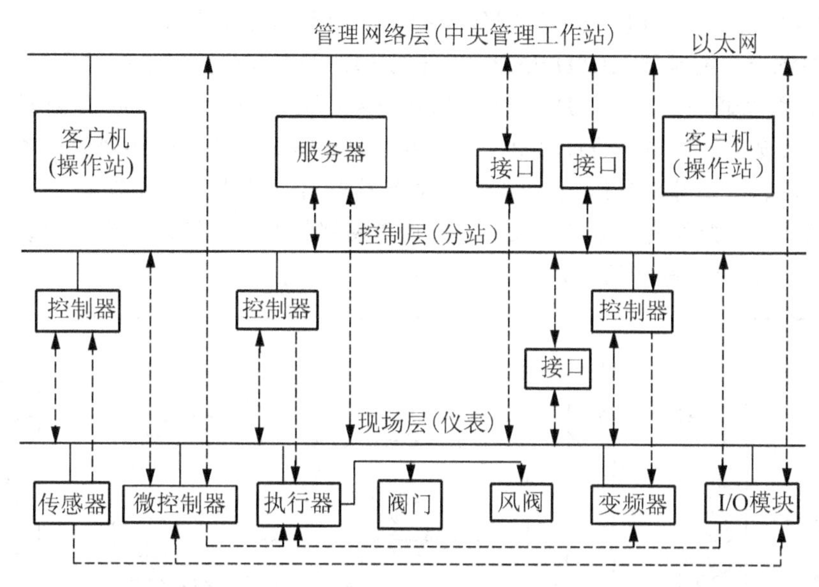

图 1.6 典型的 BAS 三层网络结构

层次所连接的中央管理工作站安装有监控管理软件，提供了中央管理和信息/数据存储功能，并为操作者提供操作平台和人机界面。管理网络层可与互联网(Internet)联网，提供互联网用户通信接口技术，用户可通过 Web 浏览器，查看 BAS 的各种数据或进行远程操作。

特别提示

中央管理工作站除了硬件部分外，还应包括软件部分。硬件部分包括计算机(普通办公或工业型微机)和外围设备(打印机、控制台等)。软件部分包括系统软件、图形显示组态软件和应用软件等。

管理网络层应具备的功能有：监控系统的运行参数；检测可控的子系统对控制命令的响应情况；显示和记录各种测量数据、运行状态、故障报警等信息；数据报表和打印。

服务器与工作站之间可采用客户机/服务器(Client/Server)或浏览器/服务器(Browser/ Server)的体系结构。当需要远程监控时，客户机/服务器的体系结构应支持 Web 服务器。服务器为客户机(操作站)提供数据库访问，并采集控制器、微控制器、传感器、执行器、阀门、风阀、变频器数据，采集过程历史数据，提供服务器配置数据，存储用户定义数据的应用信息结构，生成报警和事件记录、趋势图、报表，提供系统状态信息。

2）控制网络层(分站)

控制网络层由通信总线和控制器组成。BAS 通过通信网络系统将不同数目的现场控制器，与中央管理计算机连接起来，共同完成各种采集、控制、显示、操作和管理功能。

控制网络层可包括并行工作的多条通信总线，每条通信总线可通过网络通信接口与管理网络层(中央管理工作站)连接。通信总线的通信协议采用 TCP/IP、BACnet、LonTalk、MeterBus 和 ModBus 等国际标准。当控制器(分站)采用以太网通信接口而与管理网络层处于同一通信级别时，可采用交换式集线器连接，与中央管理工作站进行通信。控制器(分站)可与现场网络层的通信总线连接，并与现场设备通信。

控制器(分站)采用直接数字控制器(DDC)、可编程逻辑控制器(PLC)或兼有 DDC、PLC 特性的混合型控制器 HC(Hybrid Controller)。控制器(分站)之间采用对等式(Peer to Peer)的直接数据通信。其中，DDC 控制器在 BAS 中应用广泛。DDC 控制器是一种特殊的计算机，其基本结构与普通计算机相同，通常是由微处理器、网络通信模块、输入输出模块、储存器、电源等部分组成。DDC 控制器具有可靠性高、控制功能强、可编写程序等优点，既能独立监控有关设备，又可通过通信网络接受中央管理计算机的统一管理与优化管理。典型的 DDC 控制器结构如图 1.7 所示。

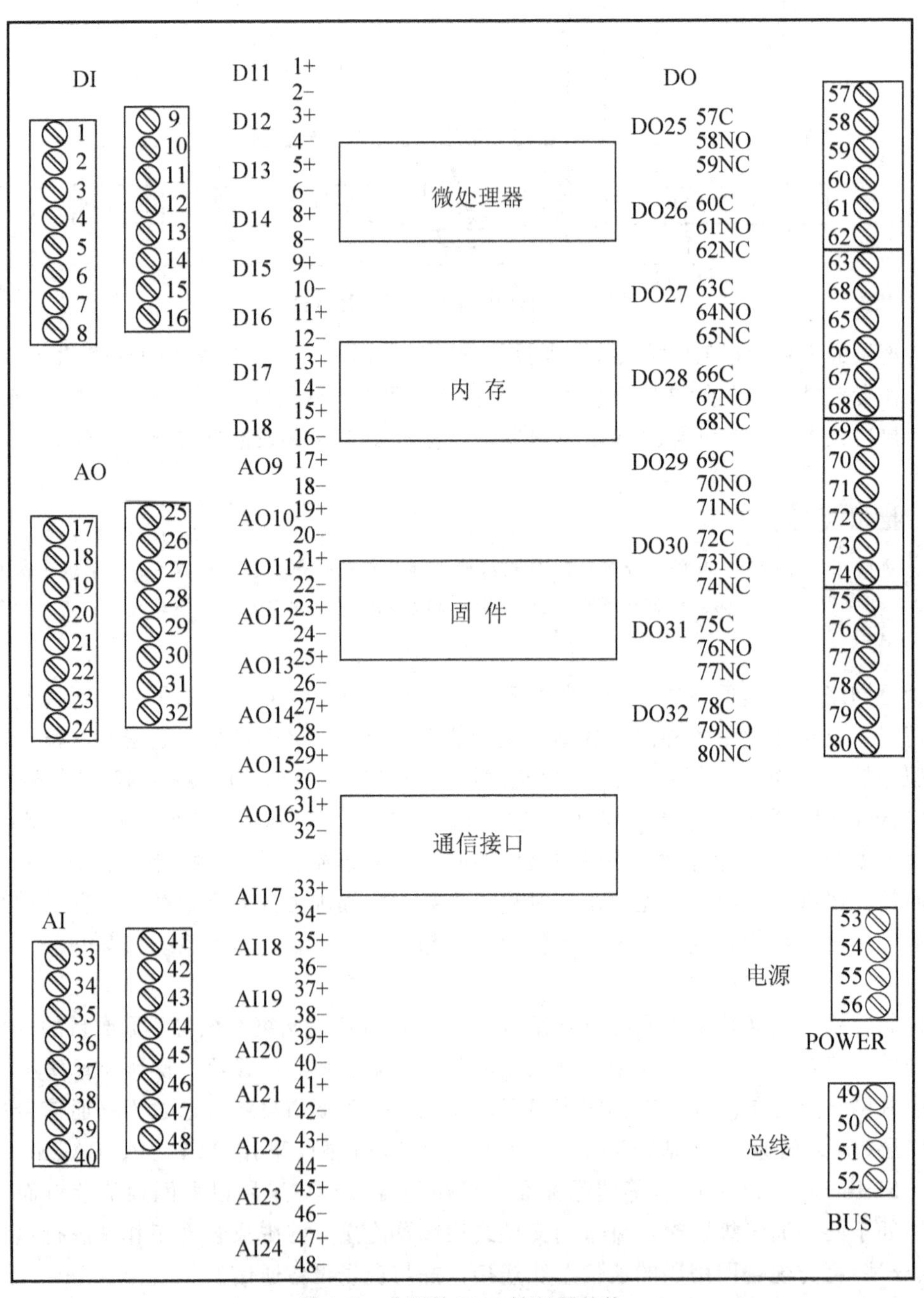

图 1.7 典型的 DDC 控制器结构

3）现场设备网络层

现场设备网络层主要由执行器(电动调节阀、电动碟阀、电磁阀、电动风门等)和传感器(温度、湿度、压力、压差、流量、水位、一氧化碳、二氧化碳、照度、电量等检测仪表)等现场设备组成，用来完成末端设备的控制和现场仪表设备的信息采集和处理。中型及以上系统的现场网络层通常由通信总线连接微控制器、分布式智能输入输出模块、智能传感器和智能执行器等智能现场仪表组成，也可以使用常规现场仪表和一对一连线。现场网络层采用的国际标准通信总线有 TCP/IP、BACnet、LonTalk、MeterBus 和 ModBus 等。微控制器应具有对末端设备进行控制的功能，并能独立于控制器(分站)和中央管理工作站完成控制操作。

3. 实际产品举例——APOGEE 楼宇自控系统

目前国内 BAS 市场中汇集了许多国内外知名楼宇自控产品的厂商。国外品牌厂商如：霍尼韦尔(Honeywell)、江森自控(Johnson Controls)、西门子楼宇科技(Siemens)、施耐德(TAC)、奥莱斯(ALC)等。国内的厂商有浙大中控、清华同方、海湾公司等。本小节以西门子楼宇科技(Siemens)公司的 APOGEE 顶峰系统为例，介绍 BAS 实际产品的网络结构。

西门子 APOGEE 楼宇自控系统是基于现代控制论中分布式控制理论而设计的集散型系统，是具有集中操作、管理和分散控制功能的综合监控系统。系统的目标是实现建筑物内的暖通空调、变配电、给排水、冷热源、照明、电梯、扶梯及其他各类系统机电设备管理自动化、智能化、安全化、节能化，同时提供最为舒适、便利和高效的环境。

APOGEE 系统由 Insight 管理软件、DDC 控制器、传感器、执行机构组成。一个典型的 APOGEE 系统架构由管理级网络(MLN)、自控层网络(ALN)和现场总线三层网络组成。其中现场层网络包括现场总线(FLN)和点扩展总线(EXP)。如图 1.8(a)所示的 APOGEE 系统是传统的基于 RS485 总线网络结构，图 1.8(b)所示的 APOGEE 系统是基于 TCP/IP 以太网的网络结构。

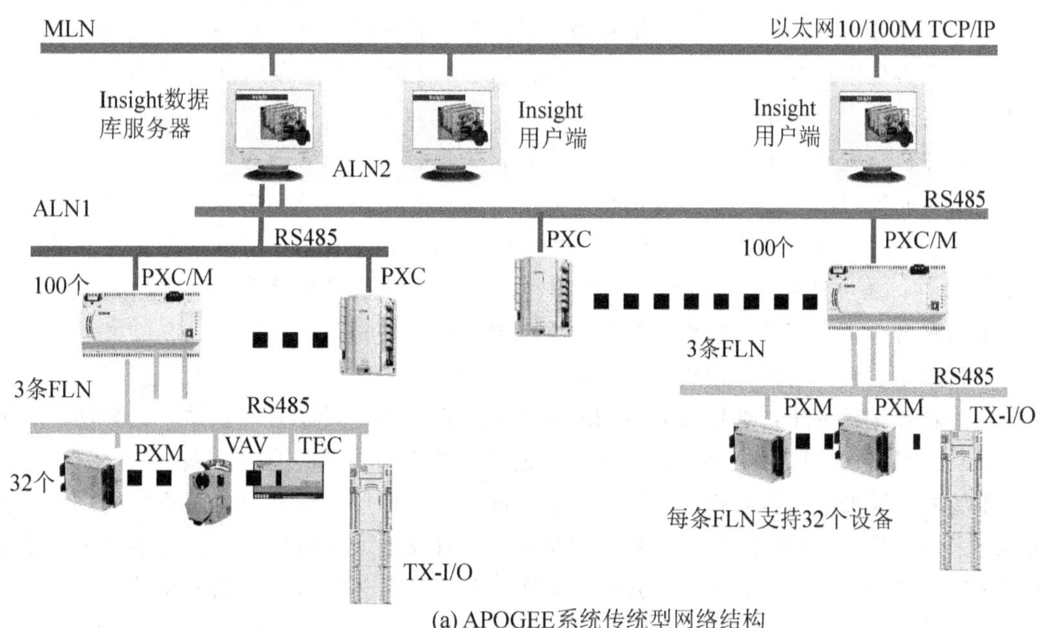

(a) APOGEE系统传统型网络结构

图 1.8 典型的 APOGEE 系统架构

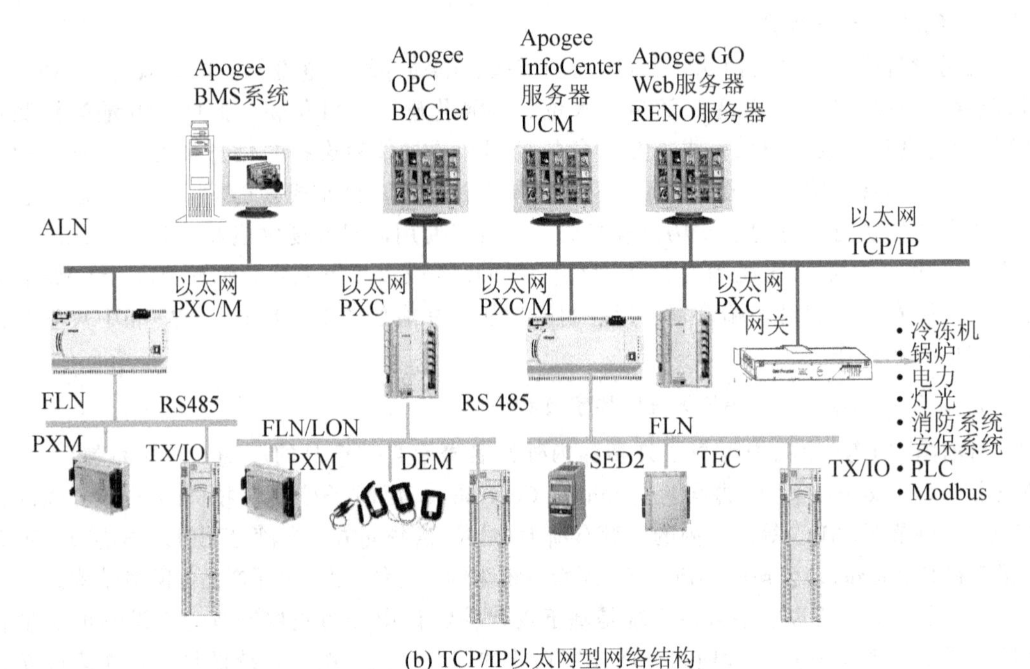

(b) TCP/IP以太网型网络结构

图 1.8 典型的 APOGEE 系统架构(续)

1.3.6 BAS 的软件平台

1. BAS 的软件平台的组成

在 BAS 的三个网络层有不同的软件，分别是管理网络层的客户机和服务器软件、控制网络层的控制器软件、现场网络层的微控制器软件。

管理网络层(中央管理工作站)配置服务器软件、客户机软件、用户工具软件、工程应用软件以及其他可选择的软件。一般要求管理网络层软件支持客户机/服务器体系结构，支持互联网连接、开放系统和建筑管理系统(BMS)的集成。服务器软件包括监控点时间表程序、事件存档程序、报警管理程序、历史数据采集程序、趋势图程序、标准报告生成程序及全局时间表程序。用户工具软件可以建立建筑设备监控系统网络，组建数据库和生成操作站显示图形界面。工程应用软件可以实现控制器自动配置和 BAS 的系统调试。当 BAS 需要时，还可选择 DSA 分布式服务器系统软件、开放式系统接口软件、火灾自动报警系统和安全防范系统接口软件、企物业管理系统接口软件。

控制网络层软件主要指由用户自由编程的通用控制器的软件，与无需用户编程的现场层的微控制器比较起来，通用控制器的应用范围是任意的，可以对冷水站、锅炉房、空调机、水泵、风机、照明、供配电等多种设备进行各种不同要求的控制。

现场网络层微控制器软件无需用户自行编程。与控制层由用户自由编程的通用控制器比较起来，微控制器(专用控制器)的应用范围不是任意的，只可以对指定的某种现场末端设备进行规定要求的控制，例如 VAV 变风量末端装置、FCU 风机盘管机组等。

2. BAS监测平台

各大厂商的BAS产品都提供强大的软件平台，可以通过良好的用户界面或人机界面，相当方便地实现BAS的网络、数据库、控制器的配置，以及系统监测与管理。有的厂商的BAS产品共用同一个平台实现配置和监测功能，而有的厂商的BAS产品则把配置平台和监测平台分开来。由于BAS往往要监测管理许多不同厂商(或不同标准)的BAS子系统，而不同厂商的产品提供的配置工具和环境又有非常大的差别，因此，现在许多厂商更趋向于把配置和监测两个系统区分开来。

仅通过系统显示功能就可以实现建筑设备运行过程的监测。典型的显示类型见表1-2。

表1-2 典型的显示类型

显示类型	描述
细节	提供有关特定点的详细信息，该信息包括当前值、概况、历史记录等
趋势	一个变量或多个变量用图形显示随时间的数量变化；趋势可以用曲线和柱状图等方法显示
分组	在同一显示界面显示多个相关点的不同种类的信息
汇总	在一个表格里，显示报警和事件的信息；通过点击可以在一个列表中显示更多的详细信息
状态	显示系统设备，如控制器和打印机的详细状态信息

3. BAS的编程方法与编程环境

1) BAS的编程方法

在早期阶段，通常要用特定编程设备将写好的程序写入到ROM或EPROM中，再把ROM或EPROM插入到控制器中运行。现代的控制器编程通常用界面友好的软件工具，而不需要特定的编程设备。

对控制器编程通常包括两种主要任务：一个是配置控制器；另一个是开发和下载应用程序到控制器中。典型的配置任务包括：定义一个工作站作为服务器、定义信道和控制器、定义点、下载配置数据库到服务器上。

对控制器的编程通常有三种方式：一是利用安装在中央管理工作站的编程软件编写、调试程序，通过网络配置控制器和下载程序到控制器上；二是通过PC机或笔记本经串口或USB端口连接到控制器，并调用装在控制器里的编程工具对控制器进行配置、编程调试；三是通过与控制器配套的手操器对控制器直接操作和编程。

2) BAS的编程环境

不同厂商的BAS提供的编程环境有非常大的差别。它们大体上可以被分成3类。

(1) 图形或符号格式编程。图形格式编程环境提供了图形化编程界面及函数库。函数库提供常用的函数模块，用于执行特定程序的计算，如PID函数、差分等，通过选择适当的函数模块，并根据控制逻辑把它们正确地连接起来，控制程序编程就完成了；再简单地连接相应输入信道获得控制程序需要的测量点，并将程序框图特定出口简单地连接到相应输出信道，便可送出控制决策。

应用这个编程环境，不需要对程序语言有很多的专门培训就可以实现控制器编程。这个编程环境给相对复杂的控制逻辑编程提供了较好的灵活性。然而，对非常复杂和精细的控制程序，该编程环境不是很有效。

(2) 模板或表格格式编程。当控制器是专用于某个控制功能或某些控制逻辑可以被汇总成通用格式的建筑设备系统的控制时，特定设备的应用程序可以通过定义或调整通用表格或模板的参数来实现。这种情况下，一个更简单的程序形式，即模板或表格格式编程工具就可以胜任。适于用这种形式编程的控制系统的例子包括照明控制、安防控制和消防火灾探测系统。在这种环境下对控制器编程，提供的编程自由度是有限的。

(3) 文档格式高级语言编程。这种编程方法采用过程控制语言，可利用文本编辑器编写程序。这对专门训练过的程序员有了很大的自由度和灵活性。当控制逻辑非常精细复杂时，用这种格式的控制器编程的优点很明显。程序员在掌握这种格式下特定的编程工具之前，需要更多的培训。

特别提示

BAS文档格式高级编程语言与通常的计算机高级编程语言(Basic，C，Fortran等)相似，甚至相同。为适合于控制器编程的应用，一些新的规则需要被引入。

例如，西门子楼宇科技公司APOGEE楼宇自控系统的PPCL(Powers Process Control Language)，就是一种类似于BASIC的编程语言，专门用于楼宇控制和能源管理的现场控制器的编程。

4. 实际产品举例——Insight监控软件

西门子APOGEE楼宇自控系统的运行管理软件平台称为“Insight”。Insight基于Windows操作系统，采用Client/Server(客户端/服务器)架构，是以动态图形为界面，向用户提供楼宇管理和监控的集成管理软件。Insight可以通过一台运行Windows的PC机管理和控制APOGEE楼宇设备。

Insight具有三大功能。

(1) 监视功能。用户可通过动态图形(动画功能)、趋势图等应用程序对APOGEE系统控制设备的运行状态、被控对象的控制效果进行实时和历史的监视。

(2) 控制功能。用户可通过控制命令、程序控制和日程表控制等应用程序控制楼宇自控设备的启停或调节。

(3) 管理功能。包括用户账户管理、系统设备管理、程序上/下载管理，用户还能通过系统活动记录、报表等应用程序了解APOGEE系统自身的状态。

Insight监控软件功能窗口如图1.9所示。此外，Insight还有一系列可选功能，如：自动拨号功能、Internet/Intranet功能、远程通告功能、历史数据管理/效用成本管理功能、BACnet支持功能、支持OPC技术等。

工具栏　　系统结构设置窗口

(a) 日程设置窗口　　(b) 报警状况窗口

(c) 趋势图窗口　　(d) 程序编辑窗口

图 1.9　Insight 监控软件功能窗口

1.3.7　BAS 的基本操作

以某工程项目的 BAS 的操作为例，介绍 BAS 操作人员对 Insight 软件的基本操作。

1. 楼宇自控系统(Insight)的启动与关闭

首先打开计算机电源，按 Ctrl＋Alt＋Del 进入登录界面，输入用户名和密码，单击“确定”按钮即可进入 WINDOWS 桌面。然后，用鼠标左键双击桌面上的图标，或者左键单击“开始”按钮选中“程序”，在它的菜单中单击“Insight Version 3”菜单中的“Insight”启动 BAS。

进入 BAS 监控主界面如图 1.10 所示。若要退出楼宇自控系统，则可单击 Insight 主菜单，选择“Exit”退出系统。

在 BAS 监控主界面中有冷热源系统、给排水系统、照明系统等子系统的监控界面链接，点击即可进入。部分监控子系统的界面如图 1.11 所示。

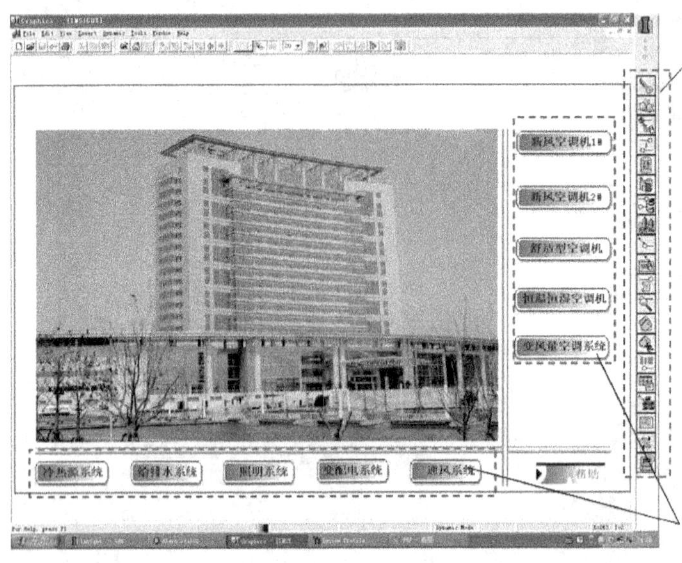

菜单按钮

链接到下一层次的监控界面

Insight Apogee中文版			
在线文件	用户帐号	报警状况	命令器
数据库传送	事件制作器	全局命令器	图形
点编辑器	控制器点记录报告	报告制作器	报告阅读器
计划编辑器	系统结构设置	时间表	趋势编辑器

菜单按钮的含义

图 1.10　BAS 监控主界面

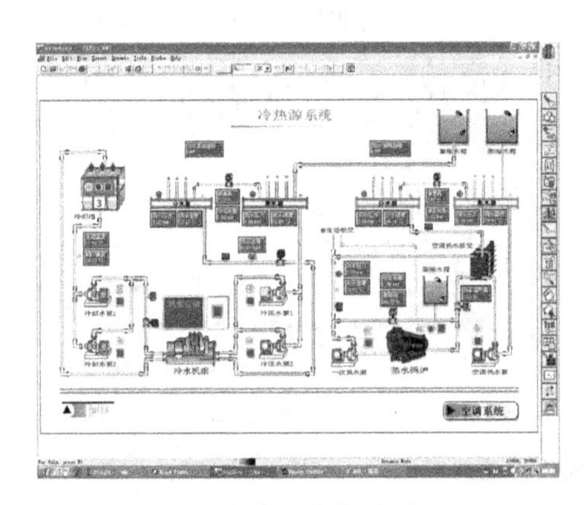

(a) 冷热源监控界面

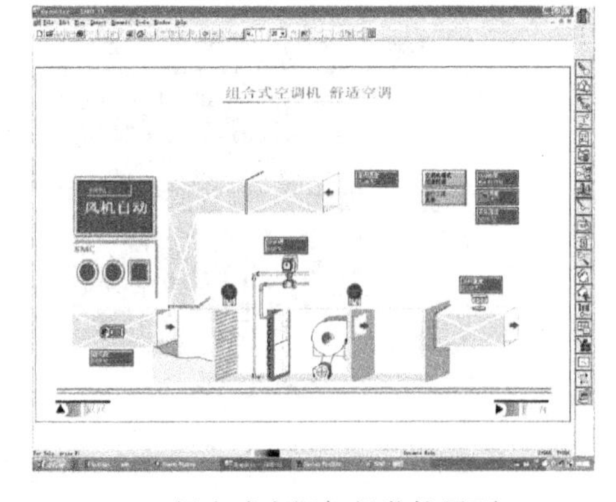

(b) 组合式空调机组监控界面

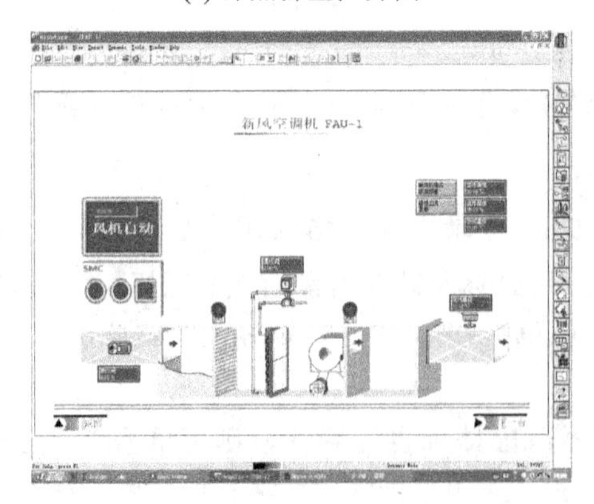

(c) 新风空调机组监控界面

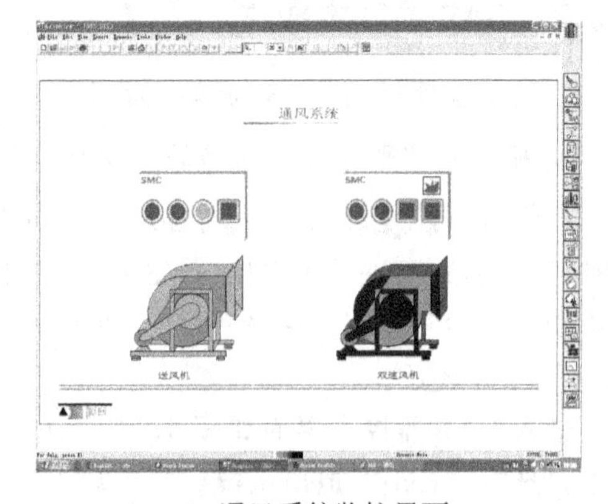

(d) 通风系统监控界面

图 1.11　部分监控子系统的界面

2. 用户账号的操作

在 Insight 主菜单中选择“User Account(用户账号)”按钮。则 Accounts(账号)窗口打开，如图 1.12 所示。可进行新的用户账号添加、用户账号的修改和删除、访问权限的修改、密码的修改等操作。用户通过一定权限的账号可对特定 BLN 网络上的 Insight PCs 和现场控制器(Field Panels)，进行访问控制和安全管理操作。

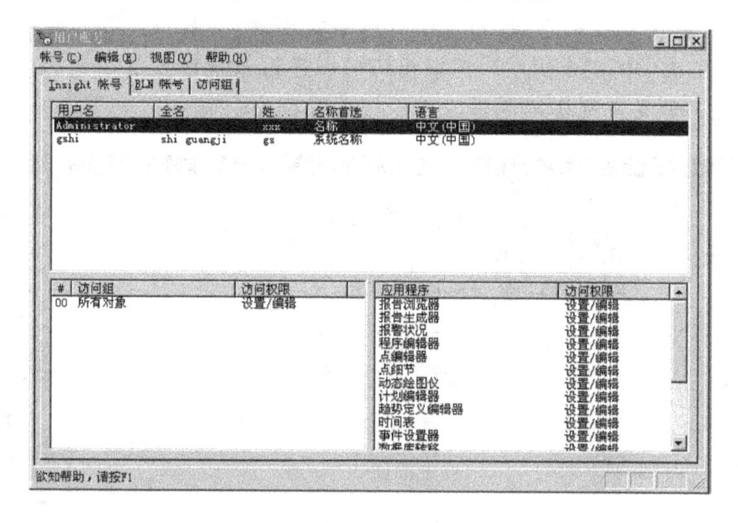

图 1.12　“用户账号”窗口

3. 计划编辑器(Scheduler)

计划编辑器可以对每周 7 天的事件、报告和趋势采集进行定时计划。对于特殊的计划需求，还可以对常规计划进行强制操作，或添加特殊的计划部署。在 Insight 主菜单中，选择“Scheduler(计划编辑器)”按钮，则打开计划编辑器窗口，如图 1.13 所示。计划编辑器可以按照日历来显示指定日期、工作日或代替日的计划。在日历视图中，可以选择某个特定的日期，然后对有关事件、报告或趋势采集的定时计划进行添加、修改、复制或删除操作。日历的月、年翻动功能使用户可以很容易找到任何一个指定的日期。

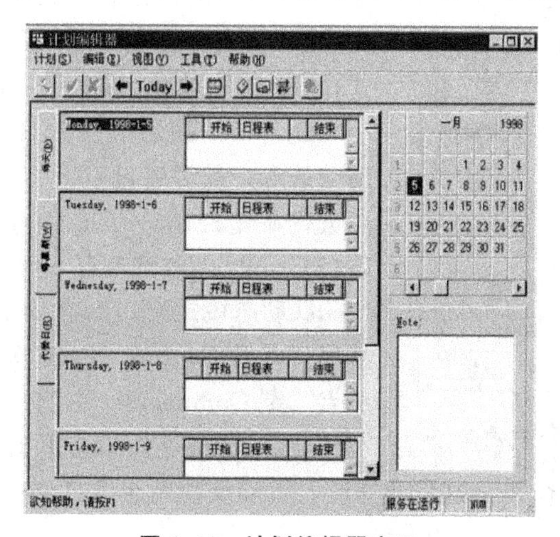

图 1.13　计划编辑器窗口

4. 系统轮廓(System Profile)

所有系统网络和设备的设置都是通过在系统轮廓(System Profile)下进行。在完成网络和设备的设置之后，最终要以图像的方式来表现用户的楼宇控制系统。在用户的楼宇系统所定义的每一个设备和网络都可以用一个图标来表示，并显示在系统树中。用户可以对该系统树进行扩展或收缩。

在 Insight 主菜单中选择“System profile(系统轮廓)”按钮，屏幕显示系统轮廓(System Profile)窗口，如图 1.14 所示。在该窗口可以进行系统设置的定义、Insight PC 定义、自控层网络(ALN)定义、现场控制器定义、楼层级网络(FLN)定义等操作。

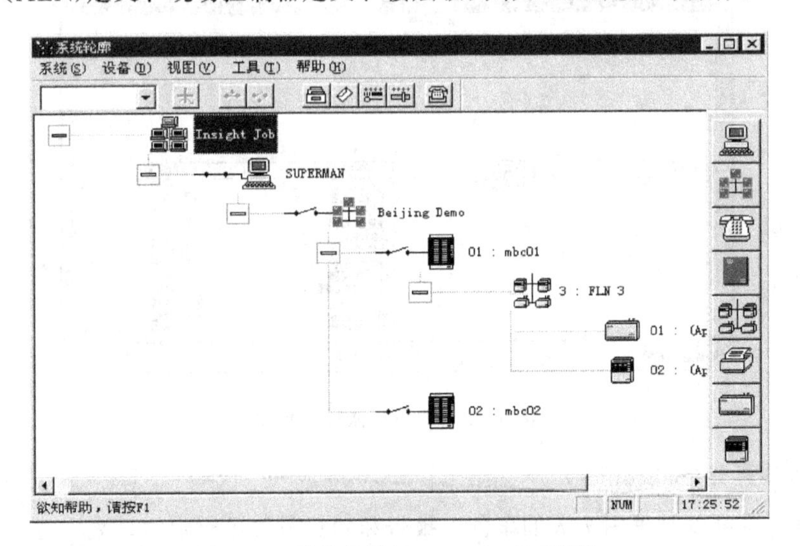

图 1.14 系统轮廓(System Profile)窗口

5. 点的命令控制

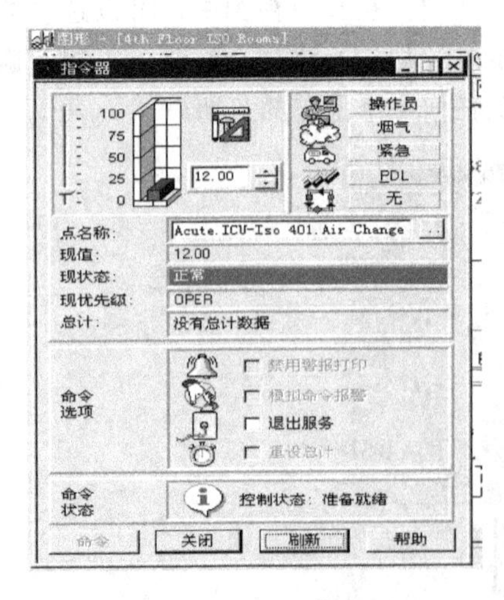

图 1.15 Commander 主窗口

对单点的命令控制就是利用 Commander 的人工控制来替代 Insight 的系统程序指令，对输出点(或虚拟输入点)进行控制。点的控制命令将点的命令优先级从 None(无)变为 OPER(操作员)、SMOKE(烟气)、EMER(紧急)或 PDL(高峰需求限制)。

Graphics 图形应用允许在动态图形中选择一个活动的点，然后通过打开 Commander 主窗口来对该点进行命令控制。打开 Graphics 图形应用，确认此时在 Graphics 主窗口右下角的模式显示为“Dynamic Mode(动态模式)”。动态图形只有处于动态模式时，才可以打开 Commander 主窗口；双击准备进行控制的点，则 Commander 主窗口打开，如图 1.15 所示。当 Commander 主窗口打开时，用户可以先进行必要的修改，然后选择控制命令。这里的修改会自动反映到点信息块中。

1.4 建筑设备自动化系统的工程实施

1.4.1 建筑设备自动化系统的设计流程

建筑设备自动化系统要为使用者提供一个安全、高效、节能而又舒适的环境，必须根据建筑物的使用功能和业主的具体需求进行系统设计。BAS 的设计方法及流程如图 1.16 所示。

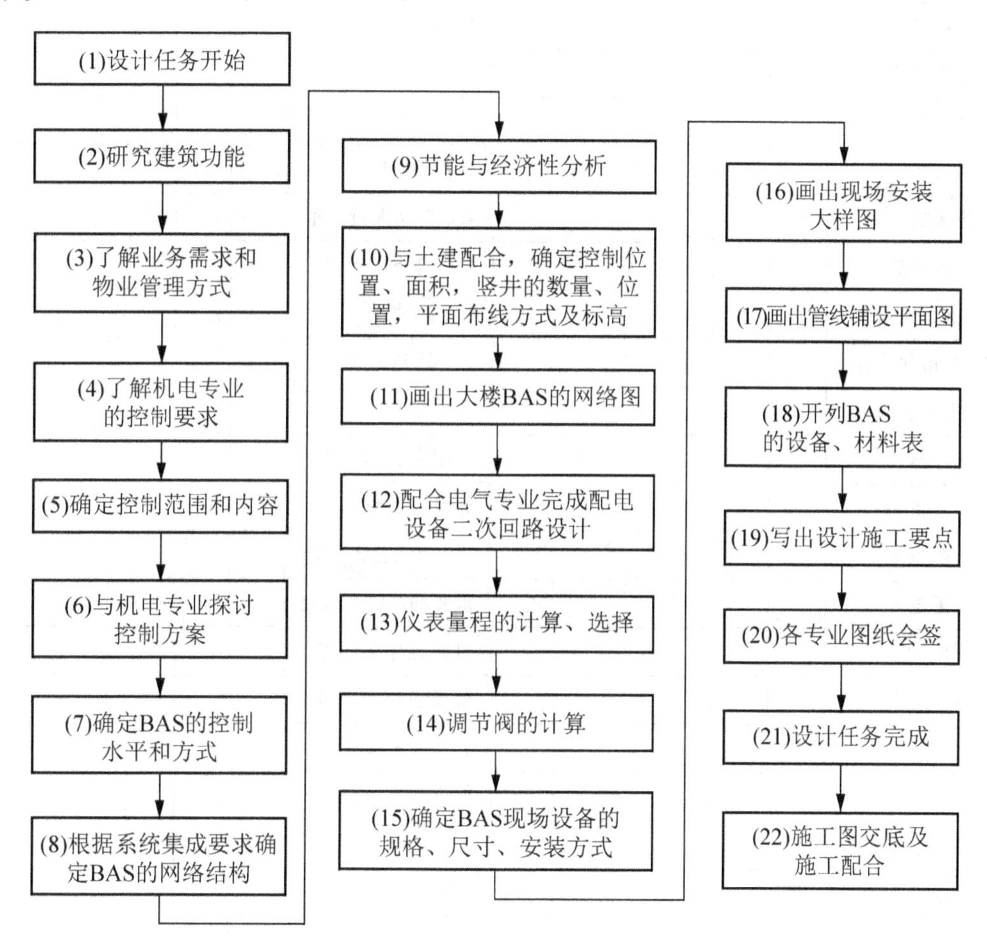

图 1.16 BAS 的设计方法及流程

1. 工程需求分析

研究建筑物的使用功能，了解业主的具体需求以及期望达到的目标；确定建筑物内实施自动化控制及管理的各功能子系统；根据各功能子系统所包含的设备，制作出需纳入楼宇自控系统实施监控管理的被控设备一览表。控制对象系统的确认见表 1-3，用于由设计人员和建设单位共同协商确认可纳入 BAS 控制的对象系统。

表 1-3 BAS 控制对象系统确认表

对象名称	数量	位置	确认(√/×)	型号、结构特征等备注	对象名称	数量	位置	确认(√/×)	型号、结构特征等备注
1. HVAC 系统					4. 运输系统				
1.1 冷水机组					4.1 客梯				
1.2 冷冻水泵					4.2 高区客梯				
1.3 冷却水泵					4.3 低区客梯				
1.4 冷却塔					4.4 员工电梯				
1.5 空气处理机					4.5 货梯				
1.6 全新风机组					4.6 观景电梯				
1.7 风机盘管					4.7 自动扶梯				
1.8 排风机					4.8 自动人行步道				
1.9 整体式空调机					4.9 消防电梯				
1.10 锅炉系统					5.9 其他				
1.11 城市热力站					5.1 消防系统				
2. 电力照明系统					共用中控室				
2.1 变压器					共用中央监视器				
2.2 发电机组					分设专用终端				
2.3 主配电箱					5.2 出入监控系统				
2.4 分配电箱					重要部位的门监控				
2.5 照明回路					时间程序的门控				
3. 给排水系统					重要通道的监控				
3.1 给水泵					5.3 保安系统				
3.2 给水箱					保安巡更程序				
3.3 气压给水装置					闭路电视监视				
3.4 调速给水装置					防盗监控				
3.5 污水泵									
3.6 污水池									

2. 确定系统的控制方案

对纳入 BAS 控制的子系统给出详细的控制功能说明，并说明各系统的控制方案及达到的控制目的，以指导工程设备的安装、调度及工程验收；根据系统大致的规模及今后的发展，确定监控中心位置和使用面积，并预留接口，与智能化系统设计形成和谐统一的整体。

1）画出各子系统被控设备的监控原理图，并统计 BAS 监控点位

利用监控原理图，可以很好地表达 DDC 对受控对象的控制原理和监控点类型等情况，因此，绘制各子系统的监控原理图是设备配置、施工平面图等工作的前期工作。在各子系统监控原理图的基础上，可以做出 BAS 监控点位总见表 1-4，并计算监控点的总和。至此，BAS 的规模可以完全确定。

表 1-4　BAS 监控点位总表

项目		设备数量	输入输出点数量统计				数字量输入点 DI						数字量输出点 DO				模拟量输入点 AI													模拟量输出点 AO			电源
日期																																	
序号	设备名称		数字输入	数字输出	模拟输入	模拟输出	运行状态	故障报警	水流检测	压差报警	液位检测	手/自动	启停控制	阀门控制	开关控制	其他	风温检测	水温检测	风压检测	水压检测	湿度检测	压差检测	流量检测	阀位	电压检测	电流检测	有功功率	功率因数	频率检测	执行机构	调节阀	其他	
1	空调机组																																
2	新风机组																																
3	通风机																																
4	排烟机																																
5	冷水机组																																
6	冷冻水泵																																
7	冷却水泵																																
8	冷却塔																																
9	热交换器																																
10	热水循环																																
11	生活水泵																																
12	清水池																																
13	生活水箱																																
14	排水泵																																
15	集水坑																																
16	污水泵																																
17	污水池																																
18	高压柜																																
19	变压器																																
20	低压配电																																
21	发电机组																																
22	电梯																																
23	自动扶梯																																
24	照明配电箱																																
25	巡更点																																
26	门禁开关																																

2）系统及设备选型

选型时需要综合技术、经济各项指标，进行全面、客观的分析比较和实地考查，才能最终选出合适的产品。

（1）设备选型要结合各设备布局的平面图，进行监控点划分；根据监控范围，确定系统网络结构和系统软件。

（2）根据各设备的控制要求，选用相应的传感器、阀门及执行机构，并配备满足要求的 DDC 控制器。DDC 控制器的监控点统计可采用表 1－5。

表 1－5 DDC 控制器的监控点一览表

项目		设备位号	通道号	DI 类型				DO 类型				模拟量输入点 AI 要求								模拟量输出点 AO 要求					DDC 供电电源引自	管线要求			
DDC 编号				接点输入	电压输入			接点输入	电压输出			信号类型						供电电源		信号类型			供电电源			导线规格	型号	管线编号	穿管直径
序号	监控点描述						其他				其他	温度（三线）	温度（二线）	温度			其他		其他			其他		其他					
1																													
2																													
3																													
4																													
5																													
6																													
7																													
8																													
9																													
	合计																												

（3）配合强电专业，完成配电设备的二次回路设计。

3）确定中央控制室

和土建专业共同确定中央控制室的位置、面积，确定竖井数量、位置、面积、布线方式等，以使建筑设计满足智能化系统正常运行的要求，与智能化系统设计形成和谐统一的整体，并为智能化系统留有可扩充的余地。

4）画出大楼 BAS 控制网络图

根据 BAS 网络拓扑结构和现场楼宇设备的具体布置，画出的 BAS 控制网络图，如图 1.17 所示。

3. 绘制表达各层管线敷设的施工平面图

在经上述受控对象的监控点位确定和设备选型配置后，可进行 BAS 管线施工平面图的绘制。

4. 开列设备材料表，写出设计、施工要点

开列 BAS 设备、材料表，写出设计、施工要点，各专业图样会签。

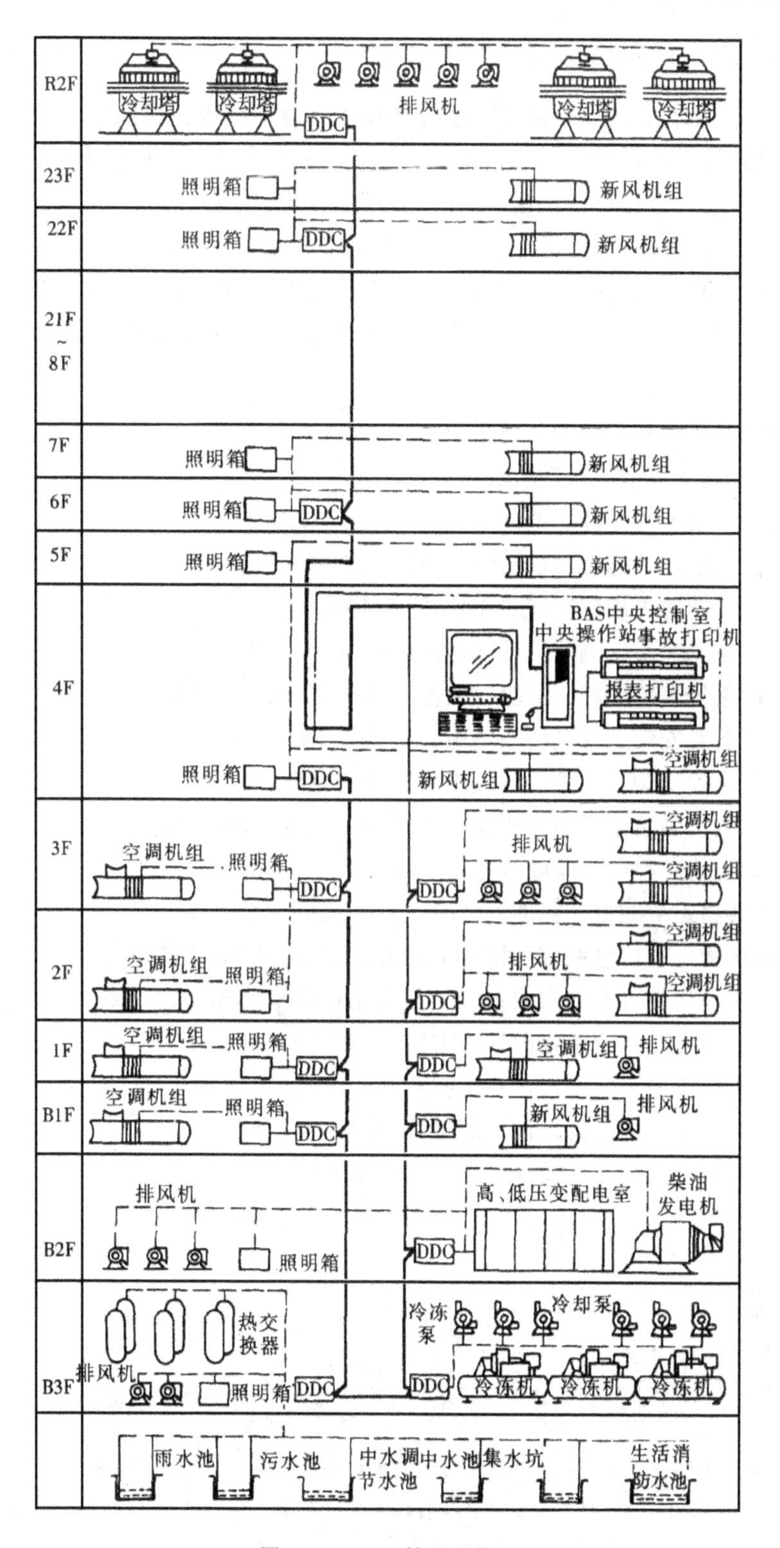

图 1.17 BAS控制网络图

1.4.2 BAS的设计依据

BAS的工程设计首先要了解目标建筑物所处的地理环境、建筑物用途、BAS的建设目标定位、建筑设备规模与控制工艺及监控范围等工程情况。这些情况一般在工程招标技术文件中介绍，设计者也可以根据自己的经验提出具体实施方案。

业主的招标文件和相关的国家标准、行业标准、地方标准就是整个BAS工程设计的主要设计依据。通常工程招标书是进行BAS工程设计的首要依据，根据其中的建筑物地理环境、建设用途、工程范围等工程情况，选择合适的国家或地方标准规范作为设计依据。

1. BAS相关的设计规范和标准图集

现行的主要国家标准(含行业标准)有：

(1)《民用建筑电气设计规范》(JGJ 16—2008)。

(2)《智能建筑设计标准》(GB/T 50314—2006)。

(3)《建筑设计防火规范》(GB 50016—2006)。

(4)《采暖通风与空气调节设计规范》(GB 50019—2003)。

(5)《自动化仪表工程施工及验收规范》(GB 50093—2002)。

(6)《电气装置安装工程电缆线路施工及验收规范》(GB 50168—2006)。

(7)《电气装置安装工程接地装置施工及验收规范》(GB50169—2006)。

(8)《建筑电气安装工程施工质量验收标准》(GB 50303—2002)。

(9)《智能建筑工程质量验收规范》(GB 50339—2003)。

(10)《公共建筑节能设计标准》(GB 50189—2005)。

(11)《建筑物电子信息系统防雷技术规范》(GB 50343—2004)。

(12)《建筑与建筑群综合布线系统工程设计规范》(GB/T 50312—2007)。

(13)《分散型控制系统工程设计规定》(HG/T 20573—95)。

(14)《智能建筑弱电工程设计施工图集》(97X700)。

(15)《建筑智能化系统集成设计图集》(03X801—1)。

(16)《建筑设备监控系统设计安装》(03X201—2)。

(17)《空调系统控制》(02X201—1)。

特别提示

规范与标准选择时应注意以下几点：

(1) 项目工程范围内所涉及的全部内容，只要国家、地方及行业发布了相关的标准，都应列出，予以遵循。

(2) 所选择的标准规范一定要与目标建筑物的工程情况相吻合。若选择地方标准，则必须为目标建筑物所处地区的地方标准；若目标建筑物为特殊用途建筑物，则需要考虑是否存在相关的特殊行业标准对工程范围内的设计内容进行约束等。

(3) 处理好国家标准、地方标准、行业标准之间的关系。这三者之间的关系是地方标准和行业标准必须遵守国家标准，因此，当论及同一问题时，地方标准与行业标准的要求往往高于国家标准。为体现工程设计及符合国家标准，又符合相关的地方标准、行业标准，因此当列出这部分标准时，应首先列出国家标准，然后列出相关的地方标准、行业标准。

(4) 由于建筑物弱电系统更新换代较快，因此相关标准也经常进行升级，工程设计中所引用的标准版本必须是最新的。

2. 建设单位对BAS的要求

(1) BAS监控范围、控制功能、监控点数。

(2) BAS中央控制室的要求。

① 中央控制室的位置应远离电磁干扰源(如变配电室等)，并尽量安排在控制负荷中心处，注意防潮、防震。

② 中央控制室室内设备布置，应留有足够的操作距离、检修距离等。

③ 室内宜采用抗静电活动地板，土建及装修要求同计算机房。

(3) 现场控制器(DDC)的设置原则及布线方式。

① DDC的设置，应考虑系统管理方式、安装、调试、维护方便和经济性。一般，按机电系统的平面布置，设置在冷冻站、空调机房等控制参数较为集中的地方，或弱电竖井中。

② 每台DDC的输入/输出接口数量与种类，应与所控制的设备要求相适应，并留有10%～15%的余量。

(4) 电缆选择与敷设要求。

① 电缆选择原则：中央操作站至DDC及DDC之间采用截面积为1.0mm^{2}的铜芯聚氯乙烯绝缘屏蔽聚氯乙烯护套线缆(RVVP 2×1.0)或计算机专用通信电缆；DDC与现场设备(如传感器、阀门)之间的控制电缆，一般采用1.0～1.5mm^{2}的铜芯聚氯乙烯绝缘聚氯乙烯护套电缆(RVV 2×1.0)，是否需要采用软线及屏蔽线应根据具体设备而定；DDC与就地仪表、阀门的信号线的规格应随具体控制系统设备与控制要求而定。

② 电缆敷设方式：以沿桥架或线槽明敷为主，出桥架后，穿金属管保护。

(5) BAS的电源。

① 应由变电所引出专用回路向中央控制室供电，供电回路采用保安电源供电。

② 中央操作站应设不间断电源(UPS)装置，其容量应包括系统内用电设备的总和并考虑预计的扩展容量，UPS供电时间不得低于30min。

③ BAS宜采用中央控制室集中供电方式，以放射式供给各DDC，若采用就地供电，则由就近的保安电源供给。

特别提示

保安电源是供给用户保安负荷的电源。当常用电源或主要电源故障断电时，保安电源用来保证用户负荷连续供电，以防发生人身伤亡和设备事故，造成重大经济损失和政治影响。

(6) BAS的接地要求。

① 一般采用建筑物总体接地方式，要求总体接地电阻不大于1Ω。

② 如果BAS单独设置接地极，应采用一点接地方式，要求接地电阻不大于4Ω，并且要注意与建筑物防雷接地系统的接地板之间距离不得小于20m。

1.4.3 BAS设计的深度要求及内容

BAS的设计步骤与其他的工程设计一样，其设计深度应符合建设部2003年颁布的《建筑工程设计文件编制深度规定》，具体分为方案设计、初步设计和施工图设计3个阶段。

特别提示

本小节中的设计深度是指BAS作为整体工程项目设计的一个专业，与建筑等各专业同时进行的设计工作，与各集成商所做的BAS投标方案设计有较大差异，BAS的投标方案设计应根据招标书的要求完成。

1. BAS的方案设计内容

在方案设计阶段，主要是规划BAS系统的大致功能和主要目标，并提出详细的可行性报告。方案设计文件应满足编制初步设计文件的需要。BAS设计在方案设计阶段通常无须图纸，只需完成设计说明书和系统投资估算。

设计说明书中应包括：设计依据，设计范围和内容，BAS的规模、控制方式和主要功能。根据BAS的规模和内容完成系统投资估算，常采用面积估算法，如：50000m^2办公业务综合楼的BAS，按30元/m^2造价估算，共需约150万元。

BAS方案设计如为方案投标的一部分，应满足招标书中的有关要求。

2. BAS的初步设计内容

在初步设计阶段，作为BAS系统的设计承包者，应向用户提供以下一些资料。

(1) 该工程项目的设计说明书。其内容包括：BAS的设计依据、系统功能、系统组成、总监控点数及其分布，系统网络结构，系统硬件及其组态，软件种类及功能，系统供电(包括正常电源和备用电源)，线路及其铺设方式。

(2) 设计图纸。其内容包括：图纸目录、主要设备材料表、BAS系统图、各子系统的BAS监控原理图、控制室设备平面图等。

(3) 设备(硬/软件)选型要求说明。

3. BAS的施工图设计内容

施工图设计文件应满足工程项目的施工需要，施工图文件的主要内容为图纸。施工图设计文件应包含以下内容。

1) 图纸目录

包括图纸名称、图号、图幅等。

2）施工设计说明

施工设计说明中应包括：工程设计概况(应将审批后的初步设计中相关部分的主要技术指标录入)、建筑监控设备系统的监控范围和内容、控制室位置、建筑主要设备测量控制要求、现场控制器设置方式、电源与接地要求、系统施工要求和注意事项、其他要说明的问题。

3）材料表

应包括：主要线缆、穿管、电缆桥架的型号、规格、数量，现场传感器的导压管、主要阀门的规格、数量等。

4）设备表

按工艺系统的顺序，详细列出建筑监控设备系统中各种设备的名称、规格、数量、测量范围、输入输出信号要求、工作条件、技术要求、型号等。

5）BAS 系统图

BAS 系统图表示了大楼中 BAS 的全部控制设备(从监控主机到 DDC)之间的关系，图中应能表示出建筑物内主机系统、网络设备和 DDC 的编号、数量、位置、网络连线关系等，还应表示出 DDC 所监控对象的主要内容和被监控设备的楼层分布位置及通信线路选择。系统图表示到 DDC 为止。

6）电源分配原理图

电源分配原理图是表示 BAS 的总体供电系统图，其中应表示：电源来源、配电至 BAS 控制室设备、各 DDC 控制箱及现场设备的方式和设备、管线编号。

7）各子系统监控原理图

子系统包括冷冻站系统、热交换系统、空调系统、新风系统、给排水系统、送排风系统、电力系统、照明系统等系统。监控系统原理管线图为表示该子系统的设备和工艺流程，以及 BAS 对其进行监控的原理图，其中应注明子系统的工艺流程、仪表安装处的管道公称直径及参数、监控要求、监控点位置、接入 DDC 的 I/O 信号种类、现场控制器至每台现场仪表的电缆规格、编号等。

8）BAS 管线敷设平面图(施工平面图)

BAS 管线敷设平面图中应示出被控工艺设备、现场仪表、DDC 控制箱、BAS 控制室的位置，以及设备之间电缆、穿管、桥架的走向。

9）BAS 控制室设备平面布置图

图中应标出控制室安装设备位置的主要尺寸。

10）BAS 监控点表

统计 BAS 监控点表，可作为招标用文件。

施工图设计之后，经由 BAS 招投标产生工程承包商。工程承包商还应进行 BAS 施工图深化设计。其中主要包括设备的生产制造图纸和设备机房内的大样安装图纸。BAS 的设计单位应负责审查承包方提供的深化设计图纸。

1.4.4 BAS的系统选型

目前，供应BAS的厂商颇多，大都自成系统，成套推出各自的定型产品，不同厂家的产品千差万别、各具特色。加之，BAS本身又是一个涉及计算机技术、控制技术、通信技术等多种高新技术的复杂系统，如何根据大厦的功能要求从众多商品中选择出合适的产品十分重要，且有一定难度，需要综合技术、经济各项指标进行全面、客观的分析比较和实地考查，才能最终确定。一般，可从下列几个方面进行考虑。

1. 可靠性高

系统的可靠性是系统在规定条件下和规定时间内完成规定功能的能力。它表示系统长期、稳定工作的能力，通常用平均故障间隔时间(Mean Time Between Failures，MTBF)来衡量，MTBF越大，系统的可靠性越高。一般的分散控制系统，MTBF都在50000h以上。但MTBF是一个统计量，并非可以直接测量的物理量。因此，选型时不能只根据MTBF值来判断可靠性，更要考查可靠性的保障措施，如体系结构是否合理、系统软件组成是否合理、系统关键部件的容量是否留有足够的裕度、系统是否成熟以及合理的冗余措施等。系统的可靠性既是一个质量指标，也是生产厂家生产规模和管理水平的综合反映，因此，考查可靠性指标时，除了要看设计是否合理之外，还要看生产过程、企业管理水平和质量保护措施。如能到使用过该系统的用户处实地考查一下实际使用情况是十分有益的。

2. 技术先进

当今技术发展迅速，设备淘汰速度也在加快，所以应该选择技术上先进的系统。先进的技术可以从原理上保证系统的高可靠性：集中控制系统可靠性最差，集散控制方式较好，无中心结构的完全分布式控制模式可靠性最高。所选产品应是该公司所提供的成熟的最新产品，不要选择价格虽低，但属于即将淘汰的清仓销售产品。否则，系统刚刚安装完毕就已经落后，今后的维修、改造十分麻烦，后患无穷。

3. 互操作性好，便于构成开放式系统

建筑设备自动化系统涉及各个楼层的各类监控系统，庞大而复杂。一方面，为了能对各种设备进行最优组合，达到最高的性能价格比，往往需要选择不同厂家的产品组成自动化系统，因而要求这些来自不同厂家的子系统之间能够互连，具有互操作性；另一方面，从系统的维护、扩展、更新以及原有工程升级改造的角度考虑，也必然要求新、老产品之间具备互联、互操作的能力。因此，应该选择互操作性良好的开放式系统。然而，目前的情况是，同一公司的产品可保持向上兼容性，不同厂商的产品则较难实现互联，互操作性差。通常需要制作复杂的接口，并进行通信协议转换。有些产品尽管已经做了互连工作，但并未经过现场操作的严格考验，仍然不能很协调地在一起工作。如果不慎，选择了没有互操作性的产品将造成极大的浪费。为避免浪费，应选择通信协议、接口符合主流标准的开放式系统。

4. 符合主流标准

主流标准通常有两种：一种是国际标准化组织(如ISO)批准的或建议采用的标准；另

一种是工业界已经认可的事实上的习用标准。这些习用标准往往已在实际工程中具有数量多、范围广的成功应用范例。具有开放性和高可靠性的系统必然是按照国际标准规范设计的产品，因此最有生命力的产品是符合主流标准的产品，而不符合主流标准的产品最终将被淘汰。

5. 满足实用要求

选择一套楼宇自控系统，首先考虑的应该是满足设计要求，并且实用。例如：系统的控制功能是否满足控制方案的要求，组态是否灵活，实现是否困难，控制操作是否方便；系统的信号处理、隔离水平、防辨能力、信号驱动能力等是否满足现场要求；系统人机界面是否友好，是否采用汉字提示，是否具有窗口显示功能；系统的报警提示是否全面，报表制作与打印是否方便等。然后，考虑未来发展的需求，留出足够的余量。千万不要受厂家宣传的影响，去增加许多永远也用不上的功能，反而忽视了真正需要的实用性功能。考查实用性时，亲自到厂家或其他用户处看看应用情况是很有必要的。

6. 便于维修

系统的维修性是指系统排除故障的难易程度，主要应考虑下述几方面。

(1) 系统的固有维修性。是指系统在硬件和软件方面排除故障的难易程度，通常用平均修复时间(Mean Time to Repair，MTTR)来衡量。系统的 MTTR 由下述因素决定：系统的故障自诊断能力；系统的故障指示能力(系统在出现故障时有无明显的指示灯标志，CRT 上有无故障位置指示等)；插件的更换是否容易(是在带电运行状态下直接更换模板，还是需停止运行才能更换，更换模板时是否需要重新接线等)。

(2) 维修资源的获取程度。是指系统的备件是否容易获得，如国内能否买到及购买时间等。

(3) 厂家所提供的系统是否将要停产，停产后的备品、备件能供应多长时间等。

7. 寿命周期成本低

系统的寿命周期(Lifecycle)，是指从产生开发要求算起直到报废为止的整个生存期。在建筑物的生命周期之内，楼宇控制系统必然要经历安装、维护、改造和扩充等阶段，相应地涉及设备本身价格、安装费用、运行费用、维修费用和改造、扩充费用，其中，最初的设备价格及安装费用与其整个寿命周期的成本相比，只占一小部分。显然，应该选择维修简便、易于扩充、运行费用低的系统，只有这样，才能降低整个寿命周期的成本。

考虑设备本身价格时，不能片面地只顾追求低价格，还应考虑系统配置是否合理。有些厂家在压低价格的同时，降低了系统配置，使系统性能也降低了，这是不足取的。

运行费用是必须考虑的因素，以采暖、制冷、空调设备为例，应该考查是否采取节能措施，效果如何，能源综合利用情况等，否则运行费用将居高不下。

改造、扩充费用一般用于升级改造和扩展更新，这部分费用与网络架构、系统是否具有开放性密切相关。

维修费用是指用户购买备件的价格、备件数量及售后服务费用。有些厂商为了在竞争中获胜，拼命压低价格，一旦中标，签订合同之后，并通过提高备件价格或售后服务价格而获取利润。这种教训不少，必须引起重视。

8. 厂家实力与售后服务

售后服务应考查系统的保修期、保修期过后的维修是否方便、费用高低、厂家所能提供的现场服务能力、方便程度以及价格。售后服务还受厂家经营管理方针、管理水平、人才能力的影响，应该考查厂家的技术实力、生产能力以及在楼宇自控行业的业绩、用户评价与市场占有率，更要考查厂家近几年的发展状况，是处于维持状态、迅速上升还是萎缩状态。一个还在上升的企业是很有生命力的；另一个萎缩的企业可能几年后就要被挤出这个行业，如果选用他们的产品，日后的维护就会成问题。

1.4.5 DDC控制器的设置原则

DDC设置应首先考虑工艺设备监控的合理性，原则上每组工艺设备系统应由同一台DDC控制器进行监控，以增加系统可靠性，便于系统调试。

现场控制器的输入和输出点应留有适当余量，以备系统调整和今后扩展，一般预留量应大于10%。

DDC应布置在被监控对象的附近，以便于节省仪表管线，并有利于系统调试和维修。通常采用挂墙明装方式，安装高度便于操作，内部强弱电应明显分开。DDC控制箱应选择相应合理的防护、结构和规格尺寸。

设备机房上下对齐时，DDC宜就近垂直组网，通信网络无须绕行竖井。

1.4.6 BAS控制室的设置原则

BAS控制室可单独设置，或与其他弱电系统的控制机房，如消防、保安监控等集中设置。若单独设置，则控制室可设置在建筑物内任何场所，但应远离潮湿、灰尘、振动、电磁干扰等场所，避免与建筑物的变配电室相邻及阳光直射。如果集中设置，则控制室必须满足建筑物消防控制室的设计规范要求。

BAS控制室所需面积，除满足日常运行操作需要外，还应考虑系统电源设置、技术资料整理存放及更衣等面积要求。控制室内如采用模拟屏，其上安装的仪表和信号灯，可由现场直接获取信号，也可由单独设置的模拟屏控制器上通过数据通信方式获取信号。

BAS控制室应参照计算机机房设计标准进行设计和装修，室内宜安装高度不低于200mm的抗静电活动地板。控制室应根据工作人员设置电源和信息插座，电源插座设置应考虑检修与安装工作的需要。控制室内设置建筑设备监控系统的监控主机。如管理需要，建筑物内其他场所也可设置分控室，再设置监控主机用于设备监控管理。

1.4.7 BAS的线路敷设方法

1. 现场管线敷设原则

建筑设备监控系统的仪表与电缆管线敷设，应符合建筑电气设计的有关规范。实际工程应用中还应参照相应品牌设备的技术手册。

2. 仪表信号与控制电缆选择

仪表控制电缆宜采用截面为1～1.5mm^{2}的控制电缆，根据现场控制器要求选择控制电缆的规格，一般模拟量输入输出采用屏蔽电缆，开关量输入输出采用普通无屏蔽电缆。

利达恒信公司的《HBS楼宇自控系统设计手册》，见表1-6和表1-7。

表1-6 控制器用线缆

用　　途	线　规　格	线径/mm²	最远使用距离
模拟量输入	RVV或RVVP，2芯	≥1.0	150
模拟量输出	RVV或RVVP，2芯	≥1.0	150
数字量输入	RVV，2芯	≥1.0	200
数字量输出	RVV，2芯	≥1.5	—
电阻测量	RVV或RVVP，3芯	≥1.0	100
频率信号输入	RVV或RVVP，2芯	≥1.0	200
电源线	RVV，2芯	≥1.5	—

表1-7 通信用线缆

用　　途	线　规　格	线径/mm²	最远使用距离/m
RS232	屏蔽双绞线	0.2(24AWG)	15
RS485/MSTP	屏蔽双绞线，2芯	0.2(24AWG)	1000
BACnet/EIB	双绞线，2芯	1.0(16AWG)	1000
以太网100Base-TX	五类非屏蔽双绞线	—	100

3. 通信线缆选择

现场控制器及监控主机之间的通信线，在设计阶段宜采用控制电缆或计算机专用电缆中的屏蔽双绞线，截面为0.5～1mm²。如设计在系统招标后完成，则应根据选定系统的要求进行。

4. 电源线选择

向每台DDC控制器的供电容量，应包括DDC和DDC所连接的现场仪表所需用的电容量，宜选择铜芯控制或电力电缆，导线截面应符合电力设计相关规范，一般在1.5～4.0mm²之间。

5. 仪表测量管路的选择与安装

仪表导压管选择，应符合工业自动化仪表有关设计规范，一般选择$\phi 4\times 1.6$无缝钢管。

仪表管路敷设，应按照工业自动化仪表管路敷设有关规定，设置一次阀、二次阀、排水阀、放气阀、平衡阀等，管路敷设应符合标准坡度要求。

6. 电缆穿管的选择

建筑设备监控系统中的仪表信号、电源与通信电缆所穿保护管，宜采用焊接钢管，电缆面积总和与保护管内部面积比为35%。

地面与墙内安装的电缆穿管，一般由土建施工单位安装。

7. 电缆桥架选择

在线缆较为集中的场所宜采用电缆桥架敷设方式。电缆桥架敷设时应使强弱电缆分开，当在同一桥架中敷设时，应在中间设置金属隔板。电缆在电缆桥架中敷设时，电缆面积总和与桥架内部面积比一般应不大于40%。电缆桥架在走廊与吊顶中敷设时，应注明桥架规格、安装位置与标高。电缆桥架在设备机房中敷设时，应注明桥架规格，其安装位置与标高可根据现场实际情况而定。

1.4.8 BAS的供电与接地

1. 供电方式

稳定、无干扰的供电系统是DDC控制器正常工作的重要保证。在工业控制环境中为保证DDC控制器的电源质量，通常采用双路供电、变压器隔离、装设UPS以及其他冗余措施。

尽管BAS对电源的要求不如工业控制环境那么严格，但BAS的现场控制器和仪表宜采用集中供电方式，即从中央控制室(或操作员站)放射性向现场控制器和仪表敷设供电电缆。这样DDC的电源质量基本与中央控制室或操作员站设备的电源质量相同，且具有UPS保护，也便于系统调试和日常维护。许多工程中现场控制器采用“就近取电”的方式供电，这种做法无法保证良好的电源质量和电源可靠性，是不可取的。

2. 配电柜

主控室应设置配电柜，总电源来自安全等级较高的动力电源，总电源容量不小于系统实际需要电源容量的1.2倍，配电柜内对于总电源回路和各分支回路，都应设置空气开关作为保护装置，并明显标记出所供电的设备回路与线号。

3. UPS选配原则

BAS的UPS配置，应采用在线式不间断电源，保护范围为控制室计算机监控系统，蓄电池容量应保证断电后维持BAS主机系统工作30min。

4. 接地原则

建筑设备监控系统的主控室设备、现场控制器和现场管线，均应良好接地。

5. 接地方式

建筑设备监控系统的接地方式可采用集中共用接地或单独接地方式，采用联合接地时接地电阻应小于1Ω，采用单独接地时接地电阻应小于4Ω。

6. 屏蔽接地与保护接地

建筑设备监控系统的接地一般包括屏蔽接地和保护接地：屏蔽接地用于屏蔽线缆的信号屏蔽接地处；保护接地用于正常不带电设备，如金属机箱机柜、电缆桥架、金属穿管等处。

1.4.9 BAS的造价估算

在建筑设备监控系统的工程实施过程中，在方案设计、初步设计、施工图设计阶段以及系统招投标阶段，都要求对建筑设备监控系统的投资造价做出估算、概算和预算，针对不同阶段的要求，建筑设备监控系统常采用以下几种投资造价的估算方法。

1. 面积估算法

在大楼内机电设备系统尚未开始设计或未完全确定之前，根据建筑物的性质和面积，参照同类建筑物中的建筑设备监控系统的投资，凭经验按照建筑面积估算 BAS 投资，此即为面积估算法。该法多用于早期项目投资估算，如方案设计阶段。

BAS 按面积造价估算，通常为人民币 20～40 元/m^2。对于建设规模较大或机电设备较简单的建筑物，其平均造价较低。对于建设规模较小或机电设备较复杂的建筑物，其平均造价较高。一般可根据各地建筑市场的价格进行估算。

本方法简单易行但准确性差，且需要较多经验和同类项目的数据，可在项目建设初期进行建筑设备监控系统的价格粗略估算时采用。

2. 点数估算法

在大楼的机电设备系统设计到一定深度后，专业人员可根据大楼机电设备的监控要求，设计或估算出建筑设备监控系统中各个子系统的总监控点数量，再按照监控点数估算出建筑设备监控系统的投资。

建筑设备监控系统如按监控点数造价估算，通常为人民币 1500～2500 元/点，对于监控数字量较多的建筑设备监控系统，其平均造价较低；对于监控模拟量较多的建筑设备监控系统，其平均造价较高。

如某酒店，建筑设备监控系统的总监控点为 1000 点，按 2000 元/点估算，共需约 200 万元。

本方法比面积估算法准确度有所提高，但并未区分现场仪表种类规格，建筑设备监控系统的功能要求不明，因此准确性仍然较低，多用于建筑物中机电设备的工艺控制方案完成后的投资估算，如初步设计阶段。

3. 设备估算法

在大楼的机电设备系统要求已经确定，建筑设备监控系统的设计完成之后，可根据建筑设备监控系统设计完成后的监控设备、材料表、系统功能等详细要求，以及根据建筑设备监控系统实际造价或市场平均造价，列出系统及设备、材料的单项价格表，逐项计算得出设备总造价，再估算出系统安装调试费，计算出本项目的建筑设备监控系统总投资造价。建筑设备监控系统的工程量或安装调试费，可根据以下两种方式得出。

1）投资比例估算法

先计算出建筑设备监控系统的设备总投资，再根据设备总投资的一定比例进行百分比取费，估算出安装调试费，通常按照建筑设备监控系统设备总投资的 10%～15%进行取费。本费用中通常包括：安装费、调试费、安装指导费、运输保险费等。

本方法的优点是简单易行，工作量小，但缺点是收费无依据，合理性差，也不利于按照工程进度进行付费，常用于投标时间较短时的系统造价估算，或项目业主进行系统造价的粗略估算。

2）工程定额法

根据设计完成的建筑设备监控系统中的设备、材料表，严格按照建设部或各、省、市地方的“建筑安装工程预算定额”中建筑设备监控系统有关部分的工程量进行逐项取费计算，得出准确的建筑设备监控系统安装调试费。

本方法按照国家相关规定执行，操作合理且计算准确，是目前大型工程中常用的规范操作方式，值得提倡，但有时各地情况和标准定额之间也有一定差距，须根据项目实施所在地的实际情况做出相应调整。

1.5 实际工程认知参观——以宁波某书城为例

1.5.1 参观内容及要求

通过现场参观，可增加读者对 BAS 实际设备的感性认识。同时，与同行技术人员的交流也很重要。通过交流，读者可以了解工程管理情况、行业现状与前景等信息。读者不妨就以下几个方面对所参观的项目做个总结。

（1）该项目的工程概况和投资情况。

（2）智能建筑工程的专业范围、项目实施的相关方单位。

（3）主要的建筑机电设备和智能化系统设备(如品牌、厂商、铭牌技术参数等)。

（4）该项目 BAS 的架构与组成、BAS 的主要设备。

（5）BAS 人机界面情况、运行管理的组织结构等。

（6）BAS 的运行效益。

1.5.2 宁波某书城工程概况

该项目地处江东滨水核心区，位于惊驾路以南，甬江大桥以北，甬江以东，江东北路以西。本工程为大型建筑群，主要包括：1 号楼为宾馆；2 号楼为写字楼；3 号楼底层和二层为餐厅和专业书店，上部为三层扩建部分；4 号楼和 5 号楼为原厂房改造和扩建的通用商业空间；6 号楼为公厕；7 号楼为由原锅炉房改造的餐厅；8 号楼地下两层为地下车库，地上 1～4 层为新华书店，5～16 层为商务办公写字楼。

本工程有 1 个主入口，1 个次入口，2 个地下车库，4 个地下车库出入口；其中，1 号楼和 8 号楼为新建工程，其余楼为改建和扩建工程；6 号楼为公厕，无需智能化系统设计。

项目经济指标：总用地面积 4.05hm^2，总建筑面积 91061m^2，容积率 1.50，建筑密度 25%，机动车停车位 607 个。

1.5.3 宁波某书城建筑智能化项目的工程主要内容

该建筑智能化项目的工程内容主要有：语音通信系统；计算机网络系统；综合布线系统；卫星及有线电视接入系统；安全防范系统(入侵报警系统，视频监控系统，电子巡查系统)；一卡通系统(门禁系统，梯控系统，停车库管理系统，消费系统)；背景音乐系统；酒店智能客房控制系统；公共信息发布系统(LED 显示屏，电梯厅 LCD，多媒体触摸屏系统)；多功能会议系统；楼宇自控系统(BAS)；能量计量系统；PS及防雷接地系统；机房建设系统；智能技术系统集成。

1.5.4 机电设备和楼宇自控系统

BAS采用集散式的结构模式，现场控制器DDC具有独立控制和通信等功能，所有DDC控制器要求采用UPS集中供电。楼宇自控系统有以下监控内容。

(1) 冷热源系统。预留BA网关通信接口，与冷热源群控系统相连。

(2) 空调机组。监测空调机组的回风温度，或室内温度；CO_2监测；机组的启停，水阀的调节；风机的运行、故障、手/自动状态检测，三档调速控制；过滤网两侧压差。

(3) 新风机组。监测新风机组的送风温度；机组的启停，水阀的调节；风机的运行、故障、手自动状态检测，启停控制/三档调速控制；过滤网两侧压差。

(4) 风机盘管。总配电箱的运行、手/自动状态检测，启停控制；另外，设置供水总管蝶阀，控制其开关。

(5) 送/排风机系统。风机运行、故障、手/自动状态检测；启停控制；CO浓度检测。

(6) 给排水系统。生活水池的超高/超低液位监测；集水井的超高液位监测；生活水泵、排污泵的故障报警、运行状态监测等。

(7) 照明系统。主要对楼层公共照明、地下室照明以及泛光照明的运行、手/自动状态检测，启停控制；其中，泛光照明需等室外电气图纸确定后再做设计。

(8) 变配电系统。以网关的形式与BA通信，需要变配电系统提供通信接口方式及通信协议。

(9) 电梯系统。采用BA通信接口，网关通信采集电梯运行参数。

特别提示

冷热源群控系统、变配电系统、VRV空调及电梯系统通过网关接口与BAS集成。

本章小结

本章是学习智能建筑环境设备自动化应首先具备的入门知识。掌握和了解智能建筑、建筑环境和建筑设备自动化系统的定义、功能、组成架构、软件平台，以及工程实施流程等知识是全书的基础，具有极为重要的意义。

智能建筑通过对建筑物的4个基本要素(结构、系统、服务、管理)以及它们之间的内在联系，以最优化的设计，提供一个投资合理又拥有高效率的优雅舒适、便利快捷、高度安全的环境空间。智能建筑由BAS、CAS、OAS三大基本要素有机结合，构筑于建筑物环境平台之上。根据我国现行设计标准，智能建筑的智能化系统工程设计宜由智能化集成系统、信息设施系统、信息化应用系统、建筑设备管理系统、公共安全系统、机房工程和建筑环境等设计要素构成。

智能建筑应为人们提供高效、便利的工作和生活环境，应适应人们对舒适度的要求，应满足人们对建筑的环保、节能和健康的需求。智能建筑环境包括物理环境、光环境、电磁环境、空气质量等方面。了解这些环境要求，也就为BAS明确了目标。

BAS通过对建筑物内部机电设备运行、能源使用、环境、交通及安全设施进行监测、控制与管理，为用户提供一个既安全可靠、节约能源，又舒适宜人的工作或居住环境。BAS有广义和狭义之说。本书所讨论的为狭义BAS。狭义BAS的控制对象包括电力、照明、暖通空调、给水排水、电梯等设备。到目前为止，BAS的发展经历了四个阶段：中央监控系统、集散控制系统、现场总线控制系统、与互联网/内部网兼容的开放式BAS。BAS的功能主要体现在四个方面：为建筑物提供良好环境；优化建筑物内机电设备系统的运行管理；提高工作人员效率，减少运行人员及费用和节能控制。

BAS的硬件通常是由中央站、现场控制器、仪表和通信网络四个主要部分组成。对于大型BAS系统，一般采用三层网络结构：管理网络层、控制网络层、现场设备网络层。BAS的三个网络层有不同的软件，分别是管理网络层的客户机和服务器软件、控制网络层的控制器软件、现场网络层的微控制器软件。各大厂商的BAS产品都提供强大的软件平台，可以通过良好的用户界面或人机界面，方便地实现BAS的网络、数据库、控制器的配置，以及系统监测与管理。BAS的编程环境大体上可以分成3类：图形或符号格式编程；模板或表格格式编程；文档格式高级语言编程。本章还结合实际工程介绍了西门子APOGEE楼宇自控系统的架构、软件平台和简单的操作。

最后介绍了BAS工程实施(包括设计流程、依据、系统设计的深度要求、系统设备选型、控制室和DDC的设置原则、线路敷设、供电与接地、造价估算等)，旨在让读者建立起对解决BAS工程问题的总体把握与思路。对于1.4节的知识点，读者在学习了后续章节之后将有更深刻的理解。

习　　题

一、填空题

1. 世界第一幢智能大厦于__________年在__________国的哈特福德(Hartford)市建成，该大厦改造后定名为__________。

2. 智能建筑也称__________，其英文全称是__________，缩写为__________。

3. 中国对IB的定义可以简单地表示为：__________。

4. 所谓智能建筑，就是通过对建筑物的4个基本要素：__________、__________、__________、__________，以及它们之间的内在联系，以最优化的设计，提供一个__________的环境空间。

5. BAS通常是由中央站、__________、仪表和__________四个主要部分组成。

6. BAS一般采用__________式系统和多层次的网络结构。典型的BAS网络结构由__________、__________、__________三个网络层构成。三层之间的信息传输依靠__________系统来支持，同层内各装置之间由本层的__________进行联系。用于网络互联的通信接口设备根据各层不同情况，以__________为参照体系，合理选择中继器、网桥、路由器、网关等互联通信接口设备。

7. 对于大型 BAS 系统，一般采用__________网络结构。中型 BAS 系统一般采用__________网络结构，若采用两层网络结构由__________层和__________层构成。小型 BAS 系统一般采用__________网络结构。

8. 在 BAS 的三个网络层有不同的软件，分别是管理网络层的__________软件、控制网络层的__________软件、现场网络层的__________软件。

9. 对控制器的编程通常有三种方式：一是____________；二是____________；三是____________。

10. 不同厂商的 BAS 提供的编程环境有非常大的差别。它们大体上可以分成三类：__________格式编程；__________格式编程；__________格式高级语言编程。

11. BAS 中央操作站应设不间断电源(UPS)装置，其容量应包括__________的总和并考虑__________容量，UPS 供电时间不得低于__________ min。

12. 10 万 m^2 写字楼的 BAS 按 30 元/m^2 造价估算，共需约__________万元。

13. 根据建设部 2003 年颁布的《建筑工程设计文件编制深度规定》，智能建筑 BAS 设计深度具体分为 3 个阶段：__________、__________和__________。

14. 现场控制器(DDC)的输入输出点应留有适当余量，以备系统调整和今后扩展，一般预留量应大于__________%。

15. 某大楼建筑设备监控系统的总监控点为 1200 点，按 2500 元/点估算，共需约__________万元。

二、简答题

1. 比较智能建筑的各种定义，分析其区别与联系。

2. 查阅《智能建筑设计标准》(GB/T 50314—2006)有关“智能建筑”的定义。

3. 简述智能建筑的组成。

4. 3A 是指哪几个系统？5A 是指哪几个系统？通过 Google、Baidu 等网站搜索有关智能建筑组成的文献资料，分析这两种提法是否矛盾。

5. PDS 在智能建筑中的作用是什么？

6. 简述 BAS 与智能建筑的关系。

7. 智能建筑的环境有哪些总体要求？智能建筑对物理环境、光环境、电磁环境、空气质量有哪些具体要求？

8. 广义的 BAS 和狭义的 BAS 有哪些区别和联系？

9. 简述 BAS 的发展历史。

10. BAS 在智能建筑中的功能是什么？其监控范围包括哪些？

11. 分析 BAS 在建筑节能方面的作用，并举例说明建筑设备监控系统是如何起到节能作用的。

12. BAS 是否属于国家强制实施的标准范围，在大楼建设中是否采用 BAS 主要考虑哪些因素？

13. 查阅网络资料，列举我国实施 BAS 项目要参考的标准与规范。

14. 对于建筑设备自动化系统工程设计需要进行哪些工程需求分析？

15. 简述建筑设备自动化系统的设计流程。

16. 利用 AutoCAD 绘制图 1.17 的“BAS 控制网络图”。

17. 利用 Excel 软件编制表 1-4“BAS 监控点位总表”和表 1-5“DDC 控制的监控点一览表”。

18. BAS 对中央控制室的要求有哪些?

19. 简述现场控制器(DDC)的设置原则及布线方式。

20. 简述 BAS 对电缆选择与敷设的要求。

21. 简述 BAS 的接地要求。

22. BAS 的方案设计、初步设计、施工图设计的内容有哪些?

23. BAS 的系统选型主要从哪几方面考虑?

24. 思考 BAS 的供电与接地方式。

25. BAS 的造价估算方法有哪些?

26. 比较投资比例估算法和工程定额法的方法、使用场合和优缺点。

27. 对所参观的 BAS 工程,撰写一篇参观实习报告。

28. 利用 AutoCAD,绘制典型的 BAS 三层网络结构。

第2章 建筑设备自动化系统的主要硬件设备

教学目标

本章主要介绍建筑设备自动化系统的硬件设备。通过本章的学习，了解计算机控制系统的基本知识，掌握DDC控制器、传感器、执行器等硬件设备的基本原理、技术参数和接线安装，从而进一步理解BAS的架构，为后续章节学习BAS对建筑设备的控制打好基础。

教学步骤

能力目标	知识要点	权重	自测分数
掌握自动控制系统、计算机控制系统的基本知识	自动控制系统的组成、方框图	2%	
	计算机控制系统的组成	2%	
	计算机控制系统的分类	3%	
	集散控制系统与总线控制系统	3%	
掌握DDC控制器的作用、分类，掌握并理解I/O通道等接口的外在特性，了解当前市场的主流产品，理解四种基本的控制规律	DDC的作用、分类、控制箱等	5%	
	四类I/O通道：DI、DO、AI、AO	10%	
	DDC控制器主流产品	5%	
	四种基本控制规律：双位、比例、积分、微分	10%	
了解BAS中主要传感器的工作原理，掌握其作用、信号特点和安装方法，掌握传感器与DDC之间的接线方法，理解传感器的选型依据	传感器的工作原理、分类、接线	5%	
	传感器的性能指标	5%	
	常用的模拟量传感器	15%	
	常用的开关量传感器	5%	

续表

能力目标	知识要点	权重	自测分数
掌握执行器的功能作用，了解其工作原理，理解电动调节阀的流量特性和口径选择，理解电磁阀、两位旋转阀、电动调节风门的应用知识	电动调节阀	20%	
	电磁阀	3%	
	两位旋转阀	2%	
	电动调节风门	5%	

▶▶章节导读

第1章对BAS做了初步的介绍，读者主要了解了如下的问题。

1. BAS是什么？(BAS是一种对建筑物中众多分散设备进行管理和控制的系统。)

2. BAS有什么用？(BAS的作用是对暖通空调、给水排水、电力、照明、电梯等设备实施控制与管理，其目标是为用户提供一个既安全可靠、节约能源，又舒适宜人的建筑环境。)

3. BAS的软硬件架构怎样？(BAS主要由中央站、现场控制器、仪表和通信网络组成，其网络结构可划分为管理、控制、现场设备三个网络层。BAS产品都提供强大的软件平台，可方便地实现BAS的网络、数据库、控制器的配置，以及系统监测与管理。)

4. BAS在工程上是如何实施的？(粗线条地介绍了BAS工程实施中的主要环节。)

紧接着，读者会问：BAS的组成设备有哪些？这些设备又是怎样的？本章将对BAS的组成(硬件设备)进行深入介绍。

BAS是一种基于计算机等现代技术的、由软件和硬件组成的自动控制系统。因此，在了解BAS设备前，首先需要掌握一定的自动控制和计算机控制的知识。若修学过自动控制课程的读者，则可略过2.1节的内容。集散控制系统和总线控制系统的架构以及DDC控制器、传感器、执行器等内容是本章的核心内容。在叙述这些理论知识时，还适当穿插介绍了当前楼宇自控市场上主流品牌的产品，这将有助于读者对实际工程应用的了解。

通过本章的介绍，读者将深入了解BAS的硬件设备组成，为BAS在暖通空调、给排水、照明等机电设备中的应用打好基础。

引例

2011年度十大楼宇自控品牌奖隆重揭晓

2011年12月15日晚上，由千家网旗下千家品牌实验室主办的“2011年中国智能建筑品牌奖”颁奖典礼在广州东方宾馆隆重举行。智能建筑领域重量级专家、权威的品牌研究专家、近百家品牌高层、业界主流媒体精英，齐聚一堂，共同见证了智能建筑行业领先企业一年来的辛勤努力所放射出荣耀之光的一刻。其间，“2011年度中国智能建筑十大楼宇自控品牌奖”伴随着璀璨星光新鲜出炉。

“中国智能建筑品牌奖”，被誉为智能建筑行业的“奥斯卡”，是由千家网旗下的千家品牌实验室设立，以全年品牌指数为核心依据，综合市场调查、用户反馈和专家评议产生，并根据评分进行奖项排名。多年来，以客观、公正、权威让这个智能建筑领域最具历史和影响力的评选始终魅力十足。其最大特点是：排名并非简单地依据销售额，它更多地反映的是年度品牌建设的成就对比，评选过程贯穿全年。同时“中国智能建筑品牌奖”也是优秀品牌引以为豪的重要奖项，成为品牌宣传的重要荣誉。

上海大学自动化系赵哲身教授为荣获本届“十大楼宇自控品牌奖”的企业颁奖。每一个奖项都象征着他们智慧的结晶，更代表了各企业品牌的辛勤努力，希望在今天荣誉的推动下，未来将绽放更多的超越和突破。2011 年度十大楼宇自控品牌奖榜单如下。

排名	标志	企业	排名	标志	企业
1st	Honeywell	霍尼韦尔 Honeywell	6th	中控·SUPCON	浙江中控研究院有限公司 ZHE JIANG SUPCON RESEARCH CO., LTD
2nd	SIEMENS	西门子 SIEMENS	7th	Techcon	同方泰德国际科技（北京）有限公司 TONGFANG TECHNOVATOR INTERNATIONAL (BEIJING) CO., LTD.
3rd	Johnson Controls	江森自控 Johnson Controls	8th	ASI	爱司艾国际贸易（上海）有限公司 ASI Controls (Shanghai) Ltd.
4th	Schneider Electric	施耐德电子（中国）有限公司 Schneider Electric (China) Co., Ltd.	9th	GREAT 格瑞特	上海格瑞特科技实业有限公司 Shanghai GREAI Science & Technology Co., Ltd
5th	Delta	加拿大Delta控制有限责任公司 Delta Controls	10th	BECKHOFF	德国倍福自动化有限公司 Beckhoff Automation (Shanghai) Co., Ltd

案例小结

熟悉当前楼宇自控市场上的主流产品是工程技术人员开展工作的基础。引例中的新闻报道基本反映了 2011 年度楼宇自控的市场情况。当然，作为工程技术人员，仅仅知道几个厂商和品牌的名字是不够的。读者不妨深入了解一下各品牌产品的特点，并且掌握至少一个品牌的系列产品的技术细节。本章的内容将为读者深入掌握产品技术细节打好基础。

在工作中，一般都有进一步获取产品技术资料的需要。那么，如何便捷地获取从而提高自己的技术能力呢？一般来说，厂商是非常希望用户你学习和使用他们的产品的。向厂商进行技术咨询是初学者获取产品知识，以提高技术能力的捷径。读者不妨通过电话、电子邮件向厂商咨询，或者索要产品技术手册。本章的学习中将接触 DDC、传感器、执行器、系统软件等楼宇自控产品，读者可以试一试向厂商获取这些产品的技术资料。

2.1 计算机控制系统简介

建筑设备自动化控制技术是工业控制技术在建筑领域的延伸。对建筑机电设备运行过程实现自动控制是 BAS 的基本任务。因此，在深入学习 BAS 的硬件设备之前，有必要先了解自动控制和计算机控制方面的基础知识。

2.1.1 自动控制系统简介

1. 自动控制系统的组成

简单的自动控制系统的组成一般都用方框图来表示，它由被控对象和自动化装置两大部分组成，如图 2.1 所示。其中，自动化装置包括测量变送器、控制器和执行器。图 2.1 中的每个方框均表示自动控制系统的一个组成部分，称为一个环节。各个方框之间用带有箭头的线表示其相互关系，箭头的方向表示信号进入还是离开这个方框，线上的字母表示相互作用信号。比较机构实际上是控制器的一个部分，为更清楚地表示其比较作用，在图中以⊗或○表示。

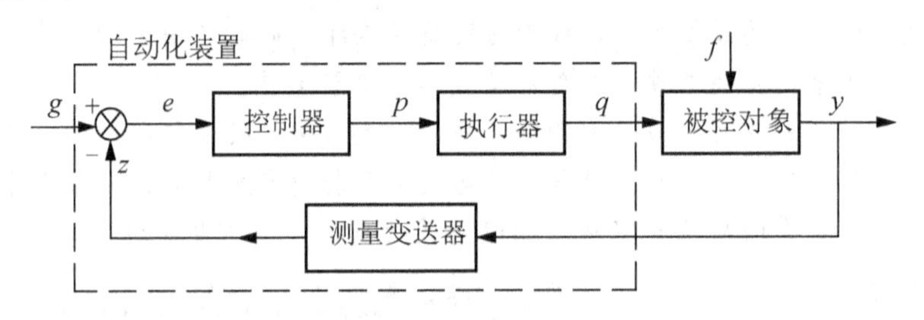

图 2.1 自动控制系统方框图

1）被控对象

在自动控制系统中，需要控制工艺参数的生产设备叫做被控对象，简称对象。空调房间、换热器、空气处理设备、制冷设备、锅炉、供热管网等设备或者设备的某一相应的部分都可以是一个控制系统的对象。

在被控对象中，需要控制一定数值的工艺参数叫做被控变量(y)。被控变量的测量值用字母 z 表示。按生产工艺的要求，被控变量希望保持的具体数值称为设定值(g，也称为给定值或期望值)。被控变量的测量值与设定值之间的差值叫做偏差(e)，$e=g-z$。偏差输入到控制器，经运算决策后输出控制信号(p)。在生产过程中，凡能影响被控变量偏离设定值的种种因素称为干扰(f)。用来克服干扰对被控变量的影响，实现控制作用的参数叫做调节参数(q)，也称为操纵变量。

2）测量变送器

用以感受工艺参数的测量仪表叫测量传感器。如果测量传感器输出的信号与后面仪表所要求的方式不同，则要增加一个把测量信号变换为后面仪表所要求方式的装置，叫做变送器，变送器的输出值就是测量值 z。在 BAS 工程中，常将测量传感器和变送器统称为传感器。

3）控制器

控制器把测量变送器送来的信号与工艺上需要保持的参数设定值相比较，得出偏差 e。根据这个偏差的大小，再按预定的控制算法(或者说控制策略、控制规律)进行运算后，输出相应的特定信号 p 给执行器。预定的控制算法在控制器中执行，是控制系统实现有效控制的核心。控制算法的好坏直接影响整个控制系统的控制精度和性能。控制器可以是机械装置、电子电路器件、计算机系统。BAS 中的 DDC 控制器实际上就是一台计算机。

4）执行器

执行器接受调节器的输出信号，以调节阀门的开启度来改变输送物料或能量的多少，实现对被控变量进行控制。执行器有电动和气动两类。在 BAS 工程中，常用的执行器主要是电动调节阀、电动风门、电磁阀、变频器等。

特别提示

供热、通风、空调、给水、排水、变配电、照明等设备都可以是建筑设备自动化系统的被控对象。在工程实施中，这些被控对象由相应的专业人员来实施。作为楼宇自控专业人员，应在熟悉这些受控对象的工艺流程和工作原理的基础上，设计、配置、调试自动化装置。只有熟悉工艺流程，才谈得上实现优化控制。

2. 负反馈和闭环控制系统

在建筑系统中，绝大多数的受控过程使用闭环控制(Closed-loop Control)。信号沿着箭头的方向传送，最后又回到原来的起点，形成一个闭合的回路，如此循环往复，直到被控对象的被控变量值达到(或接近)设定值为止。我们把这样的控制系统称为闭环控制系统，把系统(或环节)的输出信号直接或经过一些环节重新返回到输入端的做法叫做反馈。在反馈信号 z 旁有一个负号“－”，而在设定值 g 旁有一个正号“＋”。如果反馈信号使原来的信号减弱，也就是反馈信号取负值，那么就叫做负反馈。如果反馈信号使原来的信号加强，也就是反馈信号取正值，那么就叫做正反馈。

在闭环自动控制系统中都采用负反馈。因为只有负反馈，才能使被控变量 y 升高时，反馈信号 z 也将升高，经过比较而使偏差信号 p 降低，此时控制器将发出信号，使执行器的调节阀发生相反的变化，进而使被控变量下降回到设定值，这样就达到了控制的目的。而若采用正反馈，则控制作用不仅不能克服干扰的影响，反而会使偏差越来越大，直到被控变量超出安全范围而破坏生产。

知识链接

1. 开环控制系统

若控制器与被控对象之间只有正向控制作用，而没有反馈控制作用，则为开环控制(Open-loop Control)系统，如图2.2(a)所示。

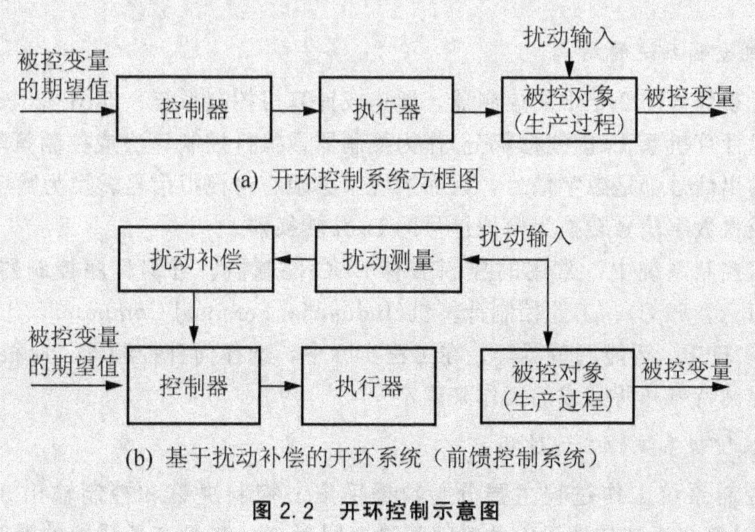

图2.2 开环控制示意图

在开环系统中，过程的输出(也就是被控变量)由两部分决定：干扰输入和控制输入(如能量、材料等。)控制输入是由执行机构按照控制信号的大小来调节的。根据被控变量的设定值，控制器按照一定的规则产生控制信号。开环控制系统没有考虑扰动的影响，因此，开环控制系统通常在扰动不大和设定值变化较小的情况下才能取得满意的效果。

2. 前馈控制系统

在实际应用中，被控变量因干扰引起的偏差往往很严重。为了在开环系统中减小这种偏差，常采用前馈控制的策略[图 2.2(b)]，即把主要干扰作为控制信号，根据其变化趋势，对操纵变量进行调节，来补偿干扰对被控变量的影响。我们把这样的控制系统称为前馈控制系统。采用这种控制策略需要两方面的条件：一是必须能够测量扰动的大小；二是必须能够估计扰动对被控变量的影响，这样才能够补偿这种影响。准确知道扰动的大小和精确评估它的影响需要很高的成本，有时是不现实的。当然，开环系统很稳定，而且也没有稳定性问题，不像在闭环系统中那样会遇到严重的稳定性问题。

3. 自动控制系统的分类

在分析自动控制系统特性时，常常按照工艺过程需要控制的参数值即设定值是否变化和如何变化来分类，而将闭环自动控制系统分为 3 大类。

(1) 定值控制系统。所谓定值就是设定值恒定而不随时间发生变化。生产过程中，如果被控制的工艺参数保持在一个技术指标上不变，或者说要求工艺参数的设定值不变的自动控制系统就是定值控制系统。

(2) 程序控制系统。被控变量的设定值是变化的，是一个已知的时间函数，即生产技术指标需按一定的时间程序变化的自动控制系统称为程序控制系统。

(3) 随动控制系统。被控变量的设定值在不断地变化，它是某一未知量的函数，而这个变量的变化也是随机的，这样的自动控制系统称为随机控制系统。随机控制系统的作用就是使所控制的工艺参数准确而快速地跟随设定值的变化而变化。

2.1.2 计算机控制系统的简介

1. 计算机控制系统的结构

用计算机来代替图 2.1 中的控制器，即构成计算机控制系统，如图 2.3(a)所示。计算机控制系统以计算机系统(虚线框部分)作为控制器，执行控制算法或控制策略。由于计算机的输入和输出信号都是数字信号，因而系统中必须有将模拟信号转换为数字信号的 A/D 转换器，以及将数字信号转换为模拟信号的 D/A 转换器。

在计算机控制系统中，常用的控制器有 DDC 控制器、可编程序控制器(Programable Logic Controller，PLC)、工业控制计算机(Industrial Personal Computer，IPC，简称工控机)、单片机、DSP、智能调节器等。在工程实际中，选择何种控制器，应根据控制规模、工艺要求、控制特点和所完成的工作来确定。

2. 计算机控制系统的工作过程

计算机控制系统工作过程主要分为数据采集、控制决策和控制输出 3 个步骤，如图 2.3(b)。计算机系统按照设定的时间间隔巡回对来自测量变送装置的瞬时值进行数据采集。然后，对采集到的被控量进行分析和处理，并按预定的控制规律或控制策略，决定将要采取的控制行为。根据控制决策，适时地对执行器发出控制信号，使被控对象按指定规律变化或限定在某一要求的范围内，完成控制任务。数据采集、控制决策和控制输出3个步骤不断重复，使整个系统按照一定的品质指标进行工作，并对被控量和设备本身的异常现象及时作出处理。

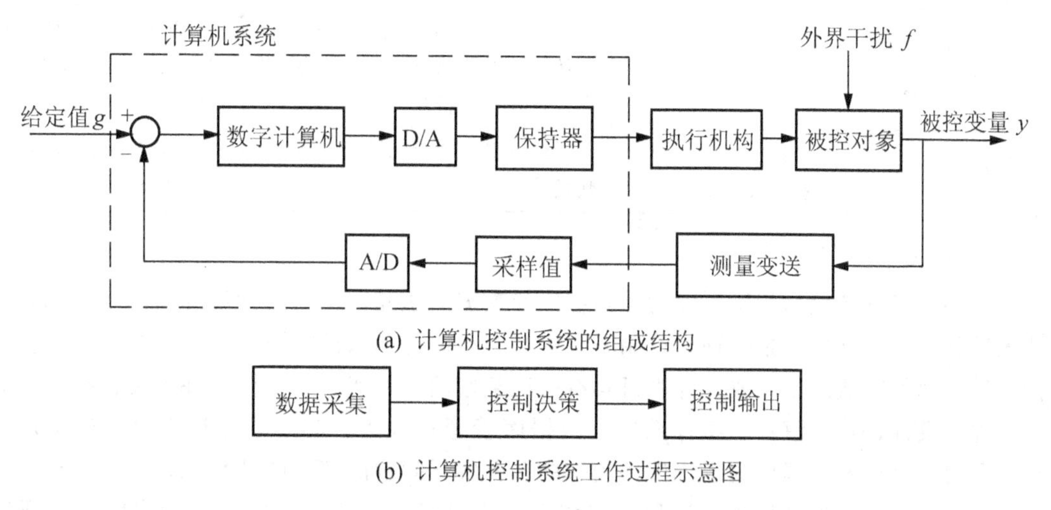

(a) 计算机控制系统的组成结构

(b) 计算机控制系统工作过程示意图

图2.3 计算机控制系统的结构与工作过程

3. 计算机控制系统的硬件和软件

计算机控制系统中的计算机是按工业生产特点和要求而设计的，故也称为工业控制计算机。与普通计算机相比，具有可靠性高、实时性好、环境适应性强、过程输入输出功能强的特点。与普通计算机相同，工业控制计算机也包括硬件和软件两个组成部分。

1）硬件部分

硬件主要包括主机、外围设备、过程输入输出设备、人机交换设备和通信设备等。计算机硬件的作用及功能见表2-1。

表2-1 计算机硬件的作用及功能

硬件名称		主要部件	功能	作用
主机		CPU、只读存储器、随机存储器	输入过程实时信息；自动进行数据处理；发布控制指令及进行控制决策	计算机控制系统的核心部件，完成系统的信息采集与控制
过程输入输出设备	模拟量输入通道	传感器、测量变送器、A/D转换器、接口电路	采集过程模拟量数据；进行数据变换、放大；进行模/数转换；采集数据送计算机	采集现场模拟量数据，并进行数据处理
	模拟量输出通道	D/A转换器、执行驱动器	接受CPU发出的控制信息；进行数/模转换；完成信号放大、驱动；执行控制指令	对控制设备发出控制信息，并产生控制动作

续表

硬件名称		主要部件	功能	作用
过程输入输出设备	开关量输入通道	隔离器、缓冲器、接口电路	采集开关量设备数据；进行现场与控制系统隔离；开关量信息送计算机	采集现场开关量数据，并进行数据处理
	开关量输出通道	隔离器、驱动接口电路	接受计算机发出的开关量控制信号；进行现场与控制系统隔离；执行控制指令	对开关设备发出控制信息，并产生控制动作
人机交换设备		键盘、鼠标、打印机、扫描仪、磁盘	输入数据及控制信息；输出数据	人与计算机进行信息交流

2）软件

软件是指计算机运行所需要的各种程序和数据的总和，主要包括系统软件和应用软件两大部分。系统软件是指管理、控制和维护计算机硬件和软件资源的软件，其功能是协调计算机各部件有效地工作或使计算机具有解决某些问题的能力。系统软件主要包括操作系统、程序设计语言、解释和编译系统、数据库管理软件等。应用软件是用户面向生产过程，利用计算机及其提供的系统软件为解决各种实际问题而编制的计算机程序。它包括过程输入程序、过程控制程序、过程输出程序、人机接口程序、打印显示程序和公共子程序等。

计算机控制系统随着硬件技术的高速发展，对软件也提出了更高的要求。只有软件和硬件相互配合，才能发挥计算机的优势，开发出具有更高性能价格比的计算机控制系统。

4. 计算机控制系统的类型

计算机控制系统有操作指导控制系统、直接数字控制系统、计算机监督控制系统、集散控制系统、现场总线控制系统等多种类型。在实际工作中，应根据建筑设备的功能类别、管理要求及建设投资等实际情况，选择合适的计算机控制系统类型。

1）操作指导控制系统

操作指导控制系统是指计算机的输出不直接用来控制生产对象，而只对系统过程参数进行采集、加工处理，然后输出数据，操作人员根据这些数据进行必要的操作，如图 2.4(a)所示。操作指导系统属于开环控制系统结构，具有系统结构简单、造价低的优点，尤其适用于未摸清控制规律的系统。其缺点是需要人工操作，很难适应快速变化的系统，不能同时进行多回路操作。

2）直接数字控制系统

直接数字控制(Direct Digital Control)系统简称 DDC 系统，如图 2.4(b)所示。计算机对多个被控对象进行巡回检测，检测结果与设定值进行比较，再按直接数字控制方法进行控制运算，然后输出到执行机构，对生产过程进行控制。

所谓直接数字控制是以微处理机为基础，不借助模拟仪表而将传感器的输出信号直接输入到微机中，经微机按预先编制的程序处理后直接驱动执行器的控制方式。这种计算机称为直接数字控制器，简称 DDC 控制器。直接数字控制系统可进行多回路控制，灵活性大，可靠性高，可实现各种复杂控制规律，是全自动控制系统。

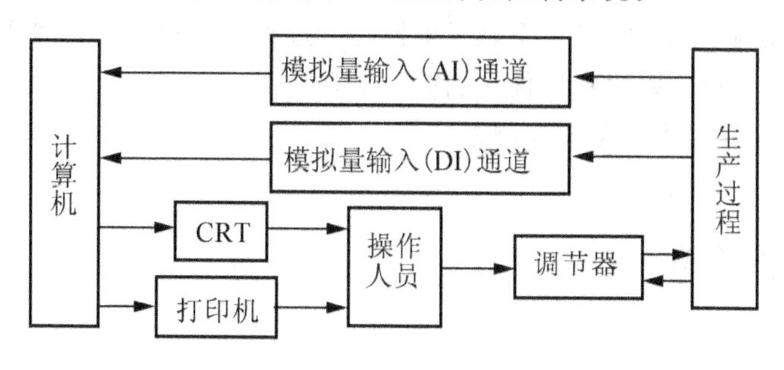

(a) 操作指导控制系统

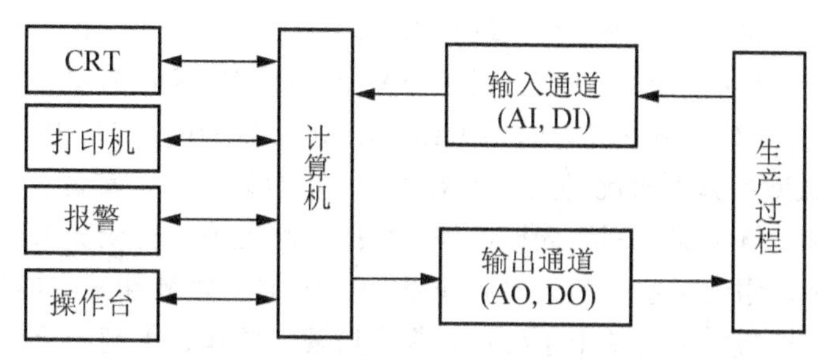

(b) 直接数字控制系统

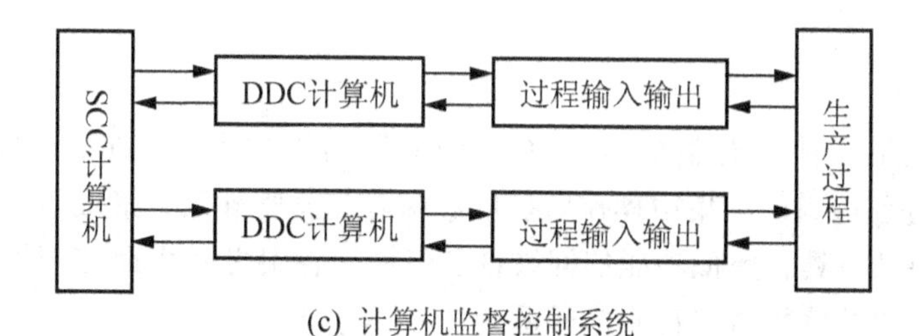

(c) 计算机监督控制系统

图 2.4 早期的计算机控制系统框图

DDC 系统中的计算机直接承担着控制任务，因而要求实时性好、可靠性高和适应性强。为充分发挥计算机的利用率，一台计算机通常要控制几个或几十个回路，因此必须合理设计应用软件，使之实时地完成所有功能。由于生产现场环境恶劣、干扰频繁，直接威胁着计算机的可靠运行，因此，必须采取抗干扰措施来提高系统的可靠性，使之能适应各种生产环境。

3）计算机监督控制系统

计算机监督控制系统(Supervisory Computer Control，SCC)的构成，如图 2.4(c)所示。SCC 系统通常采用两级计算机，其中 DDC 计算机(称为第一级)完成上述直接数字控制功能；SCC 计算机(称为第二级)则根据反映生产过程工况的数据和数学模型进行必要的计算，给 DDC 计算机提供各种控制信息，比如最佳给定值和最佳控制量等。

DDC 计算机与生产过程连接，直接承担控制任务。因而要求可靠性高、抗干扰强，并能独立工作。SCC 计算机承担高级控制与管理任务，信息存储量大，计算任务重，一般选用高档微型机或小型机作为SCC计算机。

计算机监督控制系统的特点：系统可根据生产过程的变化，不断地改变设定值，使系统适应生产过程的变化，以达到最优控制的目的。

4）集散控制系统与现场总线控制系统

分别参见2.1.3和2.1.4两小节。

2.1.3 集散控制系统

1. 概述

早期的集中控制系统由一台中央计算机集中处理所有现场状态，对所有被控对象实施控制。一旦中央计算机崩溃，则整个系统将陷入瘫痪。随着生产过程的规模扩大和控制管理要求的提高，集中控制系统的缺点显得尤为突出，已难以满足需要，继而发展起来了集散控制系统(也称为分布控制系统，Distributed Control System，DCS)。

DCS以多台微型计算机取代了集中控制系统的单台计算机，实现对现场设备的分散控制，使得整个系统运算负荷、网络数据通信和故障影响范围均得到分散，同时控制功能直接在现场得以实现，增强了系统的实时响应性。DCS的主要特性是集中管理和分散控制，它是利用计算机、网络技术对整个系统进行集中监视、操作、管理和分散控制的技术。

当前，集散控制系统在工业控制领域和楼宇自动控制领域都得到了广泛应用，成为过程控制领域的主流控制系统。

2. DCS的体系结构

DCS整体上是一种分支型结构，DCS的体系结构如图2.5所示。从垂直结构上看，DCS分为分散过程控制层、集中操作监控层和综合信息管理层，形成从上到下的分级分布控制。每一个层又由具有类似功能的同级设备组成。各层之间由通信网络连接，同层内各设备之间由本层的通信网络进行通信联系。

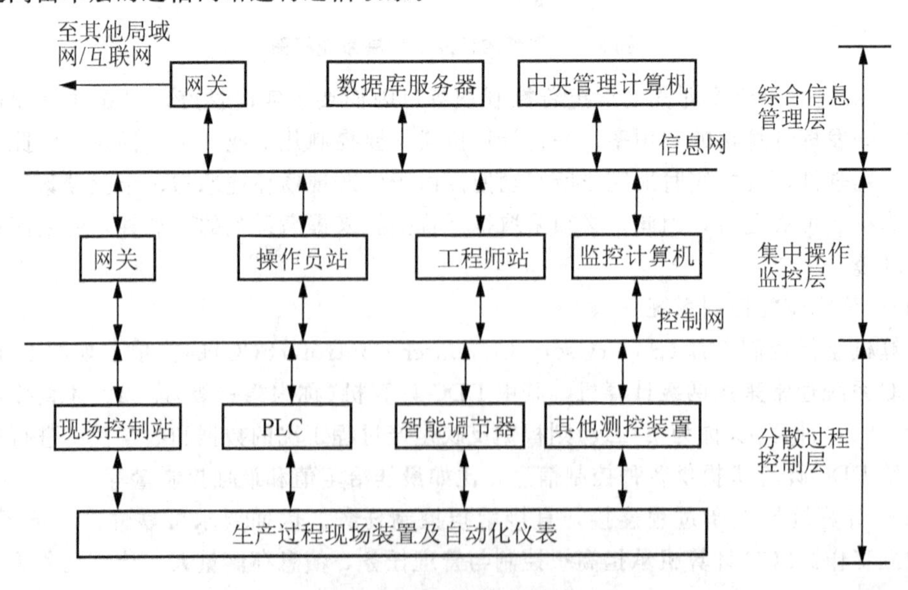

图2.5 DCS的体系结构

1）分散过程控制层

分散过程控制层直接面向生产过程，通过各类现场监控设备完成对现场设备的数据采集、调节控制、顺序控制等功能。输入现场控制站的信号来自生产过程现场的各种传感器、变送器及电气开关的信号。从现场控制站输出的信号用于驱动各类执行机构。分散控制层通过与集中操作监控层间的数据通信，接收操作站下传的参数和作业命令，并将现场工作情况信息整理后向操作站汇报。现场控制站可采用工业控制计算机、可编程序控制器、智能调节器以及其他测控装置。

2）集中操作监控层

集中操作监控层以操作监视为主要任务，兼有部分管理功能，完成显示、操作、记录、报警、组态等功能。由于此层面向操作员和控制系统工程师，因而配备有技术手段齐备、功能强的计算机系统及外部设备，如显示器、键盘和打印机等，需要较大存储容量的硬盘支持及功能强大的软件支持，以确保工程师和操作员对系统进行组态、监视和操作，对生产过程实行高级控制策略、故障诊断、质量评估等。集中操作监控层主要包括监控计算机、工程师站、操作员站等。其中，工程师站主要用于整个控制系统的组态和维护，操作员站用于系统的监视和控制操作，综合信息管理层用于整个系统信息的综合管理和优化控制。

3）综合信息管理层

综合信息管理层由中央管理计算机、数据库服务器等设备构成，通过办公自动化系统、工厂自动化服务系统等软件系统的运行，实现整个企业的综合信息管理。DCS的综合信息管理层实际上是一个管理信息系统(Management Information System，MIS)。

4）通信网络系统

DCS各层之间的信息传输主要依靠通信网络系统来支持。根据各级的不同要求，通信网也分成低速、中速、高速通信网络。低速网络面向分散过程控制层；中速网络面向集中操作监控层；高速网络面向综合信息管理层。

通信网络系统将DCS的各个监控设备、工作站、服务器连接起来，进行数据、指令等信息的传递。

3. DCS的特点

与一般的计算机控制系统相比，DCS具有以下几个特点。

1）硬件积木化

DCS采用积木化硬件组装式结构，系统配置灵活，可以方便地构成多级控制系统。要扩大或缩小系统的规模，只需按要求在系统中增加或拆除部分单元，而系统不会受到任何影响。这样的组合方式，有利于企业分批投资，逐步形成一个在功能和结构上从简单到复杂、从低级到高级的现代化管理系统。

2）软件模块化

DCS为用户提供了丰富的功能软件，用户只需按要求选用即可，大大减少了用户的开发工作量。功能软件主要包括控制软件包、操作显示软件包和报表打印软件包等，并提供至少一种过程控制语言，供用户开发高级的应用软件。

控制软件包为用户提供各种过程控制的功能，主要包括数据采集和处理、控制算法、常用运算式和控制输出等功能模块。这些功能固化在现场控制站、PLC、智能调节器等装置中，用户可以通过组态方式自由选用这些功能模块，以便构成控制系统。

操作显示软件包为用户提供丰富的人机接口联系功能，并在CRT和键盘组成的操作站上进行集中操作和监视，如总貌显示、分组显示、网络显示、趋势显示、流程显示、报警显示和操作指导等画面，并可以在CRT画面上进行各种操作，可以完全取代常规模拟仪表盘。

报表打印软件包可以向用户提供每小时、班、日、月工作报表，打印瞬时值、累计值、平均值、打印事件报警等。

过程控制语言提供给用户开发高级应用程序，如最优控制、自适应控制、生产和经营管理等。

3）控制系统组态

DCS设计了使用方便的面向问题的语言，为用户提供了数十种常用的运算和控制模块，控制工程师只需按照系统的控制方案，从中任意选择模块，并以填表的方式来定义这些功能模块，进行控制系统的组态。系统的控制组态一般是在操作站上进行的，填表组态方式极大地提高了系统设计的效率，解除了用户使用计算机必须编程的困扰，这也是DCS能够得到广泛应用的原因之一。

4）通信网络的应用

通信网络是集散型控制系统的神经中枢，它将物理上分散配置的多台计算机有机地连接起来，实现了相互协调、资源共享和集中管理。通过高速数据通信线，将现场控制站、局部操作站、监控计算机、中央操作站、管理计算机连接起来，构成多级控制系统。整个集散型控制系统的结构，实质上就是一个网络结构。

5）可靠性高

DCS的可靠性高体现在系统结构、冗余技术、自诊断功能、抗干扰措施可靠性高和元件的高性能。

2.1.4 现场总线控制系统

集散型控制系统还没有从根本上解决系统内部的通信问题和分布式问题，只是以固定集散模式和通信约定构成的自成封闭系统。因此，这种控制系统还很难适应智能大厦种类繁多的设备检测和控制要求。

现场总线技术自20世纪80年代诞生至今，由于它适应了工业控制系统向分散化、网络化、智能化发展的方向，一经产生便成为自动控制技术的热点，由此形成的全分布控制系统——现场总线控制系统(Fieldbus Control System，FCS)，导致了传统控制系统体系结构的变革。FCS是DCS的更新换代产品。

FCS中现场设备多点共享总线，实现通信网络的多信息传输，不仅减少系统线缆，简化系统安装、维护和管理，而且降低系统投资和运行成本，增强系统性能。从物理结构上来说，FCS主要由现场设备(如智能化设备或仪表、现场CPU、外围电路等)与形成系统的传输介质(对绞线、光纤等)组成。现场总线作为底层控制网络，肩负着测量控制的特殊任务，它具有信息传输实时性强、可靠性高、多为短帧传送等特点，传输速率一般在几千字节每秒至10 Mb/s。

1. FCS 的体系结构

基于现场总线技术的基本思想，FCS 采用总线拓扑结构，如图 2.6 所示。变送器、控制器、执行器等现场设备构成现场层。站点分主站和从站：上位机(中央监控计算机)、控制器为主站，主站采用令牌总线的介质存取方式；变送器、执行器为从站，从站不占有令牌。FCS 的体系结构总体上为令牌加主从的混合介质存取控制方式。

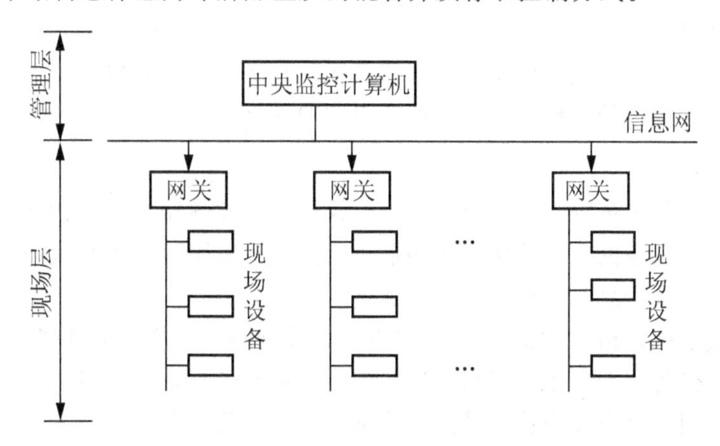

图 2.6 FCS 的体系结构

传统的 DCS 的通信网络截止于控制站或输入输出单元，现场仪表仍然是一对一的 4～20mA 模拟信号传输，如图 2.7(a)所示。FCS 则把通信线一直延伸到生产现场中的生产设备，构成现场设备或现场仪表互联的现场通信网络，如图 2.7(b)所示。FCS 通信数据较多，通信速率要求较快的现场总线仪表单元直接连接在 H2 总线系统上；而其他要求数据通信较慢或实时性要求不高的现场总线仪表单元则全部连接在 H1 总线系统上。FCS 在网络通信中采用了许多防止碰撞、检查纠错的技术措施，实现了高速、双向、多变量、多站点之间的可靠通信。

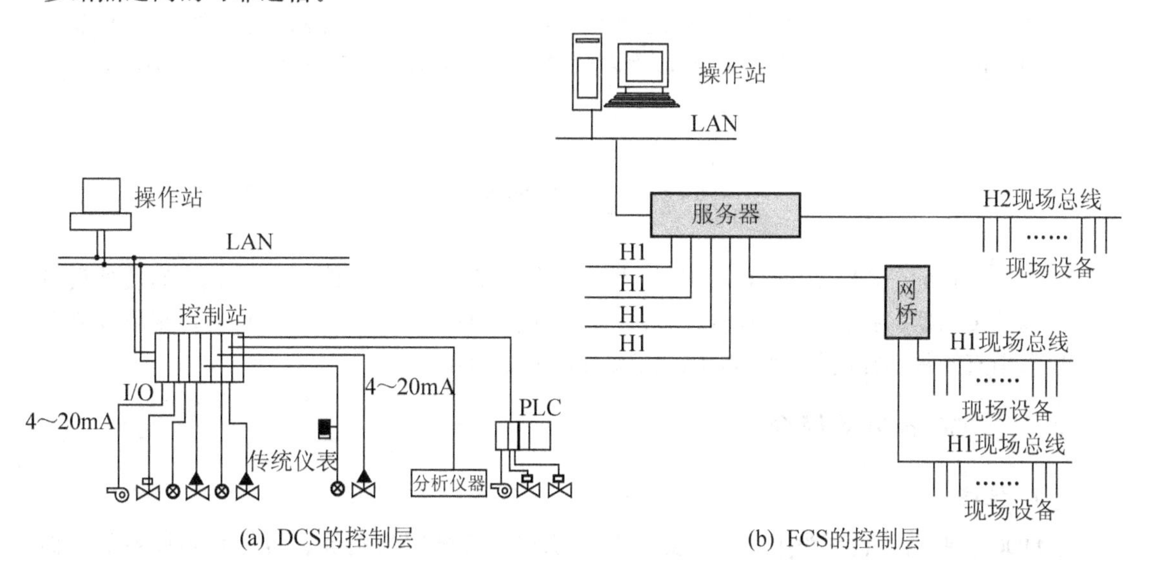

图 2.7 DCS 的控制层与 FCS 的控制层的比较

2. FCS的功能

(1) 由上位机或手持编程器进行组态，确定回路构成及参数值，两者均可随时加入或退出系统。

(2) 除控制器的控制功能之外，还可由上位机承担先进的控制运算或优化任务。

(3) 控制器除输出控制变量外，还向上位机传送状态、报警、设定参数变更及各种需要保存的数据信息。

(4) 上位机可监视总线上各站点的运行情况，并保存历史数据。

(5) 网络上各主站的软件均可支持网络组成的变化，具有灵活性。

3. FCS的主要特点

(1) 数字化的信息传输。①底层传感器、执行器、控制器之间是数字信号传输；②底层与上层工作站及高速网之间采用全数字信息交换；③采用防碰撞及检查纠错技术；④可实现高速、双向、多变量、多地点之间的通信。

(2) 分散的系统结构。①将输入/输出单元、控制站的功能分散到智能型现场仪表中；②每个现场仪表作为一个节点，都带CPU单元，可分别独立完成测量、校正、调节、诊断等功能；③任何一个节点出现故障只影响本身而不会危及全局。

(3) 方便的互操作性。①不同厂商的FCS产品可互联；②不同厂商的FCS产品可组成统一的系统，相互操作，统一组态。

(4) 开放的互联网络。①FCS技术及标准是全开放式的；②通信网络可以和其他系统网络或高速网络相连接，用户可共享网络资源。

(5) 多种传输媒介和拓扑结构。①可采用多种传输介质进行通信；②可采用多种网络拓扑结构；③布线工程可节省40%的经费。

特别提示

目前，工程中应用的BAS产品大多是基于DCS的控制系统。这些BAS往往将DCS、FCS和计算机网络等技术相互融合(或者糅杂)在一起。因此，BAS的体系架构往往不是纯粹单一的DCS或FCS。

2.2 DDC控制器

在第1章的“BAS的硬件架构”一节中，介绍了BAS的硬件架构。BAS的硬件设备主要包括传感器、执行器、现场控制器、控制与信息网络及中央管理工作站。现场控制器一般采用直接数字控制器(Direct Digital Controller，DDC)。

2.2.1 DDC控制器简介

1. 概述

DDC控制器，也称为下位机，是一种用于控制管理暖通空调、给排水等设备的、面向生产过程的特殊计算机。DDC控制器可以独立运行，实现对建筑机电设备系统的监控，可以通过通信接口与其他DDC控制器通信，也可以通过通信网络接受中央管理计算机的统一管理与优化管理，是BAS的核心设备。

1）DDC的硬件和软件

DDC与普通PC计算机相同，同样有中央处理器CPU、ROM、RAM、输入输出接口等设备。DDC的硬件和软件都以一定的标准制成多种类型的模块。在硬件上，DDC与各类传感器、执行器直接相连。在软件方面，DDC配备各类设备控制模式的程序，可以按建筑物的规模与不同设备类型任意组合和扩展，可对建筑设备进行分区控制、最佳起停控制、PID自适应控制、参数趋势记录、报警处理、逻辑及时序控制等。所有这些监控功能均由各类传感器、电动执行装置、阀门等配合DDC控制器共同完成。

在BAS中，一般在上位机以模块组态的方式进行控制程序的编写，编写好的程序经上位机编译后下载至DDC。这些控制程序存储在DDC的存储器中，即使断电也不会丢失。CPU的处理能力和存储器的大小决定了现场控制设备所能处理控制程序的复杂性。

DDC通过通信模块与其他设备进行通信，包括向上位机发送监视状态、接收上位机发出的指令、与同级设备进行互操作以及通过现场控制面板改变部分程序参数等。通信接口根据产品不同可以包括与现场总线的接口、与现场控制面板的接口、与上层控制网络(可以是以太网、中间层控制网络或与通信控制器)的接口等。

2）DDC的结构类型

根据现场应用的情况，DDC的结构有两种基本类型：独立控制器结构和模块化结构。独立结构的控制器是指它的所有输入/输出控制点、电源、CPU、通信接口等均在一台控制器上。而模块化结构的DDC控制器的电源、CPU、输入输出控制点、通信接口等都是模块化结构，具有很好的通用性和扩展性。系统配置时，设计者应根据所监控区域的监控点数量和类型来配置模块的数量和类型。

此外，还有专用于末端设备控制的小型专用DDC(如VAV末端DDC、风机盘管专用DDC等)，以及执行器与控制器一体化的DDC(如执行终端设备控制器)。

3）DDC控制箱

在工程现场，为了防尘、防电磁干扰、安装电源及辅助输入输出设备，应把DDC控制器和电源等设备安装在相应的控制箱(或机柜)内，如图2.8所示。控制箱内一般有多层导轨装置，以供安装电源及各种模块之用。外壳均采用金属材料(如钢板或铝材)，活动部分(如柜门)与机柜主体之间保证有良好的电气连接，从而为内部的电子设备提供完善的电磁屏蔽。为保证电磁屏蔽效果和操作人员的安全，机柜要求电气可靠接地，接地电阻小于4Ω。根据需要，机柜还可以配上散热设备，以保证设备的正常工作温度。

BAS根据需要有时会将几个控制器安装在同一个控制箱内，但从功能上说，每个控制器实际上是一个现场控制站。

2. DDC的输入/输出通道(I/O通道)

DDC控制器与生产过程中的各种过程控制量之间的信息传递，需要通过输入/输出通道(I/O通道)进行。相比较电源、通信接口，I/O通道是DDC控制器中种类最多、数量最大的一类接口，可以达到几十个、上百个。I/O通道是整个BAS与被控对象之间的接口，直接负责从各种传感器、变送器读入现场状态，并输出信号控制各类执行机构。I/O 通道在两者之间起到纽带和桥梁作用。

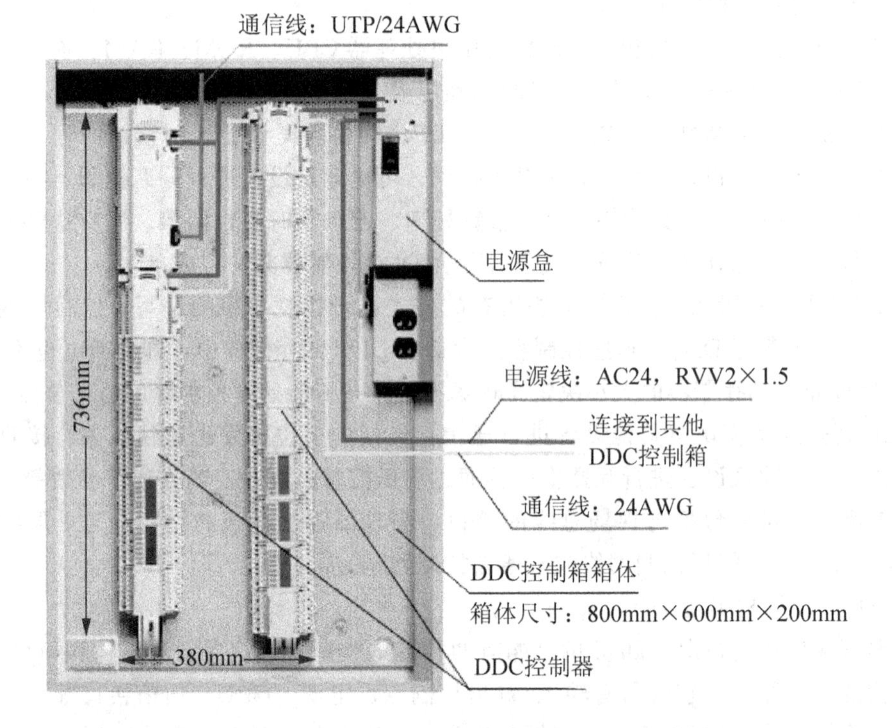

图 2.8 某型号 DDC 控制器及其控制箱

特别提示

DDC 控制器的内部结构非常复杂。但对于楼宇自控技术人员，我们关注的不是 DDC 内部的结构原理，而是 DDC 外部接口的特性，如 I/O 接口、电源接口、通信接口等。这就犹如应用电子技术人员一样，关注的是集成电路芯片的引脚，而不是芯片内部的结构。因此，读者在学习时，不必被 DDC 的复杂结构所吓倒。

DDC 控制器的 I/O 通道有 4 种最基本的类型：模拟量输入通道(AI)、模拟量输出通道(AO)、开关量(或称为数字量)输入通道(DI)、开关量(或称为数字量)输出通道(DO)。

1) DI 通道

DI 通道用来输入各种限位(限值)开关、继电器或阀门连动触点的开、关状态，输入信号可以是交流电压信号、直流电压信号或干接点。由于干接点信号性能稳定，不易受干扰，输入、输出方便，目前应用最广。

与控制器 DI 通道相连接的是以开关状态作为输出的传感器(如水流开关、风速开关或压差开关等)，两者之间采用非屏蔽软线(如 RVV2×1.0)，电路原理如图 2.9 所示。

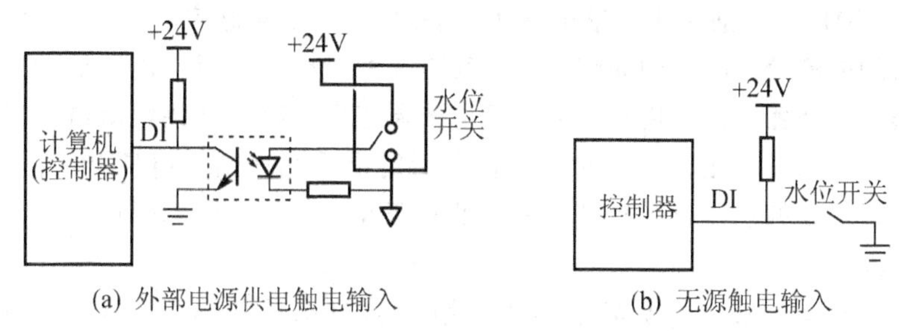

(a) 外部电源供电触电输入　　(b) 无源触电输入

图 2.9　DDC 的 DI 通道的连接电路原理图

DDC 能判断 DI 通道上电平高/低两种状态，并将其转换成数字量“1”或“0”，进而对其进行逻辑分析和计算。DDC 对外部的开关量传感器进行信号采集，一般数字量接口没有接外设或外设是断开状态时，DDC 将其认定为“0”，而当外设开关信号接通时，DDC 将其认定为“1”。

除了测量开关状态，DI 通道还可直接对脉冲信号进行测量，测量脉冲频率或脉冲宽度，或对脉冲个数进行计数。这些功能对常规仪表来说比较困难，但对 DDC 这类计算机控制系统来说，由于它的基本信号处理对象就是“0”、“1”这种开关信号，并且有很准确的时钟，因此很容易高精度地对脉冲进行这种测量。因此，输出脉冲信号的传感器和变送器非常适合于计算机监测控制系统使用。当脉冲的频率不是很高时(10 kHz 以下)，线路传输的抗干扰能力很强，因为它只有“通”、“断”两种状态，小的干扰信号不会对其有任何影响。

2）DO 通道

当外部需要数字量输出时，系统通过 DO 通道提供开关信号，用以控制只具有开、关两种状态的外部设备，如电磁阀、继电器、指示灯、声光报警器等。DO 信号一般以干接点形式输出，要求输出的“1”或“0”对应于干接点的通或断。

如图 2.10(a)所示利用 DO 通道控制一盏 24V 指示灯的电气原理图。但当控制对象所需要的电源为 220V 以上或需要通过较大电流时，DDC 控制器的 DO 端口一般不能直接与控制对象连接成回路，需要借助中间继电器、接触器等设备进行控制。

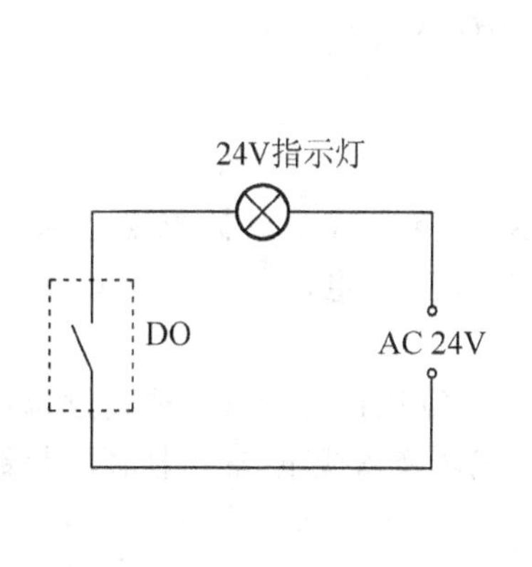

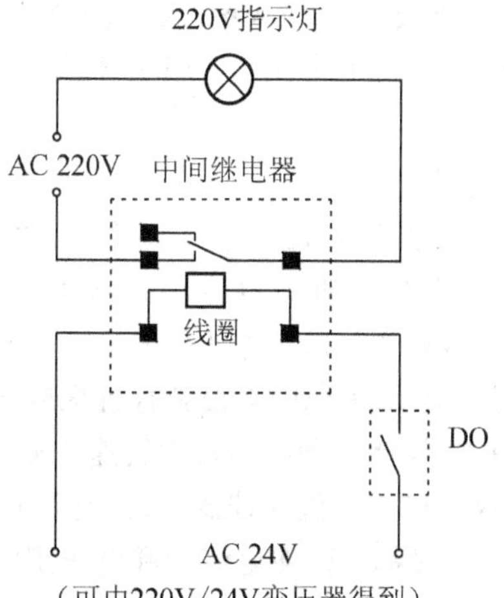

(a) DO信号直接控制24V指示灯　　(b) DO信号通过中间继电器间接控制220V回路

图 2.10　DO 信号控制指示灯电气原理图

如图 2.10(b)所示为通过中间继电器实现 DDC 的 DO 通道控制 220V 回路的原理示意图。当主回路的电流较大时，中间继电器的触点无法承受，这时又需要借助继电器、接触器等。继电器、接触器都是使用小功率信号去控制强电负荷。选择继电器、接触器时需要注意控制参数，如驱动电压、触点对数、触点所能承受和通断的电压/电流等。通过合理地选择、配置，现场控制器可以控制上万伏的高压和上千安的电流回路。

3) AI 通道

DDC 的 AI 通道用来输入模拟量信号。输入的模拟量如温度、压力、流量、液位、空气质量等，这些物理量通过相应的传感器测量，并经过变送器转变为标准的电信号，如 0～10V、4～20mA 等标准信号(一般推荐在传输距离较长时尽可能采用电流信号，以降低线路损耗)。这些标准的电信号进入 DDC 的 AI 通道，经过内部的 A/D 转换器转换成数字量，再由 DDC 进行分析处理。

如果传感器的输出为电压信号，当接收端输入阻抗小，输入电流较大时，信号传输线路的阻抗会造成很大的电压降，这将导致控制器接收端误差很大乃至无效；如果使接收端为高输入阻抗，输入电流较小时，信号传输线路上的电流较小，这将导致线路的抗干扰能力较差。因此，变送器的输出一般不采用电压信号，而采用电流信号。

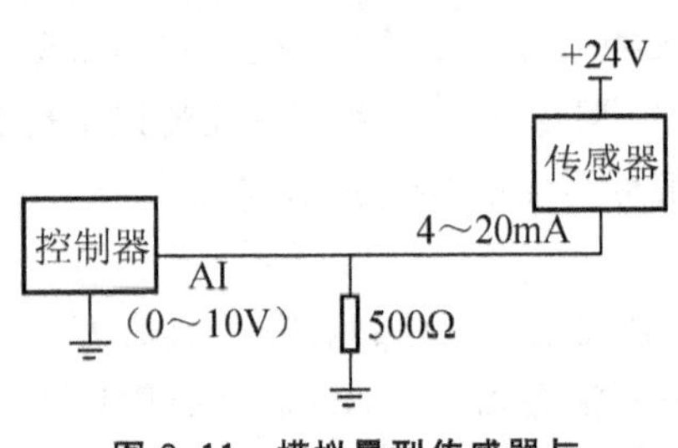

图 2.11 模拟量型传感器与控制器的连接示意图

DDC 控制器的 AI 通道一般是电压测量通道，即它可以测量出接至输入端的电压值。控制器的 AI 通道接收电流信号后，先要将其变换为相应的电压信号，再经过 A/D 转换，将其变为数字量后，由控制器进行分析处理。如图 2.11 所示模拟量型传感器与控制器的连接示意图。

控制器 AI 通道与模拟量传感器之间一般采用屏蔽软线(如 RVVP 2×1.0)连接。

特别提示

许多厂商提供的现场控制设备支持将 AI 通道与 DI 通道通用。这些产品只要在编程时进行设置或在硬件上跳线就可以选择输入信号类型，这种接口称为 UI(通用输入通道)。

4) AO 通道

当外部需要模拟量输出时，系统经过 D/A 转换器转换后变成标准电信号，一般为 DC 4～20mA 标准直流电流信号或 DC 0～10V 标准直流电压信号，有些场合也使用 DC 0～5V 或DC2～10V 电压信号。

AO 通道的输出信号用来控制直行程或角行程电动执行机构的行程，或通过调速装置(如变频调速器)控制各种电动机的转速，亦可通过电/气转换器或电/液转换器来控制各种气动或液动执行机构，例如控制电动阀门的开度等。

AO 信号一般都可以在电流型和电压型之间转换。这种转换有些可以直接通过软件设置实现，有些则要通过外电路实现，如在 4～20mA 标准直流电流信号输出端接入一个 500Ω 的电阻，电阻的两端就是 DC2～10V 电压信号。

特别提示

用DO点控制强电设备时，需要借助继电器、接触器等辅助设备。对于AI、AO、DI等输入输出点，也可能存在其所能接受或输出的信号可能与现场传感器、变送器、执行机构等的信号不匹配的情况。这时就需要其他辅助输入输出设备。但这些信号匹配问题一般在设备选型时就予以充分地考虑进行解决了。

3. DDC应用举例

如图2.12(a)所示是DDC对空调机组的监控示意图。DDC利用传感器和检测设备通过DI、AI通道监测空调机组的有关数据和状态，DDC通过DO、AO通道将控制命令送给执行机构实施对空调机组的控制。在实际的控制回路中，DDC一般不直接控制相关设备，而是通过继电器、变频器等类型的辅助控制器件完成动作。工程上，常用监控原理图表示DDC对被控对象的监控点位设置情况，如图2.12(b)所示。监控原理图的上部分是受控对象的工艺流程，下部分是DDC监控点位统计表，电器信号常用虚线表示。有关监控原理的详细知识在后续的章节中有论述。

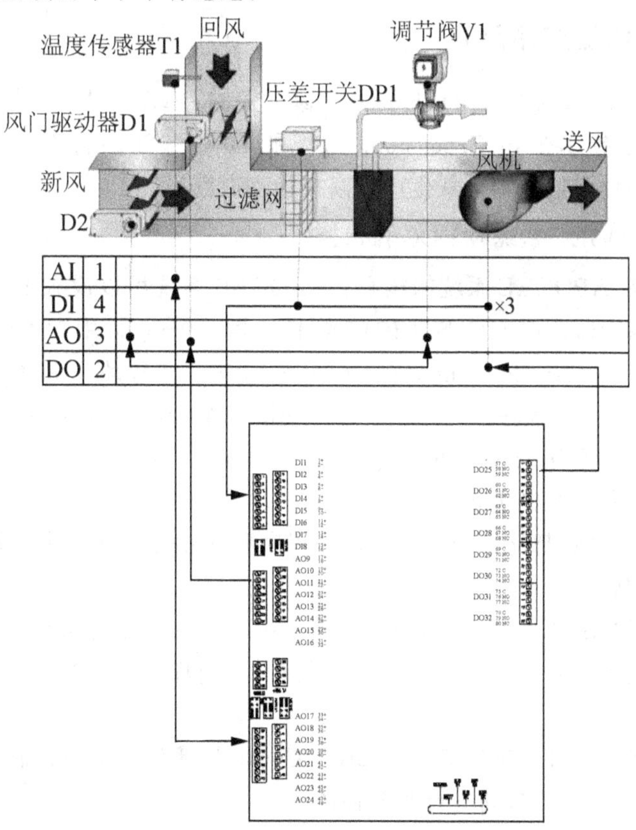

(a) DDC对空调机组的监控示意图

图2.12 DDC的工程应用举例

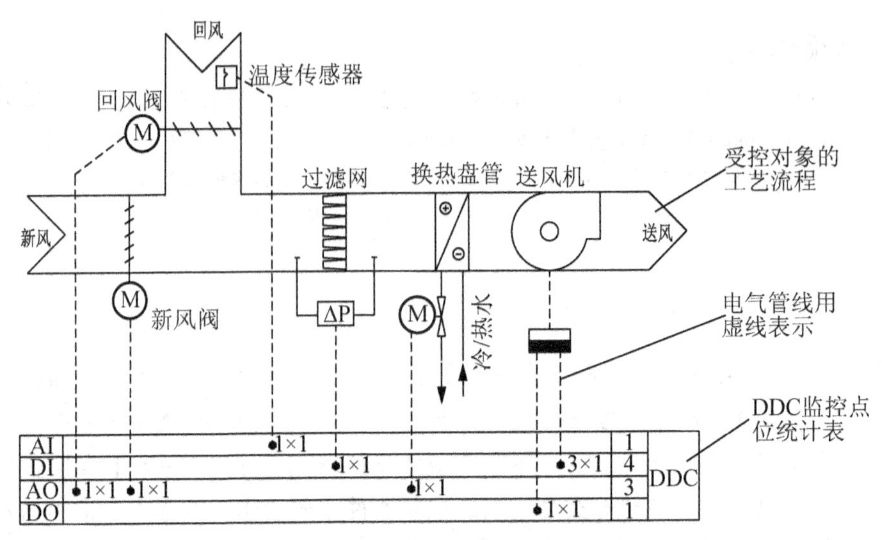

(b) 空调机组监控原理图示例

图 2.12 DDC 的工程应用举例(续)

2.2.2 DDC 控制器产品简介

目前，我国 BAS 市场上应用最广泛的三家公司的 DDC 产品分别是：西门子楼宇科技公司的 DDC，霍尼韦尔公司 Excel 5000 系统的 DDC 和江森自控公司 Metasys 系统的 DDC。关于产品的详细信息则可从生产厂商或代理商获得。

1. 西门子 APOGEE 系统的 DDC 控制器

DDC 控制器是 APOGEE 系统的核心。APOGEE 系统可以没有 Insight 工作站，也可能没有传感器或执行器，但不可能没有 DDC 控制器。Apogee 中常用的 DDC 控制器有模块化设备控制器(Modular Equipment Controller，MEC)、模块化 PXC 控制器(PXC Modular)、紧凑型 PXC 控制器(PXC Compact)，如图 2.13 所示。这些 DDC 控制器在自控层网络(ALN)上的通信采用点对点的方式(Peer to Peer)，通过 ALN 与 Insight 监控软件通信。这些控制器具有的主要功能如下。

(1) 各 DDC 控制器都能够独立工作，按程序和日程表运行，并不依赖于 Insight 服务器和其他 DDC 控制器。

(2) 使用过程控制语言 PPCL(Powers Process Control Language)进行程序编写。

(3) 先进的比例积分微分(PID)暖通空调控制，闭环调节算法，可使振荡最小，并保持精密控制。

(4) 西门子特有的自适应控制(Adaptive Control)算法。闭环控制算法的另一种，能根据对象负载/季节的变化自动进行调节补偿。

(5) 为能源管理提供了内置的能源管理程序 SSTO(Start/Stop Time Optimization)。

(6) 全面的报警管理、历史数据记录和操作员的控制监视功能。

(7) 控制器在掉电情况下，所有设置、数据和程序由内置电池保存。

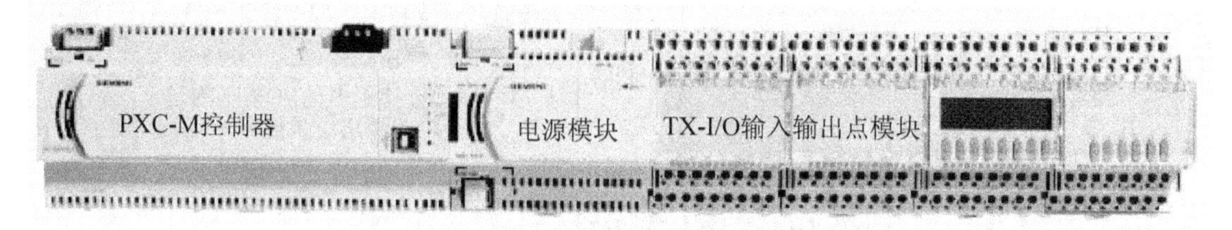

(a) PXC模块化可编程控制器与TX-I/O输入输出点模块

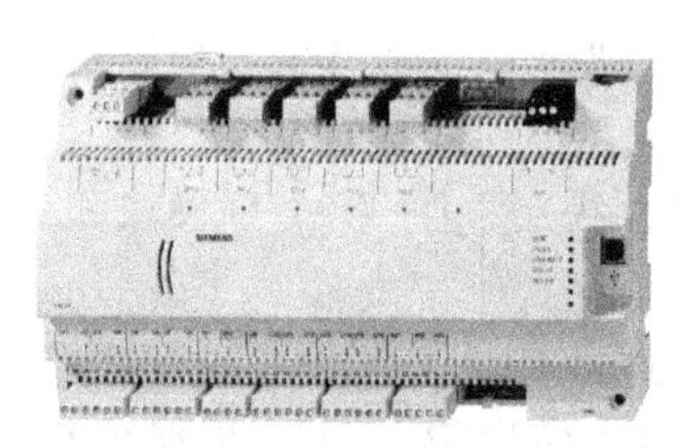

(b) PXC 紧凑型可编程控制器

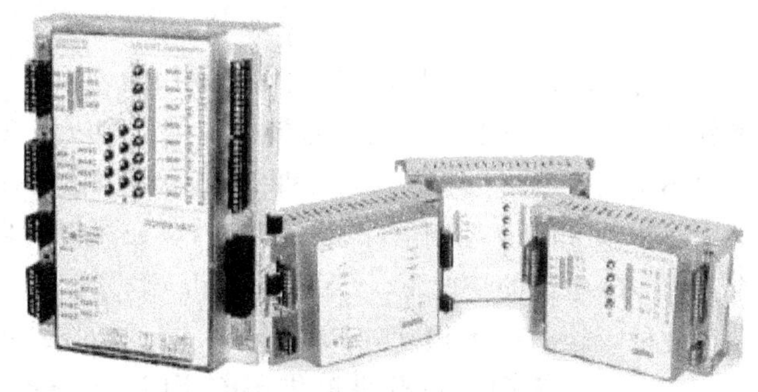

(c) 模块化设备控制器(MEC)及点扩展模块

图 2.13　西门子 DDC 控制器的外形图

1）模块化设备控制器(Modular Equipment Controller，MEC)

MEC 在不依靠较高层处理机的情形下，可以独立工作和联网以完成复杂的控制、监视和能源管理功能，而不需依赖更高层的处理器。MEC 可以连接楼层级网络(FLN)设备并提供中央监控功能。

同样，MEC 控制器也内置了 PID 算法及先进的自适应 ADAPTIVE CONTROL 算法和最优化启停(SSTO)的应用程序。MEC 与 PXC 模块化控制器(PXC Modular)的区别在于 MEC 控制器上已配有固定的 I/O 点数，而 PXC 模块化控制器中的 I/O 点数是由设计者在设计时自由选配 I/O 模块而成的。同时 MEC 控制器中的类别也相对较多。MEC 控制器的 I/O 点数的配置特别适用于空调机组的控制。

MEC 控制器目前共有 12 种，所有 MEC 控制器 I/O 点均为 32 点。其中 MEC-1XX 系列不能扩展 I/O 点数，MEC-X1X 系列配有手动/停止/自动(HOA)切换开关，MEC-3XX 系列支持 MODEM 拨号功能，MEC-XXXF 系列支持多达 3 条楼层级网络(FLN)，而其余的 MEC 控制器则只能通过 MEC 点扩展总线(EXP)连接最多达 8 个点的扩展模块。

2）PXC 控制器

西门子模块化控制器(PXC)是 Apogee 现场管理和控制系统的新成员，同样是一个高性能的直接数字控制器(DDC)。采用点对点(Peer to Peer)的通信方式，ALN 网络可以是 TCP/IP 的以太网或 RS-485 网络。PXC 系列控制器是一款技术先进、结构紧凑、组合灵活、扩展方便的 DDC 控制器组合。该系列控制器又可主要分成 PXC Compact(紧凑型 PXC)以及 PXC Modular(模块化 PXC)两种类型，其中紧凑型 PXC 自身带有输入输出点，带 F 型号的支持一条 FLN 网络，带 R 型号的适应室外使用；模块化 PXC 自身不带输入输出点，可通过总线进行扩展。PXC 系列控制器分类如图 2.14 所示。

PXC系列控制器
- PXC模块化可编程控制器
  - 自组总线：支持多达64个模块/500点
  - 扩展总线：支持更多的I/O点（通过3条楼层级扩展）
- PXC紧凑型可编程控制器
  - PXC 16：紧凑型控制器，固定16点
  - PXC 24：紧凑型控制器，固定24点

图 2.14 PXC 系列控制器分类

PXC Compact 控制器具有大量的通用输入输出点，采用先进的 TX-I/O 技术，可以通过软件设定信号的类型。可以选择相应的机型安装在室外温度要求较高的环境。根据使用情况不同，主要可以提供 16 点和 24 点两种以供选择，从而满足不同成本的需求。

PXC Modular 控制器除上述特点外，还可以实现在自组总线上添加 TX-I/O 模块和一个 TX-I/O 电源的情况下，PXC Modular 系列可以控制 500 个点。

此外，通过扩展模块，PXC Modular 系列还可以对分散在 FLN 上的设备进行监控。PXC Modular 系列扩展模块提供了与 FLN 设备的硬件连接。使用 RS－485 扩展模块，PXC ModularR 系列支持 3 条 RS－485 的 FLN 上的设备，一共可以连接 96 个 FLN 设备，从而实现 FLN 上的点位扩展。

TX-I/O 系列扩展模块由模块本身和终端底部组成。模块通过与 PXC Modular 的通信来完成 A/D 或是 D/A 的转换，信号处理，对点的监测和输出指令。终端底部提供了现场总线的接线端子和对自组总线的通信。

TX-I/O 电源模块提供了 TX-I/O 模块和外围设备的电源。多个电源模块的并行使用可以满足对大量 I/O 点控制的供电需要。

3）扩展模块

西门子点扩展模块(PXM)提供有效的方法来控制和监视远程信息点。作为现场控制器的扩展，该项功能可以扩展 Apogee 控制系统点的容量并使点的位置更接近于传感器和负载，终端模块的可移动性使现场布线更容易。

PXM 与 MEC 点扩展总线(EXP)和其他楼层级网络(FLN)现场控制器兼容，通信速率为 4.8～38.4kbit/s。

PXM 目前共有 7 种，配有手动/停止/自动(HOA)切换开关各 3 种，其中模拟点扩展模块一种，为 4 点 AI 和 4 点 AO，数字点扩展模块两种，为 4 点 DI 和 4 点 DO，8 点 DI 和 4 点 DO；此外，还可以提供 8 点 AI 的扩展模块。

模拟量输入点(AI)支持 0～10V，4～20mA 或 1KRTD(1000Ω 标准铂热电阻温度传感器)3 种方式，且可作开关量输入点(DI)使用。而数字量输入点为干接触点并可用作脉冲累加器点，数字量输出点支持 AC 110/220V 继电器。数字点模块的 DI 和 DO 点的开关状态均由 LED 显示。

2. 霍尼韦尔公司 Excel 5000 系统的 DDC

霍尼韦尔公司提供的 IBMS 建筑集成管理平台被称为 EBI 系统，如图 2.15 所示。EBI 系统是一套基于客户机/服务器和浏览器/服务器网络结构的控制网络软件，用于完成网络

组建、网络数据传送、网络管理和系统集成等功能。

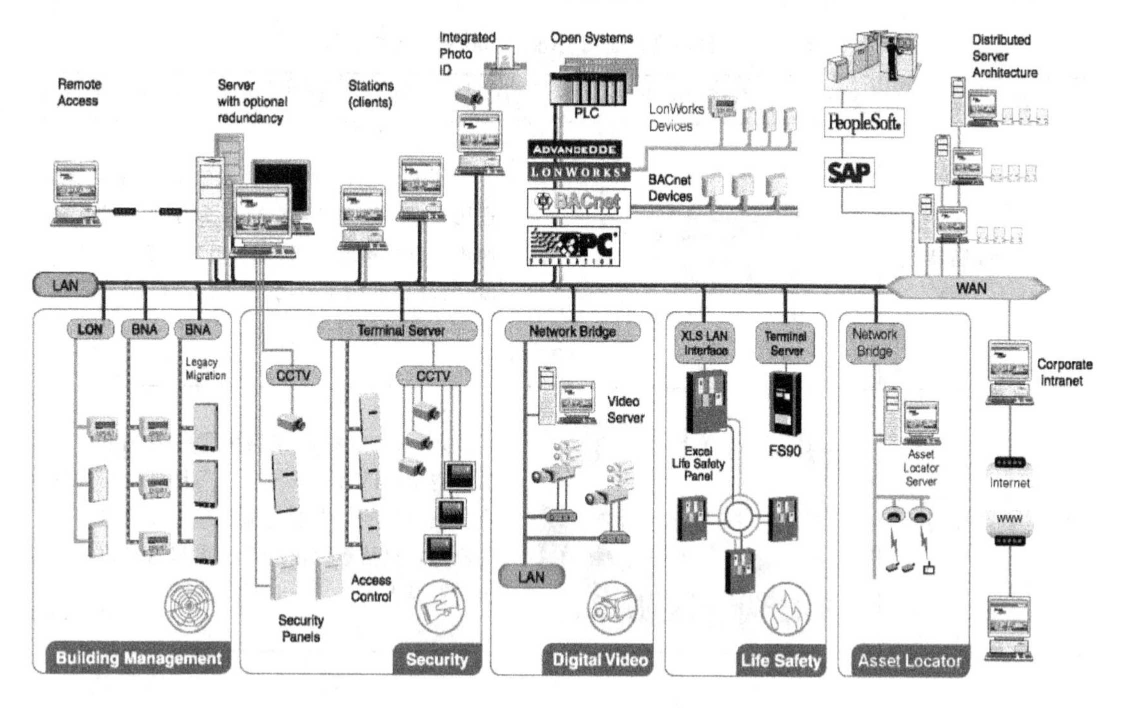

图 2.15 EBI 系统的网络结构

EBI 平台除了服务器(含数据库)软件、客户机软件、开放系统接口软件以外，还有 6 个并列的应用软件系统：建筑设备监控系统、节能管理系统、火灾报警和消防联动系统、安全防范系统、数字视频监控系统、资产定位系统。

霍尼韦尔 EBI 系统中的建筑设备监控系统称为 Excel 5000 系统。逻辑上，Excel 5000 系统是典型的三层网络控制系统，包括管理层网络、控制层网络、现场层网络，各层网络之间使用不同的网络设备把三层网络连接成为一个整体，Excel 5000 系统的组成如图 2.16 所示。

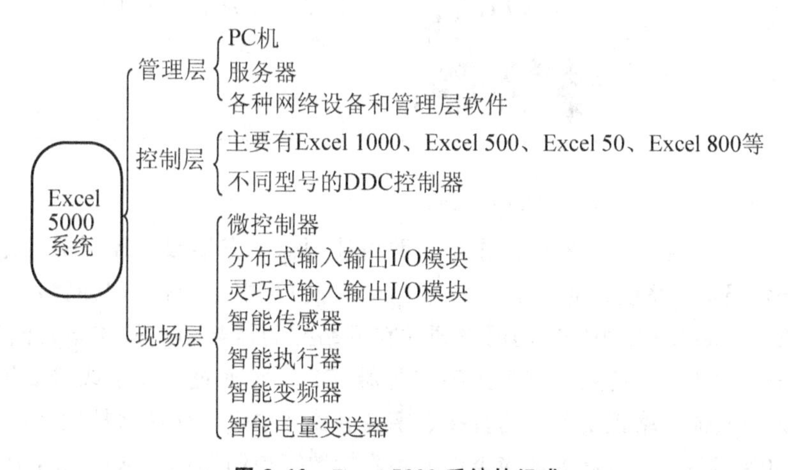

图 2.16 Excel 5000 系统的组成

Excel 800、XL50 控制器的外形及说明见表 2-2。

表 2-2 霍尼韦尔公司 Excel 5000 系统的控制器

名　　称	产品图片	备注/说明
XL50 控制器		可用于 HVAC 系统及空调设备控制，适用于中小型建筑物，可作为独立的控制器使用，也可集成到 Excel 5000 系统或开放式 LonWorks 网络上，与 Excel 10 控制器或第三方产品进行通信
Excel 800 控制器		Excel 800 控制器提供了针对加热、通风和空调(HVAC)系统的、高性能价格比的自由编程控制。它在能源管理方面也有广泛的应用，包括最优化启停、夜间送风以及最大负荷需求等
Panel 总线分布式输入输出模块		—
Excel Smart I/O 分布式输入/输出模块		经 LonMark 认证，用于 Excel 800、Excel 50 或开放式 LON 系统中第三方控制器的输入输出

3. 江森自控公司 Metasys 系统的 DDC

Metasys 楼宇自控系统由中央操作站、网络控制器、直接数字控制器等组成。Metasys 系统属于两层网络系统，通过 Ethernet 网(N1 网)将中央操作站及网络控制器各节点连接起来，Ethernet/IP 使用标准的网络硬件在网络控制器与用户操作站之间完善地传递信息。同时安装在建筑物各处的直接数字控制器(DDC)将通过现场总线(N2 网)连接到网络控制器上，与其他网络控制器上的直接数字控制器及中央操作站保持紧密联系。现场需监控设备上的传感器及执行器等连接至以上各直接数字控制器内，从而实现分散控制、集中管理。

Metasys 系统的架构如图 2.17 所示，Metasys 系统的组成如下。

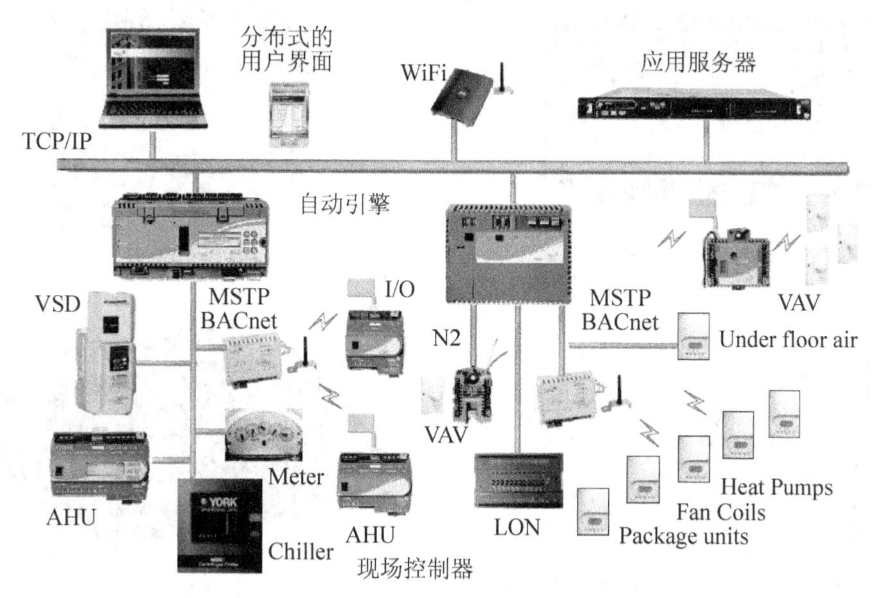

图 2.17 Metasys 系统的架构

1）中央操作站

中央操作站的特征是多屏显示、现存图形的重复利用、动画界面、采用颜色梯度的动态信号、动作趋势。

2）网络控制器

网络控制器是一种模块式、智能化的控制盘，为 Metasys 网络的心脏。通过多个网络控制器，即可将大楼每一个侧面的管理情况紧密地连接起来，进行全面、综合的管理。最新的 Metasys 系统以网络控制引擎(Network Automation Engine，NAE)作为核心管理整个系统。NAE 是内嵌 Windows 操作系统和楼宇管理软件的智能硬件，向下支持控制领域的 RS-485、LonWorks、BACnet 总线技术，向上通过 XML Web Service 提供 B/S 的软件结构以及与信息系统集成的能力。

3）直接数字控制器

直接数字控制器是 Metasys 系统的最前端装置，直接与大楼内有关的设施相连接，再通过 N2 总线与网络控制器相连，网络控制器与中央操作站均可对其实现超越控制。江森自控公司 Metasys 系统 DDC 及网络控制器如图 2.18 所示。

(a) 应用及数据服务器(ADS，ADX)

(b) 网络自动化引擎(NAE)

图 2.18 江森自控公司 Metasys 系统 DDC 及网络控制器

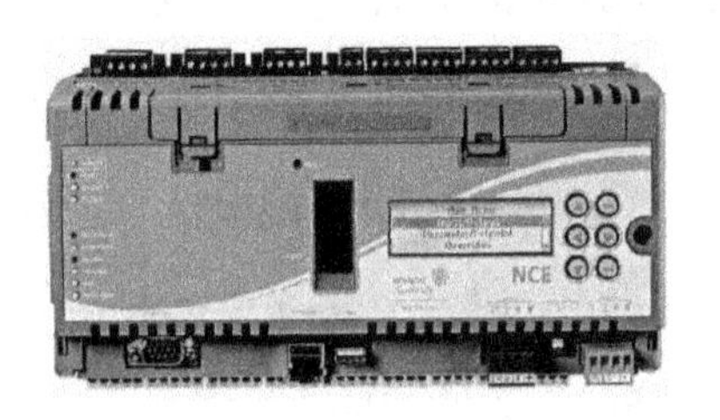

(c) 网络控制引擎(NCE)

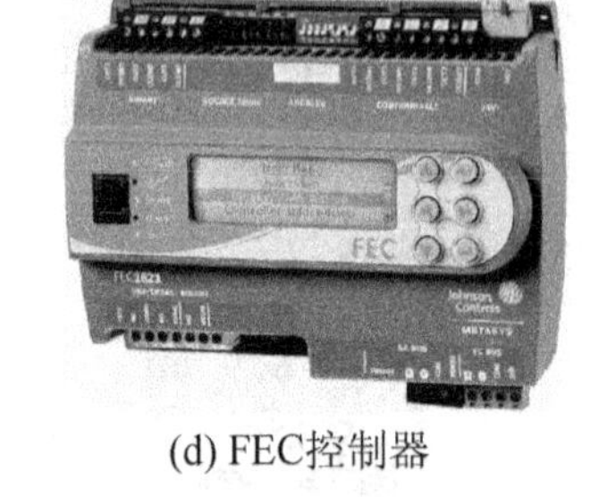

(d) FEC控制器

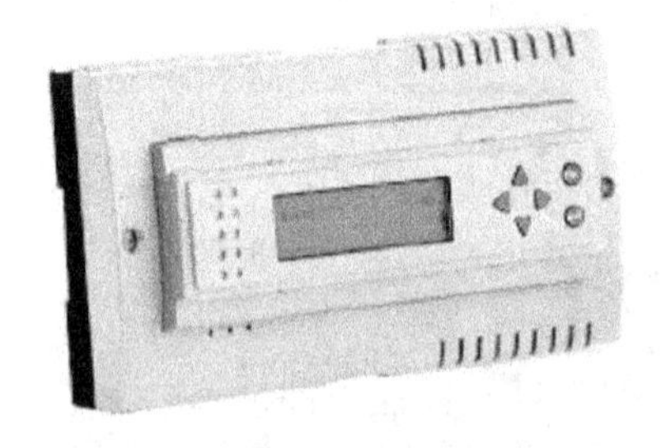

(e) FX15电子控制器配合MUI型LCD显示器

(f) FX05 数字控制器

图 2.18 江森自控公司 Metasys 系统 DDC 及网络控制器(续)

2.2.3 控制规律

所谓控制规律是指当控制器接收了偏差信号(即输入信号)以后，它的输出信号(即控制信号)的变化规律。控制器就是按照人们规定好的控制规律动作的。在建筑系统中，绝大多数的受控过程使用闭环控制。为了保证闭环回路的稳定，控制器需要采用合适的控制规律。

在建筑设备的自动化系统中，常用的最基本的控制规律有双位控制、比例(P)控制、积分(I)控制、微分(D)控制。其中积分控制和微分控制不单独使用，往往与比例控制组合为 PI 控制和 PID 控制。在建筑系统中，大多数的闭环控制回路采用比例积分微分(PID)控制。

1. 双位控制

双位控制规律就是根据偏差值的正/负，控制器输出两个不同的开关控制信号。双位控制规律可以用下述数学式来表示：

$$p=\begin{cases}+1(\text{on}) & e>0 \quad (\text{或 } e<0)\\ -1(\text{off}) & e<0 \quad (\text{或 } e>0)\end{cases}$$

式中 p——双位控制器的输出，取开(+1，on)、关(−1 或 0，off)两种状态；

e——偏差值。

双位控制规律是最简单的控制形式，它的作用是不连续的，双位控制只有两个输出值，相应执行器的调节机构也只有开和关两个极限位置。

举 例

双位控制系统机构简单，动作可靠，在空调系统中应用广泛。空调系统中的风机盘管温控器就是典型的双位调节，如图 2.19 所示。

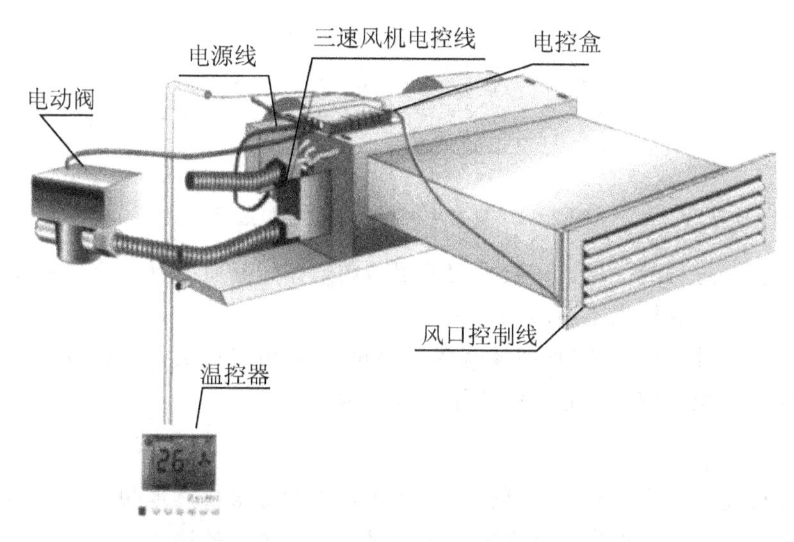

图 2.19 风机盘管空调系统中温度的双位控制

室内温度由室内温度传感器检测。以夏天为例，温控器工作在制冷模式下，当室内温度超过设定值时，温控器立即开通冷冻水电动两通阀，室温下降；当室内温度低于设定值时，温控器立即关闭电动两通阀，停止冷冻水供应，室温上升。电动两通阀在温控器的作用下只有开和关两种状态。通过这种简单的双位调节就实现了室内温度的自动控制作用。

理想的双位控制特性如图 2.20(a)所示，其开关位置的变换在时间上是很快的，对象中的物料量或能量总是处于不平衡状态，被控变量始终不能真正稳定在设定值上，而是在设定值附近上下波动。

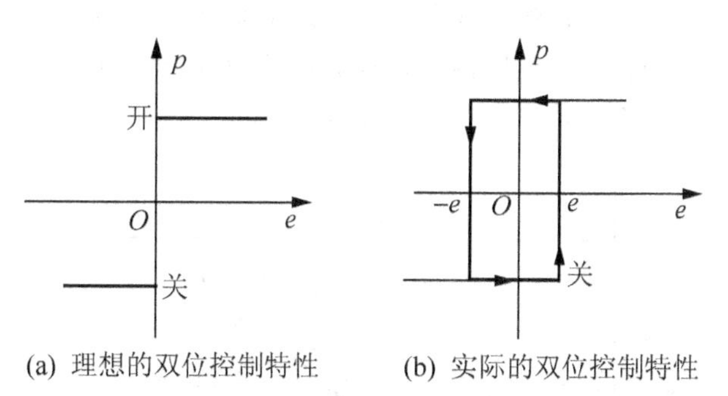

图 2.20 双位控制特性曲线

实际的双位控制器都有一个中间区(呆滞区)。实际的双位控制特性如图 2.20(b)所示。如果被控制量对设定值的偏差不超出呆滞区，调节器的输出状态将保持不变。当偏差上升至高于设定值的某一数值后，调节器输出状态才变化，调节机构才开；当偏差下降至低于设定值的某一数值后，调节器输出状态又变化，调节机构才关。这样，调节机构开关的频繁程度便大为降低，减少了器件的损坏。实际的双位控制是一个等幅振荡过程，被控变量在呆滞区内随时间变化的曲线如图 2.21 所示。

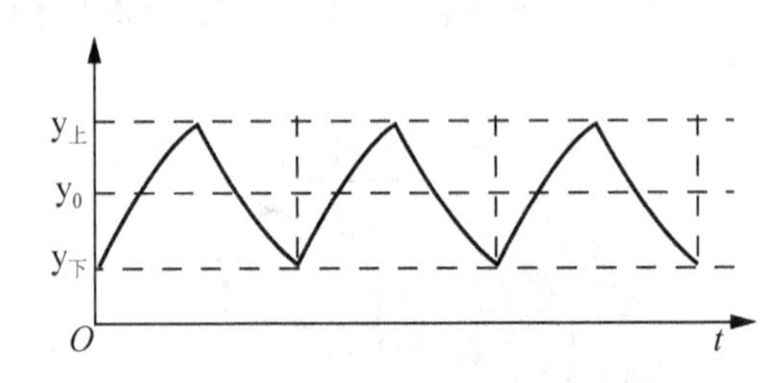

图 2.21　具有中间区的双位控制过程

衡量双位控制过程的优劣，一般采用振幅与周期作为品质指标。双位控制的精度往往不高，只能适用于控制要求不高的场合。

除了双位控制外，还有三位(即具有两个中间区)或更多位的。包括双位在内，把这一类控制规律统称为位式控制，它们的作用原理基本上一样。

2. 比例控制

对于根据偏差信号来决定控制器输出的问题，人们会很自然地想到这样的策略：当误差信号小时选择一个小的输出；当误差信号大时选择一个大的输出。控制器的输出与输入成比例，这样的控制规律就是比例(Proportional)控制。其数学表示式为：

$$\Delta p = K_p e$$

式中　Δp——控制器的输出变化量；

e——控制器的输入偏差信号，即设定值与测量值之间的偏差；

K_p——比例控制器的放大倍数，也称为比例增益。

当比例增益 $K_p>1$ 时，比例作用为放大；而当比例增益 $K_p<1$ 时，比例作用为缩小。

控制器的输出在理论上可以取任何值。对应于一定的比例增益 K_p，比例 K 控制器的输入偏差大，输出变化量也大；输入偏差小，相应的输出变化也小。但在实际应用中，控制器的输出被限制在一个有限的范围内。比如，阀门只能从全开到全关。这种特性可以被当做饱和特性。它产生的输入输出曲线可以用如图 2.22 所示来描述。

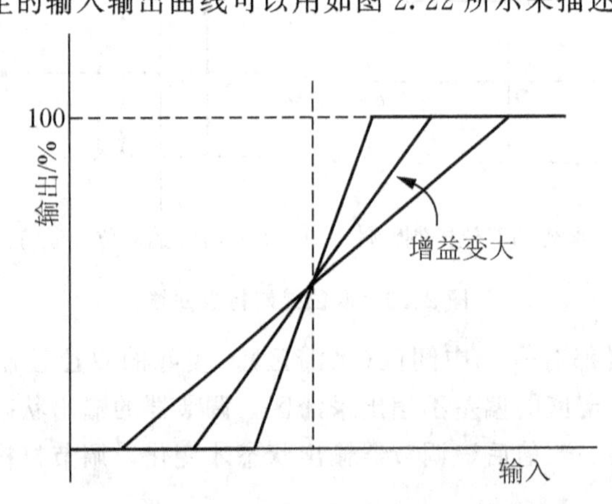

图 2.22　输出受限而具有饱和特性时的比例控制器的输入/输出特性

通常情况下，比例控制器有两个可调的变量，一个变量是被控变量的设定值；另一个是比例增益。在实际的控制器中很方便提供设定值的旋钮(数字控制器可提供设定值的显示和调节键)，而比例增益则习惯上以比例带来代替。

所谓比例带(或称为比例度)指控制器输入的变化与相应输出变化的百分数，可表示为：

$$\delta=\left(\frac{e}{z_{\max}-z_{\min}}/\frac{\Delta p}{p_{\max}-p_{\min}}\right)\times 100\%=\frac{e}{\Delta p}\cdot\frac{p_{\max}-p_{\min}}{z_{\max}-z_{\min}}\times 100\%=\frac{1}{K_{\mathrm{p}}}\cdot\frac{p_{\max}-p_{\min}}{z_{\max}-z_{\min}}\times 100\%$$

式中　e——输入变化量；

Δp——输出变化量；

$z_{\max}-z_{\min}$——测量值的刻度范围；

$p_{\max}-p_{\min}$——控制器输出的工作范围。

由上式可以看出，比例带就是使控制器的输出变化满刻度时(也就是调节阀从全关到全开或相反)，相应的仪表指针变化占仪表测量范围的百分数，或者说使控制器输出变化满刻度时，输入偏差对应于指示刻度的百分数。只有当被调量处在这个范围以内，调节阀的开度(变化)才与偏差成比例。超出比例带以外，控制器的输入/输出已不再保持比例关系，而控制器至少也暂时失去其控制作用了。

上式也说明比例带 δ 与比例增益 K_{p} 互为倒数关系。δ 越大，使输出变化全范围时所需的输入偏差变化区间也就越大，而比例放大作用就越弱(K_{p} 越小)，反之亦然。因此，δ 可表示比例控制器的灵敏度。δ 越大，则控制器的灵敏度越低，反之则越高。

举　例

比例带计算及其物理意义示例

已知一个比例温度控制器的温度刻度范围是50～100℃，控制器的输出是0～10mA。当指示指针从70℃移到80℃时，调节器相应的输出电流从3mA变化到8mA，则该比例控制器的比例带 $\delta=\left(\frac{80-70}{100-50}/\frac{8-3}{10-0}\right)\times 100\%=40\%$。因此，对于该温控器，当温度变化全量程的40%时，调节器的输出从0mA变化到10mA。在这个范围内，温度的变化 e 和输出变化 Δp 是成比例的。但当温度变化超过全量程的40%时(即温度变化超过20℃时)，控制器的输出就不能再跟着变化了，调节器的输出最多只能变化100%。

当干扰出现时，调节器的比例带 δ 不同，则控制过程的变化情况亦不同，比例度对控制过程的影响如图2.23所示。由图可见，δ 越大，过渡过程曲线越平稳，但静差很大。δ 越小，则过渡过程曲线越振荡。当 $\delta<\delta_{\mathrm{k}}$(临界值)时，比例控制作用太强，在干扰产生后，被控变量将出现发散振荡(如曲线1所示)，这是很危险的。当 δ 太大时，控制器的输出变化很小，调节阀开度改变很小，被控变量的变化很缓慢，比例控制作用太小(如曲线6所示)。生产通常要求比较平稳而静差又不太大的控制过程(如曲线4所示)。

选择合适的比例带 δ，可以使比例控制作用适当，被控变量的最大偏差和静差都不太大，过渡过程稳定得快，一般只有两个波，控制时间短。一般情况下比例带的大致范围

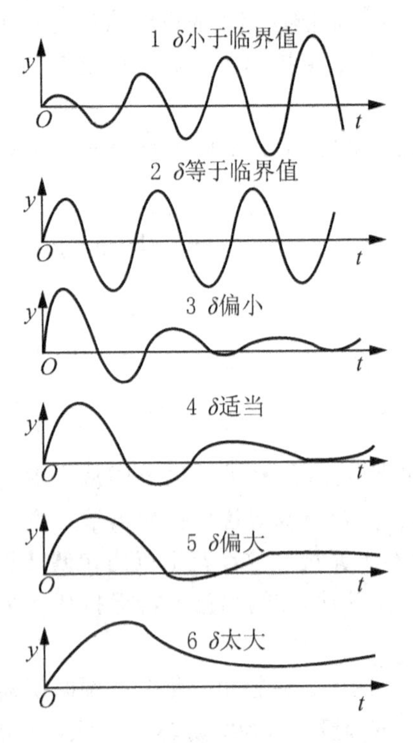

图 2.23 比例度对过渡过程的影响

为：压力对象 30%～70%；流量对象 40%～100%；液位对象 20%～80%；温度对象 20%～60%。

比例控制器具有调节速度快，控制及时的优点。但是它在被控变量达到稳定时有残余的偏差(余差)，被控变量不能回到原来的给定值。特别是在负荷变化幅度较大或干扰很大时，残余偏差值会更大。控制结果有余差是比例控制的主要缺点。因此，比例控制只能应用于干扰小、对象的纯滞后较小而时间常数并不太小，控制质量要求不高，允许有余差的场所。

3. 比例积分控制

对于工艺要求较高，余差不允许存在的情况，比例控制器不能满足要求。为了消除余差，需要引入积分控制作用，构成比例积分(PI)控制规律。

1) 积分控制

如果控制器的输出变化量 Δp 与输入偏差 e 的积分成比例关系，则称为积分控制规律，一般用字母 I 表示。其数学表示式为：

$$\Delta p = K_{\mathrm{I}}\int e\mathrm{d}t = \frac{1}{T_{\mathrm{I}}}\int e\mathrm{d}t \text{ 或 } \frac{\mathrm{d}\Delta p}{\mathrm{d}t} = K_{\mathrm{I}}\,e = \frac{1}{T_{\mathrm{I}}}e$$

式中 K_{I}——积分比例系数，称为积分速度；

T_{I}——积分时间($T_{\mathrm{I}}=1/K_{\mathrm{I}}$)。

积分时间是一个以单位为时间的参数，它决定了积分控制作用的强度。积分时间越小，积分作用越强。

阶跃输入时积分控制的特性如图 2.24 所示。在阶跃输入偏差信号的作用下，积分控制器的输出是一直线，其斜率为 K_{I}。只要偏差存在，积分调节器的输出将随着时间延长而不断增大(或缩小)。

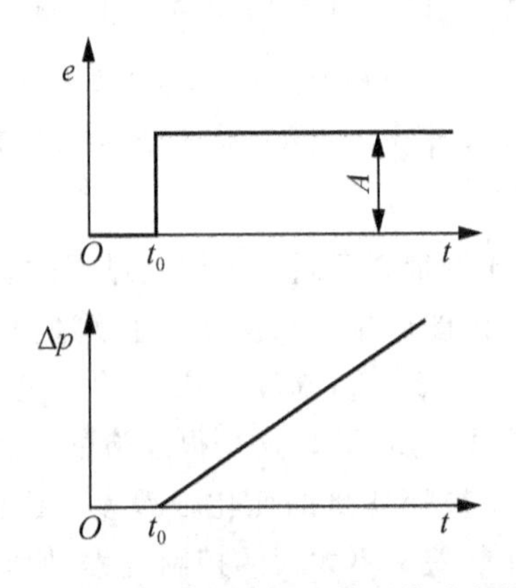

图 2.24 阶跃输入时积分控制的动态特性

积分控制规律的特点是只要偏差存在，控制器输出就会变化，调节机构就要动作。直

至偏差 $e=0$，输出信号才不再继续变化，调节机构才停止动作，系统才可能稳定下来。积分控制作用在最后达到稳定时，偏差必等于零。因此，积分作用可以消除余差。

积分控制能够消除余差，但它的输出变化不能较快地跟随偏差的变化而变化，总是落后于偏差的变化，作用缓慢，波动较大，不易稳定。积分控制规律只能用于具有自衡特性的被控对象，自衡能力越大，调节效果越好。

2）比例积分控制规律

单纯的积分控制作用使控制过程缓慢，并带来一定程度的振荡。因此，积分控制很少单独使用，一般都和比例控制作用组合在一起，构成比例积分控制规律，用字母 PI 表示。

比例积分控制规律的数学表达式为：

$$\Delta p = K_{\mathrm{p}}\left(e+\frac{1}{T_{\mathrm{I}}}\int e\mathrm{d}t\right)=\frac{1}{\delta}\left(e+\frac{1}{T_{\mathrm{I}}}\int e\mathrm{d}t\right)$$

上式表明，比例积分控制器的输出是比例控制和积分控制两部分的作用之和。其动态特性如图 2.25 所示。Δp 的变化一开始是一个阶跃变化，这是比例作用的结果，然后随时间逐渐上升，这是积分作用的结果。在比例积分控制中，比例作用是及时的、快速的，而积分作用是缓慢的、渐近的。因此比例积分控制具有控制及时、克服偏差，又克服余差的性能。但是，引入积分作用后，虽然消除了余差，但也降低了系统的稳定性。因此，对于比例积分控制，需要选择合适的比例带和积分时间。

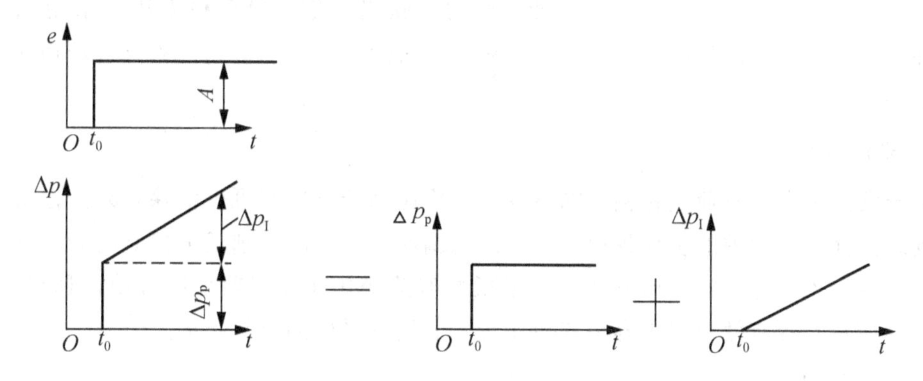

图 2.25 阶跃输入后比例积分控制的动态特性

3）积分时间对控制过程的影响

在比例积分控制器中，比例带和积分时间都是可以调整的。积分时间对过渡过程的影响具有两重性。在同样的比例带下，积分时间 T_{I}对过渡过程的影响如图 2.26 所示。积分时间 T_{I}越小，表示积分速度 K_{I}越快，积分特性曲线的斜率越大，即积分作用越强。一方面克服余差的能力增加，这是有利的一面；但另一方面会使过程振荡加剧，稳定性降低(见曲线 1)。积分时间 T_{I}越短，振荡倾向越强烈，甚至会成为不稳定的发散振荡，这是不利的一面。反之，积分时间 T_{I}越大，表示积分作用越弱，余差消除越慢(见曲线 3)；若积分时间为无穷大，积分作用很微弱，则表示没有积分作用，就成为纯比例调节器(见曲线 4)。只有当 T_{I}适当时，过渡过程才能较快地衰减，而且没有余差(见曲线 2)。

由于积分作用会加强振荡，这种振荡对于滞后大的对象更为明显，所以控制器的积分时间应按控制对象的特性来选择，对于管道压力、流量等滞后不大的对象，T_{I}可选得小

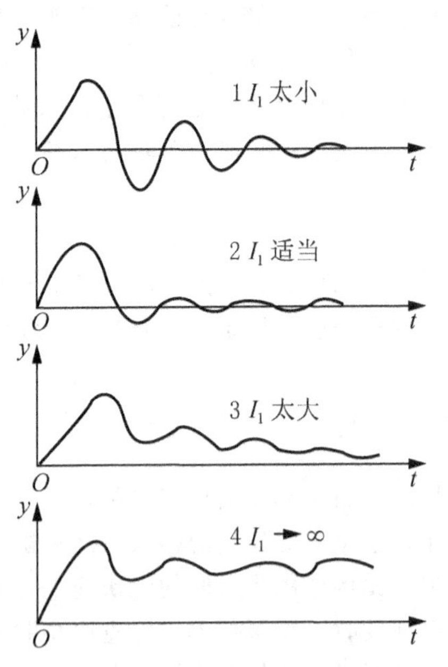

图 2.26 积分时间对过渡过程的影响

些，温度对象的滞后较大，T_I可选大些，如压力控制，$T_I=0.4\sim3\text{min}$；流量控制，$T_I=0.4\sim3\text{min}$；温度控制，$T_I=3\sim10\text{min}$。

4）积分饱和

具有积分作用的调节器，只要被调量与设定值之间有偏差，其输出就会不停地变化。如果由于某种原因(如阀门关闭、泵故障等)，被调量偏差一时无法消除，然而调节器还是要试图校正这个偏差，结果经过一段时间后，调节器输出将进入深度饱和状态，这种现象称为积分饱和。进入深度积分饱和的调节器，要等被调量偏差反向以后才慢慢从饱和状态中退出来，重新恢复控制作用。这将有可能造成不良后果。

防止积分饱和现象有3种方法：第一种方法是对控制器的输出加以限幅，使其不超过额定的最大值或最小值；第二种方法是限制控制器积分部分的输出，使之不超出限值；第三种方法是采用积分切除法，即在控制器的输出超过某一限值时，将控制器的控制规律由比例积分自动切换成比例控制状态。

4. 比例微分控制

对于滞后很大或负荷变化剧烈的对象，采用比例积分控制可以消除余差，但会产生超调的问题。而且，偏差的变化越快，产生的超调就越大，需要越长的控制时间。在这种情况下，可以引入微分控制。微分作用可以根据偏差变化速度提前采取行动，具有“超前”作用，因而能比较有效地改善容量滞后比较大的控制对象的控制质量。

1）微分控制

如果控制器输出的变化与偏差的变化速度成正比例关系，则称作微分控制规律，一般用字母D表示。其数学表达式为：

$$\Delta p=K_D\frac{\mathrm{d}e}{\mathrm{d}t}$$

式中 Δp——控制器输出的变化；

K_D——微分比例系数。

该式表明，偏差变化的速度越大，则控制器的输出变化也越大，即微分作用的输出大小与偏差变化的速度成正比。对于一个固定不变的偏差，不管这个偏差有多大，微分作用的输出总是零，这是微分作用的特点。

如果控制器的输入是一个阶跃信号，则微分控制器的输出如图2.27(a)所示。在输入变化的瞬间，输出趋于无穷大，在此以后，由于输入量不再变化，输出立即降到零。在实际工作中，要实现图2.27(b)所示的控制作用是很难的或不可能的，也没有实用价值，这种控制称为理想微分控制作用。图 2.27(c)是一种近似的微分作用，在阶跃输入发生时刻，输出 Δp 突然上升到一个较大的限数值，然后呈指数规律衰减直到零。

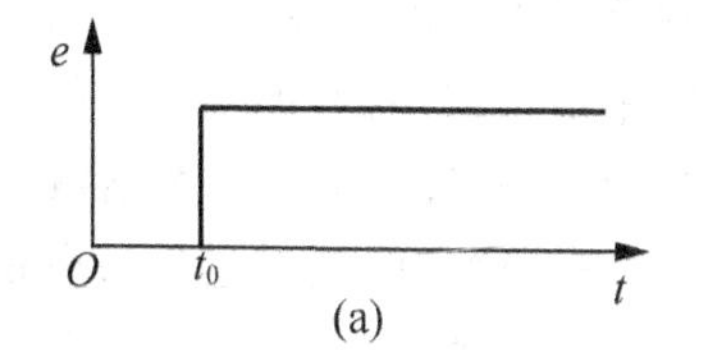

2）比例微分控制规律

在偏差存在但不变化时，微分作用都没有输出，它对恒定不变的偏差是没有克服能力的，因此，微分控制器不能作为一个单独的控制器使用。在实际上，微分控制作用总是与比例作用或比例积分控制作用同时使用，构成比例微分控制规律或比例积分微分控制规律。

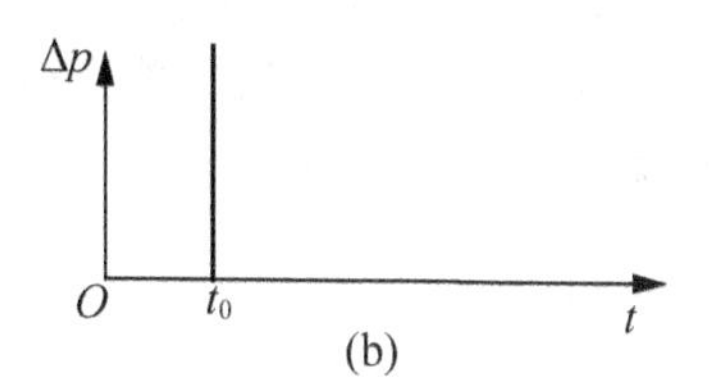

比例微分控制规律用字母 PD 表示，其数学表达式为：

$$\Delta p=K_{\mathrm{p}}e+K_{\mathrm{D}}\frac{\mathrm{d}e}{\mathrm{d}t}=\frac{1}{\delta}\left(e+T_{\mathrm{D}}\frac{\mathrm{d}e}{\mathrm{d}t}\right)$$

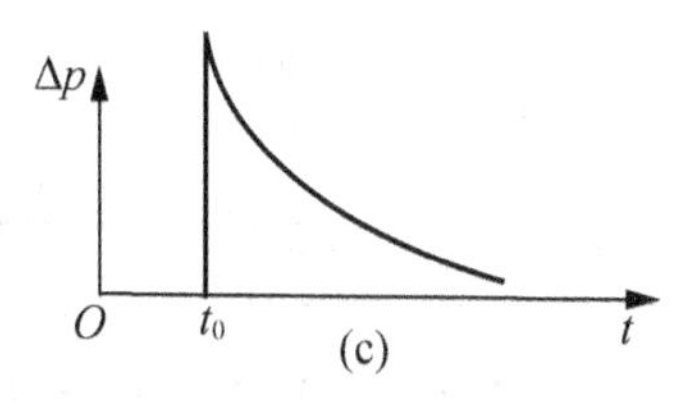

图 2.27 阶跃输入时，微分控制的动态特性

其中，$T_{\mathrm{D}}=\delta K_{\mathrm{D}}$，称为微分时间。

上式表明，比例积分控制器的输出是比例控制和微分控制这两部分的作用之和。改变比例带 δ 和微分时间 T_{D} 可分别改变比例作用和微分作用的强弱。

实际的比例微分控制器的比例带 δ 的大小是不能改变的，固定为 100%。当输入量是一幅值为 A 的阶跃信号时，Δp 等于比例输出 Δp_{p} 与近似微分输出 Δp_{D} 之和，可用下式表示：

$$\Delta p=\Delta p_{\mathrm{P}}+\Delta p_{\mathrm{D}}=A+A(K_{\mathrm{D}}-1)\mathrm{e}^{-\frac{K_{\mathrm{D}}}{T_{\mathrm{D}}}(t-t_0)}$$

特别提示

注意该式中的 e 的印刷体是正体的，不是斜体的。此处的 e 是一个常数(约等于 2.72)，而不代表偏差。偏差 e 是一个变量，印刷成斜体。

实际的比例微分控制的特性如图 2.28 所示。微分控制器在受到阶跃输入的作用后，在 $t-t_0=0$ 时，$\Delta p_{\mathrm{D}}=A(K_{\mathrm{D}}-1)$，表明微分部分输出一开始跳跃一下，微分作用最大。

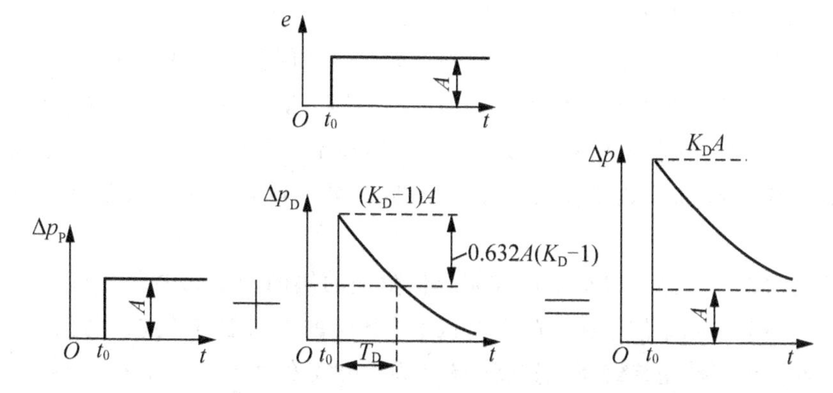

图 2.28 阶跃输入时比例微分控制的动态特性

然后慢慢下降，在 $t-t_0=T_D/K_D$时，$\Delta p_D=0.368A(K_D-1)$，微分部分的输出下降到微分作用最大输出的36.8%。我们把这段时间称为时间常数，用 T_s来表示，则微分时间 T_D为时间常数 T_s和微分放大倍数 K_D 的乘积，即 $T_D=K_DT_s$。

3）微分时间对过渡过程的影响

控制器的微分时间 T_D是一个以时间为单位的参数。它决定了微分作用的强度。一个大的微分时间产生强的微分作用。对于一个比例微分控制器，通过改变 T_D的大小可以改变微分作用的强弱。

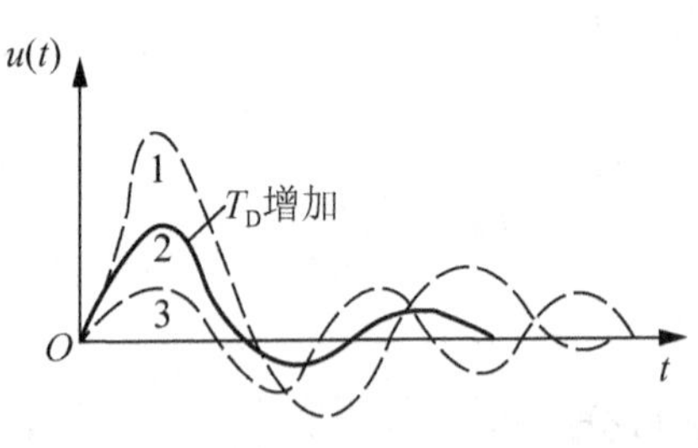

图 2.29　T_D对过渡过程的影响

微分作用的强弱要适当。如果微分作用太弱，即微分时间 T_D太小，调节作用不够明显，对控制质量改善不大；但是微分时间 T_D太大，又会使调节作用过强，从而引起被控变量大幅度振荡，不但不能提高系统的稳定程度，反而会使其降低，如图2.29所示是在比例带相同的情况下，采用不同微分时间时的过渡过程曲线。

由于微分作用是根据偏差的变化速度来控制的，在扰动作用的瞬间，尽管开始偏差小，但如果它的变化速度较快，则微分调节器就有较大的输出，它的作用较之比例作用还要及时，还要大。对于滞后较大、负荷变化较快的对象，当较大的干扰施加以后，因对象的惯性，偏差在开始一段时间内都是比较小的。如果仅采用比例控制作用，则偏差小，控制作用也小，这样一来，控制作用就不能通过及时地加大来克服干扰作用的影响。如果加入微分作用，就可在偏差尽管不大，但偏差开始剧烈变化的时刻，立即产生一个较大的控制作用，及时抑制偏差的继续增长。所以，微分作用具有一种抓住“苗头”预先控制的作用，这是一种“超前”的作用，因此称为“超前控制”。

一般说来，由于微分控制的“超前”控制作用，它能够改善系统的控制质量，对于一些滞后较大的对象(例如温度对象)特别适用。

5. 比例积分微分控制

1）比例积分微分控制规律及其特点

对于比例控制，其控制结果会存在余差，即在设定值和被控变量间存在一个差值。在大多数情况下，可以通过减小比例带，将偏差减小到可接受的范围。但这等于增加了控制器的增益 K_P。增加控制器的增益会带来振荡和不稳定，这种现象限制了比例控制单独使用时的控制精度的提高。如果需要更好的控制效果，则需要引入其他的方法与之一起使用。

积分控制和微分控制可以给比例控制提供附加的协助，以减少余差和加快反应速度。积分作用产生一个与偏差信号在时间上的积累成比例的控制信号。连续的偏差会最终形成校正作用，这种校正作用持续累积直到余差消除。微分作用产生一个与偏差信号在时间上的导数或瞬时变化率成比例的信号。微分作用对于稳态偏差并不起作用，但是，它可以让控制器使用一个更大的比例增益，并且更早地根据偏差的变化趋势产生一个校正作用，进行“超前控制”。

大多数数字控制器同时使用比例、积分和微分这三种控制规律，来发挥它们各自的优点。这就是比例积分微分控制规律，简称为三作用控制规律，用 PID 表示。其数学表达式为：

$$\Delta p=\frac{1}{\delta}\left(e+\frac{1}{T_{\mathrm{I}}}\int e\mathrm{d}t+T_{\mathrm{D}}\frac{\mathrm{d}e}{\mathrm{d}t}\right)$$

在阶跃偏差信号输入时，PID 控制的输出动态特性如图 2.30 所示。PID 控制器在阶跃输入后，开始时，微分作用的输出变化最大，使总的输出大幅度地变化，产生一个强烈的“超前”控制作用，这种控制作用可看成是“预调”。然后微分作用逐渐消失，而积分输出不断增加，这种控制作用可看成是“细调”，一直到余差消除，积分作用才有可能停止。而在 PID 的输出中，比例作用是自始至终与偏差相对应的，它一直存在，是一种最基本的控制作用。

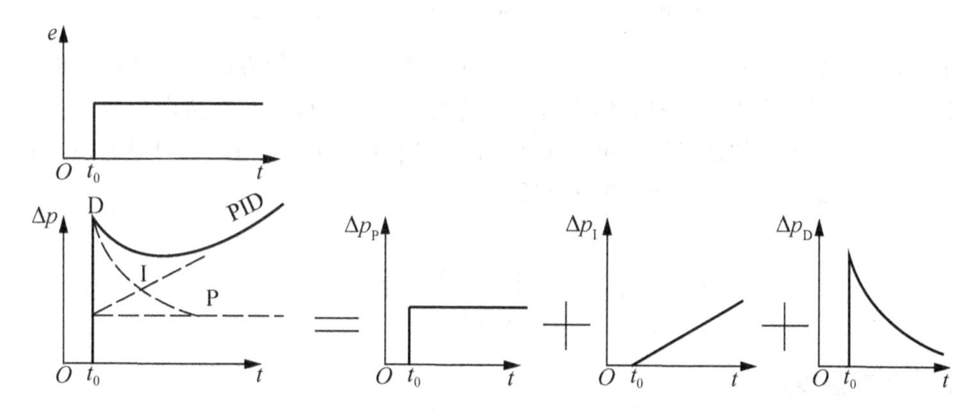

图 2.30 PID 控制的输出动态特性

概括地讲，积分控制会导致系统不稳定，微分控制会加强系统的稳定性。虽然，积分作用常用来减少或者消除比例控制中存在的余差以实现更精确的控制，它的副作用是导致系统振荡。尽管从理论上讲，在比例控制器中添加微分作用不能消除稳态偏差，但是它可以使比例控制器使用较狭窄的比例带，这样也可以将稳态偏差减小到可以接受的范围内。

2）比例积分微分控制规律的调整参数

PID 控制作用是比例、积分、微分三种控制作用的综合。它们在总的控制作用中的比重，需要与被控过程的特征和响应速度匹配。PID 控制器中的 3 个参数(比例度 δ、积分时间 T_{I}和微分时间 T_{D})是可以调整的。适当选取这 3 个参数的数值，可以获得良好的控制质量。对于一台实际的 PID 控制器，如果把微分时间调到零，就成为一台 PI 控制器；如果把积分时间放到最大，就成为一台 PD 控制器；如果把微分时间调到零，同时把积分时间放到最大，就成为一台纯 P 控制器了。各种控制作用过渡过程的比较如图 2.31所示。

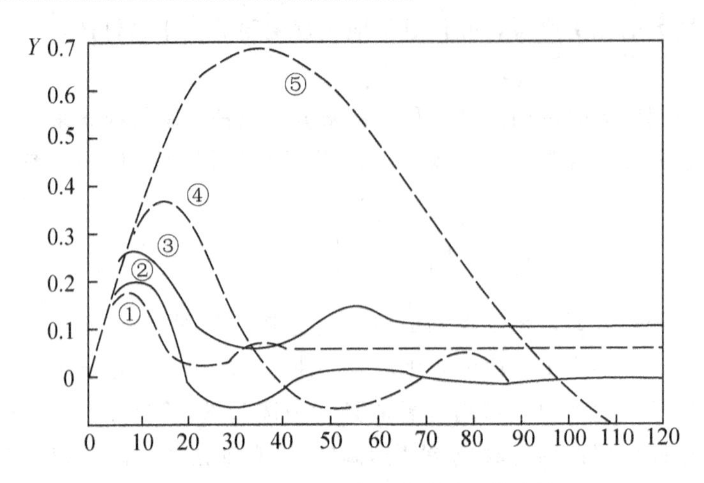

图 2.31 各种控制作用过渡过程的比较

①—比例微分作用；②—比例积分微分作用；

③—比例作用；④—比例积分作用；⑤—积分作用

PID控制器综合了P、I、D这3种控制规律的优点，具有较好的控制性能。但这并不意味着任何条件下，采用这种控制器都是最合适的。一般来说，在对象滞后较大，负荷变化较快，不允许有余差的情况下，可以采用PID控制器；如果采用比较简单的控制器已能满足生产要求，那么就不必采用PID控制器。

2.3 传 感 器

2.3.1 传感器概述

1. 传感器的工作原理与组成

传感器是一种能把特定的被测量信息(诸如温度、压力、流量、液位、位置等非电信号)按一定规律转换成电信号输出的器件。传感器工作原理图如图2.32所示。为了对各种被测变量进行检测和控制，BAS需要通过传感器把这些物理量转换成DDC控制器可接受的信号。传感器是BAS的重要设备之一。

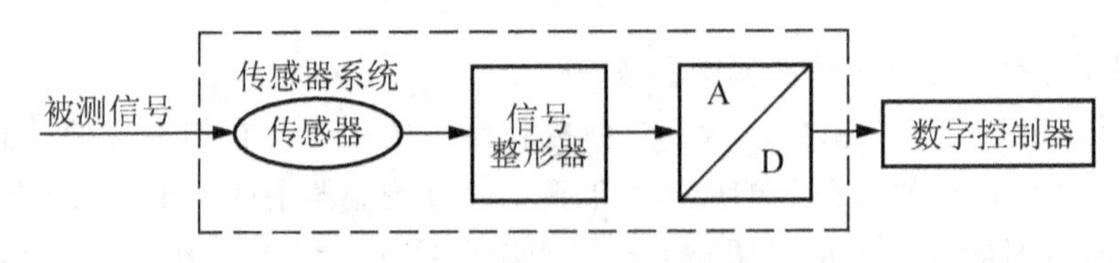

图 2.32 传感器工作原理图

传感器通常由敏感元件和转换元件组成。其中，敏感元件是指传感器中能直接感受或响应被测量的部分，转换元件是指传感器中将敏感元件感受或响应的被测量转换成适于传输或测量的电信号部分。当传感器的输出为规定的标准信号时，则称为变送器。在BAS工程中，变送器和传感器的功能通常结合在一起。

2. 传感器的分类

传感器按照输出信号的性质可分为开关量传感器和模拟量传感器。

1）开关量传感器

开关量传感器根据被测量是否高于或低于阈值，输出一个二进制数信号(开或关)。开关量传感器也可以是利用敏感元件的物理运动使切换开关处于开或关的机械式装置。典型的机械式装置包括温度继电器、压力开关、运动感应器等。开关量传感器的输出可直接与控制器的DI通道相连，用作状态报告或软件连锁。

开关量传感器一般采用非屏蔽软线(如RVV2×1.0)与DDC控制器的DI通道连接。DDC能判断DI通道上电平高/低两种状态，并将其转换成数字量“1”或“0”，进而对其进行逻辑分析和计算。

2）模拟量传感器

模拟量传感器将生产过程中的模拟量参数转换为连续的电信号，然后经信号处理电路将该电信号变成0～10 V或4～20 mA等标准信号。在建筑系统中，反映建筑环境状态的参数，如温度、湿度、流量、压力、液位、照度及电路参数等，都是连续的信号。这类参数随时间连续变化，属模拟量参数。测量这些参数的传感器就属模拟量传感器。模拟量传感器一般采用屏蔽软线(如RVVP2×1.0)将测得的标准信号送到DDC控制器的AI端口。

模拟量传感器可分为被动式传感器和主动式传感器。被动式传感器只有敏感元件，没有变送器。所有的信号调节都发生在与之相连的控制器内。电阻式温度传感器就属于被动式传感器。这种传感器不需要提供能量，传感器与控制器的模拟输入直接通过现场布线相连。主动式传感器将信号调节集成在传感装置内。利用变送器将被测量转换成工业标准的电信号，并通过现场布线与控制器的模拟量输入通道(AI)相连。这类标准电信号的其中一种形式是4～20mA的信号。由于这种信号只需两相连接，因此被广泛应用在过程控制中。另一种典型的形式就是0～10V的直流信号。这种信号在暖通空调系统有广泛应用。其他形式的信号还有用于能量及流量测量的脉冲等。

举　例

在“图2.12(a)DDC对空调机组的监控示意图”中，采用的开关量传感器和模拟量传感器可完成如下功能：

(1) 压差开关实现报警。当过滤网两端压差过高时，压差开关输出报警信号，提示工作人员清洗或更换过滤网。风机两端也可装设压差开关，当压差过低时输出报警信号，表示风机有故障。压差开关是开关量传感器。

(2) 温度测量。回风温度反映的是室内温度情况。为了更好地调节控制室内的温度，往往还需要测量送风温度，以实现串级控制。温度传感器是模拟量传感器。

3. 传感器的发展趋势

当前，传感器、变送器总的发展趋势是朝着小型化、多功能化及智能化方向发展。特别是增加了数据处理功能、自诊断功能、软硬件相组合功能、人机对话功能、接口功能、显示和报警功能等。

最近出现的含有微处理器的智能传感器，是将被测量或被测量的状态转换成直接能在网络上与其他控制和测量用的智能装置进行通信的数字编码信号。另外，智能传感器在发送被测量之前还可能会进行一些额外的数据处理，如检查上下限、校正和补偿功能、计算其他推导值(比如焓)等。

2.3.2 传感器的性能指标

在控制系统的故障中，传感器引起的故障是最常见的。劣质传感器由于受漂移或早期故障的影响，往往会导致控制效果较差，维护费用较高。判别传感器的质量好坏，以及选择和使用检测仪表，都要用传感器的技术性能指标来衡量。

1. 测量范围和量程

测量范围是指被测量可按规定的准确度进行测量的范围。量程是指测量范围的上限值 x_{max} 和下限值 x_{min} 的代数差。选用仪表时，首先应对被测量的大小有初步估计，务必使被测量的值在仪表的量程以内。为保证实际测量的精确度及考虑到使用上的安全，一般传感器、仪表的经常工作点(测量示值)应在仪表量程的 2/3～3/4 处。对压力(压差)仪表应有较大的安全系数，其量程应大于该测量点可能出现的最大压力的 1.5 倍，其经常工作点在量程的 1/2～2/3 处。

2. 仪表的精度等级

传感器应具有高于工艺要求的测量精度。所谓精度(准确度)是指测量结果与被测量的真值之间的一致(或接近)程度。精度表示为仪表的最大绝对误差 Δx_{max} 与仪表量程($x_{max} - x_{min}$)的百分比，因此也称为最大引用相对误差。精度等级为仪表的最大引用相对误差去掉百分号后的数字经过圆整后的系列值，是衡量仪表质量的主要指标之一。例如，精度等级为 0.5 级的仪表，其允许误差为±0.5%，也就是说，该仪表各点示值的绝对误差均不得超过仪表量程(刻度范围)的±0.5%。

目前我国仪表采用的精度等级序列：0.005，0.01，0.02，0.04，0.05，0.1，0.2，0.5，1.0，1.5，2.5，4.0，5.0。一般工业用表为 0.5～4 级。序列数越大，仪表的精度等级越低、精度越低。仪表的精度等级，常以在反映仪表精度等级的数字外加一圆圈或三角号的形式标于仪表表头上，如：△1.5 ⓪.5。

应该指出的是，对同一精度的仪表，如果量程不同，则在测量中产生的绝对误差是不同的。同一精度的窄量程仪表产生的绝对误差，小于同一精度的宽量程仪表的绝对误差。所以，在选用仪表时，在满足被测量的数值范围的前提下，尽可能选择窄量程的仪表，并尽量使测量值在满刻度的 2/3 左右。

在 BAS 控制系统中，传感器并不能保证达到生产厂家的铭牌精度。同时，在传感器的使用寿命周期内，其测量精度也是不断变化的，并不能始终保持其铭牌精度。整个测量系统的精度主要取决于以下几个因素：敏感元件的准确度，敏感元件的敏感性，敏感元件对其他相关变量的非敏感性，稳定性，延迟性，安装，信号调节和 A/D 转换。

3. 灵敏度和灵敏限(分辨率)

灵敏度表示测量仪表对被测量变化的反应能力。灵敏度的定义是当输入量变化很小时，测量系统输出量的变化与输入量的变化的比值。测量系统的灵敏度高，意味着被测量稍有变化，测量系统就有较大的输出。一般来说，灵敏度越高，测量范围越小，稳定性也越差。

灵敏限是指引起仪表示值发生变化的可测参数的最小变化量，又称为仪表分辨率或仪表死区。通常，其值应不大于仪表允许误差的1/2。

4. 变差

在外界条件不变的情况下，使用同一仪表对同一被测量进行正、反行程(即逐渐由小到大和逐渐由大到小)测量时，所得仪表两示值之间差值的最大值与仪表量程之比，称为变差。造成变差的原因很多，如传动机构间正反向的间隙和摩擦力不相同造成的等。

5. 响应速度

为实现对控制系统的准确可靠控制，所选用的传感器必须能快速响应被测量的变化。传感器的响应速度通常用时间常数 T_s 表示。时间常数指当被测量从一个工况变化到另外一个工况时，传感器的响应输出所需的时间。在实际中，传感器的时间常数受其封装外壳、安装方式及被测媒介特性等的影响，还可能包括测量系统的其他额外延迟。比如，控制器的扫描速度会限制系统对被测量变化的响应速度，增加流经传感器流体的相对速度可以减小时间常数。

传感器的时间常数在控制系统中应有所考虑。如果时间常数选得太小，则被测量的短期波动会导致不希望的控制动作发生。在这种情况下，一般可通过控制软件来处理，典型的方法是采用平均函数来引入时间常数。如果时间常数太大，就意味着控制系统对被控量变化的响应速度很慢。在这种情况下，很难通过控制软件来补偿。

2.3.3 常用的模拟量传感器

1. 温度传感器

温度是建筑环境中一个非常重要的参数，对温度的自动控制除了能给人们提供一个舒适的环境外，还能节约大量的能源。在BAS工程中，温度传感器主要用于测量室内、室外、风管及水管的温度，以此来控制相应的水泵、风机、阀门和风门等执行元件的开度。

知识链接

温度

物质的温度由其分子平均运动速度大小决定。物质的分子始终在不断地运动。分子运动的速度越大，温度越高；分子运动速度越小，则温度越低。温度实质上反映了物质分子热运动的剧烈程度。在日常生活中，常以温度来反映物体的冷热程度。

衡量温度大小的单位有摄氏温度、开氏温度、华氏温度。我国工程技术上使用的是摄氏温度和开氏温度。某些进口设备的技术指标中则使用华氏温度。

在一个标准大气压下，以水的冰点为0℃、沸点为100℃，把其间分成100等份，每一等份为摄氏1度，记作1℃。按此分割制成的温度测量仪器称为摄氏温度计。在一个标准大气压下，以水的冰点为

273 K、沸点为 373 K，把其间分成 100 等份，每一等份为开氏 1 度，记作 1K。在一个标准大气压下，以水的冰点为 32 ℉、沸点为 212 ℉，把其间分成 180 等份，每一等份为华氏 1 度，记作 1 ℉。按此分割制成的温度测量仪器称为华氏温度计。当温度达到 0K 时，物质的分子停止了运动，把这个温度称为绝对零度。开氏温度也称绝对温度。

三种温度单位之间可以相互换算见表 2-3。

表 2-3 摄氏温度、开氏温度、华氏温度间的换算关系

换算关系	换算公式	符号说明
摄氏温度换算成华氏温度	$F=\frac{9}{5}t+32$	t——摄氏温度 F——华氏温度 T——绝对温度
华氏温度换算为摄氏温度	$t=\frac{5}{9}(F-32)$	
摄氏温度换算成开氏温度	$T=t+273$	

知识链接

温度传感器测温方式

温度传感器按照测温方式，可分为接触式和非接触式两大类。

所谓接触式温度传感器，即通过测温元件与被测介质的接触来测量物体的温度，具有测温简单、可靠、价廉，测量精度高的优点。但是，由于测温元件需要与被测介质进行充分的热交换，才能达到热平衡，因而会产生滞后现象；而且在测温过程中易破坏被测介质的温度场分布和热平衡状态，从而造成测量误差；同时，可能与被测介质产生化学反应。由于受耐高温材料的限制，接触式测量不能应用于很高温度的场合。在建筑系统中，温度传感器采用接触式方式测量温度。

非接触式温度传感器，即通过接收被测物体发出的辐射热来判断温度，具有测温范围广、速度快，可测量运动物体温度等优点。但是，它受到物体的发射率、被测介质到仪表间的距离、烟尘和水汽等其他介质的影响，一般测量误差较大。

1）常用的温度传感器

温度传感器的感温元件一般采用热电阻(铂热电阻、铜热电阻)、热敏电阻、热电偶等，测量精度优于±1%。温度检测器件的结构有墙挂式、水管式、室外温度式等，如图 2.33 所示。

(1) 热电阻温度传感器。热电阻温度传感器以金属导体制成的热电阻作为感温元件。使用时将其置于被测介质中，由于热电阻的电阻值随温度而变化，具有近似线性的函数关系，因此可通过测量电阻进而反映出被测温度的数值。热电阻温度传感器具有较高的测量精度和灵敏度，便于信号的远距离传送及实现多点切换测量，在测温领域中的应用非常广泛。

热电阻有多种规格，目前应用最广泛的热电阻材料是铂和铜，并已做成标准化的热电阻，如 Pt100、Pt1000、Cu100、Cu50 等。铂热电阻测量精度高、稳定性好、可靠性高，长期以来得到了广泛的应用。但铂属于贵金属，价格高。铜热电阻的使用也较普遍。因为铜电阻的电阻与温度的关系几乎是线性的，电阻温度系数也比较大，而且材料容易提纯，价格便宜，所以在一些测量准确度要求不很高，且温度较低的场合多使用铜电阻。

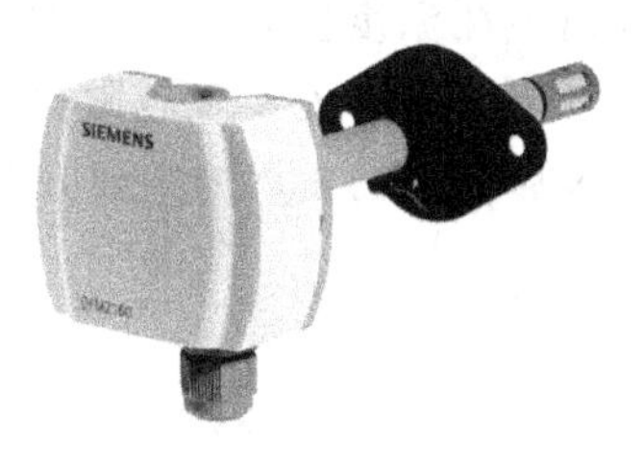

(a) 风管式温度传感器

(b) 室内温度传感器

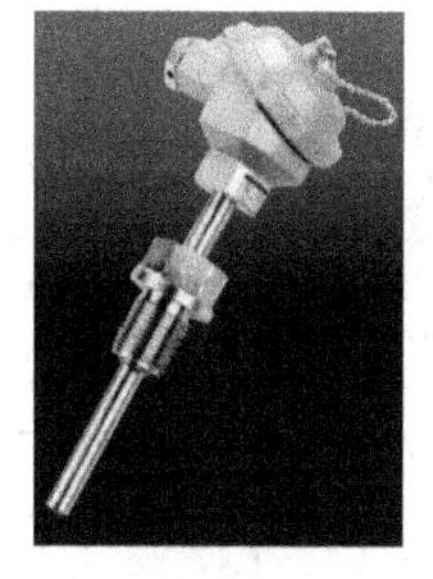

(c) 水管式温度传感器

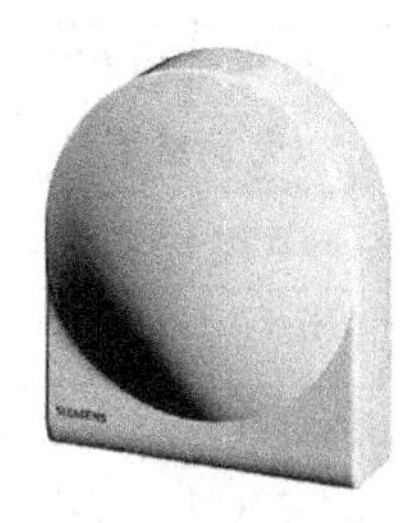

(d) 室外温度传感器

图 2.33 几种常用温度传感器的实物图

特别提示

Pt100、Pt1000、Cu100、Cu50 分别表示该种型号的热电阻在冰点(0℃)下的电阻值 R_0 分别为 100Ω、1000Ω、100Ω、50Ω。

有关这些标准化的热电阻的阻值与温度的对应关系，读者可以查阅相应的热电阻分度表。

(2) 热敏电阻温度传感器。热敏电阻温度传感器的感温元件是半导体材料。半导体热敏电阻体积小、热惯性小，适于快速测温，并且大多数具有负的温度系数(电阻值随着温度的升高而减小)。其最大的优点是温度系数大，灵敏度特别高，是金属电阻的 10 倍以上。但热敏电阻元件的稳定性、复现性和互换性较差，这给系统的维护带来一定的困难；并且电阻与温度呈较大的非线性关系，后续的 R-V(电阻-电压)变换和信号调理电路比较复杂，要进行非线性校正。

(3) 集成电路温度传感器。集成电路(IC)温度传感器分为模拟集成温度传感器和智能温度传感器两类。

模拟集成温度传感器将感温元件和变送器集成在一个芯片上，可实现温度测量和标准模拟信号输出的功能。其特点是测温误差小、价格低、响应速度快、传输距离远、体积小、功耗低，不需要进行温度校准，外围电路简单。

智能温度传感器也称为数字温度传感器，问世于 20 世纪 90 年代中期。智能温度传感器是微电子技术、计算机技术和自动测试技术的结晶，是集成温度传感器领域中最具活力和发展前途的一种新型智能温度传感器。其内部包含温度传感器、A/D 转换器、存储器(或寄存器)和接口电路，有的产品还带多路选择器、中央控制器(CPU)、随机存取存储器(RAM)和只读存储器(ROM)。

智能温度传感器采用数字化技术，能以数字量形式输出被测温度值，具有误差小、分辨率高、抗干扰能力强、能远程传输数据、用户可设定温度上下限、能实现越限自动报警功能、自带串行总线接口、适配各种微控制器等优点，是今后传感器发展的主要方向。

举 例

西门子温度传感器见表 2-4。

表 2-4 西门子温度传感器

安装位置	1000 欧姆铂电阻 -40～116℃	100 欧姆铂电阻 (带变送器)	10K 欧姆热敏电阻 13～35℃	100K 欧姆热敏电阻
室内	TEC-1000 系列	536200(4～32℃)	TEC-2000 系列	536195(7～49℃)
室外	544578	536768(-50～50℃)	—	536778(-18～49℃)
风管	544339	533376(-7～49℃) 533377(21～104℃)	—	535741(4～66℃)
水管	544577	536767(-1～121℃) 536774(-7～21℃)	—	536777(-1～116℃)

2) 温度传感器的选型

温度传感器的选型流程如图 2.34 所示。测量对象(如水、空气或油)对传感器的外层材料、防护等级等要求不同。安装位置(如室内、室外或管道)对传感器的外形要求不同。传感器及变送器必须以提供 DDC 可接收的信号为原则。DDC 可接收的类型包括：电压(0～10V DC)、电流(0～20mA 或 4～20mA)、1kΩ 铂电阻、10kΩ 热敏电阻、100kΩ 热敏电阻等。实际工作中须视具体 DDC 控制器而定。温度传感器的量程应为测点范围的 1.2～1.5 倍，测量精度应高于工艺要求。测量范围和测量精度决定于传感器的材料和变送器的输出。

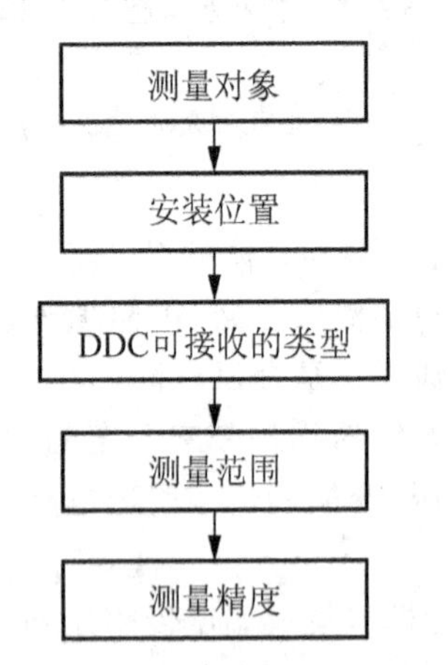

图 2.34 温度传感器的选型流程

3) 温度传感器的接线

在使用金属热电阻测温时，要特别注意热电阻引线对测量结果会有较大影响。常用的引线方式有二线制、三线制和四线制 3 种，如图 2.35 所示。

二线制接线方便，安装费用低，但是引线电阻及引线电阻的变化会带来附加误差，适用于引线不长，测温准确度低的场合。三线制接线只要两引线电阻相等，便可以较好地消除引线电阻的影响，且引线电阻因沿线环境温度变化而引起的阻值变化量也被分别接入两个相邻的桥臂上，可相互抵消，其测量准确度高于两线制，应用较广。尤其是在测温范围窄、导线长、架设铜导线途中温度发生变化等情况下，必须采用三线制接法。四线制接线不管引线电阻是否相等，通过两次测量均能完全消除引线电阻对测量的影响，且在连接导线阻值相同时，还可消除连接导线的影响，这种方式主要用于高准确度温度的检测。

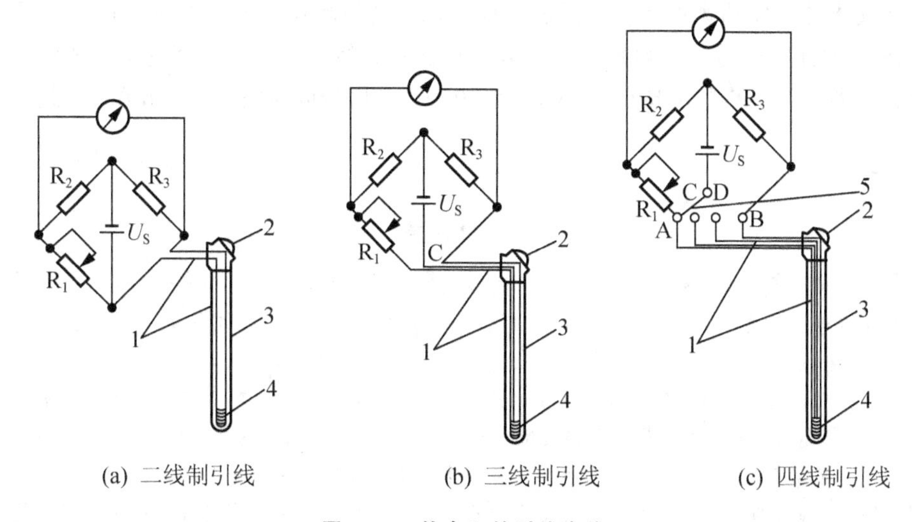

图 2.35 热电阻的引线方式

1—引出线；2—接线盒；3—保护套管；4—热电阻感温元件；5—转换开关

特别提示

以铂热电阻为例，由于 Pt1000 比 Pt100 阻值大，引线电阻所带来的附加误差相对小。因此，在 BAS 工程中，采用 Pt1000 作为温度传感器时，可以采用二线制连接，而 Pt100 应采用三线制或四线制连接。

半导体热敏电阻由于在常温下的电阻值很大，通常在几千欧以上。这样，引线电阻(一般最多不超过 10 Ω)几乎对测温没有影响，所以根本不必采用三线制和四线制，给使用带来了方便，较适宜远距离测温。

4）温度传感器的安装

空间温度是一个场的概念。温度在空调房间各处的分布往往是不一致的，即使在同一高度仍存在相当大的温度梯度。测试表明，一个 300m^{2}的办公室中 1.5 m 高度的温度大约相差 4℃。对于体育场馆、艺术馆、机场候机楼和会展中心等空间建筑，温度梯度的问题会非常严重，设计和安装不当会造成监测参数根本就不是需要监控处的温度，这种情况需要引起高度的重视。

对温度传感器的安装主要要求：壁挂式温度传感器应安装在空气流通、反映被测房间空气状态的位置；风道内温度传感器应保证插入深度；插入式水管温度传感器应使测头在水流的主流区域范围；机器露点温度传感器应安装在挡水板后具有代表性的位置，应避免辐射热、振动、水滴及二次回风的影响。

2. 湿度传感器

1）概述

人体所感觉的冷热程度，不仅与空气温度有关，而且还与空气中水蒸气的多少有关，即与湿度有关。空气湿度过高或过低，都会使人体感到不舒适，甚至影响身体健康。湿度是表示空气干湿程度的物理量，和温度一样，也是建筑环境空气状态及质量的重要参数。

BAS通过湿度传感器来测量室内、室外和管道的相对湿度。湿度传感器的输出信号一般都经变送器变为标准的电压(0～5V，0～10V DC)信号或电流(4～20mA)信号。

知识链接

相对湿度

工程中，湿度通常是指空气的相对湿度。相对湿度是空气中水蒸气的实际分压力 p_c 与相同空气温度下的饱和水蒸气压力 p_{cB} 之比，用 ϕ 表示。即 $\phi=(p_c/p_{cB})\times100\%$。在一些工程资料中，也常用R. H. 来表示相对湿度。

空气的相对湿度是衡量湿空气继续吸收水分能力的参数：ϕ 越小，表示空气继续吸收水分的能力越大；反之，ϕ 越大，空气中的水分已接近饱和状态，再吸收外部水分的能力就小。

相对湿度是衡量空气环境的潮湿程度对人体和生产是否合适的一项重要指标。空气的相对湿度越大，则表明空气越潮湿，此时人体不能充分发挥出汗的散热作用，便会感到闷热；相对湿度越小，则表明空气越干燥，水分便会蒸发得越快，此时人体会觉得口干舌燥。在生产过程中，为了保证产品质量，也应对相对湿度提出一定的要求。若 $\phi=100\%$，对应的空气状态为饱和空气；若 $\phi=0$，对应的空气状态为干空气。

2) 常用的湿度传感器

常用的湿度传感器有薄膜电容式、高分子电阻式和集成电路式。

薄膜电容式湿度传感器在BAS中应用最普遍。其基本结构是一层非常薄的感湿聚合物电介质薄膜夹在两电极之间作为电介质，构成一平板电容器。这种电极必须薄到能允许水蒸气通过。由于聚合物薄膜具有吸湿与放湿性能，而水的介电常数又很高，故当水分子被聚合物吸收后，将使薄膜电容量产生很大变化。聚合物吸湿与放湿程度随着被测空气的相对湿度的变化而变化，因而其电容量是空气相对湿度的函数。因此，通过测量薄膜电容值就可以测量出相应的空气相对湿度。

薄膜电容式湿度传感器测量范围大，测量精度较高(可达±1%)，互换性较好，长期使用飘移误差可小于±1%/年。但其易受油垢污染的影响，当测量湿度偏离标定湿度时，其测量精度也会受到影响。

集成电路式湿度传感器是将湿度敏感元件(如薄膜电容式敏感元件)与信号转换电路集成在一起而形成的固态相对湿度传感器。

西门子湿度传感器产品见表2-5。

表2-5 西门子湿度传感器产品

型　号	QFA65	QFM65	QFA66＋AQF21.1	QFM66
安装位置	室内	风管	室外	风管
电源	AC 24V	AC 24V	AC 24V	AC 24V

续表

型　号	QFA65	QFM65	QFA66＋AQF21．1	QFM66
输出	DC 0～10V	DC 0～10V	DC 0～10V	DC 0～10V
精度	±5% rH	±5% rH	±2% rH	±2% rH
与温度传感器组合	是	是	是	是

注：将温、湿度传感器与焓值变送器(AQF61.1)组合，可以提供空气的绝对湿度和焓值。

3）湿度传感器的安装

湿度传感器应安装在附近没有热源和水滴，空气流通，能反映被测房间或风道内空气状态的位置。在工程应用中，湿度传感器和温度传感器往往集成在一起，即温、湿度传感器。如图 2.36 所示温、湿度传感器与现场控制器的接线图。

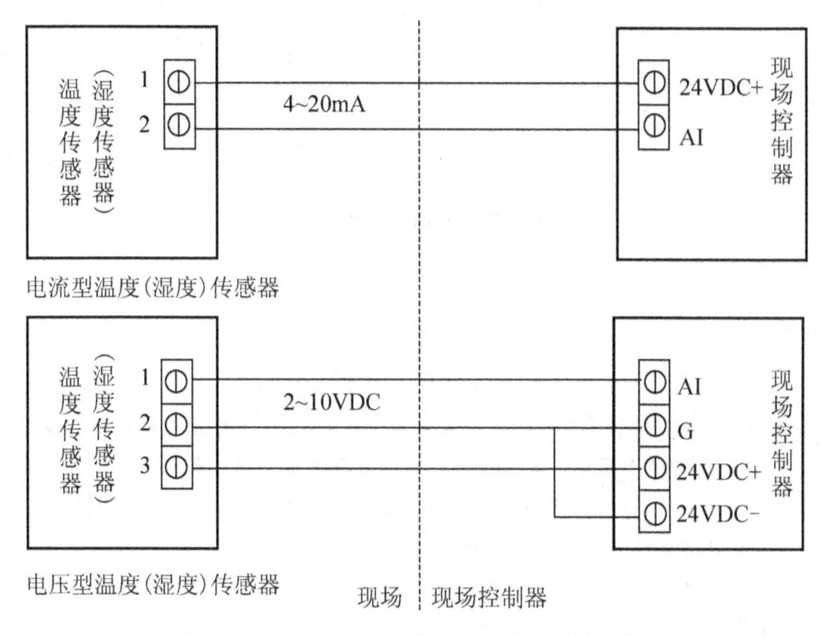

图 2.36　温、湿度传感器与现场控制器的接线图

3. 压力或压差传感器

1）概述

压力(压差)传感器是用于监测流体的压力(压差)的装置。在建筑系统中，水压力(压差)传感器主要用于冷热源系统中，用于压差旁通控制和监测水泵的运行状态，也有将水压力传感器安装在水箱内用于测量水箱的液位。空气压力(压差)传感器则主要用于监测管道压力和监测风机运行状态。

压力(压差)传感器的工作原理如图 2.37 所示。感压元件在被测压力(压差)的作用下产生形变位移输出，经位移检测器将位移信号变换为电量信号，再通过放大、调零滤波等信号处理电路，输出 0～10V DC 或 4～20mA DC 等形式的标准信号。

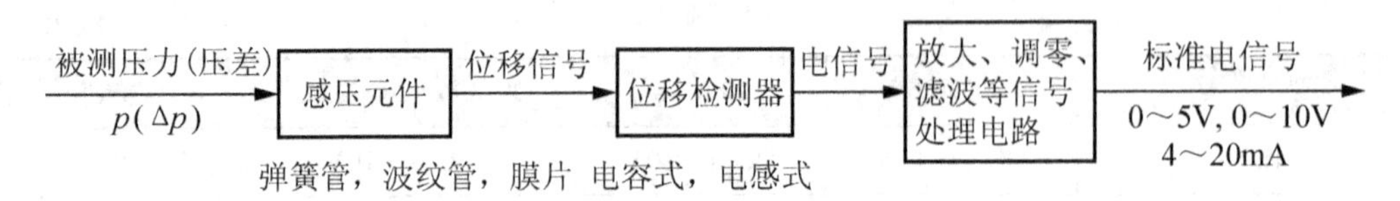

图 2.37　压力(压差)传感器的工作原理

感压元件采用弹性元件，如弹簧管、波纹管、膜片或波纹管与弹簧组合等，常用弹性元件结构如图 2.38 所示。弹性元件在压力 p 与外侧的大气压的相互作用下产生位移信号 x。

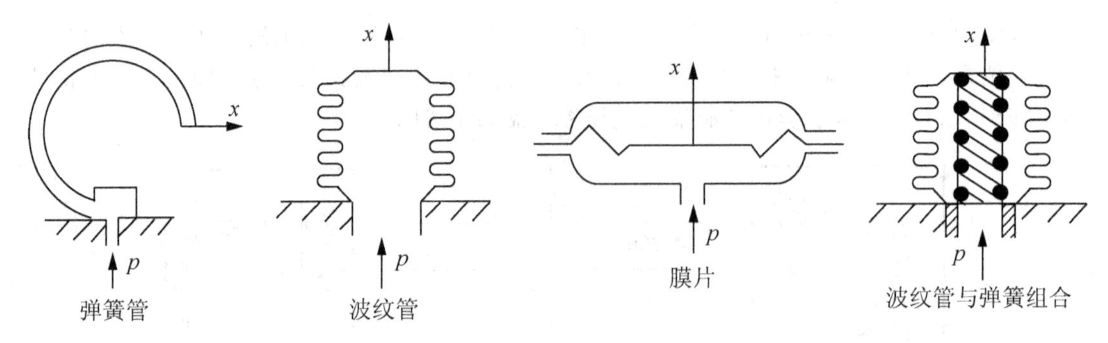

图 2.38　常用弹性元件结构

知识链接

压力相关的概念

压力是垂直作用在单位面积上的力，即物理学上的压强(工程上把物理学中的压强习惯地称为压力)。任意两个压力的差值称为压差。在 BAS 中，压力、压差是反映工质状态的重要参数。

压力的单位为 N/m^2，称为帕斯卡(Pa)。工程中常以兆帕(MPa，即 10^6 Pa)、巴(bar，即 10^5 Pa)为单位。此外，常用的压力单位还有毫米汞柱(mmHg)和毫米水柱(mmH_2O)、标准大气压等。

大气压的大小与海拔高度和温度有关，所以规定了标准大气压。所谓标准大气压是指在纬度为 45°、温度为 0℃时海平面的大气压力，记为 atm。

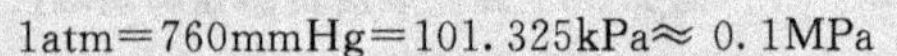

$$1atm=760mmHg=101.325kPa\approx 0.1MPa$$

图 2.39　压力表

气体的压力若以绝对真空作为测量的基准，所得到的压力值为绝对压力(p_a)。如果以当地大气压(记为 B，约 0.1MPa)作为测量的基准点，所测得的压力为相对压力(p_q)。工程中使用压力表如图 2.39 所示内部的感压元件是弹簧管，测量的即为相对压力。所以相对压力常俗称为表压。一般，在设计、计算时使用绝对压力，而在工程的调试、安装时采用相对压力。

绝对压力与相对压力的关系为：

$$p_a=p_q+B$$

当 $p_a>B$ 时，p_q 为正值，称为正压；当 $p_a<B$ 时，p_q 为负值，把 p_q 的绝对值称为真空度(p_v)。凡是气体低于当地大气压的状态统称为真空。

在流体中不受流速影响而测得的表压力是静压。对于管道流动由管壁处所测得的压力，均为静压值。把用液柱高度表示的静压称为压头，用 mH_2O 表示。静压也称为静水头。而动压是指流体单位体积所具有的动能大小。动压又称动压头。通常用 $1/2\rho v^2$ 计算(ρ—流体密度；v—流体运动速度)。

特别提示

在工程现场，工程技术人员常会说某管道(容器)的压力是多少kg？此处的"kg"不是指质量，而是 kgf/cm^2(一种压力的单位)。$1kgf/cm^2$ 表示1kg的重物作用到 $1cm^2$ 上产生的压力，称为一个工业大气压，也称工程大气压，记为at。

$$1at=1kgf/cm^2=9.8\times10^4Pa\approx0.1MPa。$$

比如水管上压力表读数是3kg压力，就是指 $3kgf/cm^2$，约等于0.3MPa。

2) 常用的压力(压差)传感器

根据位移检测的方法，压力(压差)传感器有电容式、应变片式和压阻式等形式。

(1) 电容式压力传感器。电容式压力传感器的结构如图2.40所示。图中所示的感压元件(一个很薄的弹性膜片)作为动电极，两个在凹形玻璃上的金属镀层作为固定电极，共同构成差动电容器。当被测压力或压力差作用于膜片并产生位移时，所形成的两个电容器的电容量，一个增大，一个减小。该电容值的变化经测量电路转换成为与压力或压差相对应的电流或电压的变化。

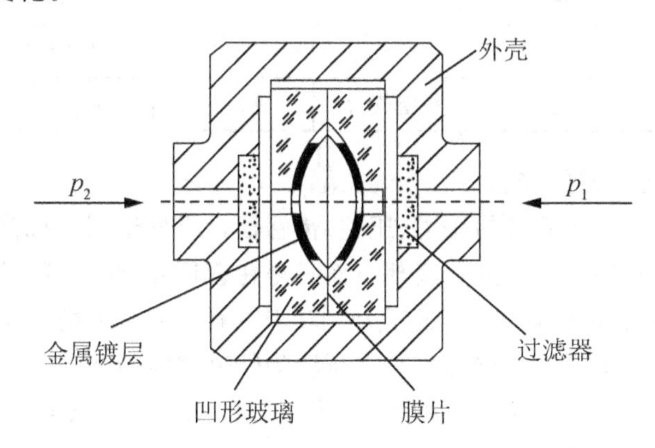

图2.40 电容式压力传感器的结构

(2) 应变片式电阻压力传感器。应变片式电阻压力传感器通常为丝状结构，电阻改变与压力传感元件内的应力成正比。利用惠斯通电桥可直接进行测量，也可以经转换电路转换成电压或电流信号。

(3) 压阻式压力传感器。压阻式压力传感器是一种较新型的压力传感器，也称为固态应变式压力传感器。它采用集成电路工艺在单晶硅膜片上扩散一组等值应变电阻，而膜片置于接收压力的腔体内，当压力发生变化时，硅膜片产生应变，使直接扩散的应变电阻产生与压力成比例的变化。这种压力传感器灵敏度高，测量精度可达±0.1%，输出信号通常有电压信号和频率信号。

举 例

(1) 西门子 QBE9000 系列压力传感器见表 2-6。采用压力电阻测量原理，陶瓷膜片(厚膜混合工艺)通过与介质直接接触测量压力。相关技术指标如下：工作电压为 AC 24V，50～60Hz 或 DC16～33V；最大电流＜ 4mA；输出信号为 DC0～10V；响应时间＜2ms ；防护等级为 IP67。

表 2-6 西门子 QBE9000 系列压力传感器

型 号	测压范围		输 出	实物图
QBE9000-P10	0～10bar	0～1.0MPa	DC 0～10V	
QBE9000-P16	0～16bar	0～1.6MPa	DC 0～10V	
QBE9000-P25	0～25bar	0～2.5MPa	DC 0～10V	

(2) 西门子 QBE、QBM 系列压力(压差)传感器见表 2-7。

表 2-7 西门子 QBE、QBM 系列压力(压差)传感器

型 号	测量值	介 质	电 源	输 出	测量范围
QBE61.1	压力	水	AC 24V	DC 0～10V	0～40bar
QBE61.3	压差	水	AC 24V	DC 0～10V	0～10bar
QBM65	压差	空气	AC 24	DC 0～10V	−50～2500Pa
QBM66	压差	空气	AC 24	DC 0～10V	0～1500/3000Pa

3) 压力(压差)传感器的安装

在同一建筑层的同一水系统的压力(压差)传感器，应处于同一标高。对于液体，压力传感器的测量位置应在侧面，接近管底部，而不得在管顶部(此处可能因气密性而受影响)或底部(此处可能因污物而受影响)测量压力。对于冷凝气体压力的测量，测量位置应在管道顶部，则不会有冷凝水接触到传感器。当所测的管道容器的环境条件不适宜直接安装压力传感器时，传感器应远程安装，如图 2.41 所示。即通过固定支架和安装配件将压力引出，并注意不让冷凝水接触到传感器。

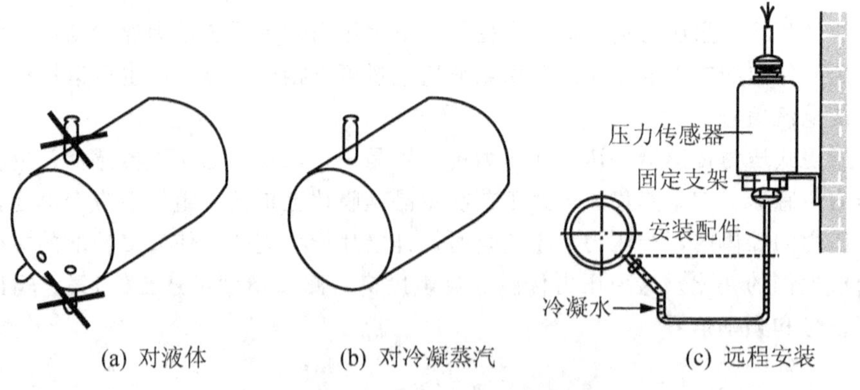

图 2.41 压力传感器安装示意图

4. 流量传感器

流量传感器主要用来检测水系统中液体的流量，以此来控制相应水泵阀的数量。检测流量有多种方法，有节流式、容积式、速度式、电磁式等。在使用流量检测仪表时要考虑控制系统容许压力损失，最大、最小额定流量，使用场所的环境特点及被测流体的性质和状态，也要考虑仪表的精度要求及显示方式等。

知识链接

流体在管道中流动时的几个基本概念

(1) 过流断面。流体运动时，与流体的运动方向垂直的流体横断面的面积(A)，单位为 m^2。

(2) 流量。有体积流量和质量流量之分。在单位时间内通过过流断面的流体的体积称为体积流量(Q_v)，单位为 m^3/s。在单位时间内通过过流断面的流体的质量称为质量流量(Q_m)，单位为 kg/s。体积流量与质量流量的关系为：

$$Q_m=\rho\cdot Q_v$$

(3) 流速。在单位时间内流体移动所通过的距离称为流速(v)，单位为 m/s。由于流体黏性的影响，过流断面上各点的流速不是均匀分布的。在实际工程中经常采用过流断面上各点流速的平均值，即平均流速。平均流速通过过流断面的流量应等于实际流速通过该断面的流量，这是确定平均流速的假定条件。

流量、过流断面和流速三者之间的关系为：

$$Q_m=\rho\cdot v\cdot A,\ Q_v=v\cdot A$$

根据测量介质的不同，流量传感器可分为气体流量传感器和液体流量传感器两类。通常，气体流量传感器用于监测和控制风机、风阀及变风量(VAV)装置末端的流量；液体流量传感器用于监测和控制水泵、锅炉、冷水机组、热交换器的流量。与温度测量配合，流量测量也可用于能(热)量的测量。常用的流量传感器有涡街流量计、电磁流量计和超声波流量计等。流量传感器实物照片如图 2.42 所示。

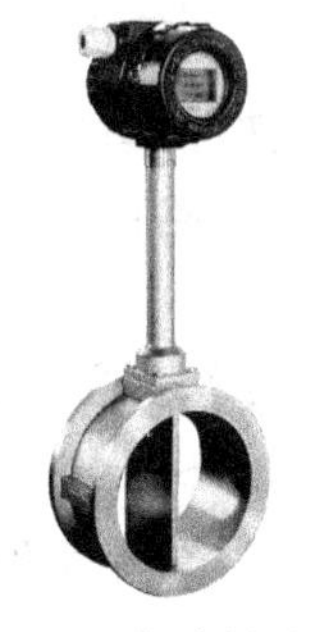

(a) 涡街流量计

(b) 电磁流量计

(c) 超声波流量计

图 2.42　流量传感器实物照片

1) 涡街流量计

涡街流量计是依据流体自然振荡原理工作的流量计，具有准确度高、量程比大、流体的压力损失小、对流体性质不敏感等优点，目前应用较为广泛。

根据“冯·卡门涡街”原理，在管道中垂直于流体流向放置一个非线性柱体(漩涡发生体)，当流体流量增大到一定程度以后，流体在漩涡发生体两侧交替产生两列规则排列的漩涡。两列漩涡的旋转方向相反，且从发生体上分离出来，平行但不对称，这两列漩涡被称为卡门涡街，简称涡街。当漩涡稳定时，漩涡产生的频率与流量有关。因此，涡街流量计可以通过测量漩涡产生的频率来测量流量。涡街流量计测量范围大(量程比 10∶1 或 25∶1)，测量精度较高(±0.5%～±1%)，并且涡街流量计的结构简单，无运动部件，适用于 15～400mm 的管道，可广泛用于气体、液体和蒸汽流量的测量。其主要缺点是抗振动能力差。

2) 电磁流量计

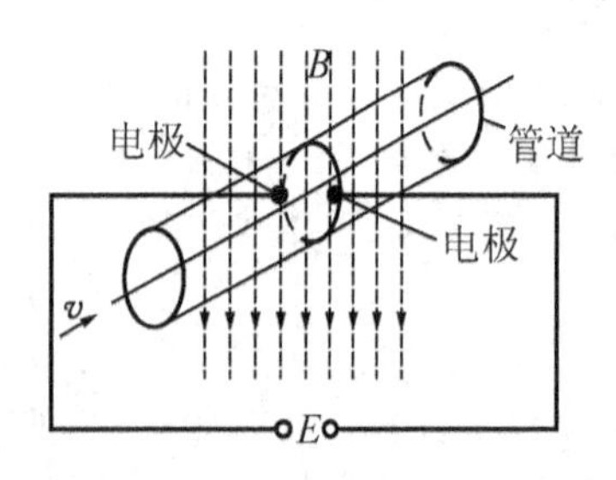

图 2.43 电磁流量计测量原理

电磁流量计是基于法拉第电磁感应定律工作的流量仪表。仪表不直接接触流体介质，被测流体应具有一定的电导率，测出的是体积流量。

根据法拉第电磁感应定律，导体在磁场中运动时，导体上必然会产生感应电动势。同理，导电的流体在磁场中垂直于磁力线方向流过，切割磁力线会产生感应电动势。用右手定则确定流体运动、磁场和感应电动势的方向关系。如图 2.43 所示在管道两侧的电极上取出感应电动势 E。感应电动势的大小与流体的速度关系为：

$$E=BDv$$

式中 E——感应电动势，V；

B——磁场感应强度，T；

v——垂直于磁力线方向介质的平均流速，m/s；

D——管道内径，m。

因此，通过电磁流量计的体积流量为：

$$Q_v=v\cdot A=\frac{\pi D^2}{4}\cdot\frac{E}{BD}=\frac{\pi D}{4B}E=\frac{1}{K}E$$

其中，对于固定的电磁流量计，K 是定值。

被测介质在测量导管中流通，管道选用非导磁、低电导率、低热导率的材料制成，如不锈钢、玻璃钢等；管内壁必须绝缘，保证感应电动势不被金属管短路；电极必须耐磨、耐蚀，在结构上防漏、不导磁，大多数时候采用不锈钢。

电磁流量计在实际工程中得到了广泛的应用。仪表测量流速的量程比高达 100∶1，有的甚至达 1000∶1；流量计的口径从 ϕ2～2400mm；仪表的精度为 0.5～1.0 级。由于被测介质的电导率不能太低，因此不能测气体和蒸汽。使用中要求注意远离环境磁场的干扰，而且要保证直管段足够的长度。

3) 超声波流量计

超声波的测量原理是产生一个超声信号，通常在两个方向穿过热流介质，如图 2.44 所示。通过修正信号行程的时间可测定流体的平均速度和流量。该信号对角地或横向地穿过热流介质。在管线中流体的速度分布的差别取决于流动形式。超声波发射器和接收器通常是压电半导体器件。

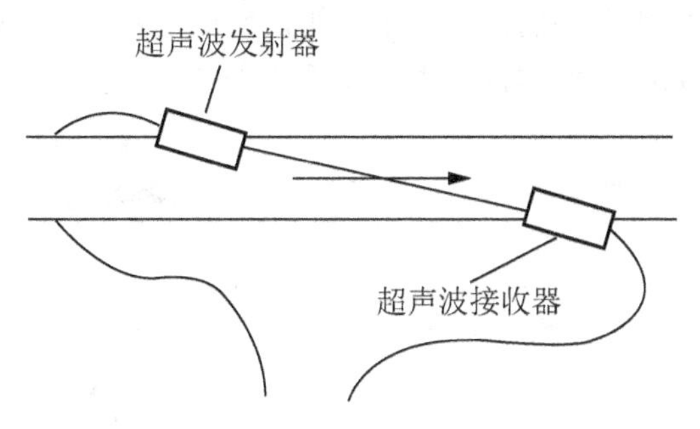

图 2.44 超声波流量计测量原理示意图

超声波流量计从管道外部进行测量是一种非接触式的测量方法。其在管道内部无任何插入测量部件，故没有压力损失，不改变原流体的流动状态，对原有管道不需任何加工就可以进行测量，使用方便。超声波流量计的测量结果不受被测流体的黏度、电导率的影响，故可测各种液体或气体的流量，尤其适于测量大口径管道的水流量或各种水渠、河流、海水的流速和流量。超声波流量计的输出信号与被测流体的流量成线性关系。

但超声波流量计的准确度不太高，约为1%。由于温度对声速影响较大，故一般不适于温度波动大、介质物理性质变化大的流量测量。另外，超声波流量计在小流量、小管径的流量测量时，相对误差会增大，因此也不适合于这种情况下应用。

超声波流量计对信号的发生、传播及检测有各种不同的设置方法，其中最为典型的是速度差法超声波流量计和多普勒超声波流量计。

(1) 速度差法超声波流量计是根据超声波在流动的流体中，顺流传播的时间与逆流传播的时间之差与被测流体的流速有关这一特性制成的，是目前极具竞争力的流量测量手段之一，其测量准确度已优于1.0级。使用时要注意安装地点有一定长度的直管段，所需直管段长度与管道上阻力件的形式有关。一般，当管道内径为D时，上游直管段长度应大于$10D$，下游直管段长度应大于$5D$。当上游有泵、阀门等阻力件时，直管段长度至少应有$(30\sim50)D$，有时甚至要求更高。

(2) 多普勒超声波流量计是基于多普勒效应测量流量的。其测量流量的必要条件：被测流体中存在一定数量的具有反射声波能力的悬浮颗粒或气泡。多普勒超声波流量计能用于两相流的测量，这是其他流量计难以解决的难题。多普勒超声波流量计具有分辨率高，对流速变化响应快，对流体的压力、黏度、温度、密度和导电率等因素不敏感，没有零点漂移，重复性好，价格便宜等优点。因为多普勒超声波流量计是利用频率来测量流速的，故不易受信号接收波振幅变化的影响。

5. 空气质量传感器

空气质量的优劣与舒适性密切相关。空气质量传感器主要是用于检测空气中CO_2、CO或者VOC(可挥发有机物)的含量，以控制室内的空气质量。

空气质量传感器由一个镀有薄层的半导体管、一对电极及在半导体管内的微型加热器元件组成。在保持温度不变化的情况下，半导体吸收气体，导致电子释放，由此改变两个电极之间的电阻从而产生输出信号。空气质量传感器的工作电源为24V AC/DC，输出信号为0～10V DC。

半导体气体传感器的优点是制作和使用方便，价格便宜，响应快，灵敏度高，被广泛地用在建筑设备自动化系统的气体监测中。如图 2.45 所示空气质量传感器实物图。

(a) 室内型 (b) 风道型

图 2.45 空气质量传感器实物图

知识链接

空气质量传感器工作原理

最常用的空气质量传感器为半导体的气体传感器。传感器平时加热到稳定状态，空气接触到传感器的表面时，一部分分子被蒸发，另一部分分子经热分解而固定在吸附处。有些气体在吸附处取得电子变成负离子吸附，这种具有负离子吸附倾向的气体称为氧化型气体，或电子接收型气体，如 O_2；另一些气体在吸附处释放电子而成为正离子吸附，具有这种正离子吸附倾向的气体，称为还原型气体，或电子供给型气体，如 H_2、CO、碳氢化合物和醇类等，当这些氧化性气体吸附在 N 型半导体上，还原性气体吸附在 P 型半导体上时，将使半导体的载流子减少。反之，当还原性气体吸附到 N 型半导体上，而氧化性气体吸附到 P 型半导体上时，使载流子增加。正常情况下，器件对氧吸附量为一定，即半导体的载流子浓度是一定的，如异常气体流到传感器上，器件表面发生吸附变化，器件的载流子浓度也随着发生变化，这样就可测出异常气体浓度大小。

6. 液位传感器

液位传感器可用于控制液位高度，主要的测量原理有静压式、超声波式、电容式等。在建筑系统中，常需要判断液位的位置，而很少有需要测量液位的高度。因此，本书不对液位传感器做深入介绍。判断液位位置的经济实用的方法是使用液位开关(参见 2.3.4 中“开关量传感器”)。

7. 电量变送器

变配电所各种电气参数要进入计算机监控系统，必须先通过电量变送器，将各种交流电气参数变为统一的直流参数。常用的电量变送器有电压变送器、电流变送器、频率变送器、有功功率变送器、无功功率变送器、功率因数变送器和有功电度变送器等。

电压变送器通常将单相或三相的交流电压 110V，220V，380V 变换为直流 0～5V，0～10V 电压或者 0～20mA，4～20mA 电流输出。电流变送器通常将 0～5A 的交流电流变换为直流 0～5V，0～10V 电压或者 0～20mA，4～20mA 电流输出。频率变送器、有功功率变送器、无功功率变送器、功率因数变送器和有功电度变送器等同样是将相应的电参数变换为与上述相同的电信号输出。如图 2.46 所示电量变送器实物图。

(a)

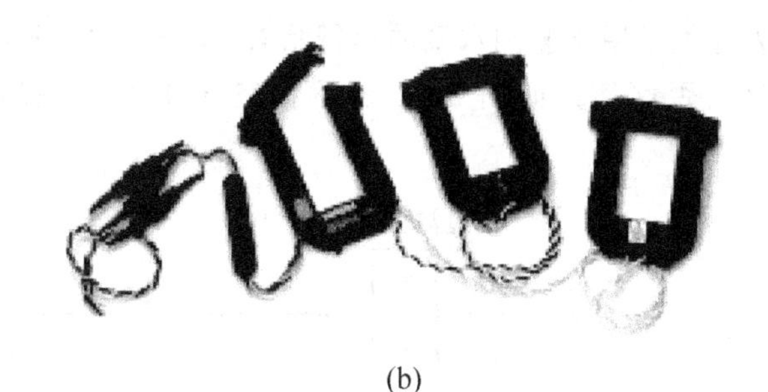

(b)

图 2.46　电量变送器实物图

8. 热量计量仪表

热量计量仪表如图 2.47 所示。热量计量仪表同时测量管线系统的体积流量、相应的供水和回水温度。计算器根据热量计算公式 $Q=\rho \cdot Q_V \cdot c \cdot (t_{回水}-t_{供水})$，计算管线系统的热消耗。

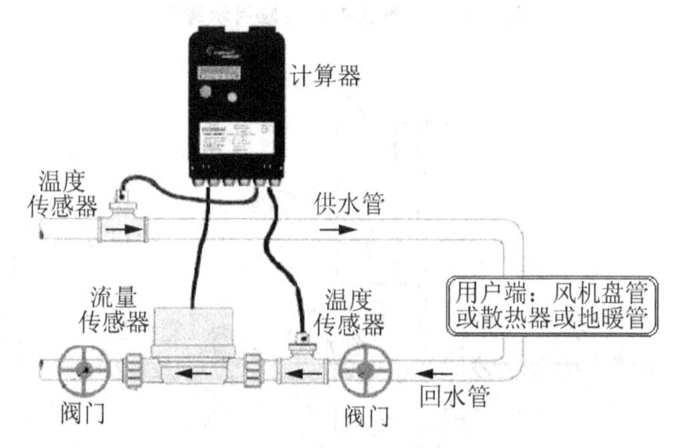

图 2.47　热量计量仪表

2.3.4　常用的开关量传感器

我们把检测得到的信号是数字量的传感器，称作为开关量传感器。该信号将通过 DI 通道输入到 DDC 中。

特别提示

一般来说，模拟量传感器价格比较昂贵，其成本占控制系统构成成本的很大一部分。如果工艺过程并不要求准确的物理参数数值，而只关心被控量是否超过一定限值作为保护和报警的依据，则应采用仅输出“通”或“断”信号的开关量传感器。相比较价格昂贵的模拟量传感器，开关量传感器的成本则大为降低。

1. 压差开关

压差开关是根据空气或液体的两端压差是否在规定的范围内，输出开关动作的装置。

水压压差开关常用于监测水泵的运行状态。空气压差开关常用于检测风机的运行状态和空调过滤器是否堵塞，如图 2.48 所示。空气压差开关的实物图与安装接线图如图 2.49 所示。

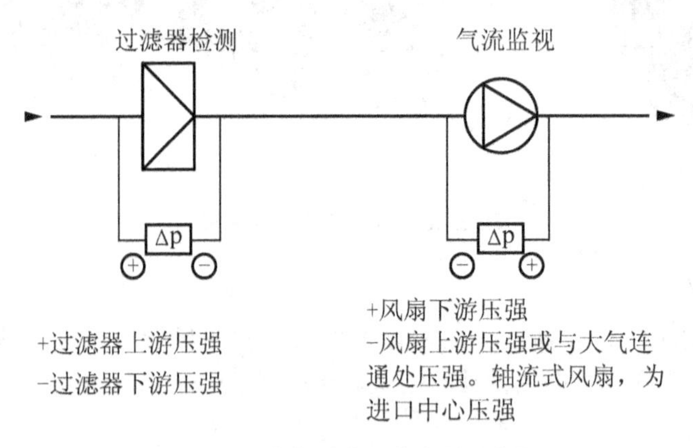

图 2.48 空气压差开关应用示意图

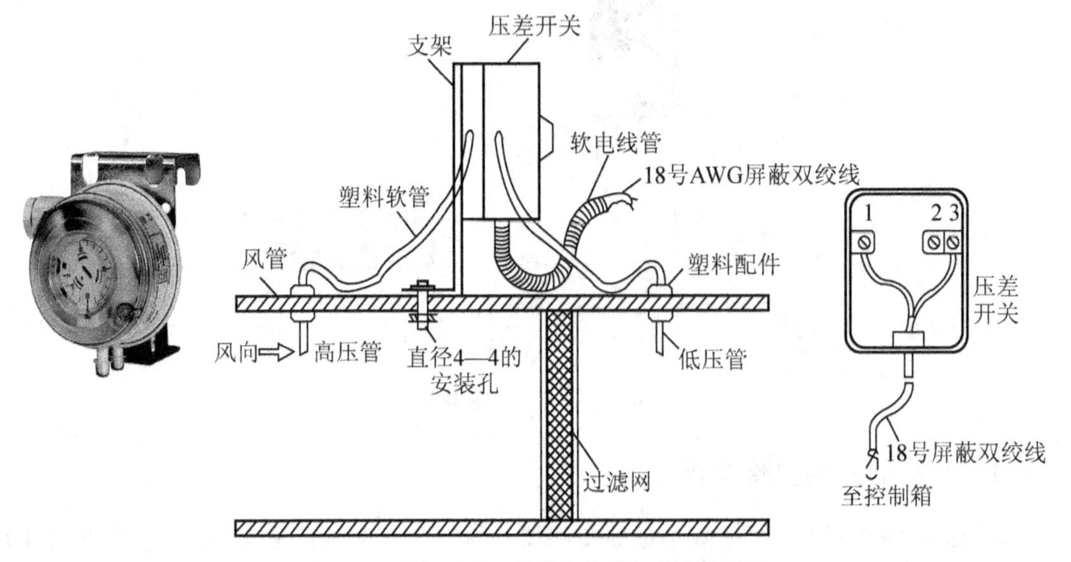

图 2.49 空气压差开关的实物图与安装接线图

举 例

西门子 QBM81 系列空气压差开关见表 2－8。

表 2－8 西门子 QBM81 系列空气压差开关

型 号	测量值	介 质	电 源	输 出	测量范围
QBM81-3 QBM81-5 QBM81-10	压差开关	空气	—	干触点	0～300Pa 0～500Pa 0～1000Pa

特别提示

(1) 压差开关与压差传感器是不同的。压差开关输出的是感触点(通/断)信号，接到 DDC 控制器的 DI 通道。而压差传感器输出的是模拟量(连续)信号，接到 DDC 控制器的 AI 通道。

(2) 选用压差开关时应注意量程范围。比如检测空气过滤器阻力所需的动作压力一般要求仅在 100～200 Pa，这就要求选择微压差开关。

2. 水流开关(流速开关)

水的流动使传感部件产生位移，克服弹簧弹力推动微动开关闭合。当流速低到不足以克服弹簧弹力时，微动开关断开。风速开关也是类似的原理。流速开关主要用于检测管道内流体的流动状态。比如，水流开关用于检测水泵启动后管路中的水是否开始流动。又如，在冷水机组的冷冻水侧和冷却水侧安装水流开关可以检测水流状态，若水流正常则冷水机组可以启动，若水流异常(水流很小或停止)则冷水机组应停机。

图 2.50 常用水流开关传感器的实物图

如图 2.50 所示常用水流开关传感器的实物图。如图 2.51 所示常用水流开关安装接线。

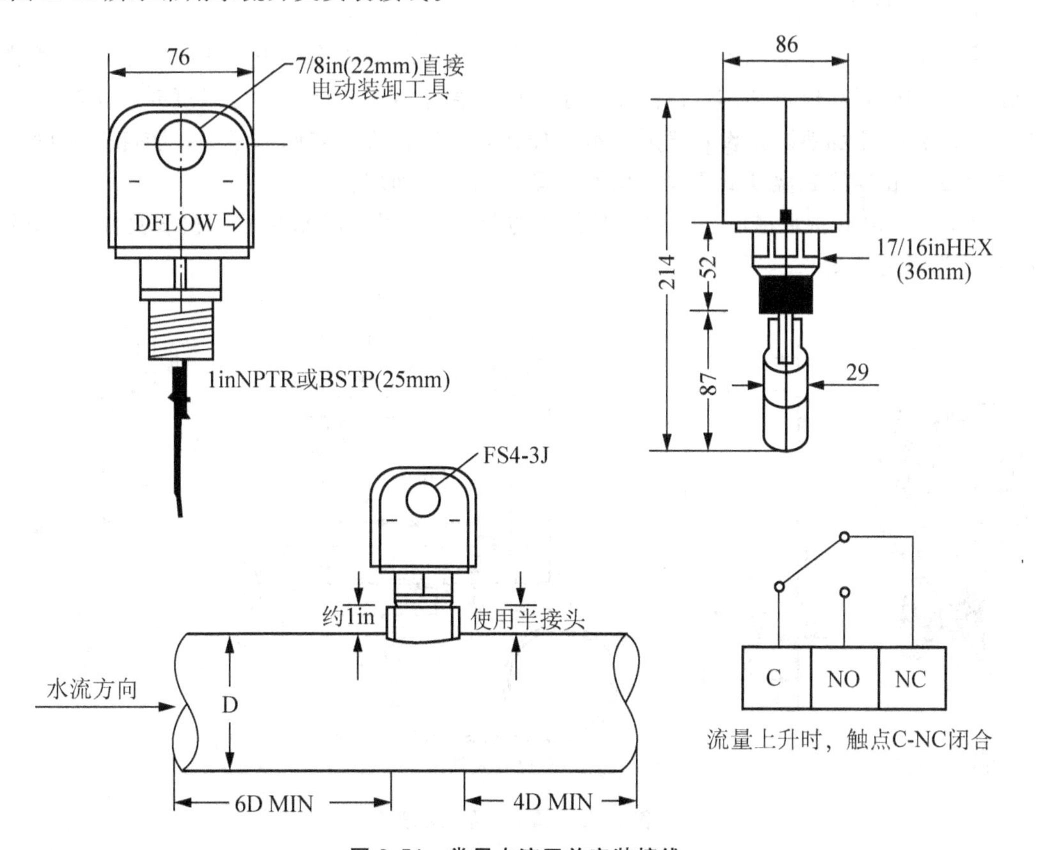

图 2.51 常用水流开关安装接线

3. 液位开关

液位开关，又称为液位信号器，是随液位变动而改变通断状态的有触点开关。按照结构区分，液位开关有磁性开关(也称为干式舌簧管)、水银开关和电极式开关等几大类。在建筑设备自动化系统中，液位开关主要用于液面高度的控制，如对储水箱的报警液位的监测。

电缆浮球液位开关如图 2.52 所示。电缆浮球液位开关是利用微动开关或水银开关做接点零件，当电缆浮球以重锤为原点上扬一定角度时(通常微动开关上扬角度为 28°±2°，水银开关上扬角度为 10°±2°)，开关便会有“ON”或“OFF”信号输出。

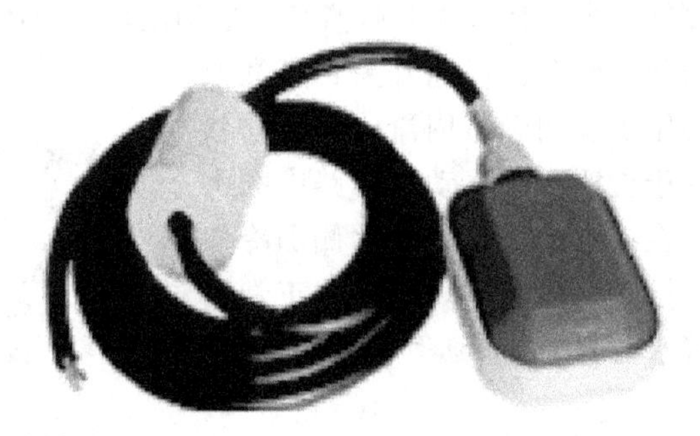

图 2.52 电缆浮球液位开关

4. 防冻开关

防冻开关应用于空调机组或新风机组在冬季运行时的防冻保护，在机组送风温度过低时报警，同时联动保护动作，以防止机组中的盘管冻裂。在低于设定温度时，防冻开关给出信号，停止或加热防止设备管道冻裂。如在新风机组或在空调机组中，防冻开关设在表冷器之后，在检测到温度低于设定值时，则防冻开关动作。

如图 2.53(a)所示霍尼韦尔防冻开关实物图，防冻开关外形尺寸及接线见图 2.53(b)。防冻开关安装如图 2.54 所示。

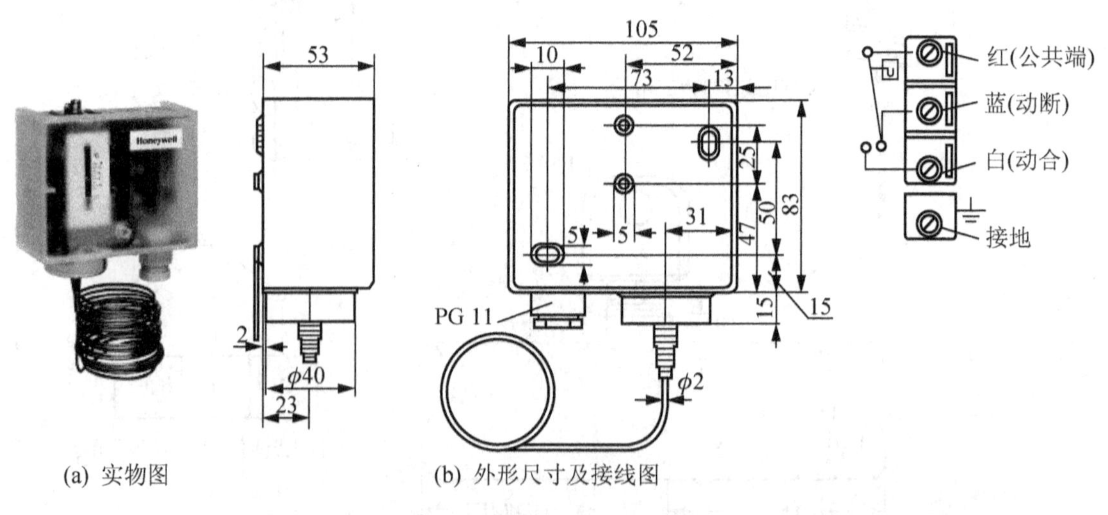

(a) 实物图　　(b) 外形尺寸及接线图

图 2.53 霍尼韦尔防冻开关

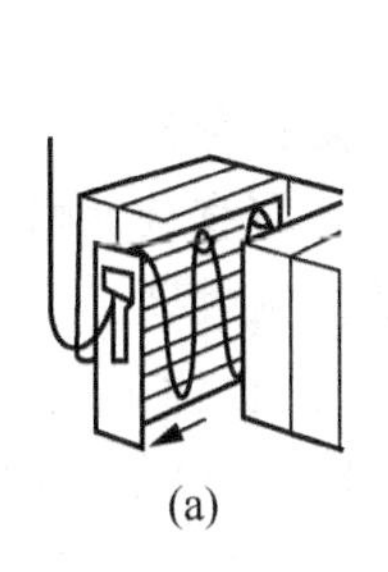

(a)

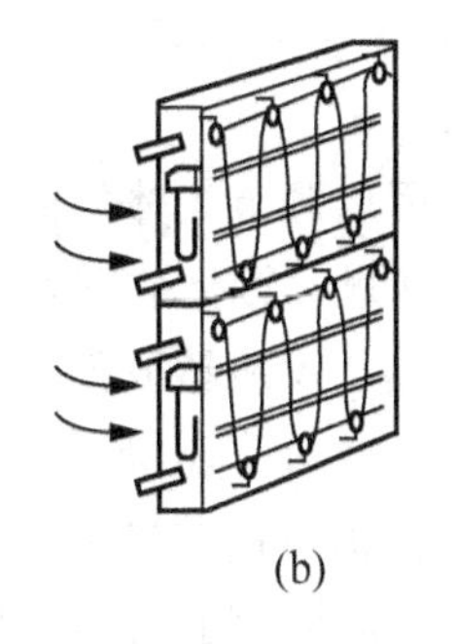

(b)

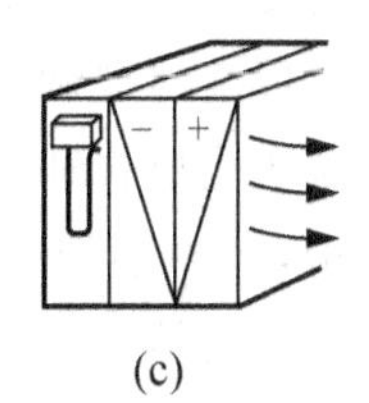

(c)

图 2.54 防冻开关安装

2.4 执 行 器

2.4.1 概述

1. 执行器的作用

DDC控制器经逻辑运算后产生的控制信号，通过输出通道(AO或DO)送入执行器，由执行器执行控制动作，直接控制能量或物料等被测介质的输送量。执行器类似于人的“手脚”，是自动控制的终端主控器件。

执行器安装在生产现场，常年和生产工艺中的介质直接接触，执行器的选择不当或维护不善常使整个控制系统不能可靠工作，严重影响控制品质。

2. 执行器的组成与分类

执行器由执行机构和调节机构两部分组成。执行机构是执行器的推动部分，它接受来自控制器的控制信号，根据控制信号的大小产生位移信号。根据采用的动力能源形式，执行机构可分为气动、电动、液动三种。在BAS中常用的是电动执行机构。

调节机构是执行器的调节部分。最常见的调节机构是调节阀，它接受执行机构输出的位移信号的操纵，改变阀芯与阀座的流通面积，控制工艺介质的流量或能量。

3. 执行器与控制器之间的连接

根据控制系统输出信号的不同，执行器与控制系统间的连接通道有模拟量输出通道(AO)和数字量输出通道(DO)两种形式。DDC控制器输出给电动执行器的信号有连续信号和断续信号两种。

在BAS中，若需要执行器实现连续调节的方式，则控制器输出的应是连续(模拟)信号，如4～20mA电流信号或0～10V电压信号。控制器通过AO通道将控制命令送入执行器。接受该信号的应是连续调节型的执行器，其与DDC之间采用屏蔽软线(如RVVP 2×1.0)连接。

断续信号是指开关信号，DDC通过非屏蔽软线(如RVV 2×1.0)经DO通道将控制信号输送到执行器。

2.4.2 电动调节阀

电动调节阀安装在工艺管道上，用以调节流体的流量，是一种投资省，且简单实用的方法。电动调节阀直接与被调介质相接触，因此它的性能好坏将直接影响控制的质量。只有正确选择阀门的结构形式和流量特性，才能够取得良好的控制效果。

电动调节阀由电动执行机构（也称为阀门驱动器）和阀门（也称为阀体）两部分组成，如图 2.55 和图 2.56 所示。电动执行机构依据现场 DDC 输出的 AO 信号（0～10V DC 电压或4～20mA电流）控制阀门的开度。电动调节阀中的调节机构是阀门，用来控制水、空气、蒸汽等流体。

(a)

(b)

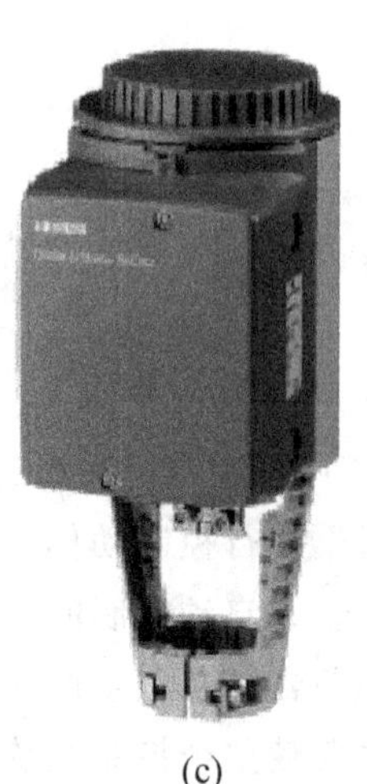
(c)

SQX/SKB/SKC/SKD系列电动液压执行器

（最大功率2000N，配合阀门从DN15~DN150）

图 2.55 阀门驱动器

(a) VVG系列
两通螺纹阀

(b) VXG系列
三通螺纹阀

(c) VVF系列
两通法兰阀

（公称内径有DN15，DN20，DN25，DN32，DN40，
DN50，DN65，DN80，DN100，DN125，DN150）

图 2.56 阀体

特别提示

(1) 管道内流体流量的连续控制除了采用调节阀的方法外，还可采用电机变频调速直接控制水泵的转速来实现调节流量。但这种方法的投资较大。

(2) 在结构上，阀体和阀驱可以组装成整体式的电动调节阀，也常常单独分装以适应各方面的需要。

初学者在BAS设计中配置执行器时，常会漏了执行机构和调节机构两者之一。比如，配置空调机组用的电动调节阀时，往往只配置了阀体(调节机构)，而遗漏了阀门驱动器(执行机构)。应注意在选用分体式执行器时，阀体和阀门驱动器都需要选。如图 2.57 所示阀体和阀驱组装后的实物图。

图 2.57 阀体与阀驱组装后的实物图

1. 电动执行机构

1) 工作原理

电动调节阀的执行机构以电动机为动力，电动机多为交流电容式两相异步电动机，其电源电压为 24V AC。风机盘管上使用的电动调节阀则用磁滞电动机，电源 220V AC。阀门驱动器按输出方式可分直行程、角行程和多转式三种类型，分别同直线移动的调节阀、旋转的蝶阀、多转式调节阀配合工作。

如图 2.58 所示直线移动的电动调节阀原理。阀杆的上端与执行机构相连接，当阀杆带动阀芯在阀体内上下移动时，阀芯与阀座之间的流通面积、阀的阻力系数随之变化，其流过阀的流量也就相应地改变，从而达到了调节流量的目的。

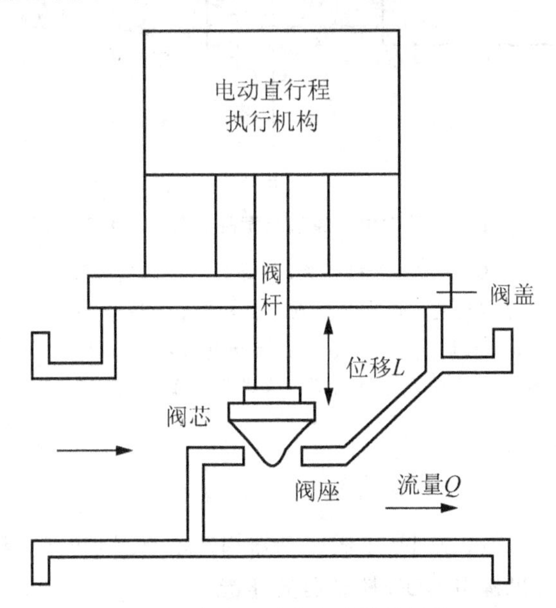

图 2.58 直线移动的电动调节阀原理

调节阀的阀位与控制器输出的AO信号(0～10V DC)成线性关系，如图2.59所示。

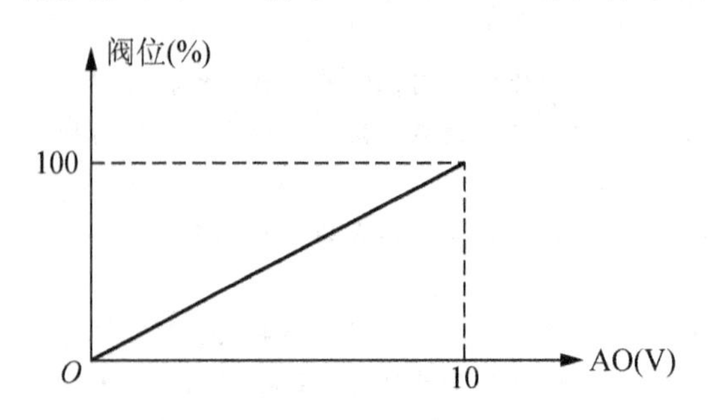

图2.59 阀位与控制器AO的关系

知识链接

电动执行机构的深入知识

电动调节阀的电动执行机构由电动机、机械减速器、复位弹簧(当无手动复位机构时才有)及附件(电子转换器、反馈电位器、阀位指示电位器等)组成。电子转换器又称电动阀门定位器，安装在执行机构内，它接受控制器0～10V DC或4～20mA连续控制信号，对以24V AC供电的电动机的出轴位置进行控制，使阀门位置与控制信号成比例关系，从而使阀位按输入的信号，实现正确的定位，故得名阀门定位器。如图2.60所示电子阀门定位器原理示意图。

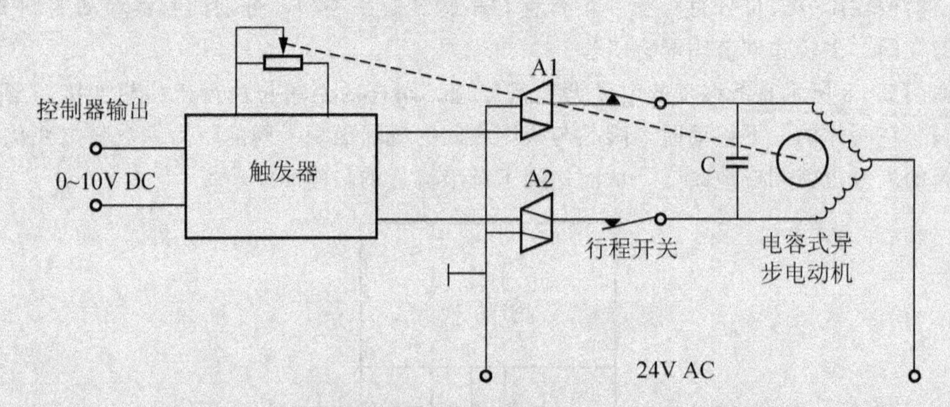

图2.60 电子阀门定位器原理示意图(A1、A2为双向可控硅)

当输入信号AO(0～10V DC)使双向可控硅A1导通时，电动机向正向方向转动，开大阀门，进行调节。与此同时，电动机通过减速装置改变反馈电位器，实现负反馈，依靠反馈信号，准确地转换阀门的行程。当AO信号使A2导通时，电动机向相反方向转动，关小阀门，进行调节。由于控制器AO信号是与偏差成PID调节规律，故称为PID调节。应说明，在HVAC领域，多使用PI规律，一般不使用微分D调节。

2）执行机构的安装

如图2.61和图2.62所示分别是水阀驱动器构造示意图和电气接线图。

3）连续调节时执行机构与DDC控制器的连接

如图2.63所示阀门执行机构与控制系统的连接图。控制器经计算得到阀门开度信号设定值，并经AO通道送入执行机构内的比较器。比较器将阀门开度实测值与设定值比较。当设定值高于实测值时，正转电路导通，使阀门电机正向旋转，继续开大阀门；当设定值低于实测值时，反转电路导通，阀门电机反转，阀门关小；当比较器的输出电压绝对值小于两路触发器需要的翻转阈值时，阀门电机停止运行，完成调节。

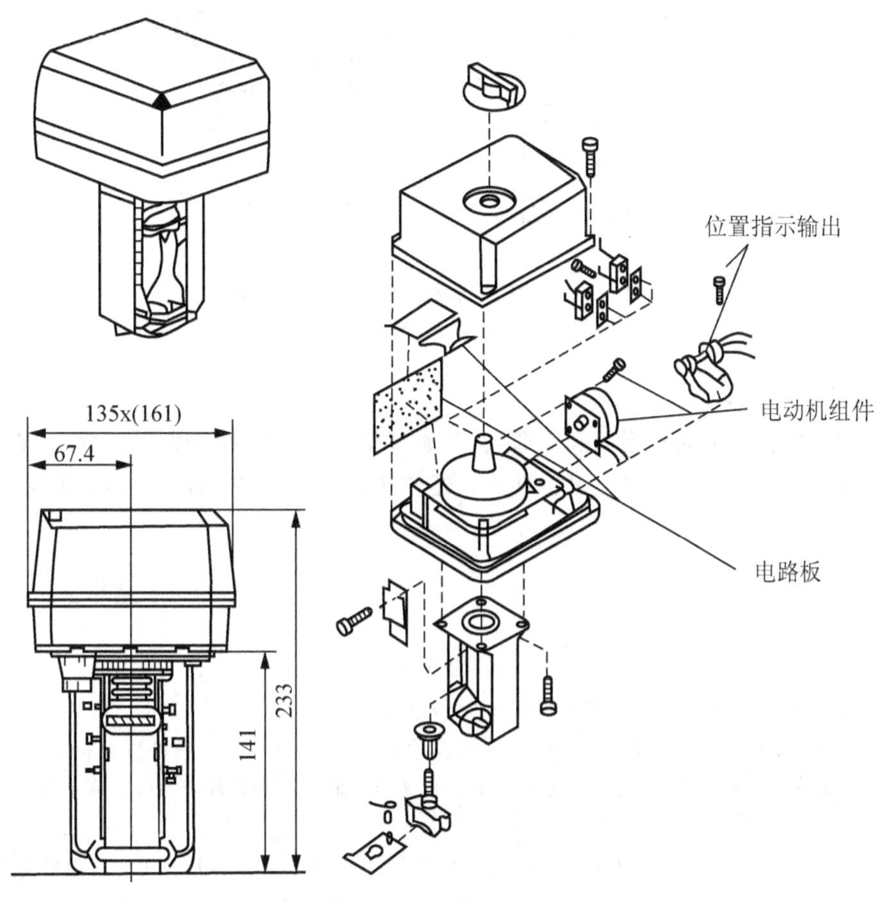

图 2.61　水阀驱动器的构造示意图

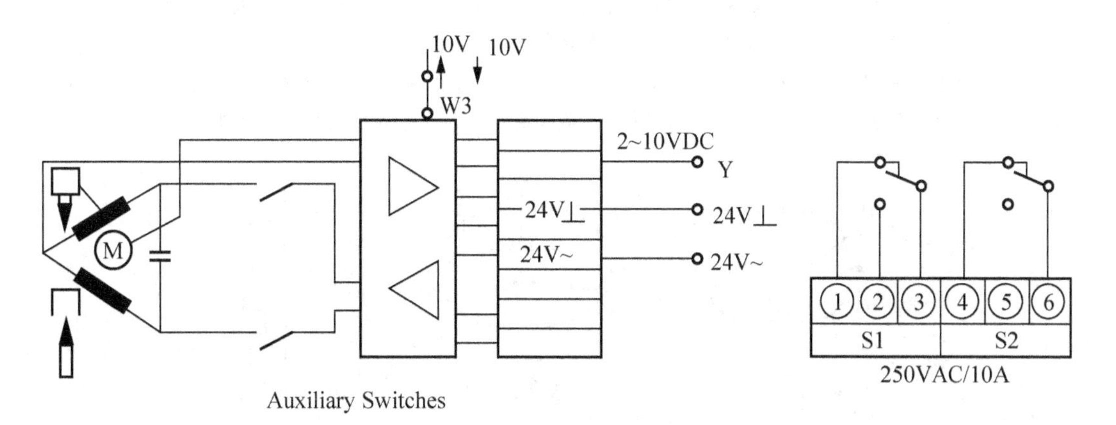

图 2.62　水阀驱动器的电气接线图

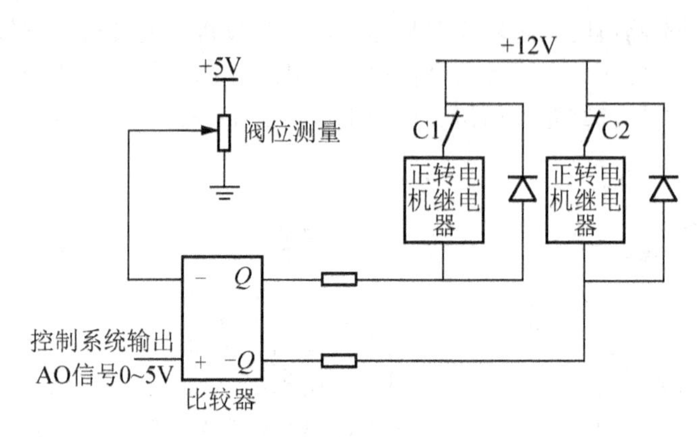

图 2.63 阀门控制器与控制系统的连接

C1，C2—阀门行程限位器触点

2. 阀门

阀门根据结构可分为直通阀和三通阀(三通阀仅适用于水路的控制)。选择阀门除应注意按工艺参数计算口径和选择流量特性外，还应注意阀体材料、连接方式，以及正、反作用等。

知识链接

直通阀的结构形式

直通阀有直通单座阀、直通双座阀和角形阀等结构形式。

(1) 直通单座阀的阀体内只有一个阀芯和阀座如图 2.64(a)所示。这种阀结构简单，价格便宜，关闭时泄漏量小。但由于阀座前后存在压力差，对阀芯产生的不平衡力较大，所以单座阀仅适用于低压差的场合。

(2) 直通双座阀阀体内有两套阀芯和阀座如图 2.64(b)所示。流体作用在上、下阀芯上的推力方向相反，大致可以抵消，所以不平衡力小，可使用在阀前后压差较大的场合。双座阀的流通阻力比同口径的单座阀大。双座阀比同口径单座阀能流过更多的介质，流通能力大约可提高 20%～25%。由于两个阀芯不易保证同时关紧，所以关闭时的泄漏量较大。

(3) 角形阀的阀体为角形如图 2.64(c)所示。角形阀其他方面的结构与单座阀相似。这种阀流路简单，阻力小，阀体内不易积存污物，所以特别适合高粘度、含悬浮颗粒的流体控制。

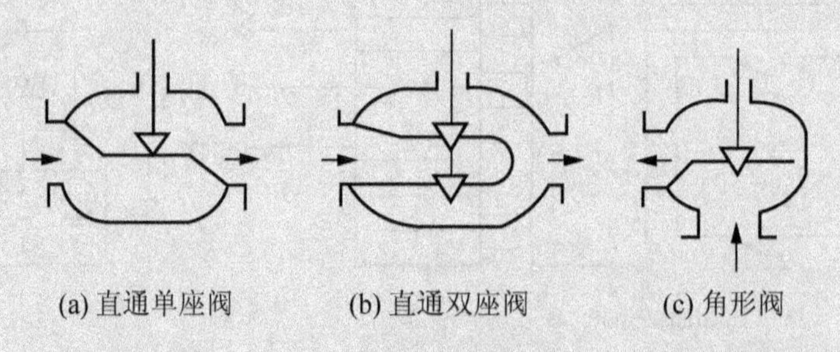

图 2.64 直通调节阀阀体的主要类型

三通阀的工作原理

三通阀的阀体上有三个通道与管道相连，按其作用方式可分为合流阀和分流阀两种。合流阀是把两路介质合成一路，如图2.65所示。当阀芯关小一个入口的同时，就开大另一个入口。分流阀则把一路介质分为两路，在关小一个出口的同时，开大另一个出口。一般来说，三通分流阀不得用作三通混合阀，三通混合阀不宜用作三通分流阀。

可以认为三通阀基本上能保持总流量的恒定，起着调节流量分配的作用。但实际上，由于阀门各支路的特性不同，三通阀要完全做到水流量的恒定是不可能的。在其全行程的范围内，总是存在一定的总水量波动情况，其波动范围在0.9～1.015。

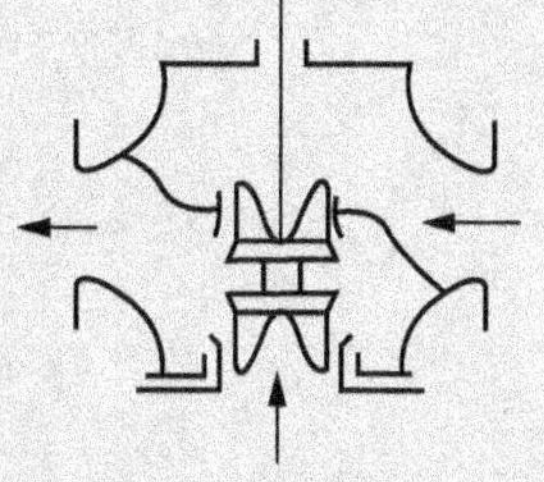

图2.65 合流型三通阀

3. 调节阀流量特性及口径的选择

1）调节阀的流量方程式

从流体力学的观点看，调节阀是一个局部阻力可以变化的节流元件。对不可压缩的流体，由能量守恒原理可推导出调节阀的流量方程式为

$$q=\frac{F}{\sqrt{\zeta}}\sqrt{\frac{2(p_1-p_2)}{\rho}}=\frac{\pi D^2}{4\sqrt{\zeta}}\sqrt{\frac{2\Delta p}{\rho}}$$

式中 q——流体流经阀的流量，m^3/s；

p_1、p_2——进口端和出口端的压力，MPa；

F——阀所连接管道的截面面积，m^2；

D——阀的公称通径，mm；

ρ——流体的密度，kg/m^3；

ζ——阀的阻力系数。

可见当F一定，(p_1-p_2)不变时，流量仅随阻力系数变化。阻力系数主要与流通面积(即阀的开度)有关，也与流体的性质和流动状态有关。调节阀阻力系数的变化是通过阀芯行程的改变来实现的，即改变阀门开度，也就改变了阻力系数，从而达到调节的目的。阀门开得越大，ζ将越小，则通过的流量将越大。

2）调节阀的流量特性及其选择

（1）调节阀的流量特性。

$$\frac{q}{q_{max}}=f\left(\frac{l}{l_{max}}\right)$$

式中 q/q_{max}——相对流量，即调节阀在某一开度的流量与最大流量之比；l/l_{max}——相对开度，即调节阀某一开度的行程与全开时行程之比。

一般说来，改变调节阀的阀芯与阀座之间的节流面积，便可控制流量。但实际上由于各种因素的影响，在节流面积变化的同时，还会引起阀前后压差的变化，从而使流量也发生变化。为了便于分析，先假定阀前后压差固定，然后再引申到实际情况。因此，流量特性有理想流量特性和工作流量特性之分。

调节阀的理想流量特性是指在阀前后压差固定情况下的流量特性，它由阀芯形状决定。典型理想特性有直线特性、等百分比(对数)特性、快开特性和抛物线特性如图 2.66 所示。调节阀特性见表 2-9。

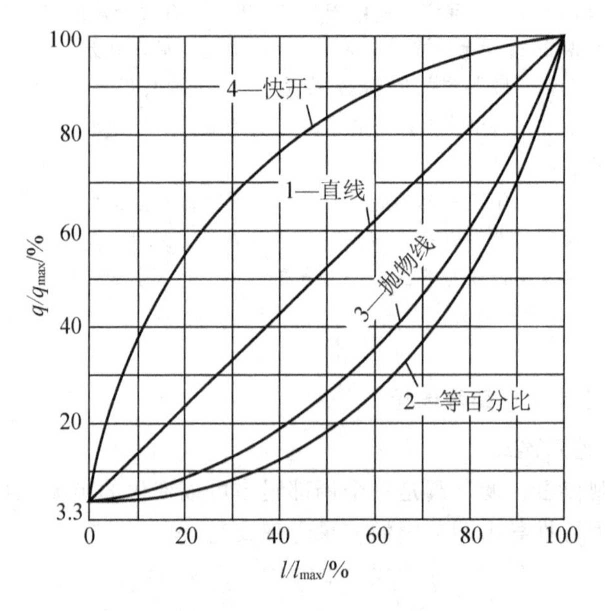

图 2.66　直通调节阀理想流量特性

表 2-9　调节阀特性

理想特性	特性公式	应用场合
直线特性	$\frac{dq/q_{max}}{dl/l_{max}}=K$；$\frac{q}{q_{max}}=K\frac{l}{l_{max}}+C$ K，C—常数	① S 值基本固定 ② S 值大 ③ 负荷变化小(不经常处于小开度或大开度下工作)
对数(等百分比)特性	$\frac{dq/q_{max}}{dl/l_{max}}=K\frac{q}{q_{max}}$ $\ln\frac{q}{q_{max}}=K\frac{l}{l_{max}}+C$	① 适于热水加热器控制，调节平稳，有自适应能力 ② S 值小或变化大 ③ 负荷变化大(经常处于小开度或大开度下工作)

注：S 是阀门能力，也称阀权度。

从上式可以看出直线流量特性阀相对流量与阀相对行程为直线关系；而对数特性阀相对流量的对数值与阀相对行程为直线关系，这就是对数特性阀名称的由来。当行程变化 10%时，其相对流量由 q_1/q_{max}变化到 q_2/q_{max}，则$(q_1-q_2)/q_1$称变化流量对于原流量的相对变化流量。对于直线特性阀此值在小开度时相对变化流量大，而大开度时相对变化流量小。对于对数特性阀，此相对变化流量均为 40%，故对数特性阀又称等百分比特性阀。对数特性阀的放大系数即曲线斜率 K_v是随着相对开度的增加而增大的。

在实际使用时，调节阀安装在管道系统上，阀前后的压差不能保持恒定。因此，在同一相对开度下，通过调节阀的流量将与理想特性时所对应的流量不同。所谓调节阀的工作流量特性是指调节阀在前后压差随负荷变化的工作条件下，它的相对流量与相对开度之间的关系。直通调节阀与管道和设备串联的系统及其压差变化情况如图 2.67 所示。

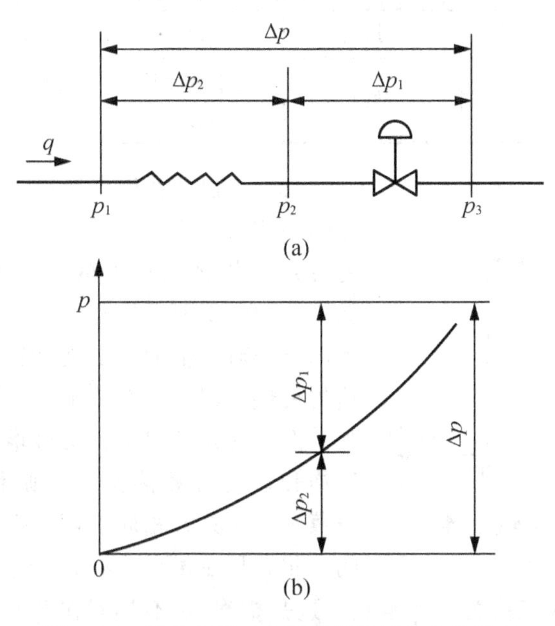

图 2.67 管道串联时直通调节阀压差变化情况

工作特性与阀门能力 S 值有关。阀门能力是阀全开时阀上的压差与系统总压差之比值。当阀门全开时的压降为 Δp_{1m}，串联管路及设备上的压降为 Δp_2，则阀门能力 $S=\Delta p_{1m}/\Delta p_{1m}+\Delta p_2$。不同 S 值的工作特性如图 2.68 所示，可根据 S 值按表 2-10 选择调节阀流量特性。图中 q_{100} 表示管道有阻力时，调节阀全开时的流量。

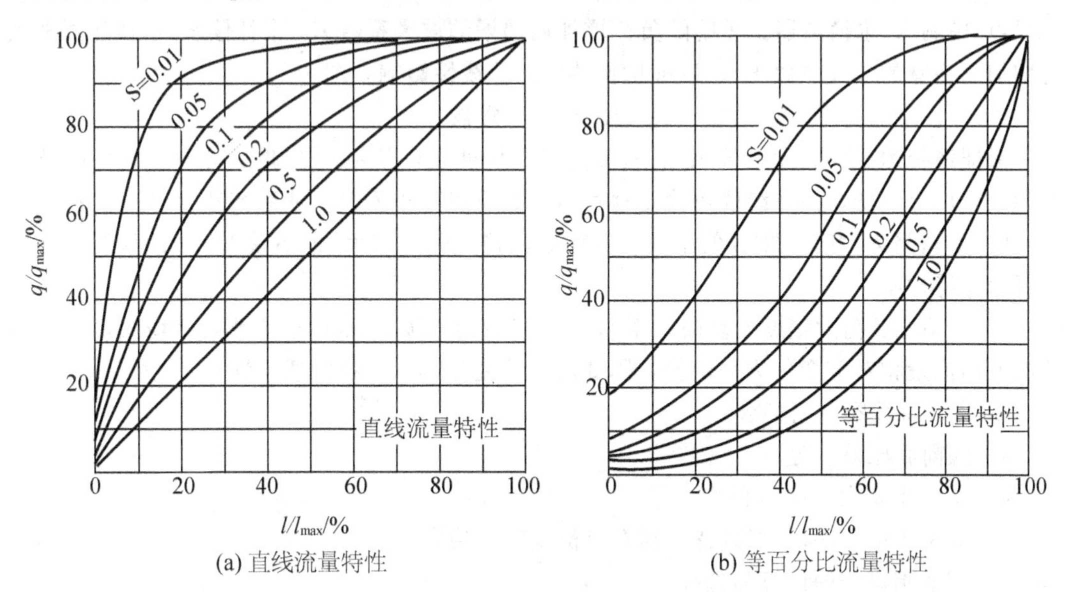

图 2.68 串联管道时调节阀的工作流量特性(以 q_{100} 作参比值)

表 2-10 不同 S 值的工作特性

配管状态	S=1～0.6		S=0.6～0.3		S<0.3
理想特性	直线	对数	直线	对数	不宜调节
实际特性	直线	对数	直线或接近直线	对数或接近直线	不易调节

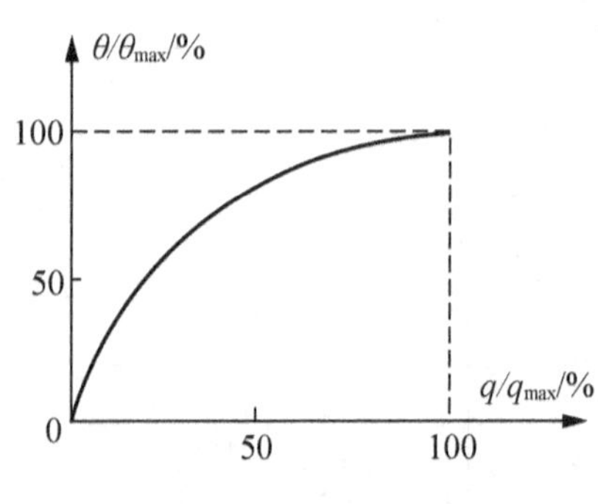

图 2.69 水-水换热器静特性

(2) 换热器特性。换热器静特性是指被加热的流体的相对温升 θ/θ_{max} 与热媒的相对流量 q/q_{max} 之间的关系。水-水换热器的静特性如 2.69 所示，可见其特性的斜率即换热器的放大系数 K_0 不是常数，而是随着相对流量的增加而递减。这是由于相对流量增加使供、回水温差减小，其结果虽然相对流量增加，但热交换量却没有明显增加，甚至使静特性趋于饱和。汽-水换热器特性则近似直线特性。这是由于蒸汽总是具有相同温度，而冷凝的潜热随着压力的变化，只在很小的范围变化，所以汽-水换热器的相对温升与相对流量成直线关系。当然，这是指汽-水换热器在蒸汽作自由冷凝时，才具有线性特性。

(3) 调节阀流量特性的选择。空调所使用的调节阀特性有对数特性、直线特性及介于两者之间的抛物线特性。对于直通调节阀可用对数特性代替抛物线特性。因此，在选择阀门特性时，更多的指如何选择对数特性阀和直线特性阀。

① 对数(等百分比)特性阀应用场合。

a) 控制水-水换热器。用阀随负荷增加而递增的放大系数 Kv 来补偿水-水换热器随负荷增加而递减的放大系数 K_0，以补偿换热器的非线性影响，即

$$K_v \cdot K_0 = 常数$$

保证系统的开环放大系数 K 不随负荷变化而变化，使系统在调试阶段整定好的调节器参数也可以不变，使系统既可稳定地运行，又可以减小静差，使系统获得自适应能力。

b) 管道阻力大时，即 S 值小或者阀前后压差变化比较大(即 S 变化大)的情况，使用等百分比特性阀。

c) 当系统负荷大幅度变动时，等百分比特性的放大系数随开度增大而增大，并且各开度处的流量相对值变化为一定值，因此对负荷变化具有较强的适应性。

② 直线特性阀应用场合。

a) 阀前后压差一定。

b) 阀上压差大，即 S 值大。

c) 负荷变化小(因为直线特性阀在小流量时不稳定)。

3) 调节阀口径的计算与选择

目前，国内许多工程中调节阀门的选择，特别是选择阀门口径时，随意性现象较为严重。有的直接选择调节阀门口径与管径一致，或者相对管径缩小一号。其实，阀门口径过

小会使系统的容量达不到要求，也使得阀门前后压差变大，加重泵的负荷，阀门易受损害；阀门口径过大会使控制性能变差，易使系统受冲击和振荡，而且投资也会增加。因此，选择适当的阀门口径，对系统的正常运转是非常重要的。

要正确选择阀门，需先求出阀门流通能力 K_v(计算公式参见表 2-11)，然后按厂家给出的资料确定阀门口径。在表 2-11 中，应注意公式的单位，按表中给出的公制单位计算出的流通能力用 K_v表示。K_v的定义是：阀全开，阀两端压差为 10^5 Pa，水的密度为 $1g/cm^3$ 时，每小时流经阀的流量数(m^3/h)。

表 2-11 调节阀流通能力计算公式

应用场合		K_v公式	单位
液体		$\dfrac{316q}{\sqrt{\dfrac{p_1-p_2}{\rho}}}$	q——流体流量(m^3/h) p_1，p_2——阀前后绝对压力(Pa) ρ——流体密度(g/cm^3)
蒸汽	$\dfrac{p_2}{p_1}>\dfrac{1}{2}$	$\dfrac{10q}{\sqrt{\rho(p_1-p_2)}}$	q——蒸汽流量(kg/h) p_1，p_2——阀前后绝对压力(Pa) ρ——阀出口断面处蒸汽密度 ρ_{2KP}——超临介状态下，出口断面处蒸汽密度
	$\dfrac{p_2}{p_1}<\dfrac{1}{2}$	$\dfrac{14.14q}{\sqrt{\rho_{2KP}p_1}}$	

特别提示

阀门流通能力如按美制单位计算，则用 C_v表示。在一些技术资料上常有这种表示方式。

C_v的定义为 60 °F 清水，阀上压降为 1 LbF/in² 时，每分钟流过的水量(gal)。C_v与 K_v的关系为：

$$C_v=1.167K_v$$

举 例

如图 2.70 所示加热系统，流过加热盘管的流量为 $q=31m^3/h$，热水温度为 80℃，$p_m-p_r=1.7\times10^5$ Pa，求 K_v值是多少？

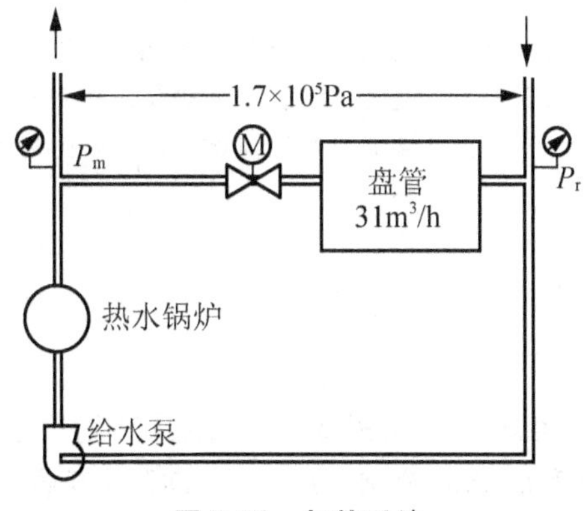

图 2.70 加热系统

根据题意 $q=31\mathrm{m^3/h}$，查 80℃热水密度 $\rho=0.971\mathrm{g/cm^3}$，管网入口压差 $p_m-p_r=1.7\times10^5\mathrm{Pa}$，而热水直通阀上的压差 Δp_v 按 $S=0.5\sim0.7$ 计算，即

$$\begin{aligned}\Delta p_v &= (0.5\sim0.7)\times(p_m-p_r)\\ &=(0.5\sim0.7)\times1.7\times10^5\mathrm{Pa}\\ &\approx1\times10^5\mathrm{Pa}\end{aligned}$$

则

$$K_v=\frac{316q}{\sqrt{\frac{\Delta p_v}{\rho}}}=\frac{316\times31}{\sqrt{\frac{1\times10^5}{0.971}}}=30.5$$

选择合适口径的电动调节阀，以保证阀门有一定的阀权度和阀门流量特性。在以往的工程应用中，常常依据水力管径选择电动调节阀口径。这样选择可能使阀门管径过大。过大的调节阀口径会使阀门的阀权度变小，流量特性变差。阀门在小开度下频繁动作(超调或欠调反复动作)，加剧阀门的磨损，严重时可使控制系统振荡，系统稳定性变差。此外，当阀口径过大时，造价也高。所以正确选择调节阀特性和口径，可以提高调节系统的调节品质。

系统集成商在工程投标时，一般是不知调节阀的流量和阀前后的压力，在这种情况下，怎样利用表 2-11 中的公式计算呢？按照冷负荷 Q_c 与冷冻水质量流量 M 的关系为 $Q_c=cM(t_2-t_1)$(式中，Q_c 为冷负荷，kW；c 为水比热，4.186kJ/(kg・℃)；M 为质量流量，kg/s；t_1、t_2 为冷水供、回温度，℃)。

按 $t_1=7$℃，$t_2=12$℃，$(t_2-t_1)=5$℃，则可计算出水流量(体积流量)q 与冷量 Q_c 的关系为：

$$q=0.17225Q_c$$

式中　q——冷水流量，$\mathrm{m^3/h}$；

　　Q_c——设计冷量，kW，可取相应空调机组的额定冷量。

上式中的阀前后压力差(p_1-p_2)，通常可取为 40000Pa。有了流量 q 和压力差(p_1-p_2)就可以近似地计算调节阀流通能力 K_v 值，按照供应商给出的阀门资料确定阀门口径。按照上述计算的调节阀口径，一般比安装管径小两号。

特别提示

在房间风机盘管系统中，采用电动两通阀或电动三通阀控制冷/热水路的开关。其开关动作由双位式控制器控制。电动调节阀的电动机是磁滞式电动机，由 220V AC 供电。当供电时，电动机转动，通过机械齿轮驱动开阀。当阀门打开后，允许电动机带电堵转；但当电动机断电后，阀门在返回弹簧作用下关闭。系统带有手动操纵杆。因为是开、关控制规律，所以阀门口径只需与工艺管径一致就可以了。

2.4.3 电磁阀

电磁阀是常用电动执行器之一，如图 2.71 所示。其利用电磁铁的吸合和释放对小口径阀门进行“通”、“断”2 种状态的控制。DDC 经 DO 通道输出数字信号控制电磁阀线圈的通断。线圈通电后，产生电磁吸力提升活动铁芯，带动阀塞运动控制流体流量通断。

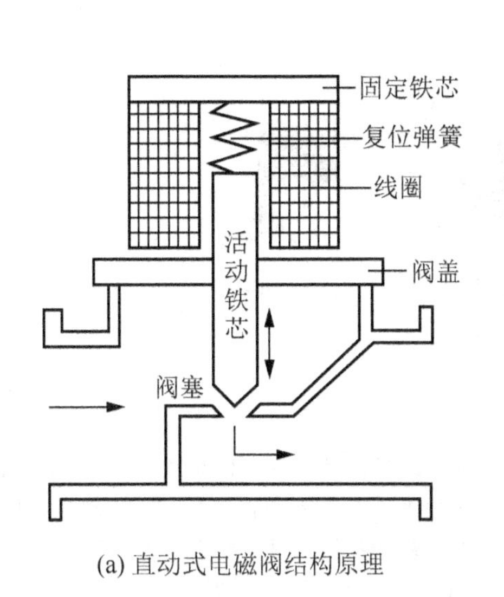

(a) 直动式电磁阀结构原理

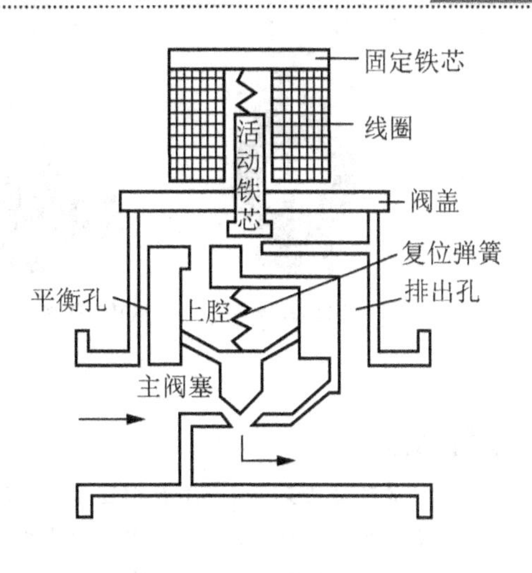

(b) 先导式电磁阀结构原理

图 2.71 电磁阀

电磁阀有直动式和先导式两种。图 2.71(a)为直动式电磁阀，这种电磁阀的活动铁芯本身就是阀塞，通过电磁吸力开阀，失电后，由恢复弹簧闭阀。图 2.71(b)为先导式电磁阀，由导阀和主阀组成，通过导阀的先导作用促使主阀开闭。线圈通电后，电磁力吸引活动铁芯上升，使排出孔开启，由于排出孔远大于平衡孔，导致主阀上腔中压力降低，但主阀下方压力仍与进口侧压力相等，则主阀因差压作用而上升，阀呈开启状态，断电后，活动铁芯下落，将排出孔封闭，主阀上腔因从平衡孔冲入介质压力上升，当约等于进口侧压力时，主阀因本身弹簧力及复位弹簧作用力，使阀呈关闭状态。

电磁阀结构简单，价格低廉，多用于双位控制系统中。

2.4.4 两位旋转阀

两位旋转阀由电动执行机构使阀芯产生角位移来开启和关闭阀门，这种阀门可分为球阀、蝶阀和多叶阀，下面主要介绍球阀和蝶阀。

1. 球阀

球阀是近年来广泛采用的一种新型阀门，主要用于切断、分配和改变管路中介质的流动方向。球阀由旋塞阀演变而来，有旋转 90°的动作，旋塞体是球体。球阀具有截止阀或闸阀的作用，和截止阀和闸阀相比，具有阻力小、密封性能好、机械强度高、耐腐蚀等特点。球阀按结构不同，可分为浮动球球阀、固定球球阀、弹性球球阀。

2. 蝶阀(图 2.72)

蝶阀也叫做翻板阀，是一种结构简单的调节阀，可用于低压管道的开关控制。蝶阀结构简单、体积小、质量轻，只由少数几个零件组成，只需旋转 90°即可快速启闭，操作简单。蝶阀处于完全开启位置时，蝶板厚度是介质流经阀体时唯一的阻力，因此压力降很小，具有较好的流量控制特性。常用的蝶阀有对夹式蝶阀和法兰式蝶阀两种：对夹式蝶阀是用双头螺栓将阀门连接在两管道的法兰之间；法兰式蝶阀是阀门上带有法兰，用螺栓将阀门上两端法兰连接在管道法兰上。

VKF46 蝶阀　　SQL36E 蝶阀执行器　　SQL35 蝶阀执行器

图 2.72　蝶阀

特别提示

电动旋转阀的传动装置如果不能反向运转时，则其传动装置必须配备复位装置。带有复位装置的电动两位阀一般用于突然停电或系统故障时必须复位的控制系统。值得注意的是，大部分电动两位阀同时具有双位控制和连续控制的功能，但其连续控制性能不如电动调节阀，一般只能用于控制精度要求不高的场所。

知识链接

建筑系统中的常用阀门简介

楼宇自控技术人员在阅读暖通空调、给排水专业的图纸时，常常会碰到一系列的阀门，如图 2.73 所示。这些阀门用来调节水压、调节管道水流量大小及切断水流、控制水流方向。下面略作介绍。

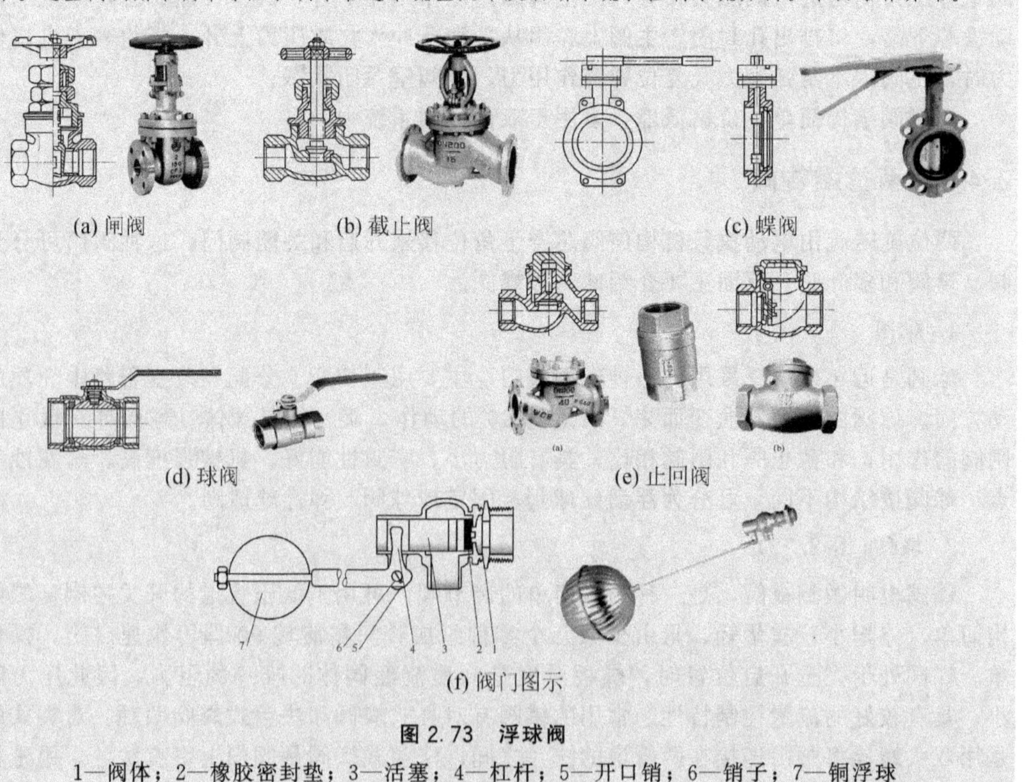

图 2.73　浮球阀

1—阀体；2—橡胶密封垫；3—活塞；4—杠杆；5—开口销；6—销子；7—铜浮球

(1) 闸阀。此阀全开时水流呈直线通过，阻力小。但水中有杂质落入阀座后，会导致闸阀不能关闭到底，因而产生磨损和漏水。

(2) 截止阀。此阀关闭后是严密的，但水流阻力较大。

(3) 蝶阀。此阀为盘状圆板启闭件，是通过绕其自身中轴旋转改变管道轴线间的夹角，而控制水流通过的阀门。具有结构简单、尺寸紧凑、启闭灵活、开启度指示清楚、水流阻力小等优点。

(4) 球阀。具有截止阀或闸阀的作用，和截止阀和闸阀相比，具有阻力小、密封性能好、机械强度高、耐腐蚀等特点。

(5) 止回阀。止回阀用来阻止水流的反向流动，有两种类型：一种是升降式止回阀，装于水平管道上，水头损失较大，只适用于小管径；另一种是旋启式止回阀，一般直径较大，水平、垂直管道上均可装置。止回阀安装都有方向性，阀板或阀芯启闭既要与水流方向一致，又要在重力作用下能自动关闭，以防止常开不闭的状态。

(6) 自动水位控制阀. 给水系统的调节水池(箱)，除进水能自动控制切断进水之外，其进水管上应设自动水位控制阀。水位控制阀的公称直径应与进水管管径一致。常见的有浮球阀、液控浮球阀、活塞式液压水位控制阀、薄膜式液压水位控制阀等。

特别提示

给水管道上使用的阀门应根据使用要求按下列原则选型：需调节流量、水压时，应采用闸阀；要求水流阻力小的部位(如水泵吸水管上)的阀门，宜采用闸阀；安装空间小的场所，宜采用蝶阀、球阀；水流需双向流动的管段上的阀门，不得使用截止阀。

2.4.5 电动调节风门

在空调、通风系统中，常用电动调节风门控制风量。电动调节风门由电动执行机构和风门组成。风门的结构原理如图 2.74 所示。风门由若干叶片组成，当叶片转动时改变流道的等效截面积，即改变了风门的阻力系数，其流过的风量也就相应地改变，从而达到了调节风流量的目的。叶片的形状将决定风门的流量特性，同调节阀一样，风门也有多种流量特性供应用选择。

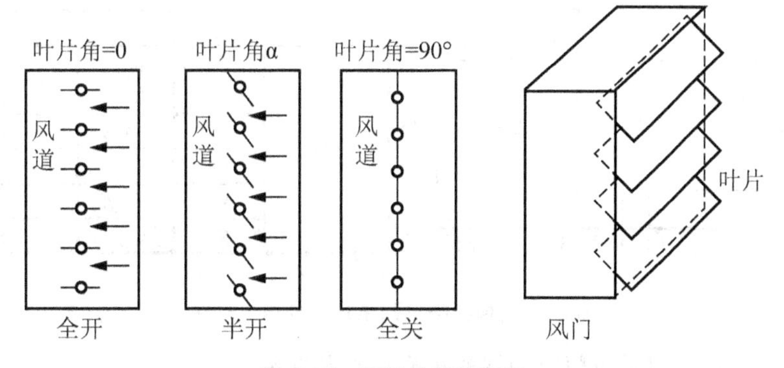

图 2.74 风门的结构原理

风门的执行机构可以是电动的，也可以是气动的。在 BAS 中一般采用电动式风门，有可实现 PID 控制的连续调节的风门，还有通断式的风门。

如图 2.75 所示某品牌的风门驱动器(执行机构)。如图 2.76 和图 2.77 所示分别是开关型和模拟型风门驱动器的电气接线图。

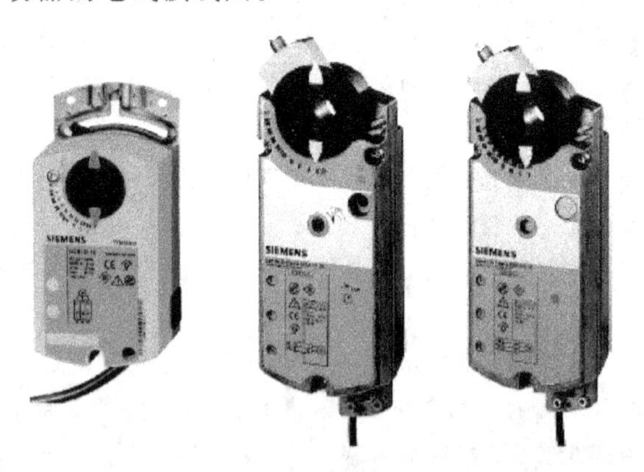

图 2.75　GDB/GLB/GIB/GBB/GCA Open-Air 系列风门执行器

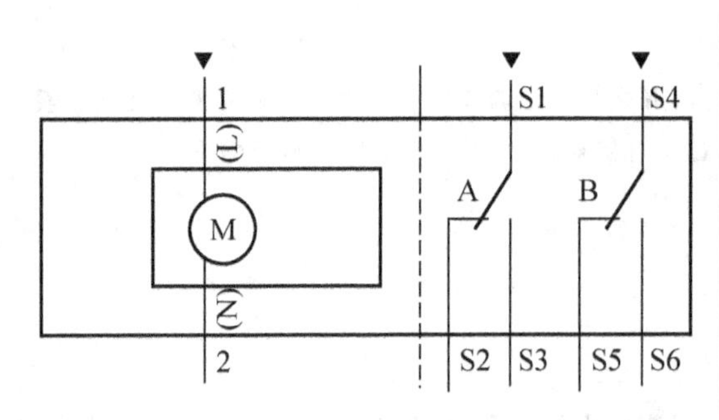

连接内容	端子号	线色	内容
供电电源	1	褐色	24V DC
	2	蓝色	24V接地
A辅助开关	S1	灰/红	开关A输入
	S2	灰/蓝	开关A动断
	S3	灰/粉红	开关A动合
	S4	黑/红	开关B输入
	S5	黑/蓝	开关B动断
	S6	黑/粉红	开关B动合

图 2.76　开关型风门执行器的电气接线

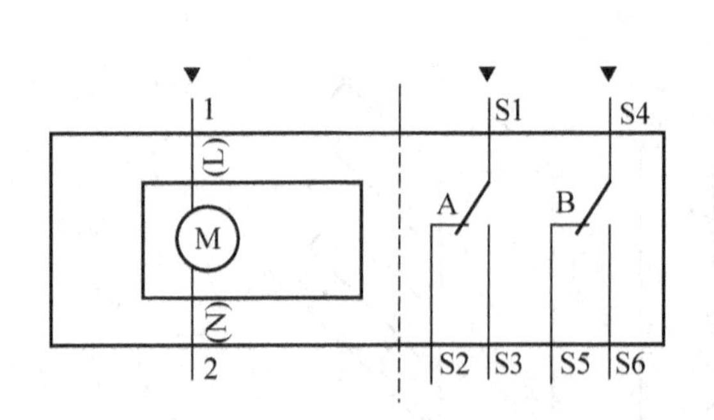

连接内容	端子号	线色	内容
供电电源	1	红	24V DC
	2	黑	24V接地
	3	灰	输入0～10V DC
	4	粉红	位置指示2～10V DC
A辅助开关	S1	灰/红	开关A输入
	S2	灰/蓝	开关A动断
	S3	灰/粉红	开关A动合
	S4	黑/红	开关B输入
	S5	黑/蓝	开关B动断
	S6	黑/粉红	开关B动合

图 2.77　模拟型风门执行器的电气接线

如图 2.78 所示风门及风门驱动器的规格尺寸及安装。

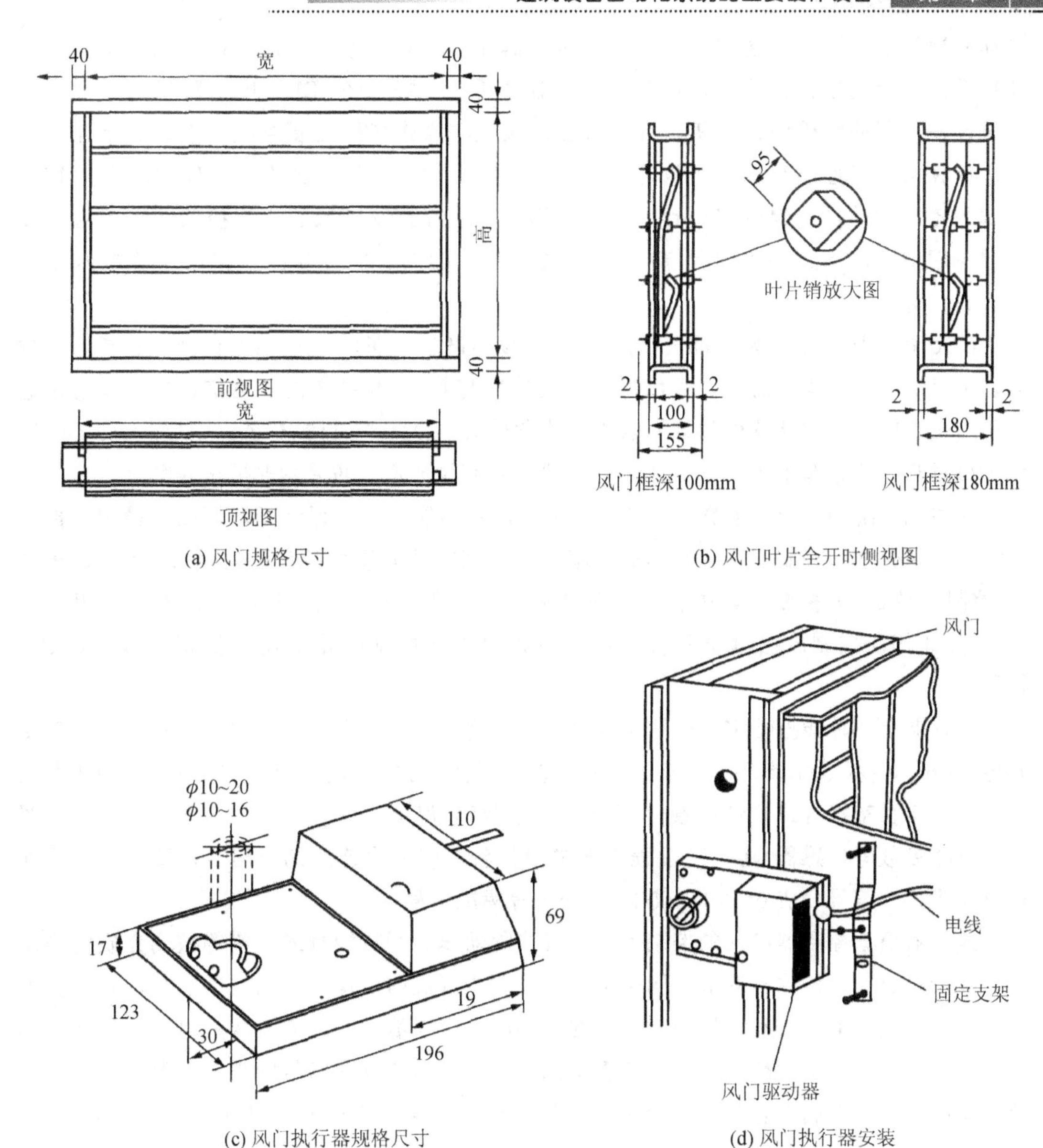

(a) 风门规格尺寸

(b) 风门叶片全开时侧视图

(c) 风门执行器规格尺寸

(d) 风门执行器安装

图 2.78 风门及风门驱动器的规格尺寸及安装

本 章 小 结

本章主要就 BAS 的现场控制设备(控制器、传感器、执行器)进行了深入的介绍，是对第 1 章所学的建筑设备自动化系统入门知识的进一步深化。通过本章的学习，读者将深入了解 BAS 的硬件设备组成，为 BAS 在暖通空调、给排水、照明等机电设备中的应用打好基础。

BAS 是一种基于计算机等现代技术的、由软件和硬件组成的自动控制系统。简单的自动控制系统由测量变送器、控制器和执行器和被控对象组成。计算机控制系统则以计算机系统作为控制器，执行控制算法或控制策略。BAS中的DDC控制器就是一种用于建筑设备控制的特殊的计算机。计算机控制系统有操作指导控制系统、直接数字控制系统、计算机监督控制系统、集散控制系统、总线控制系统等多种类型。DCS在工业控制领域和楼宇自动控制领域都得到了广泛应用，是过程控制领域的主流控制系统。目前在工程应用中，BAS产品大多是基于DCS的，并将DCS、FCS和计算机网络等技术相互融合在一起。

DDC控制器，也称为下位机，是BAS的核心设备。DDC控制器可以独立运行，实现对建筑机电设备系统的监控，可以通过通信接口与其他DDC控制器通信，也可以通过通信网络接受中央管理计算机的统一管理与优化管理。DDC控制器有AI、AO、DI、DO四种I/O通道。模拟量通道一般采用屏蔽线缆，数字量通道一般采用非屏蔽线缆。

在建筑系统中，绝大多数的受控过程使用闭环控制。为了保证闭环回路的稳定，控制器需要采用合适的控制规律。常用的最基本的控制规律有双位控制、比例(P)控制、积分(I)控制、微分(D)控制。其中积分控制和微分控制不单独使用，往往与比例控制组合为PI控制和PID控制。在建筑系统中，大多数的闭环控制回路采用比例积分微分(PID)控制。

传感器是一种能把特定的被测量信息按一定规律转换成电信号输出的器件。开关量传感器(如压差开关、水流开关、液位开关、防冻开关等)的输出可直接与控制器的DI通道相连，用作状态报告或软件联锁。模拟量传感器(如温度、湿度、流量、压力、液位、照度及电路参数等传感器)将生产过程中的模拟量参数转换为连续的电信号，然后经信号处理电路将该电信号变成0～10V或4～20mA等标准信号。

执行器根据控制器送入的控制信号执行控制动作，调节能量或物料等被测介质的输送量。执行器由执行机构和调节机构两部分组成。执行机构是执行器的推动部分，它接受来自控制器的控制信号，并根据控制信号的大小产生位移信号。调节机构是执行器的调节部分。最常见的调节机构是调节阀，它接受执行机构输出的位移信号的操纵，改变阀芯与阀座的流通面积，控制工艺介质的流量或能量。阀门根据结构可分为直通阀和三通阀(三通阀仅适用于水路的控制)。选择调节阀除应注意按工艺参数计算口径和选择流量特性外，还应注意阀体材料、连接方式，以及正、反作用等。在BAS中常用的执行器有电动调节阀、电磁阀、电动调节风门、电动蝶阀、电动闸阀等。

本章还适当穿插介绍了当前楼宇自控市场上主流品牌产品，这将有助于读者对实际工程应用的了解。

习　题

1. 简述简单的自动控制系统的组成，并绘制其组成方框图。
2. 简述计算机控制系统的组成，并绘制其组成方框图。

3. 计算机控制系统有哪些类型?

4. 与早期的集中控制系统比较,集散控制系统具有怎样的优势?

5. 简述集散控制系统的体系结构。

6. 简述现场总线控制系统的体系结构。

7. 简述现场总线控制系统的主要特点。

8. 为什么说 DDC 控制器是 BAS 的核心设备?

9. 根据 DDC 的结构,DDC 有哪两种基本类型?

10. DDC 控制箱有什么作用?

11. DDC 有哪几种输入/输出通道(I/O 通道)?

12. 归纳总结 DDC 的 I/O 通道与现场仪表之间的连接方式。

13. 利用互联网搜集三家品牌的楼宇自控系统的 DDC 产品,列出主要信息,如产品名称、品牌、产地、主要技术参数、接口特性等。

14. 归纳总结双位控制、比例(P)控制、积分(I)控制、微分(D)控制、PI 控制和 PID 控制的数学表达式、特性曲线、特点和应用场合。

15. 开关量传感器和模拟量传感器分别有什么特点?

16. 开关量传感器、模拟量传感器与 DDC 控制器如何连接?

17. 传感器输出的标准信号主要有哪几种?

18. 简述传感器的发展趋势。

19. 温度传感器的感温元件一般有哪些?

20. 怎样进行温度传感器的选型?

21. 比较温度传感器的三种接线方式。

22. 安装温度传感器有哪些注意点?

23. 简述电容式湿度传感器的工作原理。

24. 常用的感压元件有哪些?

25. 简述电容式、压阻式和应变片式压力(压差)传感器的工作原理。

26. 检测流量有哪些方法?

27. 简述涡街流量计、电磁流量计和超声波流量计的工作原理。

28. 空气质量传感器主要是用于检测空气的哪些成分?

29. 电量变送器主要是测量哪些参数?

30. 简述热量计量仪表的计量原理。

31. 常用的开关量传感器有哪些?分别有什么作用?

32. 执行器由哪两部分组成?分别有什么作用?

33. 执行器与控制器之间怎样连接?

34. 简述电动调节阀的组成。

35. 简述电动调节阀执行机构的工作原理。

36. 连续调节时执行机构与 DDC 控制器如何连接?

37. 写出调节阀的流量方程式。

38. 分析调节阀的理想流量特性和实际流量特性。

39. 如何选择调节阀的口径？

40. 简述电磁阀的特点和应用场合。

41. 简述电动调节风门的组成。

42. 利用互联网，搜集楼宇自控系统中常用的传感器和执行器产品资料。

第3章 给排水系统的控制

教学目标

通过本章的学习使学生了解智能建筑给排水系统的运行原理，掌握 BAS 给排水系统中的水泵、水箱监控，掌握相应的监控原理图绘制及 BAS 设备配置，并在监控原理图基础上掌握二次接线图设计，学会解决 BA 工程问题中“给排水”监控的常见问题。

教学步骤

能力目标	知识要点	权重	自测分数
给排水系统构成	给水系统的运行原理	5%	
	排水系统的运行原理	5%	
给排水系统监控设计	给水系统中加压水泵、水箱、水池等设备的监控点位设置	10%	
	给水系统监控原理图	15%	
	排水系统设备的监控点位设置	10%	
	排水系统监控原理图	15%	
	二次接线图设计	15%	
室内热水供应系统的监控设计	室内热水供应系统的分类及组成	5%	
	热水加热的方法	5%	
	室内热水供应系统的监控	15%	

▶▶章节导读

智能建筑给排水系统的控制是BAS的重要组成部分之一。读者首先会问，智能建筑给排水系统的监控有什么作用？给排水系统的监控是如何实现的？3.1节正好可以让读者知道智能建筑给排水系统监控的构成与设计要素。

读者会接着问，智能建筑室内给排水系统的运行原理是什么？其实，智能建筑室内给排水系统的类别有很多，不同种类给排水系统的构成方式也不同，了解了智能建筑给排水系统的构成，也就了解了给排水系统控制的目标。因此，有必要了解智能建筑给排水系统运行原理的基本知识，这可以从3.2节和3.4节中获得。

接下来，读者可能还想知道室内给排水系统监控应该如何去设计？3.3节和3.5节就给读者介绍了智能建筑室内给排水系统的监控原理以及二次接线图的设计。此外，3.6节还补充介绍了室内热水供应系统的运行原理及其监控。

通过本章对智能建筑室内给排水系统运行原理和监控原理的具体介绍，读者将可以从整体上认知给排水系统监控的设计要素，并能进行监控原理图的绘制。

引例

随着城市的都市化发展，人们所居住的建筑逐渐变成了高层建筑，在高层建筑中生活，人们每天都要饮水、洗漱，打开水龙头水就以一定的速度流出，用后的废水又会自动被排放到指定的处理系统中。但对于整个过程是如何进行监控的？一旦给排水环节出现了故障，又是通过什么方式能第一时间找出问题原因呢？

建筑给水系统从室外给水管网或水池引水，由管道输送，通过各种阀门启闭水流或调节流量，送至建筑物内的各个用水点后，由水龙头等用水附件将水量进行分配；当建筑物是高层建筑时，将选用串联分区、并联分区、减压分区等供水方式进行给水；而建筑物排水系统的任务是将室内卫生设备产生的生活污水等有组织地及时通畅地排至室外排水管网、处理构筑物或水体。在建筑给排水结构的基础上，BAS对给排水系统设备监控功能的要求是：给水系统水泵自动启停控制及运行状态显示；水泵故障报警；水箱液位监测、超高与超低水位报警。污水处理系统的水泵启停控制及运行状态显示；水泵故障报警；污水集水井、中水处理池监视、超高与超低液位报警；漏水报警监视。如何对这些监控点进行设置，都是本章所要讨论的重点内容。

根据建筑物对水量、水压、水质的要求以及建筑物的具体情况，首先得到建筑给水系统工艺流程，然后进行给排水监控子系统设计，具体施工，验收合格才能交付使用。本章主要介绍给排水系统的基础知识以及给排水系统的监控原理与设计方法，为读者能够进行BAS给排水系统监控图设计做好铺垫。

案例小结

对大楼的室内给排水系统进行监控，实现大厦内的给排水智能化管理，使用户能够获得稳定、便捷的水资源。整个监控体系不仅包含对水箱、水泵的控制，而且通过监控点的设置还可以快速地查找问题根源，体现了智能建筑的人性化价值。

3.1 概　　述

3.1.1 建筑给排水的工程范围

在建筑物中可靠、经济、安全地为人们的生活和生产活动提供充足、优质的水源，并将使用后的水进行一定的水质处理使之符合环保要求后再排入城市管网或自然水系是建筑给排水工程的任务。其工程范围包括建筑给水、热水供应、消防给水、建筑排水、建筑中水、小区给排水和建筑水处理等多项内容。

3.1.2 建筑给排水的监控方法

实现建筑给排水系统等建筑设备自动化的方法很多，本书关注的是利用BAS实现对建筑设备的监控。本章将介绍建筑内部的给水、排水系统的基本知识及BAS对其的监控方法。建筑中水、排水的水处理装置都有自身完整的控制系统，BAS对其的监控处理方法类似于对冷水机组、锅炉的处理方法，一般不去直接控制。对于消防给水的监控，按照我国现行的消防管理要求，由消防系统统一控制管理，不直接纳入到BAS中。限于篇幅，本章主要讨论BAS对建筑给水、建筑排水、热水供应的监控。

3.1.3 BAS对建筑给排水系统监控的一般思路

1. 问题的提出

如图3.1(a)、(b)所示分别是典型的给水系统和排水系统运行原理示意图。我们要解决的问题就是利用BAS实现对建筑给水、排水系统的监控。

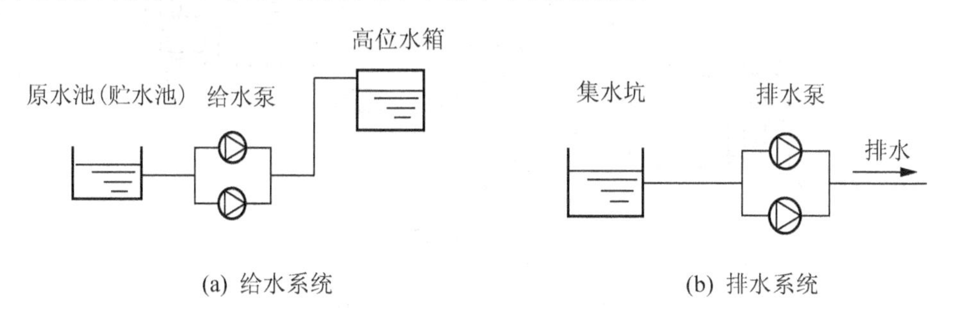

图3.1 给排水系统工艺流程示意图

2. 问题解决的依据

解决上述问题的依据主要有业主的需求、工程招标书的规定，以及《智能建筑设计标准》(GB/T 50314—2006)等相关标准。

BAS对给排水系统要求的设备监控功能一般有：给水系统水泵自动启停控制及运行状态显示；水泵故障报警；水箱液位监测、超高与超低水位报警。污水处理系统的水泵启停控制及运行状态显示；水泵故障报警；污水集水井、中水处理池监视、超高与超低液位报警；漏水报警监视。

3. 问题的解决思路

下面以给水系统为例，简要介绍一下 BAS 监控点位设计的思路。

如图 3.2 所示给水系统 BA 监控设计的思路和过程。图 3.2(a)是一幢建筑物的室内给水系统示意图。图 3.2(a)是给排水专业人员绘制的给水系统图。图 3.2(c)是智能化专业人员设计完成的给水系统监控原理图。

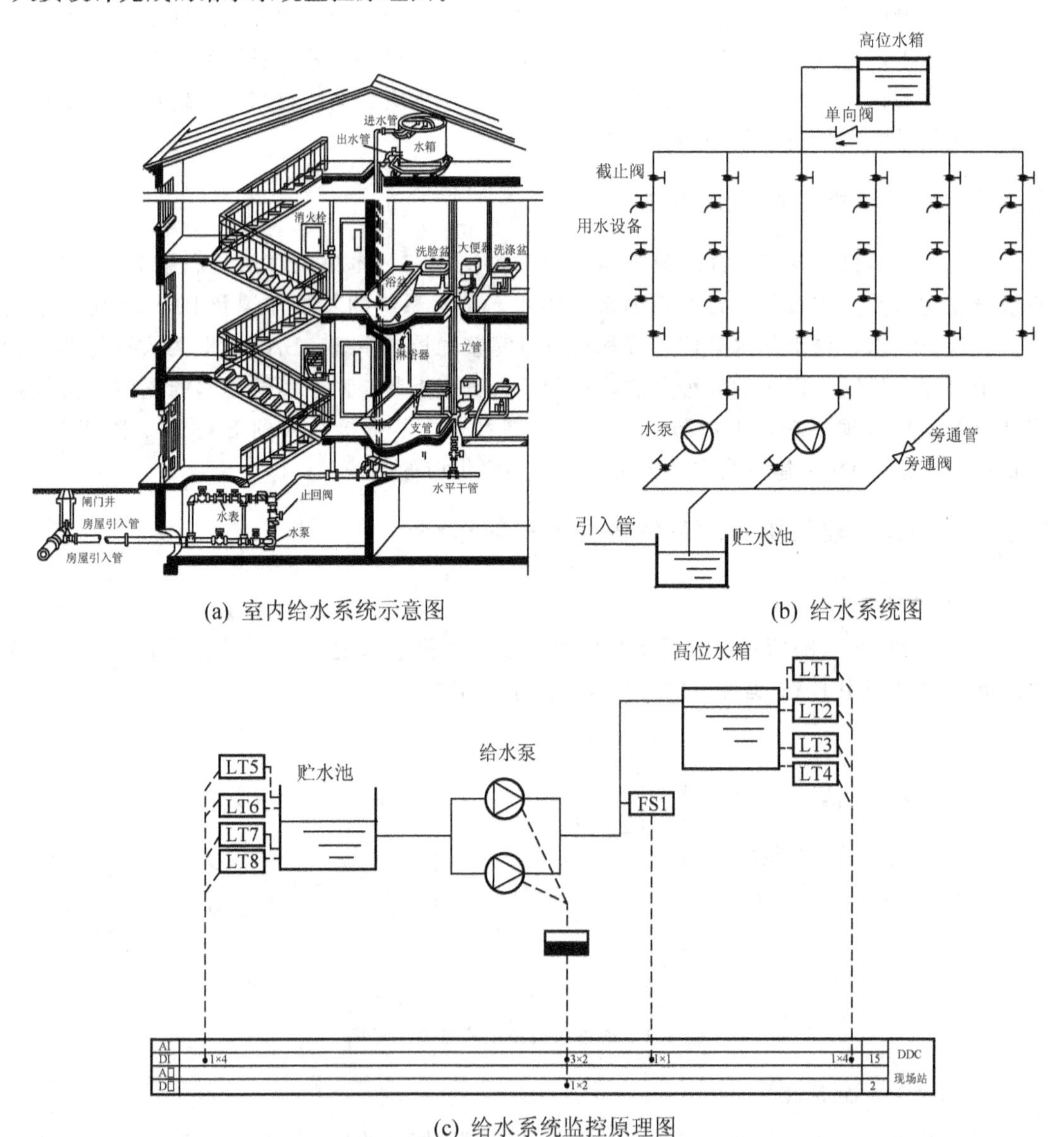

(a) 室内给水系统示意图 (b) 给水系统图

(c) 给水系统监控原理图

图 3.2 给水系统 BA 监控设计的思路和过程

因此，学习给水系统监控的前提是具备给水系统的相关知识，能理解相关专业给出的技术资料。只有读懂了给水系统的图纸，才能根据业主需求和设计标准进行建筑设备自动化系统的点位分析与设计。本章将按照这样的思路分析给水系统设备的监控原理和方法，排水系统的分析思路与给水系统类似。

3.2 室内给水系统工艺流程认知

建筑给水水源来自城镇给水管网或自备水源，建筑给水工程包括各类建筑、生产、消防用水。城镇给水系统的任务是自水源取水，进行处理净化达到用水水质标准后，经过管网输送，供城镇各类建筑所需的生活、生产、市政(如绿化、街道洒水)和消防用水。

给水系统按照地域(建筑物内外)可分为室外给水系统和室内给水系统。室外给水系统为室内给水系统提供水源，如城市给水管网或单位的自备水源。本节主要介绍室内给水系统。

3.2.1 室内给水系统的分类

室内给水系统的任务是根据各类用户对水量、水压、水质的要求，将水由城市给水管网(或自备水源)输送到装置在室内的各配水龙头、生产机组和消防设备等各用水点上。

室内给水系统按水的用途分可分为三类：生活给水系统、生产给水系统和消防给水系统。

1. 生活给水系统

生活给水系统主要包括建筑内的饮用、烹调、盥洗、洗涤、淋浴等生活上的用水。生活用水的水质必须严格符合国家规定的《生活饮用水卫生标准》。生活给水系统的用水量可以参照我国《室外给水设计规范》所订生活用水量标准。生活用水管网必须保证一定的水压，通常叫最小自由水压。其值(从地面算起)根据给水区内建筑物层数确定，一层为10米，二层为12米，以后每加一层增加4米。

2. 生产给水系统

生产给水系统的种类繁多，如：生产设备的冷却、原料和产品的洗涤、锅炉用水及某些工业原料用水等。生产用水对水质、水量、水压以及安全方面的要求由于工艺不同，差异是很大的。如：冷库中较大水量用于冷却、冲霜、制冰、生产加工；空调用水则主要为空调供热/冷用水和冷却水系统，一般由循环水和补给水两部分组成，对补给水要求进行水质软化处理。

3. 消防给水系统

消防给水系统是供给层数较多的民用建筑、大型公共建筑及某些生产车间的消防系统(如：消火栓系统、自动喷淋系统、水幕消防系统等)的消防设备用水。消防用水对水质要求不高，但必须按建筑防火规范保证有足够的水量和水压。制冷空调的消防给水应符合国家现行《建筑设计防火规范》的有关规定。

上述三种给水系统可以独立设置，也可按水质、水压、水温及室外给水系统情况，考虑技术、经济和安全条件，由其中的两个或三个系统组成不同的共用系统。如生活、生产、消防共用给水系统，生活、消防共用给水系统，生活、生产共用给水系统，生产、消防共用给水系统。

3.2.2 室内给水系统的组成

室内给水系统的组成如图 3.3(a)所示。建筑物的给水是从室外给水管网上经一条引入管进入的，引入管安装有进户总闸门和计算用水量用的水表，再与室内给水管网连接。为了确保建筑用水的水量和足够的压力，在室内给水管网上往往安装局部加压用水泵，在建筑物底层建贮水池，在建筑物顶层安装水箱。按建筑物的防火要求，还要设置消防给水系统。

室内给水系统的组成详述如下：

(1) 引入管。由室外给水管网引入建筑内管网的管段，也称进户管。

(2) 水表节点。是指安装在引入管上的水表及其前后阀门和泄水装置的总称，水表是用以计量该幢建筑的总用水量的。

(3) 室内给水管网。建筑物内水平干管、立管和横支管。

(4) 给水附件。如，配水龙头、消火栓、喷头与各类阀门(控制阀、减压阀、止回阀等)。

(5) 加压和贮水设备。如，水泵、气压给水装置、变频调速给水装置、水池、水箱等增压和贮水设备。

(6) 室内消防设备。如，室内消火栓、自动喷淋系统的报警阀、水流指示器、水泵结合器、闭式喷头、开式喷头等。

3.2.3 室内给水系统的给水方式

建筑给水系统的给水方式即室内的供水方案。方案的选择应根据建筑物的使用要求、最低水压以及对建筑立面和结构的影响等因素确定。在初步设计时，给水系统所需的压力(自室外地面算起)可估算确定：一层 100kPa；二层为 120kPa。二层以上每增加一层，增加 40kPa。这种估算法一般适用于层高不超过 3.5m 的民用建筑，不适用于高层建筑供水系统。

给水方式最基本的有如下几种。

1. 直接给水方式

当室外给水管网的水量、水压在一天中任何时间都能满足建筑室内用水要求时，采用这种方式，如图 3.3 所示。直接给水方式是最简单、最经济的供水方式。但直接给水通常只能达到 15～18m 的建筑高度。大多数的智能建筑属于高层建筑，在大部分的建筑高度上必须采用加压供水的方式。

2. 设水泵和水箱的给水方式

1) 单设水箱的给水方式

当室外给水管网供应的水压大部分时间能满足室内需要，仅在用水高峰出现不足，且允许设置高位水箱的建筑可采取此种给水方式，如图 3.4 所示。该方式在室外管网压力大于室内所需压力时，向水箱进水，当室外管网压力不足时水箱供水。

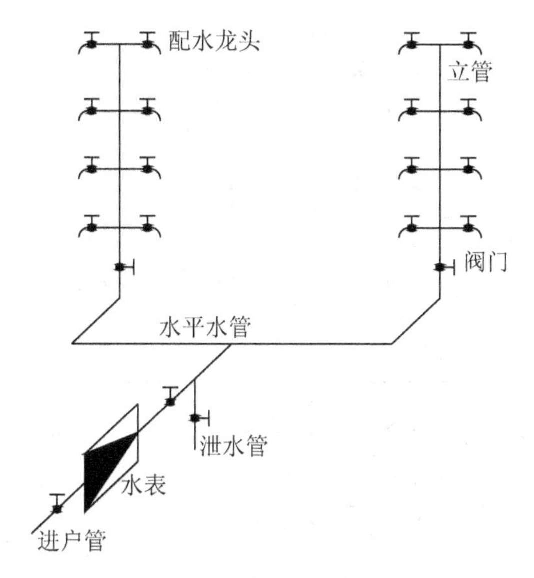

图 3.3 直接给水方式

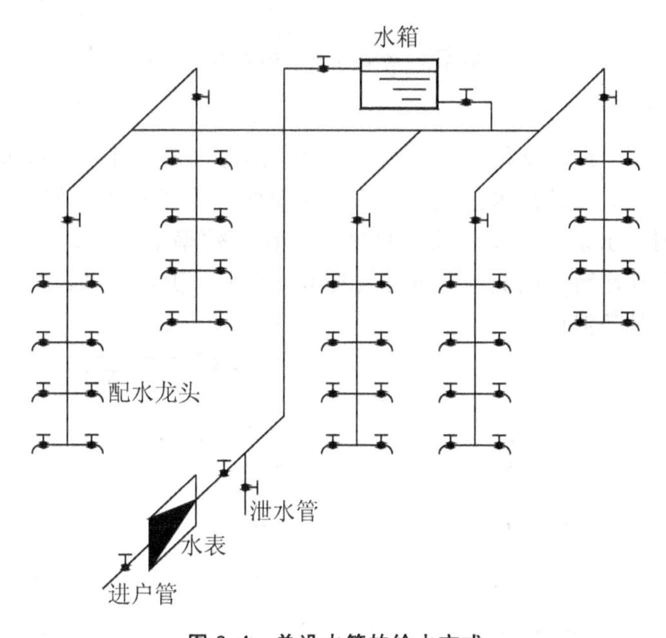

图 3.4 单设水箱的给水方式

2）单设水泵的给水方式

当室外管网的水量满足室内需要，但压力经常不足时，可采用单设水泵的给水方式，如图 3.5 所示。当室内用水量大而均匀时，如生产车间给水，可用均匀加压。当室内用水量大且用水不均匀时，如住宅、高层建筑等，可考虑采用水泵变频调速供水，使供水曲线与用水曲线接近，并达到节能的目的。水泵直接从室外管网抽水，会使外网水压降低，影响附近居民用水，因此水泵从外网直接抽水时，应征得供水部门的同意。为避免上述问题，可在系统中增设储水池，采用水泵与外网间接连接的方式。

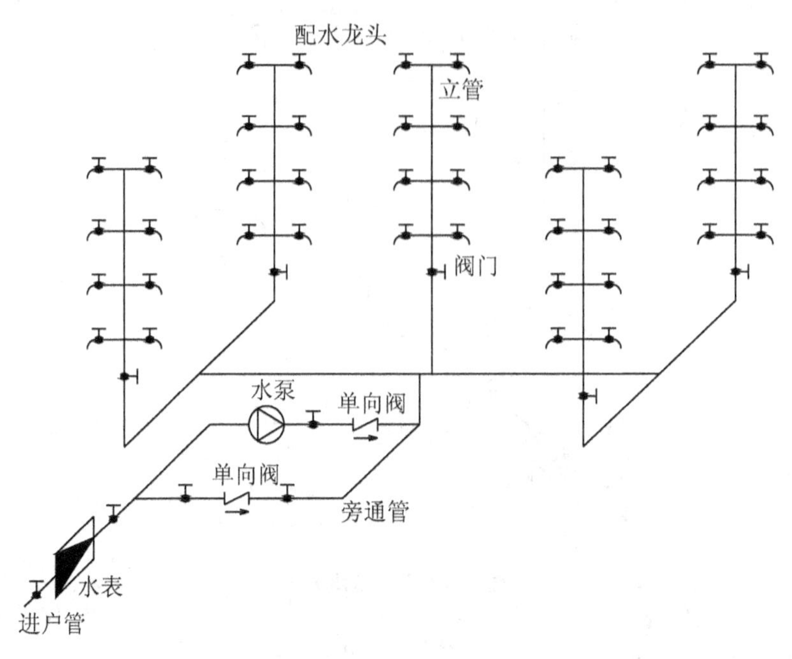

图 3.5　单设水泵的给水方式

3）设水泵、水箱的给水方式

当室外管网的压力经常不足，且室内用水量变化较大时，可采用水泵、水箱联合给水方式，如图 3.6 所示。这种给水方式由于水泵可及时向水箱充水，使水箱容积大为减少。有水箱的调节作用，水泵出水量稳定，可使水泵在高效率下工作。在水箱内设置控制装置，还可使水泵自动启闭。因此，这种方式技术上合理，供水可靠，虽设备费用较高，但长期运行具有较好的经济性。

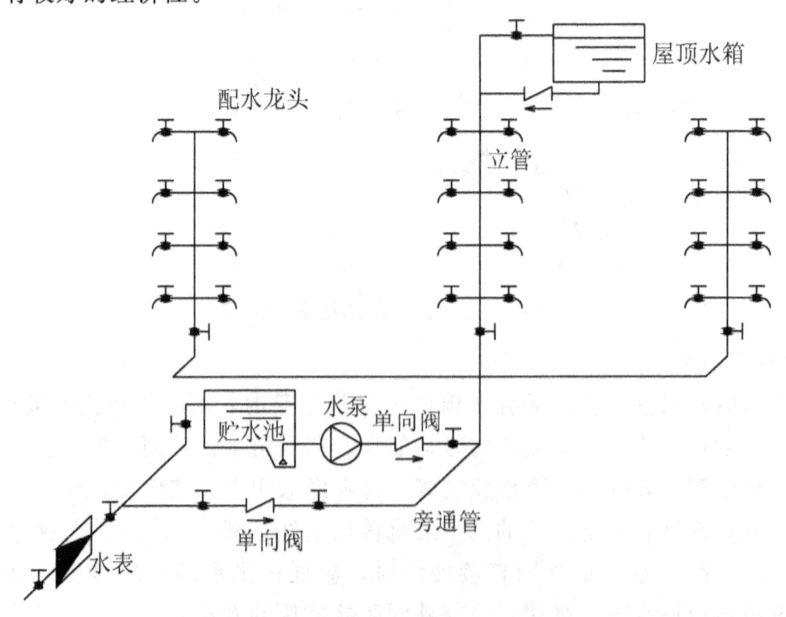

图 3.6　水箱水泵联合给水方式

3. 设气压给水设备的给水方式

当室外管网压力经常不足，且不宜设置高位水箱的建筑物，可采用气压给水方式，如图 3.7 所示。气压给水设备是利用密闭储罐内空气的可压缩性，进行储存、调节送水量和保持水压的增压装置。其作用相当于高位水箱或水塔，可设置在建筑物的高处或低处。气压给水设备有成套的产品，能实现供水控制要求。BAS 对其采用处理方法类似于对冷水机组、锅炉的方式，只需与之通信，而不必去直接控制。

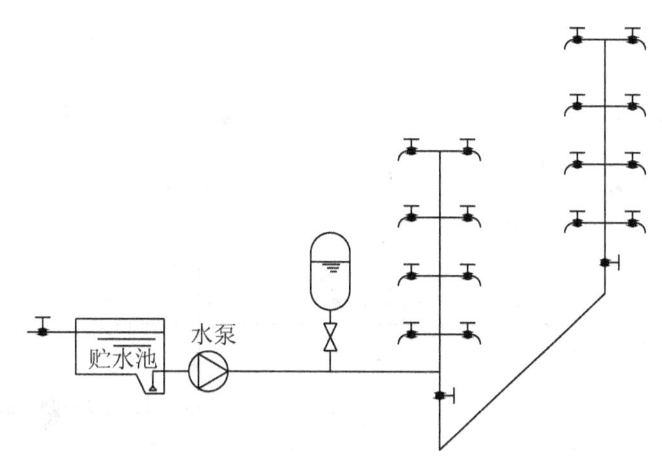

图 3.7 气压给水设备给水方式

4. 分区给水方式

当城市供水压力不足，只能满足建筑物底层的用水而不能供到上部楼层时，为了能充分利用室外管网的压力，常将室内给水系统分为上下两个供水区，如图 3.8 所示，下区直

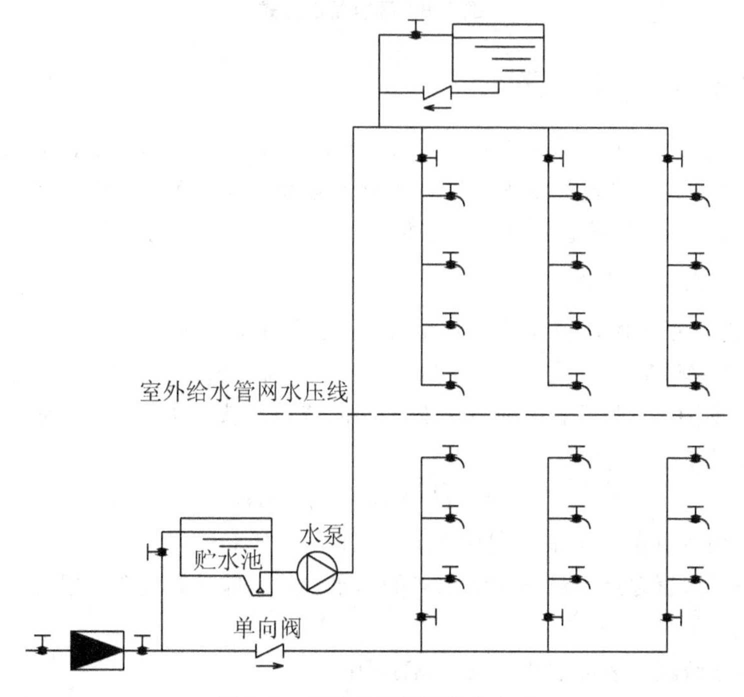

图 3.8 多层建筑分区给水方式

接由室外管网供水，上区由水泵、水箱联合供水(或单设水箱的给水方式)。高层建筑中多采用分区供水系统。

5. 环状给水方式

当建筑物用水量较大，不允许间断供水，室外给水管网水压和水量又不足时，为保证建筑物用水的可靠性，建筑物用水可自城市给水管网上两处引入，在建筑物内构成环状给水系统，如图 3.9 所示。

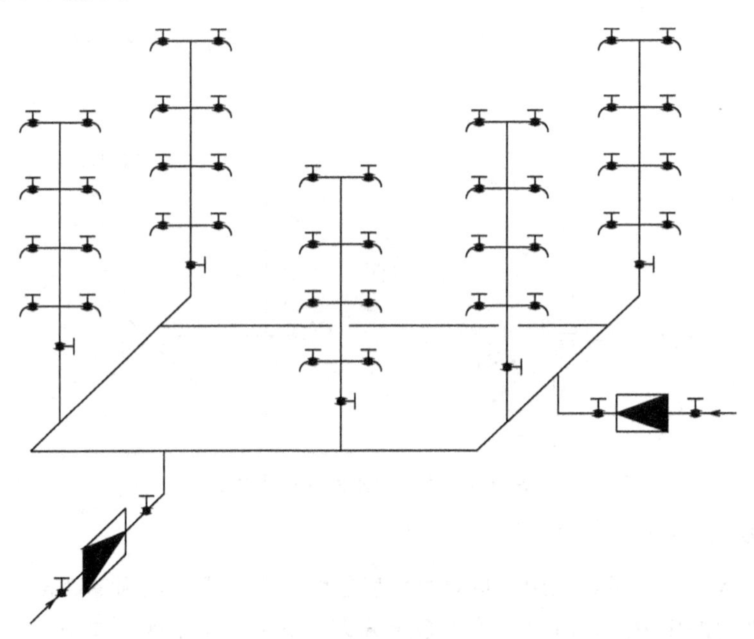

图 3.9 环状给水方式

3.2.4 室内给水水压、水量

生活用水、生产用水、消防用水各自对给水的水质、水量、水压有不同的要求。建筑室内所需的水压、水量是选择给水方式以及给水系统中增压和水量储存调节设备的依据，这也是 BA 系统对给水监控设计的重要依据。本节主要讨论室内给水的水压和水量。

1. 室内给水所需的压力

室内给水应保证各配水点在任何时间内所需要的水量。满足各配水龙头和用水设备需要所规定的出水量即额定流量，所需的最小压力称流出水头。所以室内给水系统所需水压，应保证管网中配水水压最不利点具有足够的流出水头，如图 3.10 所示。管网所需水压 H 的计算式为：

$$H=H_1+H_2+H_3+H_4 \tag{3-1}$$

式中 H_1——引入管起点至最不利配水点的高差，mH_2O；

H_2——引入管起点至最不利配水点的给水管路，即计算管路的沿程与局部水头损失之和，mH_2O；

H_3——水流经水表时水头损失，mH_2O；

H_4——最不利配水点的龙头或用水设备所需的流出水头，mH_2O。

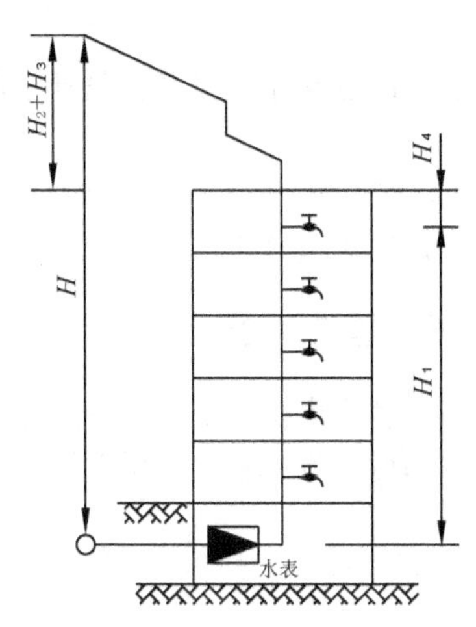

图 3.10 室内给水系统所需压力图

在设计之初，为选择给水方式，判断是否需要设置给水升压及贮水设备，常常需要对建筑给水系统所需压力按建筑层数进行估算，见表 3-1。

表 3-1 按建筑层数估算建筑给水系统所需压力

层数(n)	1	2	3	4	5
需水压/mH_2O	10	12	16	20	24

表 3-1 适用于层高≤3.5m 以下的建筑，该压力为自地平算起的最小保证压力。

2. 室内给水所需水量

1) 生产用水量

一般比较均匀，可按消耗在单位产品上的水量或单位时间内消耗在生产设备上的水量计算确定。

2) 生活用水量

受气候、生活习惯、建筑物性质、卫生器具和用水设备的完善程度及水价等多种因素影响，用水量不等。根据国家制定的用水定额、小时变化系数和用水单位数按下式计算。

最高日用水量：

$$Q_d = mq_d \tag{3-2}$$

最大小时用水量：

$$Q_h = \frac{Q_d}{T} \cdot K_h \tag{3-3}$$

式中 Q_d——最高日用水量，L/d；

m——用水单位数(人或床位等)；

q_d——最高日生活用水量定额，L/(人·d)或 L/(床·d)；

Q_h——最大小时用水量，L/h；

T——建筑物的用水时间，h；

K_h——小时变化系数，为建筑物最高日最大时用水量和平均时用水量的比值，其比值大小反映了用水不均匀程度的大小。

各类建筑的生活用水定额、小时变化系数见相关设计手册。

3）消防用水量

消防用水量大而集中，与建筑物的性质、规模、耐火等级和火灾危险程度等密切相关。消防用水量应按现行的有关消防规范确定。

3.2.5 室内给水系统的加压和储存设备

城市供水管网的水压通常只能满足大多数低层、多层建筑的用水压力要求，其他用水压力高的，可以设置储水构筑物和增压设备解决。增压设备有水泵、高位水箱、气压装置等，储水构筑物通常有储水池。

1. 储水池

储水池是储存和调节水量的构筑物。储水池的有效容积与水源供水保证能力和用户要求有关，一般根据调节水量、消防储备水量和生产事故储备用水量确定。储水池的有效容积：

$$\begin{cases} V \geqslant (Q_b - Q_l) T_b + V_f + V_s \\ Q_l \mathrm{T}_t \geqslant T_b (Q_b - Q_l) \end{cases} \tag{3-4}$$

式中 V——储水池的有效容积，m^3；

Q_b——水泵出水量，m^3/h；

Q_l——储水池进水量，m^3/h；

T_b——水泵最长连续运行时间，h；

T_t——水泵运行间隔时间，h；

V_f——火灾延续时间内，室内外消防用水总量，m^3；

V_s——生产事故备用水量，m^3/h。

当资料不足时，储水池的调节水量 $T_b(Q_b - Q_l)$，不得小于建筑物日用量的 8%～12%。如果储水池仅备生活(生产)调节水量，则水池有效容积可不计 V_f 和 V_s。

生活储水池位置应远离化粪池、厕所、厨房等卫生环境不良的房间，可设在室外靠近泵房处，也可设在地下室内，为防止生活用水被污染，水池溢流口底标高应高出室外地坪100mm，保持足够的空气隔断，保证在任何情况下污水不能通过入孔、溢流管等流入池内。储水池进、出水管的布置应使池内储水经常流动，防止滞流和死角，以免池水腐化变质。当储水池仅储存消防水量时，可兼作喷泉水池、水景池和游泳池(需有净水措施)。当生活(生产)、消防共用水池时，应在消防水位面上设有小孔，如图 3.11 所示，以确保消防储备水量不被动用，当水池包括室外消防水量时，应在室外设有供消防车取水用的取水口。

当室外管网能满足建筑物所需水量，但供水部门不允许水泵直接从室外管网抽水时，可设仅满足水泵吸水要求的吸水井，吸水井的有效容积不得小于最大一台水泵 3min 的出水量，且满足吸水管的布置、安装、检修和水泵通常工作的要求，其最小的尺寸如图 3.12 所示。

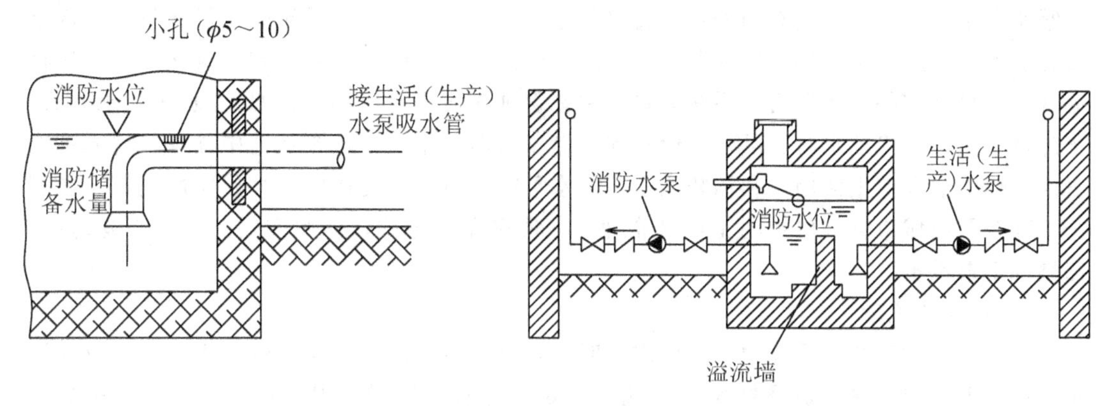

图 3.11 储水池中消防储水平时不被动用的措施

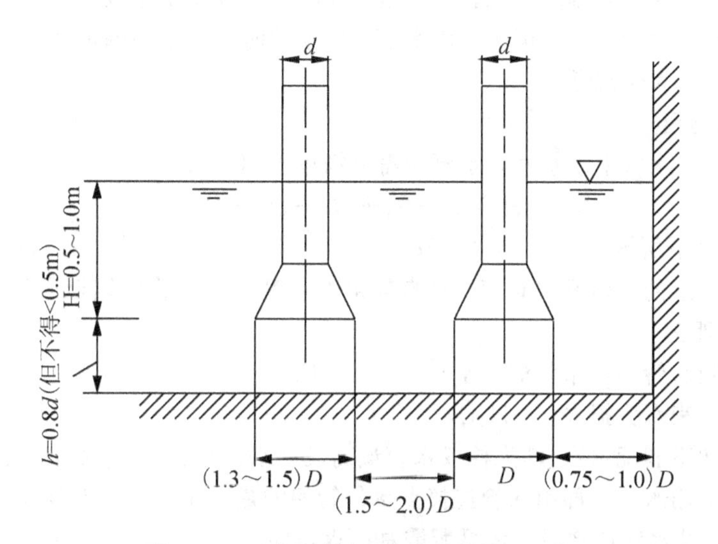

图 3.12 吸水管在吸池中布置的最小尺寸

2. 水泵

水泵是室内给水系统中主要的增压设备，一般多采用离心泵和管道泵。

离心泵有立式、卧式、单级、多级、单吸、双吸、自吸式等多种形式。其主要的工作原理是：离心是物体惯性的表现。比如雨伞上的水滴，当雨伞缓慢转动时，水滴会跟随雨伞转动，这是因为雨伞与水滴的摩擦力作为给水滴的向心力使然。但是如果雨伞转动加快，这个摩擦力不足以使水滴再做圆周运动，那么水滴将脱离雨伞向外缘运动。就像用一根绳子拉着石块做圆周运动，如果速度太快，绳子将会断开，石块将会飞出。这个就是所谓的离心作用。离心泵就是根据这个原理设计的：高速旋转的叶轮叶片带动水转动，将水甩出，从而达到输送的目的；而管道泵则是单吸单级离心泵的一种，属立式结构，因其进出口在同一直线上，且进出口口径相同，仿似一段管道，可安装在管道的任何位置，故取名为管道泵(又名增压泵)。管道泵结构特点：为单吸单级离心泵，进出口相同并在同一直线上，和轴中心线成直交，为立式泵。

水泵常设在建筑的底层或地下室内，这样可以减小建筑负荷、振动和噪声，且便于水泵吸水。水泵的吸水方式有两种：①直接从室外管网上吸水，适用于外网供水量大，水泵直接吸水时不影响管网的工作情况。经供水部门同意，可以采用由外网上直接抽水，这种方式可充分利用外网的压力，系统简单，并能保证水质不受污染；②水池-水泵抽水方式，当外网不允许直接抽水时，可建造储水池，储备所需的水量，水泵从池中抽水，送入室内管网。储水池存储生活用水和消防用水，供水可靠，对外网无影响。高层民用建筑、大型公共建筑及由城市管网供水的工业区企业，一般采用此方式，但此方式的水池易受污染，需增加消毒设备。

1）水泵的流量

在生活(生产)给水系统中，当无水箱时，水泵流量需满足系统高峰用水要求，故其流量均应以系统最大瞬时流量即设计秒流量确定。当有水箱时，因水箱能起调节水量的作用，水泵流量可按最大时流量确定。若水箱容积较大，或用水量较均匀，则水泵流量可按平均时流量确定。生活、生产消防共用水泵，在消防时其流量除保证消防用水量外，还应保证生活、生产最大时流量。

2）水泵的扬程

(1) 直接从配水管中吸水时，水泵所需总扬程，即

$$H_p \geqslant Z + H_1 + H_2 + H_3 - H_0 \tag{3-5}$$

式中 H_p——水泵所需总扬程，mH_2O；

Z——水泵的几何升水高度，即自连接引入管处给水管轴线至最不利配水点(或消火栓)间的垂直距离，m；

H_1——吸水管和压水管的总水头损失，mH_2O；

H_2——水表水头损失，mH_2O；

H_3——最不利配水点(消火栓或水箱最高设计水位)处所需的流出水头，mH_2O；

H_0——资用水头，即引入管连接点室外管网的最小压力，mH_2O。

(2) 水泵从储水池抽水时，水泵所需总扬程，即

$$H_p \geqslant Z_1 + Z_2 + H_1 + H_3 \tag{3-6}$$

式中 Z_1——水泵吸水几何高度，即泵车至储水池供水面间的垂直距离，m；

Z_2——水泵压水几何高度，即泵轴至最不利配水点(消火栓或水箱最高设计水位)间的垂直距离，m。

水泵机组一般设置在水泵房内。水泵在工作时会产生振动：发出噪声，因此水泵房的位置应远离要求防震和安静的房间(如精密仪器室、病房、教室等)，必要时在相应位置上设隔振减噪装置。

3. 水箱

水箱设置在建筑物的屋顶上，起着存储水、调解用水量变化和稳定管网压力的作用。当室外管网内水压对多层建筑所需的压力呈经常周期性不足时，在用水低峰时，水箱从室外管网直接进水；而高峰水压不足时，由水箱供给水压不足的楼层用水。当室外管网压力经常不能满足建筑供水要求时，可以设置水泵和水箱联合供水系统，既可减小水箱容量，又可提高水泵运行效率，当高层、大型公共建筑中为确保用水安全或须储备一定的消防水量时，也需要设置水箱。水箱是一种有效的调节设备。但由于水箱需设置在屋顶的最高

处，容量也相当大，这样增加了建筑高度和结构荷载，有碍美观，不利于抗震。

常用的水箱做成圆形、方形和矩形。圆形水箱结构合理，节省材料，造价低廉，但平面布置不方便，占地较大。方形和矩形水箱布置方便，占地较小，但水箱结构较复杂，材料消耗量大，造价较高。

1）水箱材料

水箱材料有以下几种。

（1）金属材料。大小水箱均可使用，自重轻，施工安装方便；但易锈蚀，维护工作量较大，造价较高。一般采用碳素钢板焊接，水箱内外表面要进行防腐处理。

（2）钢筋混凝土材料。适用于大型水箱，经久耐用，维护简单，造价较低；但自重大，管道与水箱连接处处理不好容易漏水。

（3）其他材料。小容积和临时性水箱可用木材做；也可使用塑料、玻璃钢等材料制作水箱。水箱内有效水深，一般为0.7～2.5m。

2）水箱附件

水箱应设有进水管、出水管、溢流管、汇水管、信号管等，如图3.13所示。

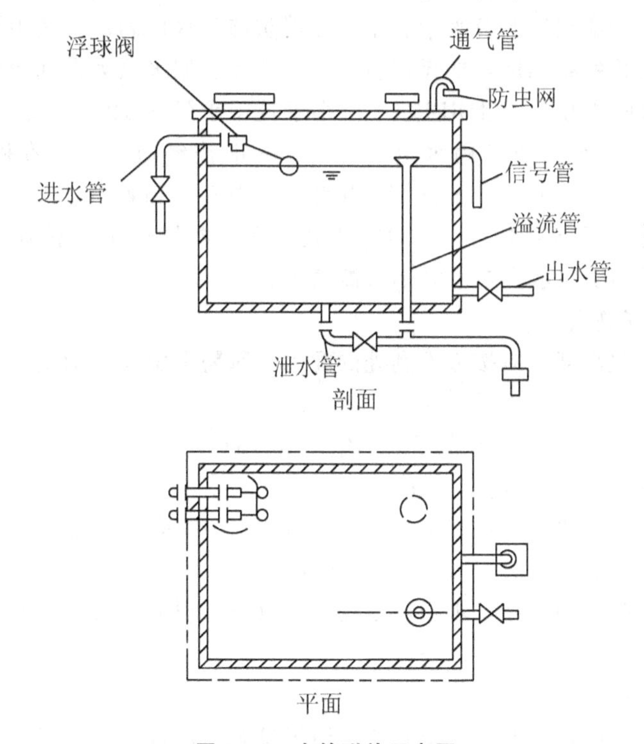

图3.13 水箱附件示意图

（1）进水管。水箱进水管一般要从侧壁接入；当水箱靠室内管网压力进水时，进水管出口应装浮球阀。浮球阀不少于两个，其中一个坏了，其余仍能工作。每个浮球阀前装有检修闸门。水箱由水泵供水，并利用水箱中水位自动控制。水泵运行时，不装浮球阀。

（2）出水管。出水管可从水箱侧壁或底部接出，进出水管合用时，出水管上安装止回阀，如图3.14所示。

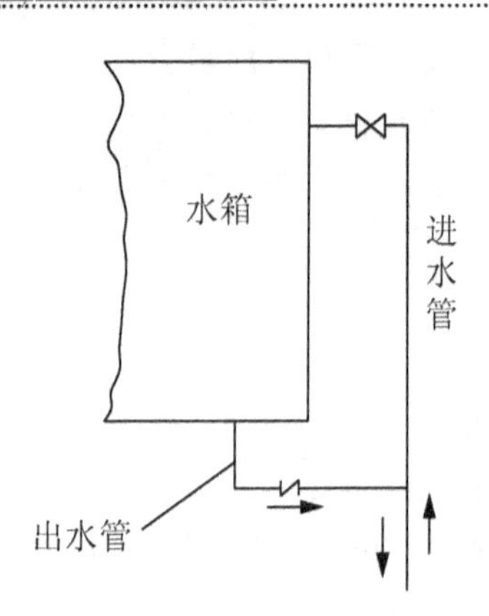

图 3.14 水箱进出水管接在同一条管道上示意图

(3) 溢流管。溢流管从水箱侧壁接出。其直径比进水管大1～2号。溢流管上不得安装闸门，不能与排水系统直接连接，必须采用间接排水。溢流管上应有防止尘土、昆虫、蚊蝇等进入的措施，如设置水封、滤网。

(4) 泄水管。水箱泄水管从水箱底部最低处接出。泄水管上装有闸门，并可与溢流管相接，但不得与排水系统直接连接。泄水管管径一般采用40～50mm。

(5) 信号管。信号管与溢流管的溢流液面齐平，即水箱水位在溢流管还没有溢流时，信号管开始流水。管径采用15mm，接至经常有人值班房间的洗脸盆、洗涤槽处。

(6) 通气管。设在饮用水箱的密封盖上，管上不应设阀门，管口应朝下，并设防止尘土、昆虫和蚊蝇进入的滤网，通气管径一般不小于50mm。

3) 水箱的容积

水箱的有效容积应根据调节水量、生活和消防储备水量确定。其中调节水量应根据用水量和流入量的变化曲线确定，如无资料时，可估算。如水泵为自动启闭时，不得小于日用水量的5%；如水泵为人工启闭时，不得小于日用水量的12%；仅在夜间进入的水箱，生活用水储备量按用水人数和用水定额确定，一般按经验，水箱容积可取日用水量的50%。消防储备水量一般取10min的消防用量，为避免水箱容积过大，根据建筑防火规范规定：一类公共建筑不小于18m^3；二类公共建筑和一类居住建筑不小于12m^3，二类居住建筑不小于6m^3。消防储水量在平时不得被动用。

4) 水箱的设置高度

高位水箱的设置高度，应按最不利处的配水管所需水压计算确定。水箱底出水管安装标高：

$$Z_{箱}=Z_1+H_2+H_3 \tag{3-7}$$

式中 Z_1——最不利配水点标高，m；

H_2——水箱供水到最不利配水点计算管路总水头损失，mH_2O；

H_3——最不利配水点的流出水头，mH_2O。

对于储存有消防水的水箱，水箱安装高度难以满足顶部几层消防水压的要求时，需另行采取局部增压措施。

5) 水箱的安装

水箱间在房屋内应处于便于管道布置、通风良好的位置。采光好，防蚊蝇。室内最低气温不得低于5℃，水箱的净高不得低于2.2m。

4. 气压给水设备

气压给水设备是给水系统中的一种利用密封储灌内空气可压缩性进行储存、调节和加压送水量的装置。其功能与水塔或高位水箱基本相似，罐的送水压力是压缩空气而不是位置高度，因此只要变更罐内空气压力，气压装置可设置在任何位置，如室内外、地下、地面或楼层中，应用较灵活方便，建设快，投资省，供水水质好，还有能消除水锤作用等优点。但罐容量小，调节水量小，罐内水压变化大，水泵启闭频繁，故耗费电能多。

按输水压力稳定性可分为变压式和定压式两类。

(1) 变压式气压给水设备在向给水系统送水过程中，水压处于变化状态，如图3.15所示。罐内水在压缩空气的起始压力下(即最大工作压力的作用下)被压送至给水管网，随着罐内水量减少，压缩空气体积膨胀，压力减小，当压力降至最小工作压力时，压力继电器动作，使水泵启动。水泵出水除供用户外，多余部分进入气压罐，罐内水位上升，空气又被压缩。当压力达到最大时，压力继电器动作，水泵停止工作，由气压水罐再次向管网输水。

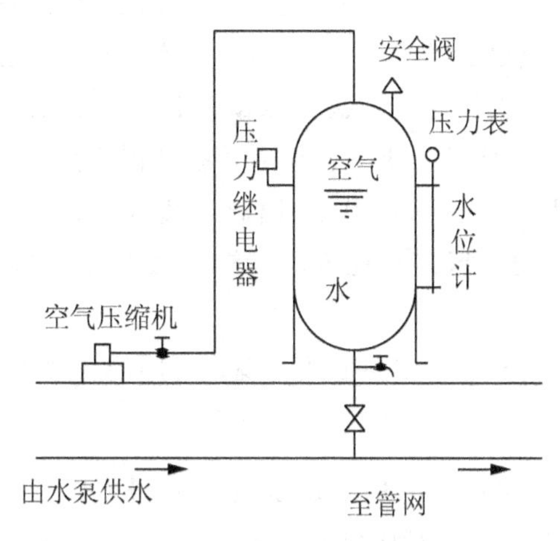

图3.15 变压式气压罐

(2) 定压式气压给水设备在向给水系统送水过程中，水压维持恒定，如图3.16所示。在气水同罐的单罐变压或气压给水设备的供水管上安装调压阀，或在气水分罐的双罐变压给水设备的压缩空气连通管上安装调节阀，分别控制阀出口端的水压或气压系统所需压力。

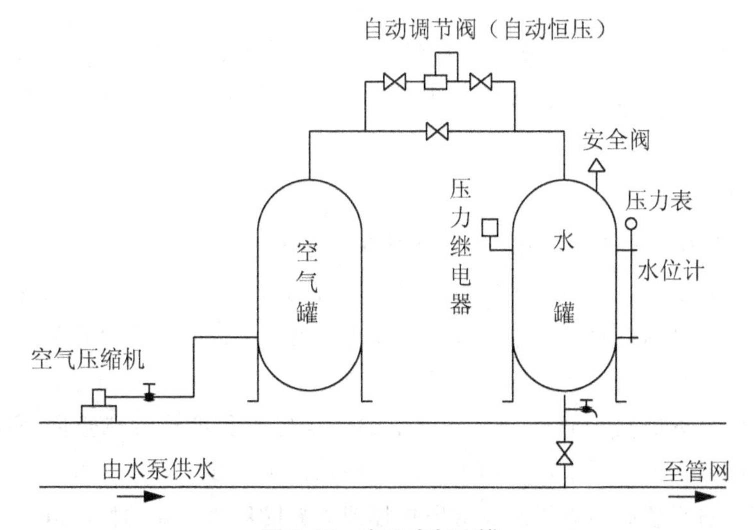

图3.16 定压式气压罐

(3) 按气压水罐的形式可分为补气式给水设备和隔膜式气压给水设备。

3.2.6 高层建筑给水系统

高层建筑(Tall Building)是指10层及10层以上或房屋高度大于24m的建筑物。高层建筑的高度是指室外地面至主要屋面之间的距离，不包括地下部分。若高度超过100m，则称为超高层建筑。

由于高层建筑的层数多，采用一般的供水方式，则管道中的静水压力势必很大。静水压力大将导致一系列不良后果。如：管中的静水压力大于管道的承压能力(工作压力)而损坏管道，易产生水击造成管道振动和噪声，同时还会使出水产生喷射而使用不便。因此，有必要采取技术措施加以解决。这一解决方法就是进行竖向分区，即将高层建筑的给水管网竖向分为几个区域进行布置，使下层管道系统的静水压力减小。国产管道配件和卫生器具的工作压力一般为0.34～0.4MPa。因此，我国《建筑给水排水设计规范》规定高层建筑生活给水系统竖向分区：对住宅、旅馆、医院宜为300～350kPa；办公室宜为350～450kPa。

我国建筑给水系统竖向分区有多种方式，现将常用的几种方式简介如下。

1. 减压给水方式

如图3.17所示整个高层建筑的用水由设置在泵房内的水泵抽升到最高处水箱，再逐级向下一区的高位水箱给水，形成减压水箱串联给水系统。其优点是水泵管理简单(水泵仅两台，一用一备)，水泵及管路的投资较省，水泵占地面积小。其缺点是设置在最高层的水箱总容积大，增加了结构负荷，而且起传输作用的管道管径也将加大，水泵向高位水箱供水，然后逐渐减压供水，增加了中、低压区常年能耗，提高了运行成本，且不能保证供水的安全可靠，若上面任一区管道和水箱等设备出了问题便会影响下面的各区供水。

如图3.18所示减压给水的另一种方式，各区的减压水箱由减压阀代替。这种产品在国内已有生产，价格便宜，安装方便，使用可靠。这种给水方式提高了建筑面积利用率(无水箱)。

2. 并联给水方式

如图3.19所示，这种方式是将各供水区的水泵集中设于地下室，各水泵从储水池向各种供水区的水箱送水，再由各区的水箱向本区管网供水。这种给水方式比减压给水方式动力消耗小，可靠性高，水泵集中于底层，管理方便。其缺点是占地面积大、设备及管路复杂等。

高层建筑每区内的给水管网，根据供水的安全要求程度设计成竖向环网或水平向环网。在供水范围较大的情况下，水箱上可设置两条出水管接到环网。此外，在环网的分水节点处的适当位置设置阀门，以减少管段损坏或维修时停水影响的供水范围。

高层建筑给水同样可采用气压给水及变频供水等方式。

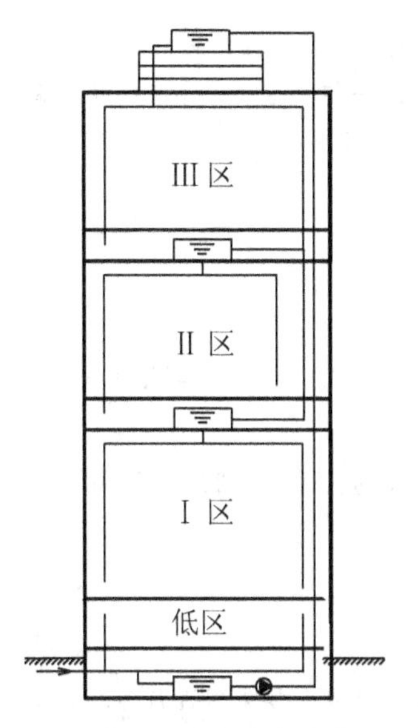

图 3.17 减压给水方式

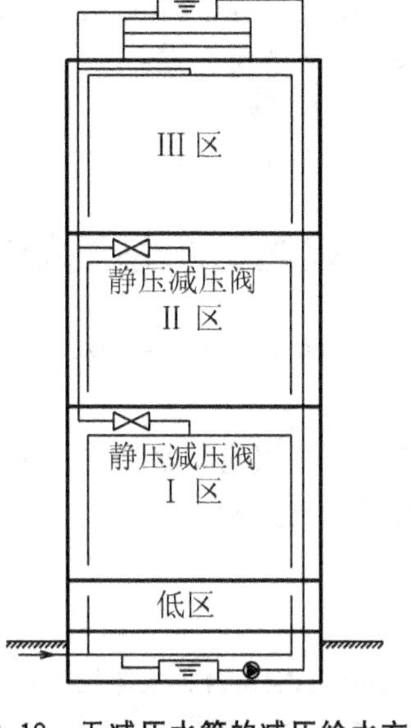

图 3.18 无减压水箱的减压给水方式

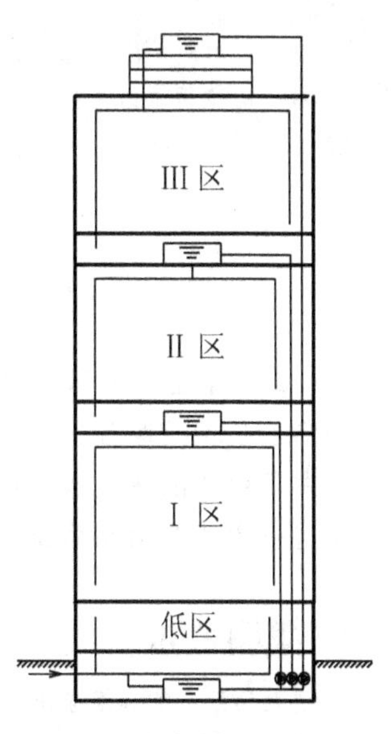

图 3.19 并联给水方式

知识链接

室内消防给水系统

对于建筑物中一般物质的火灾，利用室内消防给水设备是最经济有效的扑灭方法。火灾统计资料表明，设有室内消防给水设备的建筑物内，初起火灾，主要是用室内消防给水设备控制和扑灭的。

一般建筑物或厂房内，常常是消防给水与生产或生活给水组成的联合系统。只在建筑物防火要求高，不宜采用联合系统，或联合系统不经济或技术上不可能时，才采用单独的消防给水系统。

室内消防给水系统包括消火栓给水系统、自动喷淋灭火系统和水幕消防系统。消防系统应符合《建筑设计防火规范》(GB 50016—2006)和《自动喷水灭火系统施工及验收规范》(GB 50261—2005)。

建筑消防给水可按以下不同方法分类：

(1) 按我国目前消防登高设备的工作高度和消防车的供水能力分，如：低层建筑消防给水系统和高层建筑消防给水系统。

9层及9层以下的住宅及建筑高度小于24m的低层民用建筑，室内消火栓系统主要是扑灭建筑物的初期火灾，后期火灾可依靠消防车扑救。对于高层建筑而言，因我国目前登高消防车的最大工作高度约为24m，大多数通用消防车直接从室外消防管道或消防水池抽水的灭火高度也近似为24m，不能满足高层建筑上部灭火要求，所以高层建筑消防给水系统要立足于自救，不但要扑救初期火灾，还应具有扑救大火的能力。

(2) 按消防给水系统的救火方式分，如：消火栓系统和自动喷水灭火系统等。

消火栓给水系统由水枪喷水灭火，系统简单，工程造价低，是我国目前各类建筑普遍采用的消防给水系统。自动喷水灭火系统由喷头喷水灭火，该系统自动喷水并发出报警信号，灭火、控火成功率高，是当今世界上广泛采用的固定灭火设施，但因工程造价高，目前我国主要用于建筑内消防要求高、火灾危险性大的场所。

(3) 按消防给水压力分，如：高压、临时高压和低压消防给水系统。

(4) 按消防给水系统的供水范围分，如：独立消防给水系统和区域集中消防给水系统。

对于消防给水的监控，按照我国现行的消防管理要求，由消防系统统一控制管理，不直接纳入到BAS中。

3.3 室内给水系统的控制

3.2节详述了室内给水系统运行的工艺流程知识，本节将分析BAS如何实现对建筑物内部给水系统的监控。

大多数智能建筑属于高层建筑，高层建筑必须采用加压供水的方式。因此，本节主要围绕这一形式的给水系统进行监控原理分析。

特别提示

消火栓泵、喷洒泵等消防给水设备的控制属消防联动控制系统的监控对象，按我国现行体制，不纳入BAS的监控范围。其他的如：水质处理装置及建筑中水、排水水处理装置等都有自身完整的控制系统，BAS对其的监控处理方法类似于对冷水机组、锅炉的处理方法，不去直接控制。

3.3.1 室内给水系统的BAS监控思路

1. 高位水箱给水系统的监控思路

城市管网的供水先进入蓄水池，然后由水泵将水提升到高位水箱，再从高位水箱靠重力向给水管网配水实现给用户供水。高位水箱给水系统用水是由水箱直接供应，供水压力比较稳定，且有水箱储水，供水较为安全。为保证供水的连续性，高位水箱中应始终有水，但应防止向水箱的供水过量而引起溢出。因此，水箱水位应控制在一定范围内。

BAS对高位水箱给水系统监控思想如下。

1) 由高位水箱的水位决定水泵的启停

当水箱中水位达到高水位时，水泵停止向水箱供水；当水箱中的水被用到低水位时，水泵再次启动向高位水箱供水。为此，在水箱内应设置水位开关，向DDC传送DI信号。

2) 对水泵的常规监控

主要有：DDC对水泵的启停控制(1DO)、运行状态(是否运行，1DI)的监测、故障报警(是否过载，1DI)的监测，点位共计2DI、1DO。此外，还可以对工作模式(手动/自动，1DI)进行监测。

3) 地下蓄水池的水位监控

主要监控高低水位报警信号，以防止溢流和储水量过少。

2. 恒压给水系统的监控思路

高位水箱给水系统的优点是预储一定水量，供水直接可靠，尤其对消防系统是必要的。但水箱自重很大，会增加建筑物的负荷，占用建筑物面积且存在水源受二次污染的危险。因此有必要研究无水箱的水泵直接供水系统。

1）水泵变频调速供水介绍

早期的水泵直接供水系统，由于水泵的转速不能调节，水压随用水量的变化而急剧变化。当用水量很小时，水压很高，供水效率很低，既不节能，又使系统的水压不稳定。后来这种系统被采用自动控制的多台并联运行水泵所替代，这种系统能根据用水量的变化，开停不同水泵来满足用水的要求，以利节能。

随着计算机控制技术的迅速发展，变频调速装置得到了越来越广泛的应用。要实现水泵恒压供水，最理想的方式是采用计算机控制的水泵变频调速供水。变频调速供水方式由于减少了水箱储水环节，避免了水质的二次污染。泵组及控制设备集中设在泵房，占地面积小、安装快、投资省。采用闭环供水控制方式，根据管网压力信号调节水泵转速，实现变量供水。该方式水压稳定、全自动运行、可无人值守、可靠性高。变频调速供水方式中，水泵的转速随着管网压力的变化而变化。由于轴功率与转速的三次方成正比，因此与恒速泵运行方式相比，明显节省电能。另外，变频调速为无级调速，水泵的启动为软启动，减小了启动时对水泵及电网的冲击，且多台泵组采用“先投入，先退出”的运行方式，确保了每台泵的运行时间相同，能够有效延长泵组的使用寿命。变频调速闭环供水方式可以确保管网压力恒定，避免了水箱供水方式中可能产生的溢流或超压供水，减小了水能的损耗。

变频调速恒压供水既节能，又节约建筑面积，且供水水质好，具有明显的优点。但变频调速装置价格昂贵，而且必须有可靠的电源，否则停电即停水，给人们生活带来不便。

水泵变频调速供水与变风量空调系统的情形十分相似。系统控制的模式有两种：恒压变流量和变压变流量。恒压变流量的控制目标是保持管网入口处的水压为恒定值。变压变流量的控制目标是使给水管网最不利点的压力保持恒定，或者在管网入口处按运行时段分别设定水压。由于变压变流量模式更贴近管网的实际运行工况，因而运行效果更好。

变频供水设备多为成套产品，BAS 可以与其通信。

2）水泵的变频控制

在 BAS 给排水系统中对于水泵的控制经常提出要求采用变频控制，而现在变频控制器的技术已经非常成熟，产品成本也在不断下降，为变频控制在工程中的使用提供了条件。

（1）水泵采用变频控制的优势。

① 调节效率高，接近于理想的调节和变速，节能效果显著。

② 变频器提供了丰富的输入输出信号端子，利用这些端子，可方便地实现电机的启停、调速，再加上速度检测回路，形成闭环控制，很容易实现自动化控制。

③ 可容易地实现工频电网运行与变频器运行之间的切换，一旦变频器发生故障，可以退出运行改由工频电网直接运行，不影响水泵的连续运行。

④ 能同时实现软启动和软停车。

⑤ 易进行设备改造。改造设备时，不涉及电动机及所驱动的水泵本身，停机改造时间短。

⑥ 安装地点灵活，不限于电动机轴端或靠近处，处理方便。

（2）变频控制主回路方案。

① 方案 1。变频器直接控制。此方案适用于负载对可靠性运行要求不高的场所，若变

频器出现故障，则不能继续运行。

② 方案 2。变频器带直接启动旁路。此方案适用于负载对可靠性运行要求较高、且负载功率不大、可旁路直接启动的场所，若变频器出现故障，则可以手动切换到旁路，直接启动运行。

③ 方案 3。变频器带软启动旁路。此方案适用于负载对可靠性运行要求较高，且负载功率较大，旁路软启动的场所，若变频器出现故障，则可以手动切换到旁路，通过软启动器启动运行。

（3）变频器的二次回路设计。

① 变频器的启动延迟问题。变频器在加电过程中，需经过一个加电自检的过程后，才能处于准备工作的状态。加电自检的过程通常需要 5～10s。在设计变频器的主回路和二次回路时，要求考虑此问题。

② 手动/自动状态转换。在要求进行自动控制水泵的二次控制回路中，通常会在控制柜面板设置手动/自动转换开关。在自动状态时，接受 BA 等系统的自动控制信号。

但在变频器的二次回路中。不宜如此设置。因为通用的变频器均自带就地/远程控制的转换按键，以实现手动/自动转换。否则，两组手动/自动转换开关，会导致控制复杂、混乱。

③ 变频柜的发热。变频柜通常发热量大，一般均需配置散热风扇。散热风扇回路建议增加保护熔断器，因为散热风扇连续运行时间长，使用寿命一般在一年左右，设置熔断器保护后，可避免散热风扇故障导致变频器停机。

④ 变频器的二次回路接线如图 3.20 所示。

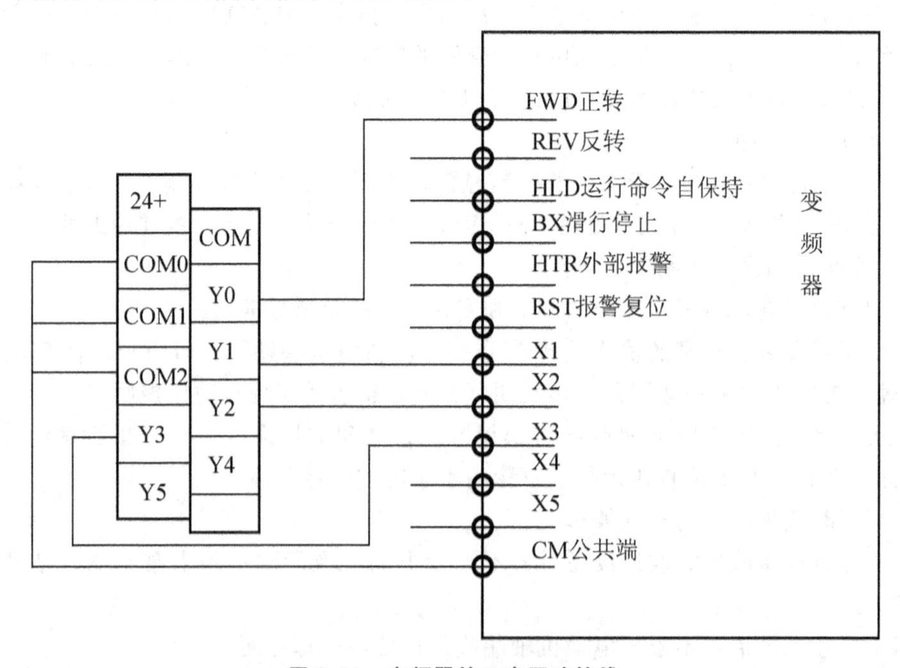

图 3.20 变频器的二次回路接线

水泵的变频节能原理

由流体力学可知，P(功率)＝Q(流量)×H(压力)，流量Q与转速N的一次方成正比，压力H与转速N的平方成正比，功率P与转速N的立方成正比，如果水泵的效率一定，当要求调节流量下降时，转速N可成比例地下降，而此时输出功率P成立方关系下降。即水泵电机的耗电功率与转速近似成立方比的关系。例如：一台水泵电机功率为55kW，当转速下降到原转速的4/5时，其耗电量为28.16kW，省电48.8%，当转速下降到原转速的1/2时，其耗电量为6.875kW，省电87.5%。

无功功率不但增加线损和设备的发热，更主要的是功率因数的降低导致电网有功功率的降低，大量的无功电能消耗在线路当中，设备使用效率低下，浪费严重。由公式$P=S\times \text{COS}\Phi$，$Q=S\times \text{SIN}\Phi$（其中，S为视在功率；P为有功功率；Q为无功功率，COSΦ为功率因数），可知COSΦ越大，有功功率P越大，普通水泵电机的功率因数在0.6～0.7，使用变频调速装置后，由于变频器内部滤波电容的作用，COS$\Phi\approx 1$，从而减少了无功损耗，增加了电网的有功功率。

此外，由于电机为直接启动或Y/D启动，启动电流等于4～7倍额定电流，这样会对机电设备和供电电网造成严重的冲击，而且还会对电网容量要求过高，启动时产生的大电流和振动时对挡板和阀门的损害极大，对设备、管路的使用寿命极为不利。而使用变频节能装置后，利用变频器的软启动功能将使启动电流从零开始，最大值也不超过额定电流，减轻了对电网的冲击和对供电容量的要求，延长了设备和阀门的使用寿命，节省了设备的维护费用。

3）变频器介绍

变频器是应用变频技术与微电子技术，通过改变电机工作电源频率方式来控制交流电动机的电力控制设备。变频器主要由整流(交流变直流)、滤波、逆变(直流变交流)、制动单元、驱动单元、检测单元微处理单元等组成。通过改变电源的频率来达到改变电源电压的目的，根据电机的实际需要来提供其所需要的电源电压，进而达到节能、调速的目的，另外，变频器还有很多的保护功能，如过流、过压、过载保护等。随着工业自动化程度的不断提高，变频器也得到了越来越广泛的应用。

变频器外部线路的具体连线：变频器的控制面板下面是一排接线端子，我们所有对变频器的连线都是从这一排接线端子引出来的。但变频器的控制面板是不能频繁地拆卸的。所以为了保护变频器，也为了方便做试验，一般会将试验中需要用到的接线端子都连上线并且引出来。在试验中，大家只需要将这些引出的线按照要求做一下连接就可以了，如图3.20所示。

4）BAS对变频调速恒压供水系统的监控策略

如采用变频调速恒压供水系统，则水泵由变频恒压控制装置控制其运转。变频调速恒压供水设备多为成套产品，通常由控制器完成控制、监控、安全保护等功能，故BAS可以采取类似对冷水机组的处理方式，与其自带的控制系统实现通信，而一般不直接控制。

当然，还可以直接通过DDC实现BAS对水泵的变频调速控制。其控制过程是在水泵出水口干管上设压力传感器，实时采集管网压力信号，通过1路AI通道送入现场控制器，通过与设定水压值比较，按PID算法得出偏差量，控制电源频率变化，调节水泵的转速，从而达到恒压变量供水的目的。当系统用水量增加时，水压下降，DDC使变频器的输出频率提高，水泵的转速提高，供水量增大，维持系统水压基本不变；当系统用水量减少时，过程相反，控制系统使水泵减速，仍维持系统水压。系统中设低水位控制器，其作用是当水池水位降至最低水位时(或消防水位时)，系统自动停机。如有多台水泵，均采用同一台变频调速器由可编程控制器实现多台泵的循环软启动。

3.3.2 典型给水系统的监控案例分析

图 3.1(a)是一典型的排水系统。本小节将以其作为 BAS 的监控对象，进行案例分析。图 3.2 是给水系统监控设计的一般思路和过程。其中，图 3.2(c)是 BA 监控设计的结果，详述如下。

1. 运行原理分析

设计前，先收集设计单位提供的给排水专业图纸、设计说明等资料。图 3.2(a)是给水系统的立面图，图 3.2(b)是给水系统图。该系统属于设有水泵、水箱的给水方式，它以城市管网作为水源，经引入管储存在原水池(蓄水池)中，然后经水泵加压后送至高位水箱，然后经配水管网给用户供水。蓄水池、高位水箱的液位应控制在一定的范围内，两台水泵可一用一备、自动轮换。

经分析可知，BAS 监控的给水系统设备有：给水泵、高位水箱、贮水池(蓄水池)等。因此，可以将图 3.2(b)进一步抽象，图 3.2(a)即为这一抽象简化的结果。图 3.2(a)是 BAS 监控分析设计的基础，也是后面 BAS 监控原理图绘制的基础。

2. 监控需求分析

根据业主的需求和相关标准，该给水系统的监控要求有如下功能。

(1) 水泵运行状态显示。

(2) 水流状态显示。

(3) 水泵启停控制。

(4) 水泵过载报警。

(5) 水箱高低液位显示及报警。

本系统的贮水池兼做消防用水池，故需留有一定的消防用水量，以保障消防用水。

3. 排水监控系统的监控策略分析

1) 给水泵启/停控制

给水泵的启/停由现场控制器检测水箱和贮水池的水位，经运算后发出控制命令实现自动控制。高位水箱设有水位开关，分别检测溢流水位、最低报警水位、下限水位和上限水位(LT1～LT4)；贮水池也设有水位开关，分别检测溢流水位、下限水位、最低报警水位和消防泵停泵水位(LT5～LT8)。屋顶高位水箱 4 路水位信号通过 DI 通道送入现场控制器，现场控制器通过 1 路 DO 通道控制水泵的启停：当高位水箱液位降低到下限水位时，DDC 发出启泵信号使给水泵运行，将水由低位水池提升到高位水箱；当高位水箱液位升高至上限水位或贮水池液位低到下限水位时，DDC 发出停止运行信号给水泵使之停止运行。将给水泵主电路上交流接触器的辅助触点作为开关量输入信号，接到 DDC 的 DI 输入通道上监测水泵运行状态；水泵主电路上热继电器的辅助触点信号(1 路 DI 信号)，提供电机水泵过载停机报警信号。当工作泵发生故障时，备用泵自动投入运行。

2）检测及报警

当高位水箱液位达到溢流水位，以及低位贮水池液位低至最低报警水位时，系统发出报警信号。贮水池的最低报警水位并不意味着贮水池无水。为了保障消防用水，贮水池必须留有一定的消防用水量。发生火灾时，消防泵启动，如果贮水池液面达到消防泵停泵水位，系统将报警。出水干管上设水流开关 FS，水流信号通过 DI 通道送入现场控制器，以监视供水系统的运行状况。

3）设备运行时间累计、用电量累计

累计运行时间为定时维修提供依据，并根据每台泵的运行时间，自动确定是作为运行泵还是备用泵。

4. BA 点位的确定

总结以上的分析，DDC 对该给水系统中的高位水箱、贮水池和 2 台给水泵进行了监控，合计：13DI、2DO。

DDC 对每个水泵有 1DO、3DI 点位：DDC 占用一个 DO 通道控制水泵的启停；DDC 的 1 个 DI 检测水泵的运行状态(是不是在运行)；DDC 的另 1 个 DI 检测水泵电机的故障状态(是不是正常运行，即过载报警信号)；此外还设 1 个 DI 检测手/自动状态。

DDC 对每个水位开关需有 1 个 DI 点位。高位水箱有 4 个水位开关，贮水池也有 4 个水位开关。故 DDC 对高位水箱和贮水池的 8 个液位(LT1～ LT2)的监测共需点位 8DI。

DDC 对水流开关 FS 的监测需占有 1DI。

5. 绘制 BA 监控原理图

典型给水系统的 BA 监控原理图如图 3.21 所示。

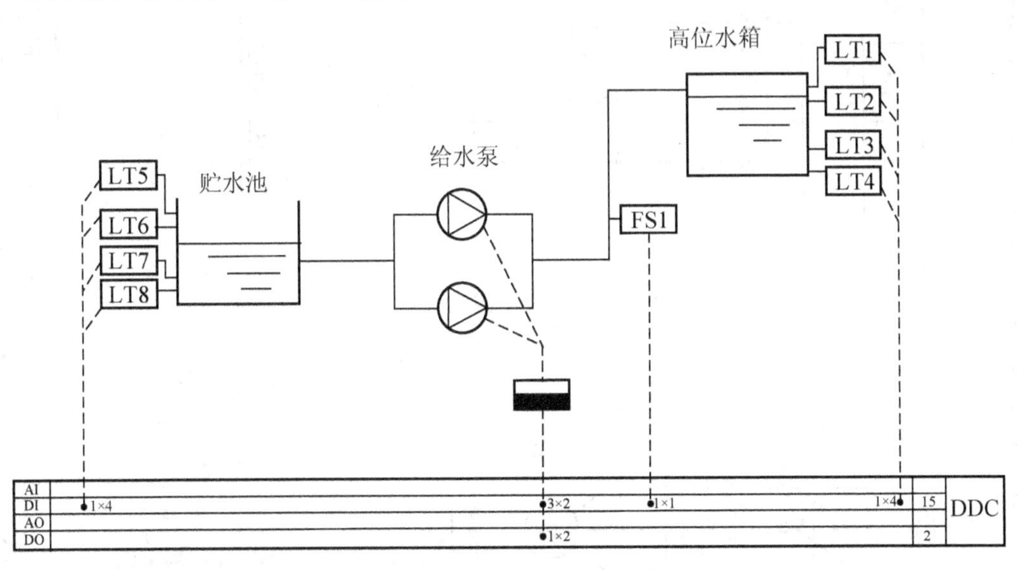

图 3.21 典型给水系统的 BA 监控原理图

至此，对给水系统的 BA 监控设计这一基础工作基本结束。之后的工作如：设备选型、设计方案的撰写、施工平面图的绘制、深化设计等，本书不做一一展开。下面将就 BA 受控设备控制箱二次回路进行分析。

3.3.3 二次接线图设计

水泵作为BAS的受控设备是通过控制箱与DDC的输入输出接口实现通信的，控制箱二次接线图表达了这一连接的方法，如图 3.22 所示。

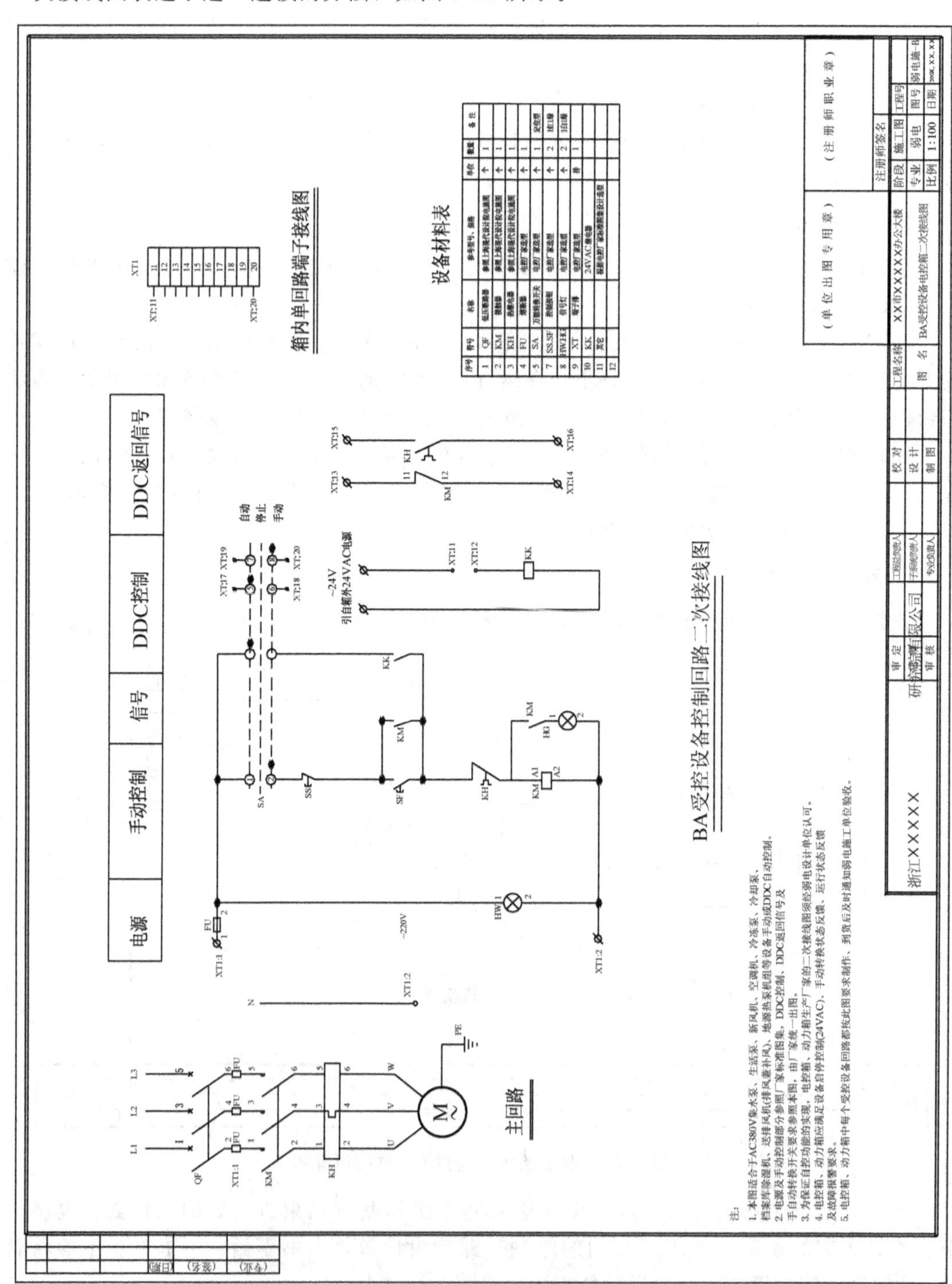

图 3.22 BA 受控设备控制回路二次接线图

1. DDC对水泵的监控点位

DDC对水泵的监控点位有1DO、3DI，即：DDC通过1路DO通道实现对水泵的启停控制，通过1路DI通道实现对水泵运行状态的监测，通过1路DI通道实现对水泵故障状态的监测，通过另1路DI通道实现对水泵的手/自动状态监测。

2. 万能转换开关对手动、自动、停止三档控制形式的选择

图中的万能转换开关实现手动、自动、停止三档的选择。当万能转换开关转向“手动”档时，则水泵的控制电路是一般的电气控制电路。此时水泵不受BAS控制，而需通过手动按钮SF和SS实现对水泵的启动和停止操作。当万能转换开关转向“自动”档时，则水泵受BAS监控，而手动按钮SS、SF的操作无效。当万能转换开关转向“停止”档时，则手动操作和BAS对水泵都不能控制。

下面就万能转换开关在“自动”档时BAS对水泵的监控进行分析。

3. 二次接线图的“DDC控制”部分

XT：11、XT：12端子是中间继电器KK线圈回路上引出的接线端子，与DDC的一路DO端口相接，供DDC用作传输控制命令以控制水泵的启停。当DDC发出启动命令后，XT：11、XT：12接通，中间继电器KK的线圈得电，KK的常开触点闭合，使得交流接触器KM得电，则水泵的主回路和控制回路上的KM触点动作，水泵运行，运行指示灯亮。当DDC发出停止命令后，XT：11、XT：12断开，中间继电器KK的线圈失电，KK的常开触点重新断开，使得交流接触器KM失电，则水泵的主回路和控制回路上的KM触点动作，水泵停止运行，运行指示灯不亮。

4. 二次接线图的“DDC返回信号”部分

XT：13、XT：14是水泵主电路交流接触器上一个单独的辅助触点上引出的接线端子，与DDC的一路DI端口相接，供DDC监测水泵的运行状态。该路DI信号是一个无源信号。当水泵正常运行时，则KM上的这一常闭触点必然断开；当水泵停止时，则该触点恢复常态，闭合。DDC以此来判断水泵的运行状态。

XT：15、XT：16是水泵主电路上热继电器KH的一个独立的辅助触点上引出的接线端子，与DDC的另一路DI端口相接，供DDC监测水泵的故障状态。该路DI信号是一个无源信号。当水泵正常运行时，则KH上的这一常开触点保持常态(断开的)；当水泵过载时，则热继电器动作，该触点闭合。DDC以此来判断水泵的故障状态。

3.4 室内排水系统工艺流程认知

室内排水系统的任务是将室内卫生设备产生的生活污水、工业区废水及屋面的雨、雪水收集起来，有组织地及时通畅地排至室外排水管网、处理构筑物或水体，并能保持系统气压稳定，同时将管道系统内有害有毒气体排到一定空间而保证室内环境卫生。

3.4.1 室内排水系统的分类

按系统排除的污、废水种类的不同，可将室内排水系统分为生活污(废)水排水系统、

生产污水排水系统、生产废水排水系统、屋面雨水排水系统。

(1) 生活污(废)水排水系统用来排除日常生活中冲洗便器、盥洗、洗涤和淋浴等产生的污(废)水。

(2) 生产污水排水系统用来排除生产过程中被污染较重的工业废水的排水系统。生产污水需经过处理后才允许回收或排放，如含酚污水，酸、碱污水等。

(3) 生产废水排水系统用来排除生产过程中只有轻度污染或水温较高，只需经过简单处理即可循环或重复使用的较洁净的工业废水的排水系统，如冷却废水、洗涤废水等。

(4) 屋面雨水排水系统用来排除降落在屋面的雨、雪水的排水系统。

上述污、废水排除系统分合流制和分流制两种排水体制。合流制是所有污水都用一套排水系统排除的排水方式；分流制是用两套或两套以上的排水系统将污水分开排放的排水方式。排水体制的选择应根据地区情况，经技术、经济比较再行确定。

3.4.2 室内排水系统的组成

一个完整的排水系统由以下各部分组成，如图 3.23 所示。

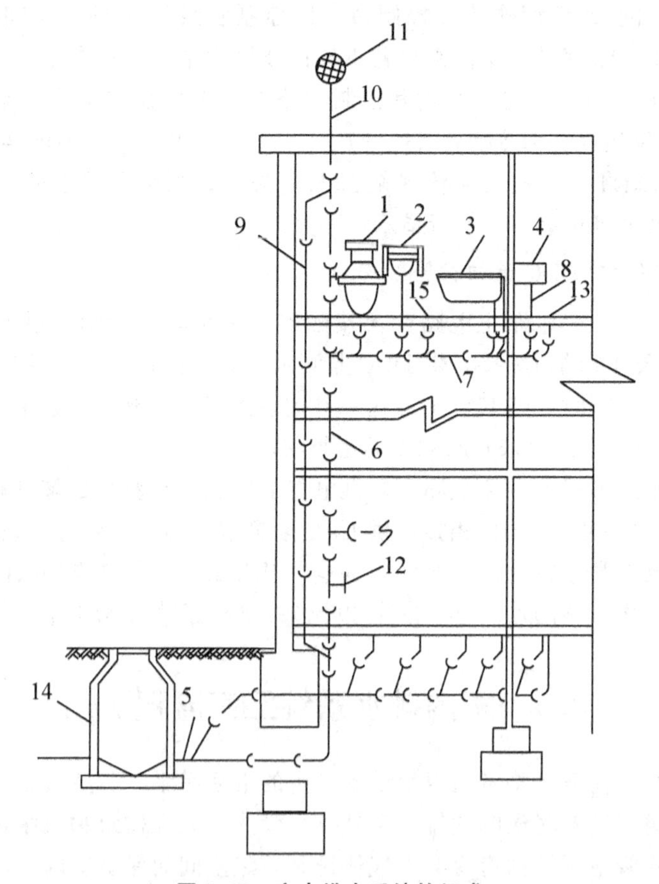

图 3.23 室内排水系统的组成

1—大便器；2—洗脸盆；3—浴盆；4—洗涤盆；5—排出管；
6—立管；7—横支管；8—支管；9—专用通气立管；10—伸顶通气立管；
11—网罩型通气帽；12—检查口；13—清扫口；14—检查井；15—地漏

1. 卫生器具和生产设备受水器

卫生器具是建筑内部用以满足人们日常生活或生产过程的各种卫生要求，收集并排出污、废水的设备，如洗涤盆、浴盆、盥洗槽等。

2. 排水管道

排水管道包括器具排水管(连接卫生器具与横支管之间的短管)、横支管(收集各卫生器具排水管流来的污水输送到排出管，应具有一定的坡度)、立管(收集各横支管，输送至排出管)、埋地干管和排出管。

3. 通气管道

排水系统内是水气两相流动，当卫生器具排水时，需向排水管道内补给空气，以使管道内部气压平衡，防止卫生器具存水弯水封被破坏，使水流畅通，同时将管道内的有毒有害气体排入大气中去，减轻金属管道的腐蚀。

4. 清通设备

由于排水系统中杂质、杂物较多，为疏通排水管道，保证水流畅通，需在立管上设检查口、在横管上设清扫口、带清扫门的90°弯头或三通、室内埋地横干管上的检查井等。

5. 局部提升设备

在民用与公共建筑的地下室、人防工程、地下铁道等地下建筑物的污废水不能自流排到室外时，常须设污水提升设备，如污水泵、空气扬水器等。

6. 污水局部处理构筑物

当建筑内污水未经处理不允许排入市政排水管网和水体时，须设污水局部处理构筑物，如化粪池、隔油池等。

7. 辅助设备

如地漏(汇集地面的积水)、水封(用于防止排水管道中的臭气和其他有害、易燃气体及虫类通过卫生器具泄水口进入室内造成危害，在卫生设备的排水口处或器具本身设置水封装置，常用的是管式存水弯)。

3.4.3 屋面雨水排除系统

屋面雨水排除系统的主要任务是收集屋面的雨水或融化的雪水，并将其有组织有系统地排至室外的雨水管道，避免雨(雪)水使屋面积水或四处溢流，造成屋面漏水、墙体受损等，影响人们的正常生活和生产活动。屋面雨水系统按雨水管道布置位置主要可分为外排水系统和内排水系统。

1. 外排水系统

外排水系统是指屋面不设雨水斗，建筑内部没有雨水管道的雨水排放系统。按屋面有无沟又可分为檐沟外排水系统和天沟外排水系统。檐沟外排水系统又称普通外排水系统或水落管外排水系统。

2. 内排水系统

内排水系统是指屋面设有雨水斗，建筑物内部设有雨水管道的雨水排水系统。

3.4.4 高层建筑室内排水系统

高层建筑的排水要求一定要排水畅通和良好的排气，为此在设计、安装、管材选用方面都有一些特殊要求。

1. 高层建筑的排水形式

建筑物内部生活污水，按其污染性质可分为两种：一种是粪便污水；另一种为盥洗、洗涤污水。这两种污水可分流或合流排出。近年来，为了节约用水，有的建筑物把洗涤污水进行中水处理作为冲洗粪便用水。这样，为综合利用水资源创造条件，高层建筑生活污水可采用分流排水系统。

2. 高层建筑排水方式

高层建筑排水立管长、排水量大，立管内气压波动大。在高层建筑中，自虹吸作用会破坏存水弯水封，因此一般应设通气管。通气管的作用是，使排水系统的管内压力平衡，避免自虹吸现象产生；还能使排水畅流并排泄掉下水道中所产生的有害气体。排水系统功能的好坏很大程度上取决于排水管道通气系统是否合理，这也是高层建筑排水系统的特点之一。

1）设通气管的排水系统

当层数在 10 层及 10 层以上且承担的设计排水流量超过排水立管允许负荷时，应设置专用通气立管。如图 3.24 所示，排水立管与专用通气立管每隔两层用斜三通相连接。图 3.24(a)为合流排放专用通气立管。当两根立管共用一根专用通气立管时，如图 3.24(b)所示，专用通气立管管径应与排水立管管径相同。

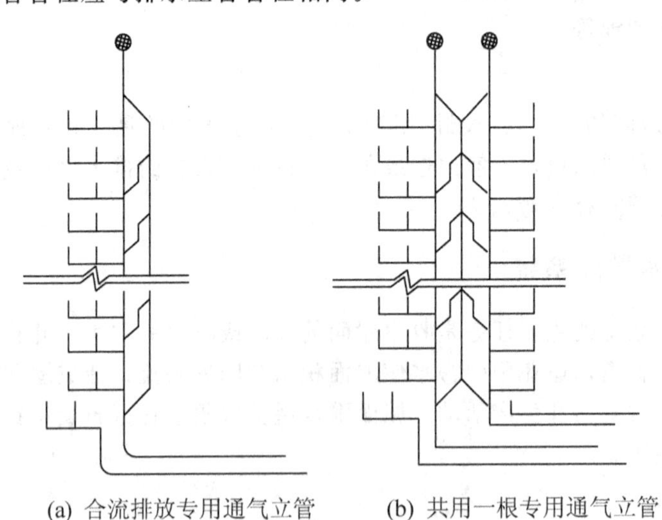

(a) 合流排放专用通气立管　　(b) 共用一根专用通气立管

图 3.24 专用通气立管系统

对于使用要求较高的建筑和高层公共建筑，在主通气立管之外还可设置环形通气管、副通气立管，如图 3.25(a)、(b)。对卫生、噪声要求较高的建筑物内，生活污水管道宜设器具通气管，如图 3.25(c)所示。

2）苏维脱排水系统

设通气管的排水系统的排水性能虽好，但造价较高，占地面积大，管道安装复杂。如图 3.26(a)所示为苏维脱排水系统，它能省去通气立管和通气支管，具有较高的经济价值。苏维脱排水系统有两个特殊部件：气水混合器和气水分离器。其方式是，各层排水横支管与立管的连接采用气水混合接头配件[即气水混合器，如图 3.26(b)所示]；在排水立管基部设置气体分离接头配件[即气水分离器，如图 3.26(c)]。

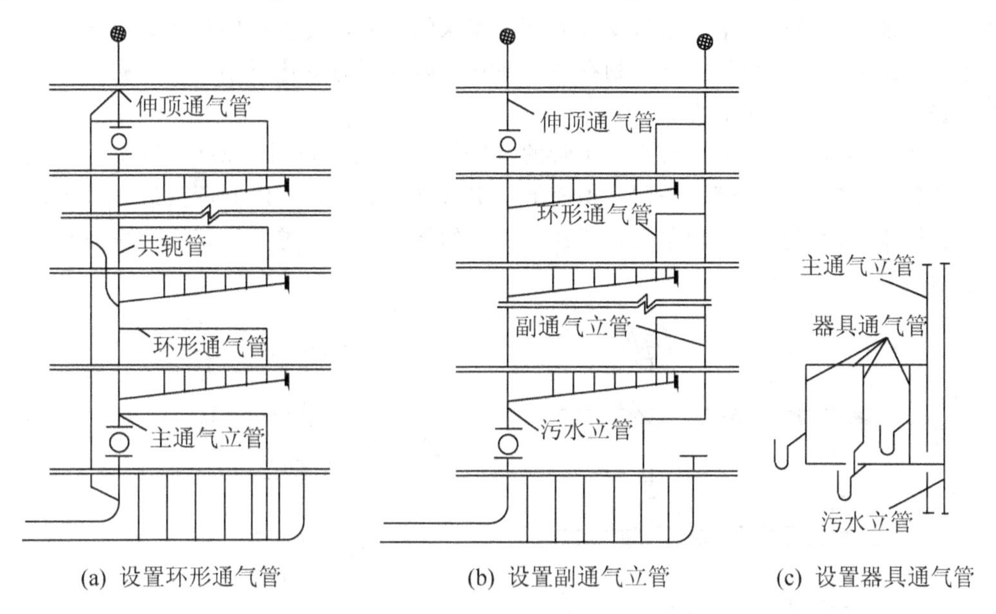

(a) 设置环形通气管　(b) 设置副通气立管　(c) 设置器具通气管

图 3.25　辅助通气立管排水系统

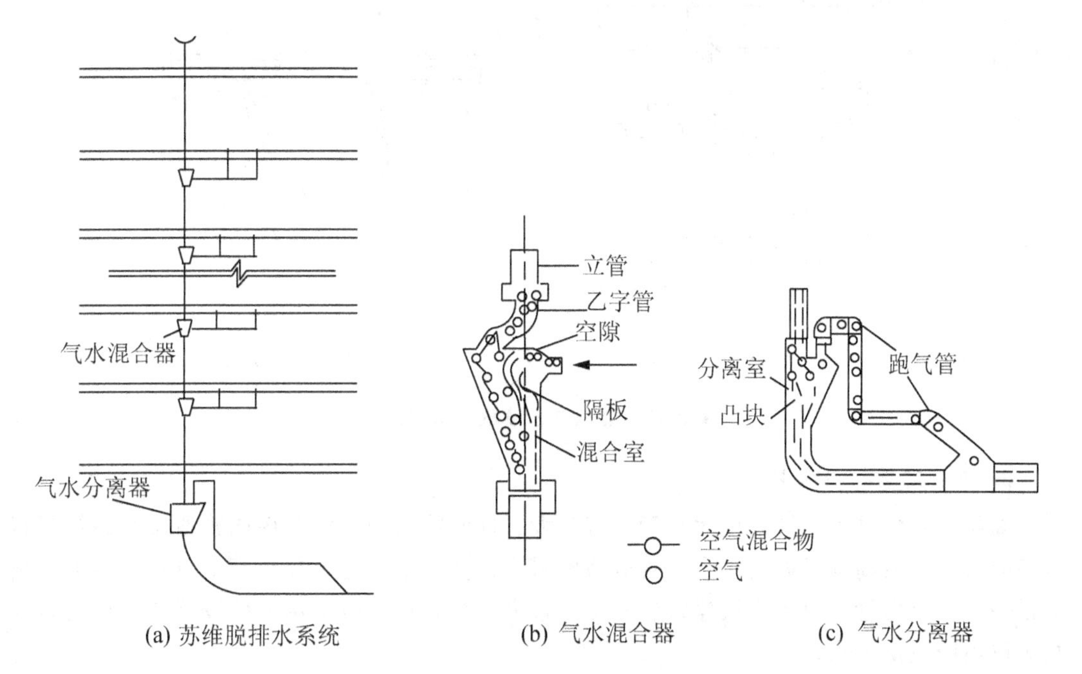

(a) 苏维脱排水系统　(b) 气水混合器　(c) 气水分离器

图 3.26　苏维脱排水系统

苏维脱排水系统有减少立管气压波动，保证排水系统正常使用、施工方便、工程造价低等优点。由于效果好，经济效益显著，已被广泛应用。

3）空气芯水膜旋流排水立管系统

空气芯水膜旋流排水立管系统广泛用于10层以上的建筑物，如图3.27所示。这种排水系统包括两个特殊的配件。

（1）用于连接立管与各楼层横支管的旋流连接配件，如图3.27(b)所示。接头中的固定式叶片，能使立管中下落的水流或横支管中流入的水流，沿管壁旋转而下，使立管从上至下形成一条空气芯，由于空气芯的存在，使立管内的压力变化很小，从而避免了水封被破坏，提高了立管的排水能力。

（2）用于连接立管底部与排水横干管的特殊排水弯头，如图3.27(c)所示。弯头有一特殊叶片装在立管的“凸管”一侧，迫使下落水流溅向对壁，并沿着弯头后方流下，这就避免了在横干管内发生水塞现象而封闭住立管内的气流，造成过大的正压，从而有效地保护了水封装置。

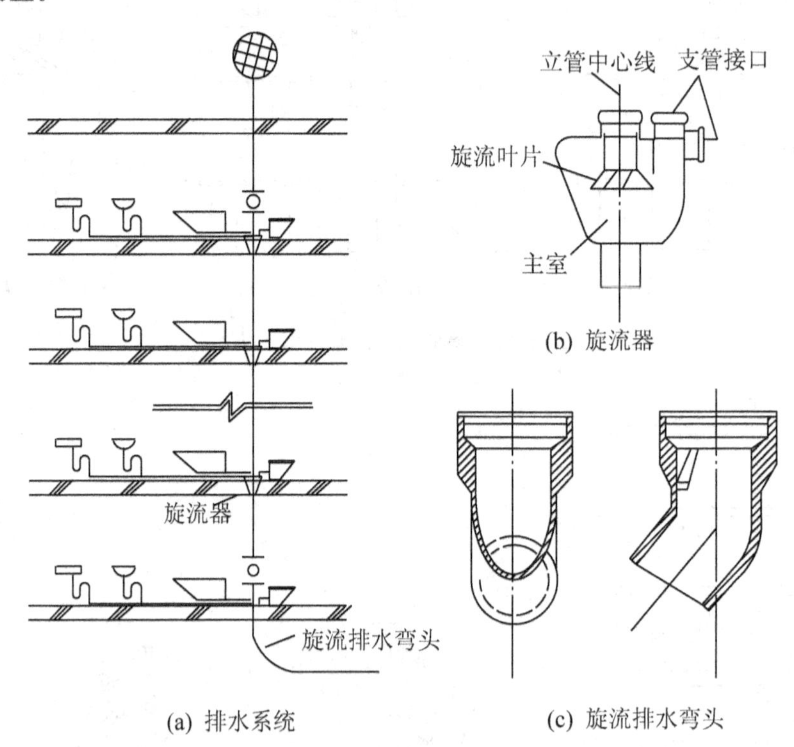

图3.27 空气芯水膜旋流排水系统

3. 高层建筑排水管材

高层建筑的排水立管高度大、管中流速大、冲刷能力强，应采用比普通排水铸铁管强度高的管材。对高度很大的排水立管应考虑采取消能措施，通常在立管上每隔一定的距离装设一个乙字弯管。由于高层建筑层间位变较大，立管接口应采用弹性较好的柔性材料连接，以适应变形要求。

3.5 室内排水系统的控制

高层建筑物一般都建有地下室，有的深入地面下2～3层或更深，地下室的污水一般不能以重力排除。在此情况下，污水集中收集于集水坑，然后用排水泵将污水提升至室外排水管中。

BAS对排水系统的监控主要是对污水坑(池)、集水坑(井)、排水泵的监控。当坑中水位达到上限时，排水泵/潜污泵启动排水，水位下降至下限时，排水泵/潜污泵停止工作。泵启动的触发信号是上限水位。坑中应设置水位传感器。除此之外，对排水泵/潜污泵应有其他常规监控。

排水泵一般为非变频泵，其监控内容包括：水泵启/停控制及状态监视；水泵故障报警监视；水泵的手/自动控制状态监视等。目前，许多工程中潜水泵的启停控制由水泵生产厂商通过与液位开关联动自行实现，在此情况下楼宇自控系统只需对其运行及故障状态进行监视即可。

下面以图3.1(b)为监控对象进行排水系统监控原理分析。BA监控设计的结果如图3.28所示。

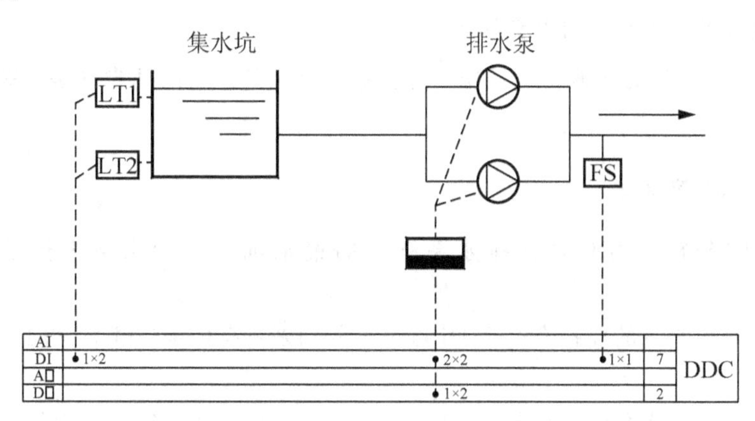

图3.28 典型排水系统的BA监控原理图

3.5.1 运行原理分析

根据业主和设计单位提供的给排水专业图纸等资料，经理解分析，将排水系统抽象简化为BA监控分析设计基础的排水系统运行原理图。图3.1(b)即为这一抽象简化的结果。

图3.1(b)中所示，有两台排水泵。生活污水的排水量一般可以大致预测，若排水量不大，可以设置为一台排水泵控制；若排水量比较大，可以设置为两台排水泵控制。该系统采用排水泵控制，其工作可靠性高，当排水量不是很大时，可以一用一备，工作出现故障，备用泵自动介入，转为工作泵；也可以两台排水泵互为备用，轮流使用工作；当排水量过大时，两台水泵能够同时运行，以加快排水。

3.5.2 监控需求分析

根据业主和相关标准，该排水系统的监控要求有以下功能。

(1) 水泵运行及状态显示。

(2) 水泵启停控制。

(3) 集水坑高低液位显示及报警。

(4) 水泵过载报警。

3.5.3 排水监控系统的监控策略分析

1. 启停控制

集水坑设液位计监测液面位置，水位信号通过 DI 通道送入现场 DDC，当水位达到高水位时，DDC 启动排水泵运行，直到水位降至低水位时停止排水泵运行。

将水泵主电路上交流接触器的辅助触点作为开关量输入信号，接到 DDC 的 DI 输入通道上监测水泵运行状态；水泵主电路上热继电器的辅助触点信号通过 1 路 DI 通道，提供水泵电机过载停机报警信号。

2. 设备运行时间累计、用电量累计

累计运行时间为定时维修提供依据，并根据每台泵的运行时间自动确定是作为工作泵或是备用泵。

3.5.4 BA 点位的确定

总结以上的分析，DDC 对该排水系统中的集水坑和 2 台水泵进行了监控，共有 7DI、2DO。

(1) DDC 对集水坑的监控有 2 个 DI 点位，分别来自高位水位开关 LT1 和低位水位开关 LT2。

(2) DDC 对每个水泵的监控有 1DO、3DI 点位：DDC 的 DO 端发出控制命令以启停水泵；DDC 的 1 个 DI 检测水泵的运行状态；DDC 的另 1 个 DI 检测水泵电机的过载报警信号；DDC 还有 1 个 DI 检测水泵的手/自动状态。

(3) DDC 对水流开关 FS 有 1 个 DI 点。

3.5.5 绘制 BA 监控原理图

典型排水系统的 BA 监控原理图如图 3.28 所示。

特别提示

排水系统的 BA 受控设备二次接线图设计与给水系统类似，在此不再赘述。

3.6 室内热水供应系统的运行原理及其控制

在宾馆、医院等大型公共建筑和高层建筑中应设置热水供应系统，以供人们使用。室内热水供应系统是指对水进行加热、存储和输配的系统总称，其主要任务是按设计要求的水量、水温和水质随时向用户供应热水。热水制备的方式很多：有由换热设备、管道、水泵等组成的；有靠电能或煤、油等作为热源动力的；也有靠天然资源(太阳能)转换为热能的，形式繁多。热水的输送依靠热水泵完成。

3.6.1 室内热水供应系统的分类及组成

室内热水供应系统，按其供应范围大小可分为以下几种。

1. 局部热水供应系统

局部热水供应系统是利用各种小型加热器在用水点将水就地加热，供给一个或几个用水点使用，如用小型电热水器、小型燃气热水器、太阳能热水器等给单个浴室、厨房等供应热水。该系统具有系统简单、维护管理方便灵活等优点，但热效率低、热水制备成本高。

2. 集中热水供应系统

该系统由热源、热媒管网、热水输配管网、循环水管网、热水贮存水箱、循环水泵、加热设备及配水附件等组成，如图 3.29 所示。

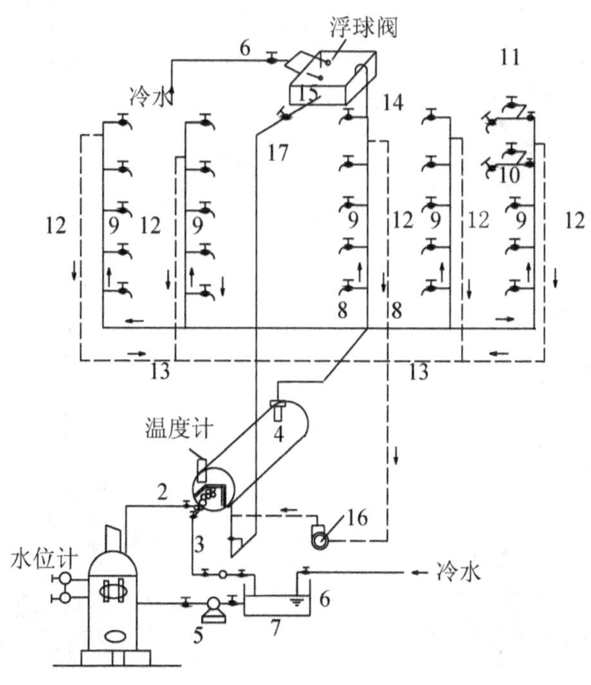

图 3.29 集中热水供应系统组成示意图

1—锅炉；2—热媒上升管；3—热媒下降管；4—水加热器；5—给水泵(凝结水泵)；6—给水管；7—给水箱(凝结水箱)；8—配水干管；9—配水立管；10—配水支管；11—配水龙头；12—回水立管；13—回水干管；14—膨胀管；15—高位水箱；16—循环水泵；17—加热器给水管

锅炉产生的蒸汽经热媒管送入水加热器把冷水加热，凝结水回凝结水池，再由凝结水泵送入锅炉加热成蒸汽。由冷水箱向水加热器供水，加热器中的热水由配水管送到各用水点。

为保证热水温度，热水可在配水管和循环管之间流动，用来补偿配水管的热损失。集中热水供应系统具有设备布置集中、便于集中管理、加热效率高、热水制备成本低、占地面积小等优点，但该系统结构复杂、投资较大。集中热水供应系统适用于高级宾馆、医院等公共建筑。

3. 区域热水供应系统

这种系统多使用热电厂、区域锅炉房所引出的热力管网输送加热冷水的热媒，可以向建筑群供应热水。

3.6.2 热水加热的方法

根据加热的方式不同，可分为直接加热和间接加热两种形式，如图 3.30 所示。

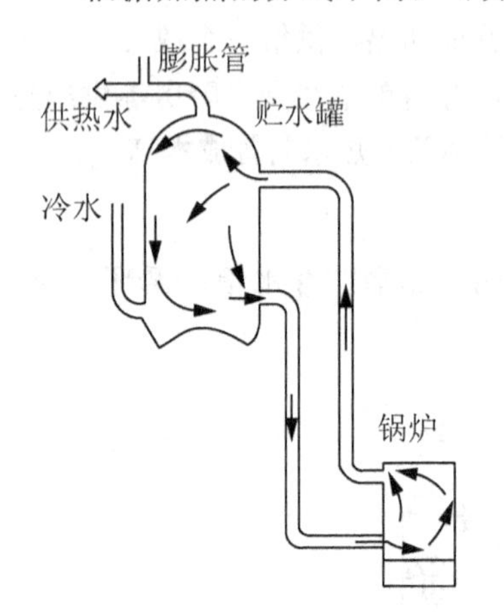

(a) 热水锅炉直接加热

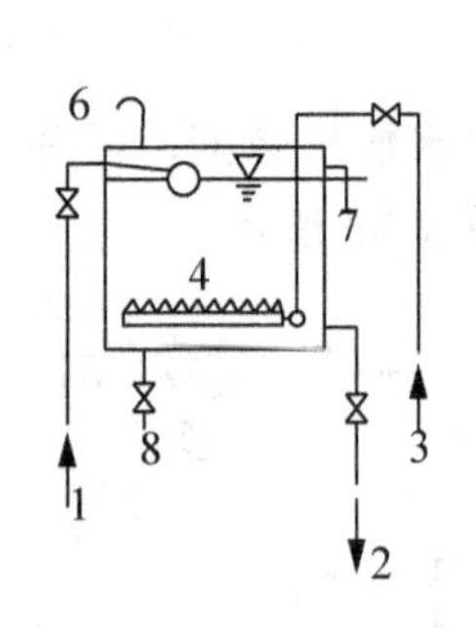

(b) 蒸汽多空管直接加热

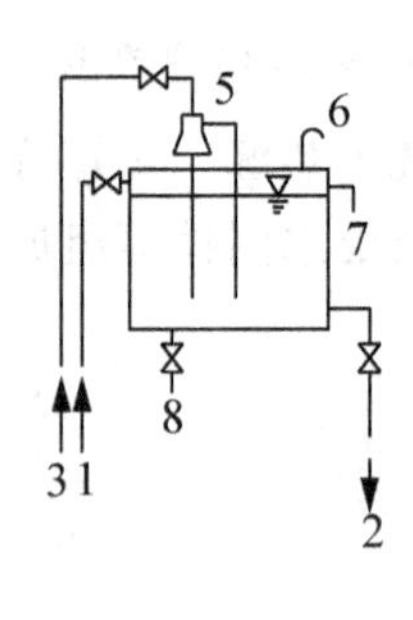

(c) 蒸汽喷射器混合直接加热

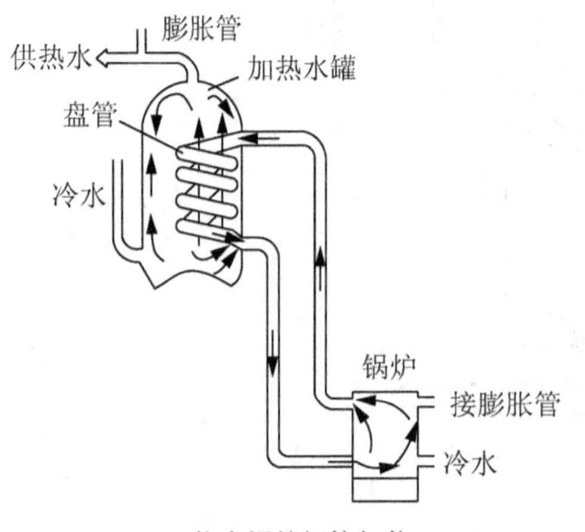

(d) 热水锅炉间接加热

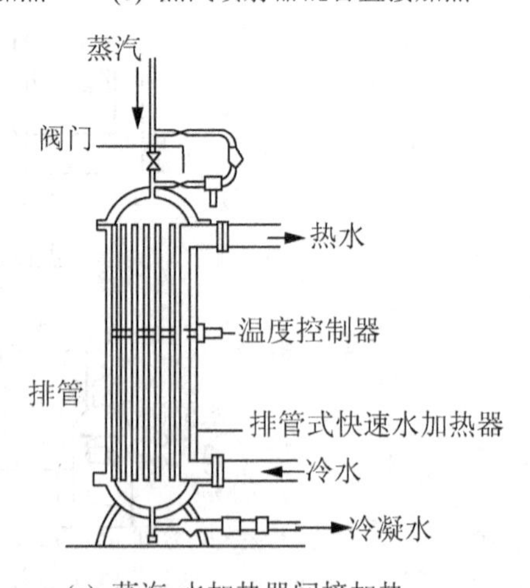

(e) 蒸汽-水加热器间接加热

图 3.30 热水加热的方式

1—给水；2—热水；3—蒸汽 4—多孔管；5—喷射器；6—通气管；7—溢水管；8—泄水管

1. 直接加热

直接加热也称一次换热方式，该方式是利用燃气、燃油、燃煤作为燃料的热水锅炉把冷水直接加热到所需温度，或者是将蒸汽或高温水通过穿孔管或喷射管直接与冷水接触混合制备热水。这种加热方式多用于单层建筑的小型浴室或用水量集中、对热媒质量和噪声要求不严格的用户，它具有加热迅速、设备简单、热效率高、操作方便、易于管理维护等优点，但该方式噪声大、凝结水不能回收，对热媒质量要求高，不允许造成水质污染。

2. 间接加热

间接加热方式也称二次换热方式，是利用热媒通过热交换设备把热量传递给冷水，把冷水加热到所需热水温度，而热媒在整个加热过程中与被加热水不直接接触。这种加热方式噪声小，被加热水不会造成污染，运行安全稳定，适用于要求供水安全稳定，噪声低的高级宾馆、住宅、医院、办公楼等建筑。

3.6.3 室内热水供应系统的控制

热水的制备由水加热器完成，工程上广泛采用容积式热交换器，内有加热盘管，通常采用蒸汽作为热媒。热水出口温度一般控制在55～60℃。运行时应根据热水出口温度的实测值与设定值的偏差调节进入加热器的蒸汽流量，采用闭环的PI调节即可达到较好的调节效果。下面以BAS对热交换器的监控为例做一详述。

冬季，供应加热器的热水可通过热交换系统获得，如图3.31所示热交换系统监控原理图。

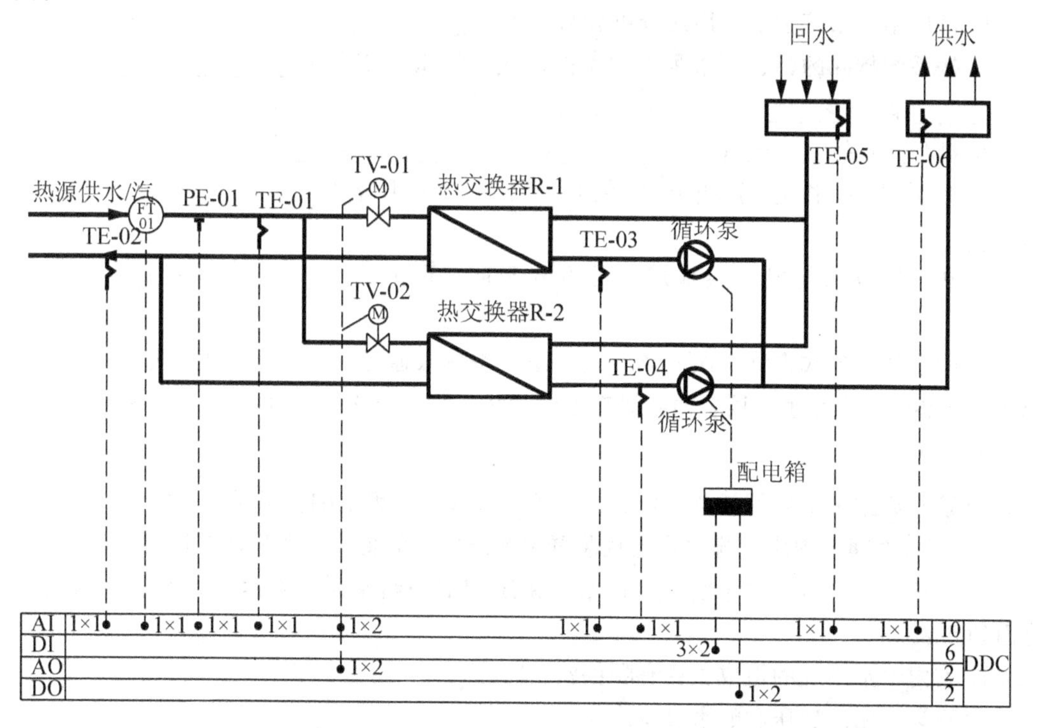

图3.31 热交换系统监控原理图

（1）二次热水出口温度控制。由温度传感器 TE-03、TE-04 检测二次热水出口温度，送入 DDC，与设定值比较得到偏差，运用 PI 控制算法进行调节，DDC 输出相应信号，去控制热交换器上一次热水/蒸汽电动调节阀 TV-01、TV-02 的阀门开度，调节一次热水/蒸汽流量，使二次热水出口温度控制在设定范围内，从而保证空调采暖温度。

（2）热水循环泵控制及联锁。热水循环泵的启/停由 DDC 控制，并随时监测其运行状态及故障情况。当热水循环泵停止运行时，一次测热水/蒸汽电动调节阀自动完全关闭。

（3）工作状态显示与打印。包括二次热水出口温度，热水泵启/停状态、故障显示，一次热水/蒸汽进、出口温度、压力、流量，二次热水供回水温度等。

本章小结

本章以建筑给排水系统设备的 BAS 监控原理图设计为中心内容，分别论述了室内给水系统、室内排水系统、热水供应系统的基本知识，BAS 对它们的监控策略和监控原理图，二次接线图设计。给排水系统的运行原理知识是建筑设备自动化系统对给排水系统进行点位设计的基础。监控原理图是 BAS 点位设计的结果。二次接线图是深化设计的重要工作之一，该知识点有助于深入理解 BAS 对受控设备监控的原理。

习　　题

一、填空题

1. 室内给水系统按水的用途分可分为三类：__________、__________和__________。

2. 按系统排除的污、废水种类的不同，室内排水系统分为__________、__________、__________和__________。

3. 高层建筑排水方式有：__________、__________和__________。

4. 室内热水供应系统按其供应范围大小可分为：__________、__________和__________。

5. 热水供应系统根据热水加热的方式不同，可分为__________和__________两种形式。

6. 间接加热方式也称二次换热方式，是利用热媒通过__________把热量传递给冷水，把冷水加热到所需热水温度，而热媒在整个加热过程中与被加热水不直接接触。

二、简答题

1. 建筑给排水工程的任务是什么？建筑给排水的工程范围包括哪些内容？

2. BAS 对建筑中水、排水水处理装置和消防给水设备，一般采取怎样的措施？

3. 对比分析生活给水系统、生产给水系统和消防给水系统在水质、水量、水压三个方面的要求。

4. 室内给水系统的组成主要有哪些？

5. 列举常用的加压和贮水设备。

6. 在初步设计时，给水系统所需的压力可怎样估算确定?

7. 现有一幢6层楼的住宅建筑，试估算其给水系统所需的压力。

8. 比较室内给水系统的给水方式一节中所述的7种给水方式的优缺点和应用场合。

9. 用AutoCAD绘制3.2.3节“室内给水系统的给水方式”中的7种给水方式的示意图。

10. 水泵、高位水箱、气压装置、储水池在给水系统中有什么作用?

11. 利用“baidu”、“google”等搜索引擎查阅网络资料，列举全球最高的10幢高层建筑。

12. 叙述高层建筑的给水系统进行竖向分区的原因。

13. 简述水泵变频调速供水的工作原理。

14. 简述水泵变频控制的优势。

15. 什么是变频器的二次回路设计?

16. 如何通过DDC实现对水泵的变频调速控制?

17. 对于典型的给水系统监控一般需要设置哪些监控点?

18. 简述电动机的二次接线图设计。

19. BAS对水泵是怎样进行监控的?

20. 高层建筑采用变频调速恒压供水系统有什么优点?

21. 利用AutoCAD绘制“典型给水系统的BA监控原理图”。

22. 叙述BAS对变频调速恒压供水系统的监控策略。

23. 水位开关在BAS对给排水系统的监控中有什么作用?

24. 某工程的给水系统监控要求如下，根据如图3.32所示请完成其监控原理图的绘制。

监控要求：(1)水箱的液位有三个：溢流液位、启泵液位、停泵液位。当液位低于启泵液位时，由控制器给出水泵的启动信号，当液位高于停泵液位时，由控制器给出水泵的停止信号；当液位高于溢流液位时，控制系统发出报警信号。(2)水池的液位有三个：溢流液位、启泵液位、停泵液位。当液位高于启泵液位时，由控制器给出水泵的启动信号；当液位低于停泵液位时，由控制器给出水泵的停止信号；当液位高于溢流液位时，控制系统发出报警信号。(3)水泵控制和监测为：运行状态，故障状态，手/自动状态反馈以及启停控制。

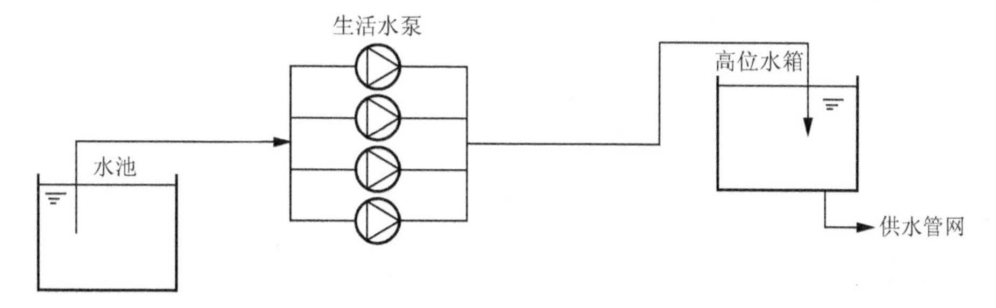

DI			DDC
AI			
DO			
AO			

图3.32 给水系统监控原理图的绘制

25. 用 AutoCAD 绘制图 3.22“BA 受控设备控制回路二次接线图”。

26. 参照 3.3.3 节“二次接线图设计”中的案例，以图 3.21“典型给水系统的 BA 监控原理图”中的两台水泵作为 BAS 的受控设备，进行控制箱的二次接线图设计。

27. 简述室内排水系统的组成。

28. 简述地漏和水封的作用。

29. 分析典型排水系统的 BAS 监控原理。

30. 利用 AutoCAD 绘制典型排水系统的 BA 监控原理图。

31. 分析热交换系统监控原理，并利用 AutoCAD 绘制该图。

第4章

空调系统的控制

教学目标

通过学习了解暖通空调系统工艺流程的基本知识，具有看懂空调专业技术资料的能力。通过空气调节系统监控案例的学习，理解半集中式和集中式空调系统的控制原理，掌握相应的BAS点位设计的基本能力，具备监控原理图绘制、点位统计表编制和BAS设备配置的能力。

教学步骤

能力目标	知识要点	权重	自测分数
了解暖通空调系统工艺流程的基本知识	暖通空调监控在BAS中的重要性	3%	
	空气调节的任务与被控参数	3%	
	空调的热、湿负荷	5%	
	空调系统的组成与分类	7%	
	常用的空气处理设备	7%	
理解半集中式空气调节系统的控制原理，掌握相应的监控点位设计和监控原理图的绘制	半集中式空气调节系统的基本知识	5%	
	新风机组的控制	15%	
	风机盘管系统的控制	10%	

续表

能力目标	知识要点	权重	自测分数
理解集中式空调系统的控制原理，掌握相应的监控点位设计和监控原理图的绘制	集中式空调系统的基本知识	7%	
	全空气处理系统的监控功能	3%	
	定风量空调系统的控制	15%	
	变风量空调系统的控制	15%	
	送排风系统的控制	5%	

▶▶章节导读

前面几章对BAS做了整体的介绍。从本章开始，将介绍BAS对智能建筑中的机电设备的控制。暖通空调系统是BAS最主要的控制内容，其监控点数量通常占全楼BAS监控点总数的50%以上。因此，对暖通空调系统的监控占有十分重要的地位。

要实现BAS对空调系统设备的控制管理，需要具备空气调节和自动控制两方面的知识。只有了解作为受控对象的空调系统的工艺流程和特性要求，才能采用恰当的控制策略和技术措施，实现和发挥BAS应有的功能和作用。

暖通空调系统可以使室内环境的温度、湿度、气流组织以及室内空气品质等参数维持在期望的范围内，从而为人们的工作和生活创造了一个舒适和健康的建筑环境。影响热舒适性的因素有如下几种：空气温度、空气流速、相对湿度、辐射环境以及人员活动水平。通过BAS对空气调节系统的基本控制，可以达到热舒适性和最基本健康需求。暖通空调系统优化控制的目的在于以最小的能源代价获取令人满意的热舒适性和室内空气品质。

暖通空调系统包括冷热源、冷热媒输送设备(空调水系统)、空气处理机组、空气输送及分配设备等组成。本章只涉及空气侧系统的内容，冷热源和空调水系统的控制将在下一章介绍。本章只介绍空气侧系统设备的控制，而有关冷热源和空调水系统设备的控制将在下一章中介绍。

本章将围绕室内空气环境的控制，介绍了受控对象——空调系统的工艺流程和工作原理，分析了风机盘管加新风机组这种典型的半集中式空调系统的控制原理，分析了集中式空调系统中定风量(CAV)和变风量(VAV)系统的控制、空气处理机组(AHU)和变风量末端装置(VAV BOX)的控制等内容。

引例

在开利的网站上有这样一段话：“任何经历过炎炎夏日的人都会告诉你，如果不是开利博士的发明，整个世界的生产率将会下降40%；不会出现深海渔业；西斯廷大教堂的米开朗基罗的壁画将会腐烂；深层采矿业将不会存在……”。“开利博士的发明”指的就是空调。

现代空调行业才已走过了一百多年的历史。最早的空调是面向设备(而不是面向人)的工艺性空调。1902年，美国人威利斯·开利博士为纽约布鲁克林区一家印刷厂的生产工艺设计了，世界上第一个空调系统。1924年，美国底特律的Hudson百货商店安装了刚刚问世的离心式制冷机，使其生意一下子红火起来。而后，美国各个城市的电影院、剧院也都纷纷安装了空调，从而步入了舒适性空调的时代。舒适性空调的目的在于为人们提供舒适的空气环境。

空调制冷技术的诞生是建筑技术史上的一项重大进步，它标志着人类从被动地适应宏观自然气候发展到主动地控制建筑微气候，在改造和征服自然的道路上又迈出了坚实的一步。

对于各类建筑的空调系统来说，全年运行能耗的50%甚至更高用于输送空气和水的风机、水泵。因此，减少输送能耗引人注目。机组分散布置、系统小型化就是措施之一。而变水量(VWV)、变风量(VAV)和变制冷剂流量(VRV)系统的研究和应用，大大促进了制冷空调技术的发展。总之，与机器设备调速技术相结合的变流量技术可以大大提高空调系统与设备的能源利用率。

应用BAS对暖通空调系统工艺流程的自动控制和节能管理，其目的就在于以最小的能源代价获取令人满意的热舒适性和室内空气品质。

案例小结

空调百年的历史就是不断技术创新的历史。BAS对空调系统的控制需要实现舒适性与节能性两方面的平衡。

4.1 概　　述

暖通空调是供暖、通风和空气调节系统的总称，英文名称为Heating Ventilation and Air Conditioning，缩写为HVAC。暖通空调系统是智能建筑创造舒适、高效的工作和生活环境不可缺少的重要环节。在智能建筑中，暖通空调系统的耗电量占全楼总耗电量的50%以上，其监控点数量常常占全楼BAS监控点总数的50%以上。因此，对暖通空调系统的监控在建筑设备自动化系统(BAS)中占有十分重要的地位。

BAS建设的主要目的是为了降低建筑设备系统的运行能耗和减轻运行管理的劳动强度，提高设备运行管理的水平。通过BAS对暖通空调系统的监控，可以实现对暖通空调系统的最优化控制，并最大限度地实现暖通空调系统的经济运行，降低运行费用，这具有十分重要的意义。

为实现BAS对暖通空调系统的监控管理，需要专业技术人员具备暖通空调和控制两方面的知识。只有了解作为受控对象的暖通空调的工作流程和特性要求，才能采用恰当的控制策略，BAS才能更好地发挥作用。暖通空调系统的监控内容和功能见表4-1。本章将围绕室内空气环境的控制，介绍空调系统的工艺知识和BAS监控的原理。而冷热源设备的控制将在下一章介绍。

表4-1 暖通空调系统的监控内容和功能

设备名称	监控功能
压缩式制冷系统	1. 启停控制和运行状态显示
	2. 冷冻水进出口温度、压力测量
	3. 冷却水进出口温度、压力测量
	4. 过载报警
	5. 水流量测量及冷量记录
	6. 运行时间和启动次数记录
	7. 制冷系统启停控制程序的设定
	8. 冷冻水旁通阀压差控制
	9. 冷冻水温度再设定
	10. 台数控制
	11. 制冷系统的控制系统应留有通信接口
蓄冰制冷系统	1. 运行模式(主机供冷、融冰供冷与优化控制)参数设置及运行模式的自动转换
	2. 蓄冰设备的溶冰速度控制，主机供冷量调节，主机与蓄冰设备供冷能力的协调控制
	3. 蓄冰设备蓄冰量显示，各设备启停控制与顺序启停控制
空气处理系统	1. 风机状态显示
	2. 送回风温度测量
	3. 室内温、湿度测量
	4. 过滤器状态显示及报警
	5. 风道风压测量
	6. 启停控制
	7. 过载报警
	8. 冷、热水流量调节
	9. 加湿控制
	10. 风门控制
	11. 风机转速控制
	12. 风机、风门、调节阀之间的联锁控制
	13. 室内CO_2浓度监测
	14. 寒冷地区换热器防冻控制
	15. 送回风机与消防系统的联动控制
变风量(VAV)系统	1. 系统总风量调节
	2. 最小风量控制
	3. 最小新风量控制
	4. 再加热控制
	5. 变风量(VAV)系统的控制装置应有通信接口
排风系统	1. 风机状态显示
	2. 启停控制
	3. 过载报警

设备名称	监控功能
吸收式制冷系统	1. 启停控制和运行状态显示
	2. 运行模式、设定值的显示
	3. 蒸发器、冷凝器进出口水温的测量
	4. 制冷剂、溶液蒸发器和冷凝器温度、压力的测量
	5. 溶液温度压力、溶液浓度值及结晶温度的测量
	6. 启动次数、运行时间的显示
	7. 水流、水温、结晶保护
	8. 故障报警
	9. 台数控制
	10. 制冷系统的控制系统应留有通信接口
冷冻水系统	1. 水流状态显示
	2. 水泵过载报警
	3. 水泵启停控制及运行状态显示
热力系统	1. 蒸气、热水出口压力、温度、流量显示
	2. 锅炉汽泡水位显示及报警
	3. 运行状态显示
	4. 顺序启停控制
	5. 油压、气压显示
	6. 安全保护信号显示
	7. 设备故障信号显示
	8. 燃料耗量统计记录
	9. 锅炉(运行)台数控制
	10. 锅炉房可燃物、有害物质浓度监测报警
	11. 烟气含氧量监测及燃烧系统自动调节
	12. 热交换器能按设定出水温度自动控制进汽或水量
	13. 热交换器进汽或水阀与热水循环泵联锁控制
	14. 热力系统的控制系统应留有通信接口
冷却系统	1. 水流状态显示
	2. 冷却水泵过载报警
	3. 冷却水泵启停控制及运行状态显示
	4. 冷却塔风机运行状态显示
	5. 进出口水温测量及控制
	6. 水温再设定
	7. 冷却塔风机启停控制
	8. 冷却塔风机过载报警
风机盘管	1. 室内温度测量
	2. 冷、热水阀开关控制
	3. 风机变速与启停控制
整体式空调机	1. 室内温、湿度测量
	2. 启停控制

4.2 暖通空调系统工艺流程的认知

4.2.1 空气调节的任务

空气调节系统是为使室内空间达到一定的空气参数要求，而采用的各种设备、冷热介质输配系统及自动控制系统的总称。如图 4.1 所示某一空调系统的示意图。此图表明，影响室内空气参数的干扰因素包括室内的生产过程和人体产生的热、湿，还包括室外的太阳辐射和气候条件的变化。空气调节的任务是对空气进行加热、冷却、加湿、干燥等处理，克服室内外干扰因素对空气环境参数的影响，使室内空气的温度、湿度与洁净度等参数稳定在一定范围内，以满足人的舒适性要求或生产工艺要求。

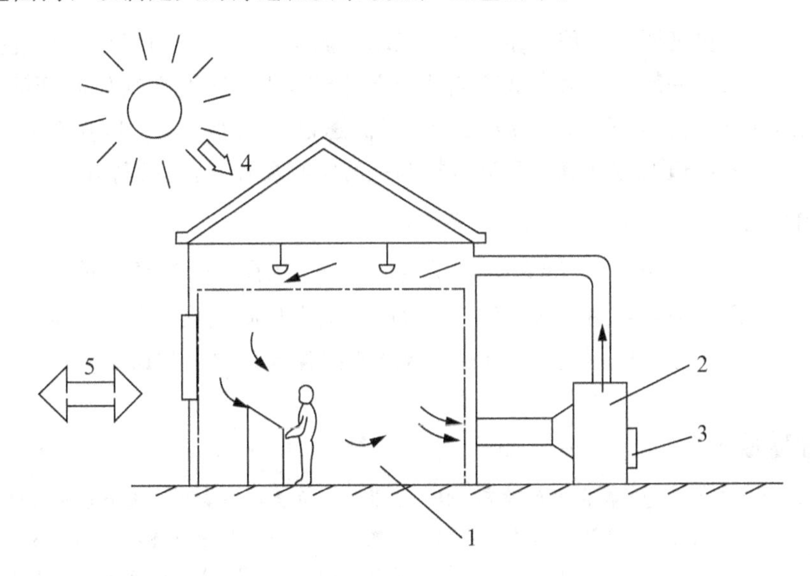

图 4.1 空调系统示意图

1—受控工作区；2—送风系统；3—经过滤的新鲜空气；4—太阳辐射；5—室外气温变化

4.2.2 空调系统的被控参数

对于人们的居住空间，所调节的空气参数应以人体的舒适性为目的；对于生产工艺所需的空气环境应以具体的工艺要求为空气调节的依据。一般来说，空调系统的被控参数主要有空气的温度、湿度、洁净度、气流速度和空气品质等。

1. 温度调节

空气温度是衡量热舒适性最常用的指标，也被最广泛地认识。温度调节的目的是保持室内空气具有合适的温度，温度调节的过程实质上是增加或减少空气所具有的显热的过程。从医学保健的角度来说，室内环境与室外的温差不要过大，一般 5℃左右的温差对人体的健康比较有益。对于大多数的人来说，居住室温夏季保持在 25～27℃、冬季保持在 18～20℃比较适合。对于生产科研单位则根据工艺要求确定温度值。

2. 湿度调节

湿度调节的目的是调节空气中水蒸气的含量，使之保持合适的湿度。湿度调节的过程实质上是增加或减少空气所具有的潜热的过程。空气过于潮湿或者是过于干燥都会使人感到不舒服。一般来说，室内的相对湿度冬季应保持在40%～50%之间，夏季应保持在50%～60%之间，这样人的感觉比较好。

3. 空气的洁净度调节

空气中悬浮的固体或液体微粒吸进气管、肺后，会对人体健康带来危害。因此，有必要在空气调节过程中对空气进行过滤净化，提高其洁净度。净化的方法有：通风过滤、吸附、吸收和催化燃烧等。民用建筑的空调系统一般采用过滤器进行过滤处理。

4. 气流速度调节

空气的温度、湿度调节，需要靠空气的流动才能实现，空气调节与分配直接影响着空调系统的使用效果。一般地，适当低速流动的空气环境比静止的空气环境更舒适，而变速的气流比恒速的气流更觉舒适。一般地，空气流速以冷气0.3m/s和0.5m/s暖气为宜。在工业生产中，还可通过对气流速度进行控制把有害物质和灰尘局部排出。

5. 室内空气质量

室内空气质量(Indoor Air Quality，IAQ)是用来指示环境健康和适宜居住的重要指标。在楼宇自控系统中，常用二氧化碳(CO_2)的浓度来反映室内空气的质量。为保证人的生理健康，室内CO_2浓度应不低于0.1%，因此必须保证足够的新风量。

特别提示

空调系统所处理的空气，在常温常压下，只有水蒸气易发生状态变化。而干空气的组分在常温常压下是不会发生状态变化的。水蒸气与液态水间的状态变化将携带大量的潜热，这比因温度变化所需的显热大得多。水蒸气的在湿空气中含量虽少，但其变化却对空气环境的干燥和潮湿程度产生重要影响，且使湿空气的物理性质随之改变。因此，在空气调节分析中是依据是否含有水蒸气来对空气进行组分划分的，研究湿空气中水蒸气的含量在空气调节中占有重要地位。

知识链接

空气的性质

暖通空调设备所处理的介质是空气，其主要任务就是使空调空间的空气温度、湿度、流动速度及洁净度达到期望的数值。为此，我们需要较全面地了解空气的性质。

1. 湿空气与饱和空气

根据空气中是否含有水蒸气，有干空气和湿空气之说。干空气由氮气(N_2)75.55%(质量比)、氧气(O_2)23.1%、二氧化碳(CO_2)0.05%和稀有气体1.3%等组成。湿空气由干空气和水蒸气组成。另外，空气中还含有不同程度的灰尘、微生物和其他气体杂质。自然界中的空气属于湿空气。空调主要是解决空气的温度和湿度问题。

知识链接

在一定温度下，空气只能容纳一定数量的水蒸气，超过这一定数量后，多余的水蒸气就会凝结为水从空气中析出来。因此，在某一温度下，一定量空气中所含水蒸气量达到最大值时，这时的湿空气称为饱和空气，对应的状态称为饱和状态。饱和状态下空气的温度称为饱和温度；饱和状态下湿空气中水蒸气的分压力达到当时温度所对应的饱和压力。湿空气容纳水蒸气量的限度与温度有关，温度越高，空气能容纳的水蒸气量也越大。

2. 干球温度和湿球温度

在空气调节的过程中，温度是衡量空气环境对人体和生产是否合适的一个重要参数。空调的温度通常是用干球温度(t)和湿球温度(t_s)来表示的。

干球温度计是由两支相同的温度计组成。一支是干球温度计，直接测量空气本身的温度(即干球温度)；另一支是湿球温度计，在感温球上包湿布(湿球)后测得的温度(湿球温度)。在湿空气未达到饱和时，湿球温度计湿布上的水分就会蒸发吸收一部分汽化潜热，所以湿球温度计上的读数要低些。空气的相对湿度愈小，水分蒸发就愈快，湿球温度降低的幅度就愈大。比较这两个温度值可计算出相对湿度。

3. 大气压力和水蒸气分压力

环绕地球的空气层对单位地球表面的压力称为大气压力(或湿空气总压力)，通常用 B 表示。空气中的水蒸气是和干空气同时存在的，这时两种气体各有自己的压力，分别为干水蒸气分压力 p_c和空气分压力 p_g。两者之和应该是空气的总压力，即 $B=p_g+p_c$。

水蒸气分压力的大小反映了水蒸气的多少，是空气湿度的一个指标。此外，空气的加湿、干燥处理过程是水分蒸发到空气中去或水蒸气从空气中冷凝出来的交换过程。这种交换和空气中的水蒸气分压力相关。

4. 绝对湿度、相对湿度和含湿量

人体所感觉的冷热程度，不仅与空气温度的高低有关，而且还与空气中水蒸气的多少有关，即与湿度有关。空气中的湿度有以下几种表示方法。

$1m^3$湿空气中所含水蒸气的质量称为空气的绝对湿度。空气的绝对湿度只能说明在某一温度下$1m^3$空气中所含水蒸气的实际质量，不能准确说明空气的干湿程度。

把 1kg 干空气所含的水蒸气质量(由于数量不大，一般用 g 来衡量)称为空气的含湿量，用 d 表示，单位为：g/(kg·干空气)。比如，在 10kg 湿空气中，已知干空气的质量 $G_g=9.95$kg，则水蒸气质量 $G_c=10-9.95=0.05$(kg)，则含湿量 $d=(1000\times0.05)/9.95=5.025$ g/(kg·干空气)。在空调系统中，含湿量和温度一样，是一个十分重要的参数，它反映了空气中水蒸气量的多少。在任何空气发生变化的过程中，如加湿或干燥过程，都必须用含湿量来反映水蒸气量增减的情况。

相对湿度可以表征空气的干湿程度，是空气调节系统中很重要的一个概念(有关概念在第2章“湿度传感器”一节中已做介绍)。如 $\phi=100\%$，对应的空气状态为饱和空气；如 $\phi=0$，对应的空气状态为干空气。

5. 露点温度

在一定的大气压力下，保持空气的含湿量不变，冷却空气达到相对湿度 $\phi=100\%$时，这时所对应的温度称为该空气的露点温度，记为 t_1。湿度愈大，露点与实际温度之差就愈小。等压冷却空气至水蒸气凝结的过程，经历了两个阶段，即降低空气温度使空气由不饱和空气达到饱和空气状态，再由饱和到水蒸气凝结而成水珠。在凝结水珠之前，空气的含湿量保持不变。

在一些冷表面上往往会发生结露现象，能否产生结露，其规律可以归纳以下：

(1) 冷表面的温度 $t<$冷表面所在空气环境的露点温度 t_1时，结露。

(2) 冷表面的温度 $t\geqslant$冷表面所在空气环境的露点温度 t_1时，不会结露。

在空气调节中，有时需要结露，有时不需要结露。

6. 焓

在空气调节中，空气的压力变化一般很小，可近似于定压过程，因此可直接用空气的焓变化来度量空气的热量变化。空气的焓反映了一定状态下空气所含能量的多少。

湿空气的焓也是以1kg干空气作为计算基础的，湿空气的焓是1kg干空气的焓加上与其同时存在的$d$kg水蒸气的焓，称为$(1+d)$kg湿空气的焓，用h表示(有的书籍采用i表示)，单位是kJ/(kg·干空气)。一般近似地认为0℃时湿空气的焓为0kJ/kg。t℃空气的焓可以近似的用下式求得：

$$h=1.01t+(2500+1.84t)d=(1.01+1.84d)t+2500d$$

上式表明，空气的焓主要是由与空气温度t有关的t项以及与含湿量d有关的d项这两部分组成，前者随温度变化，一般称为显热部分；后者随含湿量变化，一般称为潜热部分。

7. 焓湿图

在空调工程中，常会借助焓湿图(h-d图)对空气处理过程进行分析。焓湿图以空气的焓h和含湿量d为坐标轴(两坐标夹角为135°)，把一定大气压下空气的温度t、含湿量d、相对湿度ϕ以及水蒸气分压力p_c等参数用图线表示出来，如图4.2所示。图上h、d的取值都以含1kg干空气的湿空气为计算基准。焓湿图上绘有下列等值线簇和读数线。

(1) 等含湿量线(等d线)。等d线是相互平行的纵线。

(2) 等焓线(等h线)。等h线是与等d线夹角约135°的平行线。

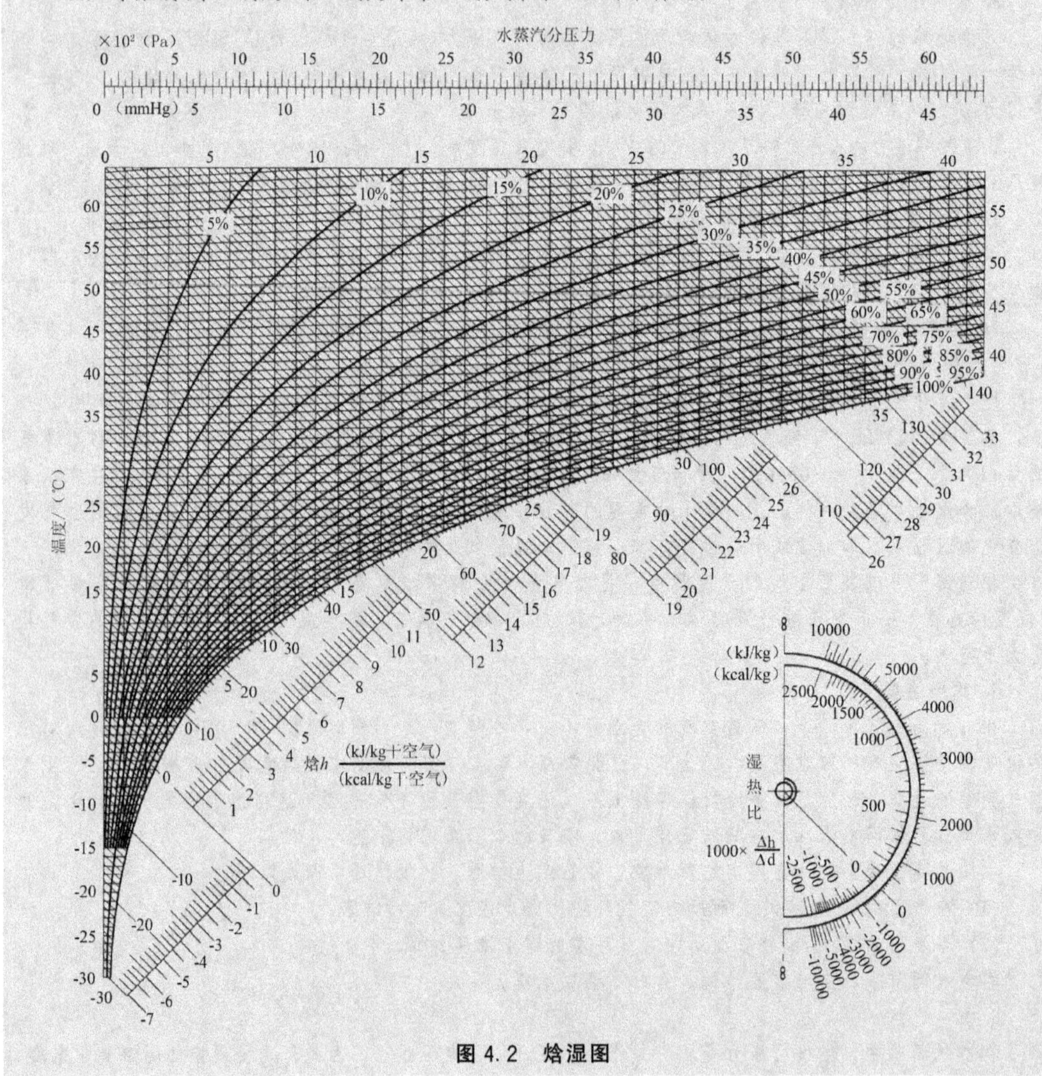

图4.2 焓湿图

(3) 等干球温度线(等 t 线)。等 t 线是一簇近似水平的直线。

(4) 等相对湿度线(等 ϕ 线)。等 ϕ 线是一簇自图面左下向右延伸的下凹曲线，读数标在曲线上。$\phi=100\%$ 的等 ϕ 线上各点与空气的饱和状态对应，称为饱和线或露点轨迹线；$\phi=0$ 线则与 $d=0$ 线重合而共线。

(5) 水蒸气分压力 p_c 的读数线。由于 p_c 与 d 有一一对应的关系，所以 p_c 的读数线一般与 d 读数线相邻，或通过读数变换线绘于图面右边框的下部。

(6) 等湿球温度线(等 t_s 线)。大多数 h-d 图用等 h 线近似表示等 t_s 线，所以 h 和 t_s 也一一对应。

注意：d 的大小与大气压 B 有关，应根据不同的 B 值来选择不同的 h-d 图，B 的允许选择误差为 2666Pa(合 20mmHg)。

8. 焓湿图的应用

焓湿图可用于确定湿空气的状态参数和表示空气状态变化的过程。

1) 确定湿空气的状态参数

已知空气的 t、ϕ、d、p_c、h、t_s 等独立参数中的任意两个参数，那么 h-d 图上代表此两个参数的等值线的交点就是空气的状态点。通过此状态点的其他等值线的标度值，就是空气在该状态下的其余参数值。注意，露点和湿球温度的轨迹线虽然都是 $\phi=100\%$ 的饱和线，但露点是 d 线与饱和线交点对应的温度；而湿球温度则是 h 线与饱和线交点对应的温度。

2) 表示空气状态变化的过程

设含有 1kg 干空气的湿空气因加入热量 Q 和湿量 D 后，由状态 1(h_1，d_1)变化到状态 2(h_2，d_2)，在 h-d 图上对应此两状态的两点 1 和 2 的连线，就代表这一状态变化过程的方向。这一方向可用直线 1 2 的斜率 ε 来表示，如图 4.3(a)所示。过程线的斜率 ε 称为热湿比，其表达式为：

$$\varepsilon=\frac{Q}{D}=\frac{h_2-h_1}{d_2-d_1}\times 10^3$$

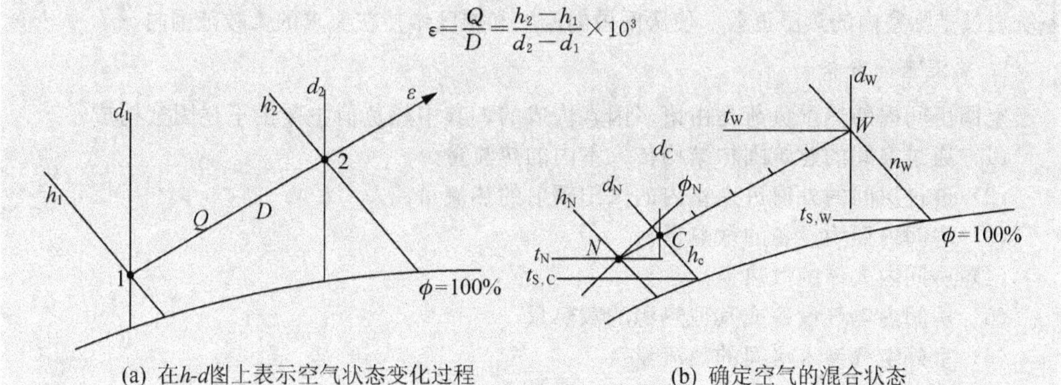

(a) 在h-d图上表示空气状态变化过程　　(b) 确定空气的混合状态

图 4.3 焓湿图的应用

初态和终态都不相同的空气状态变化过程，只要起点与终点连线的斜率相同，或者说只要热湿比 ε 相同，则变化过程的方向就相同，在 h-d 图上它们的变化过程线应彼此平行。为便于确定过程线，在 h-d 图上一般都绘有热湿比辐射线(又称 ε 线，见图 4.2 右下角处)。实际应用时可根据已知的空气状态变化过程的热湿比确定 ε 线，然后平移该 ε 线至已知的空气状态点上，则该空气状态变化过程线即得到确定。应注意，同一热湿比的数值随计算单位(kJ/g 或 kcal/kg)的不同而不同，应根据所用单位来选用相应的 ε 线。

3) 求空气的混合状态

空调系统通常采用新风(室外新鲜空气)和室内回风(室内循环空气)混合，再经空调装置处理后送风。设计计算或选择设备时，都需确定空气的混合状态。如图 4.3(b)所示，设新风状态点为 W，则有

h_W、d_W和新风量G_W；回风状态点为N，则有h_N、d_N和回风量G_N；混合后的状态点为C，则有h_C、d_C和混合后的空气量$G_C=G_W+G_N$。状态点C具有以下特点：混合前后空气的能量守恒(热平衡)；混合前后水蒸气的质量守恒(湿平衡)；状态点C必在混合前两种空气的状态点的连线上；状态点C分割该连线为两段的长度，和参与混合的两种气体量的大小成反比，即

$$\frac{NC}{CW}=\frac{G_W}{G_N} \text{ 或 } \frac{WC}{CN}=\frac{G_N}{G_W}$$

如图4.3(b)所示，若$G_N=5G_W$，则$5NC=CW$，C点靠近气体量较大的N点处。若两种空气量之比不是整数，可先计算h_c，即

$$h_c=\frac{G_N h_N+G_W h_W}{G_N+G_W}$$

得到h_c后，则$h=h_c$的等焓线与N、W两点连线的交点就是混合状态点C。

空调工程中的风量常采用体积流量$L(m^3/h)$，L与质量流量G的关系为$G=L\rho(kg/h)$，换算时一般取空气的平均密度$\rho=1.2kg/m^3$。

4.2.3 空调的热、湿负荷

1. 空调的热、湿负荷的概念

对空调系统来说，总存在一些干扰因素使空调房间内的温度、湿度等参数发生变化。我们把干扰因素对室内产生的影响称为负荷。把为保持一定的温度条件而向房间内提供的冷量(热量)称为冷负荷(热负荷)。把为维持一定的相对湿度所需要除去的湿量称为湿负荷。空调系统通过排除室内的热湿负荷，使房间内的温度和湿度维持在要求的参数范围内。

2. 热湿来源分析

空调房间内的热湿负荷是由诸多因素构成的，其中热负荷主要由下述因素构成：

(1) 通过房间的建筑围护结构传入室内的热流量。

(2) 透过房间的外窗进入室内的太阳辐射的热流量。

(3) 房间内照明设备的散热量。

(4) 房间内人体的散热量。

(5) 房间内电气设备或其他热源的散热量。

(6) 室外空气渗入房间的热流量。

(7) 伴随各种散湿过程产生的潜热量。

上述因素中，除通过房间建筑围护结构和太阳辐射的热量及室外空气渗入的热流量是室外热源负荷外，其他均为室内热源负荷。

空调房间内的湿负荷是由下述因素构成的：

(1) 房间内人体的散湿量。

(2) 房间内各种设备、器具的散湿量。

(3) 各种潮湿物表面或液体表面的散湿量。

(4) 各种物料或饮料的散湿量。

空调负荷还可以分为房间负荷和系统负荷两种。发生在空调房间内的负荷称为房间负荷；还有一些发生在空调房间以外的负荷，如新风状态与室内空气状态不同所引起的新风负荷、风管传热造成的负荷等，它们不直接作用于室内，但最终也要由空调系统负担。将

以上两种负荷统称为系统负荷。

3. 空调负荷的估算

1）夏季冷负荷的估算

（1）简单计算法。估算时，以围护结构和室内人员的负荷为基础，把整个建筑物看成一个大空间，按各面朝向计算负荷。室内人员散热量按每人116.3W计算，最后将各项数量的和乘以新风负荷系数1.5即为估算结果。

$$Q=(Q_W+116.3N)\times 1.5$$

$$Q_W=KA\Delta t$$

式中 Q——空调系统的总负荷，W；

Q_W——围护结构引起的总冷负荷，W；

N——室内人员数；

K——围护结构的传热系数，W/(m²·℃)，计算时需查阅相关手册；

A——围护结构的传热面积，m²；

Δt——室内外空气温差，℃。

（2）单位面积估算法。单位面积估算法是一种将空调负荷单位面积上的指标乘以建筑物内的空调面积，得出制冷系统负荷的估算值。

部分建筑制冷系统负荷的估算指标：

办公楼	95～115W/m²
超高层办公楼	105～115W/m²
旅馆	95～115W/m²
餐厅	290～350W/m²
百货商场	210～240W/m²
医院	105～130W/m²
剧场	230～350W/m²

2）冬季热负荷的估算

可利用单位面积估算法，将空调负荷单位面积上的指标乘以建筑物内的空调面积，得出供暖系统负荷的估算值。

部分建筑供暖系统负荷的估算指标：

办公楼、学校	60～80W/m²
旅馆	60～70W/m²
餐厅	115～140W/m²
医院	65～80W/m²
剧场	95～115W/m²

4.2.4 空调系统的组成

空调系统一般由冷热源、空气处理设备、空调风系统（空气输送及分配设备）、空调水系统（冷热媒输送设备）和自动控制部分等组成。

1. 冷源或热源

空调系统工作所需的冷量和热量分别由冷源和热源提供。冷热源设备是建筑设备系统中最核心、最具经济价值的设备之一，对保证其安全、高效地运行具有重要意义。

冷源用来提供冷量，以对空调房间的空气进行冷却处理。冷源设备包括冷水机组(有蒸气压缩式、吸收式等形式)、冷冻水系统和冷却水系统。冷源的主要设备一般设置在冷冻机房(冷冻站)，而热源则用来提供热量，以对空气进行加热处理。热源设备包括提供蒸气或热水的锅炉机组(或城市热网)、热交换器等。热源设备一般设置在热力站(锅炉房)。

有关冷源和热源的知识将在下一章深入介绍。

2. 空气处理设备

空气处理设备负责对空气进行过滤和各种热湿处理，包括空气过滤器、预热器、喷水室、再热器等。其作用是将送风空气处理到一定参数要求的空气状态。

3. 空调风系统

空调风系统主要包括空气输送设备、空气分配装置等。空气输送设备包括风机(输送空气的动力设备)、风道，以及调节阀、防火阀、消声器、风机减振器等配件，其作用是将经过处理的空气按照预定要求输送到各个房间，并从房间抽回或排出一定量的空气。空气分配装置包括各种送风口(如百叶风口、散流口)和回风口，其作用是合理地组织室内气流，以保证工作区(通常指离地 2m 以下的空间)内有均匀的温度湿度、气流速度和洁净度。

4. 空调水系统

空调水系统包括冷冻水(空调热水)系统和冷却水系统。冷冻水系统(空调热水)将冷冻水(热水)从冷(热)源输送至空气处理设备或者风机盘管之类的末端设备。冷却水系统是制冷系统的冷却水装置，包括冷却水塔和冷却水管系统。输送水的动力设备是水泵。

5. 控制、调节装置

由于空调、制冷系统的工况应随室内外空气状态的变化而变化，所以要经常对有关装置进行调节。这一调节可以是人工进行的，也可以是自动控制的。不论是哪一种方式，都要配以一定的装置和设备。

4.2.5 空调系统的分类

1. 根据空调系统的用途分类

1) 舒适性空调

舒适性空调以满足人的舒适性要求为目的。舒适性空调调节室内空气参数，营造适宜人们工作生活的室内环境，从而有利于提高工作效率或维持良好的健康水平。

2) 工艺性空调

工艺性空调以满足室内的生产、科研等工艺过程为目的。例如电子、光学仪器、精密制造装配车间、电子计算机房、手术室等场所，如果空气参数不能满足要求，则会导致工作无法进行或者产品质量得不到保证。

2. 根据空气处理设备的集中程度分类

1) 集中式空调系统

集中式空调系统的冷热源集中设置在冷冻站和热力站，并且所有的空气处理设备及通风机也都集中在空调机房，空气通过集中处理后，再送往各个空调房间。如图 4.4 所示典型的集中式空调系统。

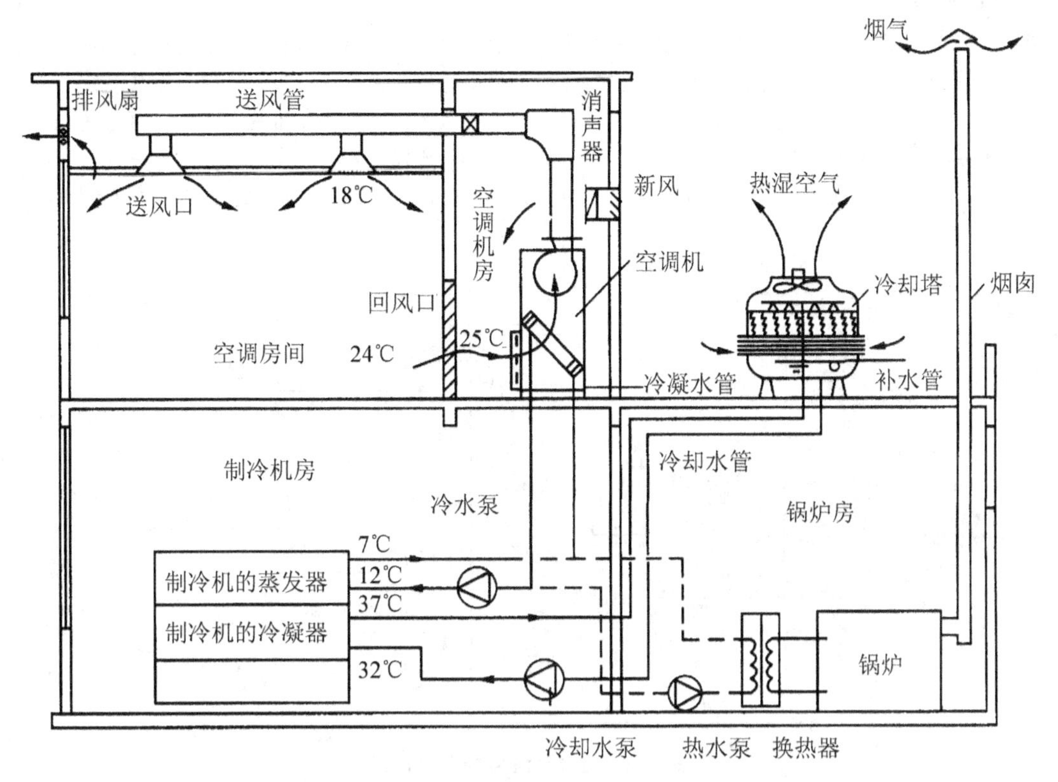

图 4.4 典型的集中式空调系统

通常，把由空气处理设备及通风机组成的箱体称为空调箱或空调机组，把不包括通风机的箱体称为空气处理箱或空气处理室。单风道空调系统、双风道空调系统及变风量空调系统均属集中式空调系统。集中式空调系统广泛应用于各类舒适性或工艺性空调工程中。

集中式空调系统的空气处理设备和制冷设备集中布置在机房内，便于集中管理和集中调节；过渡季节可充分利用室外新风，减少制冷机运行时间；可以严格控制室内温度、湿度和空气洁净度；对空调系统可以采取有效的防震消声措施；使用寿命长。

但由于所有空气都在空调机房的空调箱中处理，风道过粗、过长、布置复杂，因此有机房面积大、占用建筑空间较多、风道安装工作量大、施工周期较长、风管系统各支路和风口的风量不易平衡、不易防火等缺点。对于房间热湿负荷变化不一致或运行时间不一致的建筑物，集中式空调系统运行不经济。

知识链接

排风、回风、新风专业术语

楼宇自控技术人员应对空调系统中常用的术语，如排风、回风、新风，有所了解。下面以图 4.5 所示的集中式空调系统为例，解释相关术语。

从室外引进到室内的新鲜空气，称为新风。通过新风机或风口将新风吸入室内，吸入的新风与室

知识链接

内的回风在混合段混合，通过空气过滤器处理空气中的杂质及有害物，然后经过加湿器对空气进行加湿(空气湿度达标，则可不进行加湿)，再经过表冷器实现对空气进行冷却除湿处理。空气经过上述处理后送到室内，可以消除室内的冷负荷和湿负荷。图中所示的回风机的作用是从室内吸出空气，其中的一部分空气用于再循环，称为回风，回风与新风混合，经处理后再送入房间；另一部分直接排到室外，称为排风。实际工程中回风机可以设置，也可以不设置。不设置时，系统通过门窗缝隙排风。

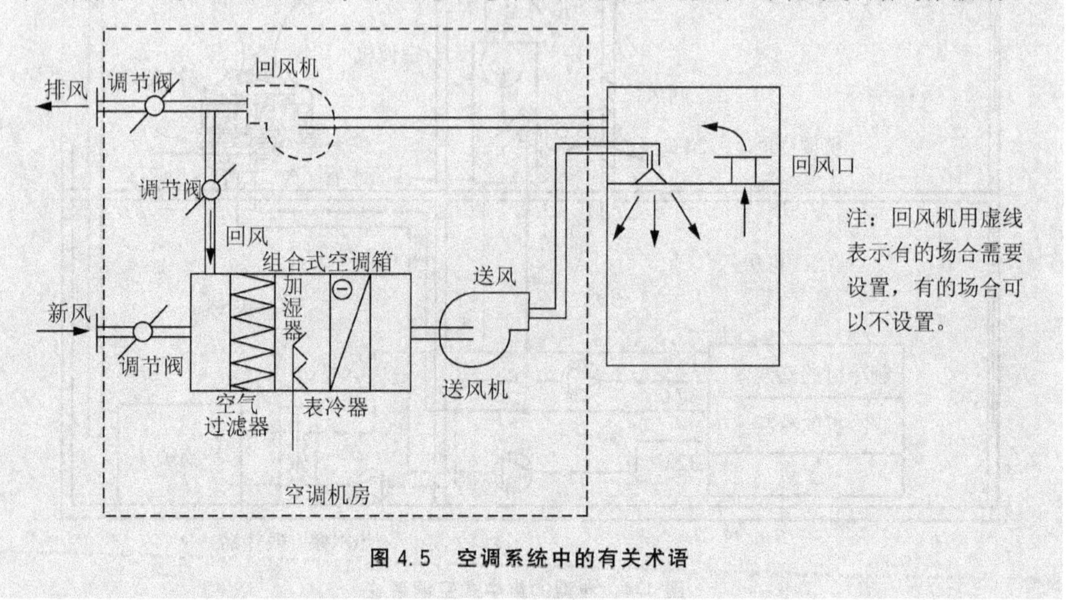

图 4.5 空调系统中的有关术语

2）半集中式空调系统

半集中式空调系统的冷热源集中设置在冷冻站和热力站。但空气调节由分散在各个房间的空调末端设备(如风机盘管)来就地实施。冷热源提供的冷量(热量)经由冷冻水(热水)系统输送到空调末端设备。全水系统、空气-水系统、水源热泵系统、诱导器系统、风机盘管系统等均属此类。

集中式空调系统和半集中式空调系统两者的冷源、热源都是由集中设置的冷冻站、锅炉房或热交换站供给。通常，把集中式和半集中式空调系统统称为中央空调。

3）分散式空调系统

把空气处理设备、风机及冷热源都集中在一个箱体内，分散安装在各个房间，就地进行空气调节，此即为分散式空调系统。常用的有窗式空调器和柜式、壁挂式空调器等。

3. 根据负担室内热湿负荷所用的介质不同分类

1）全空气系统

全空气系统是指空调房间的室内负荷全部由经过处理的空气来负担的空调系统，如图 4.6(a)所示。集中式空调系统、“全空气”诱导器系统属此类。由于空气的比热和密度都小，所以这种系统需要的空气量多，风道断面尺寸大。

2）全水系统

如果空调房间的热湿负荷全部由冷水或热水来负担则称为全水系统，如图 4.6(b)所示。风

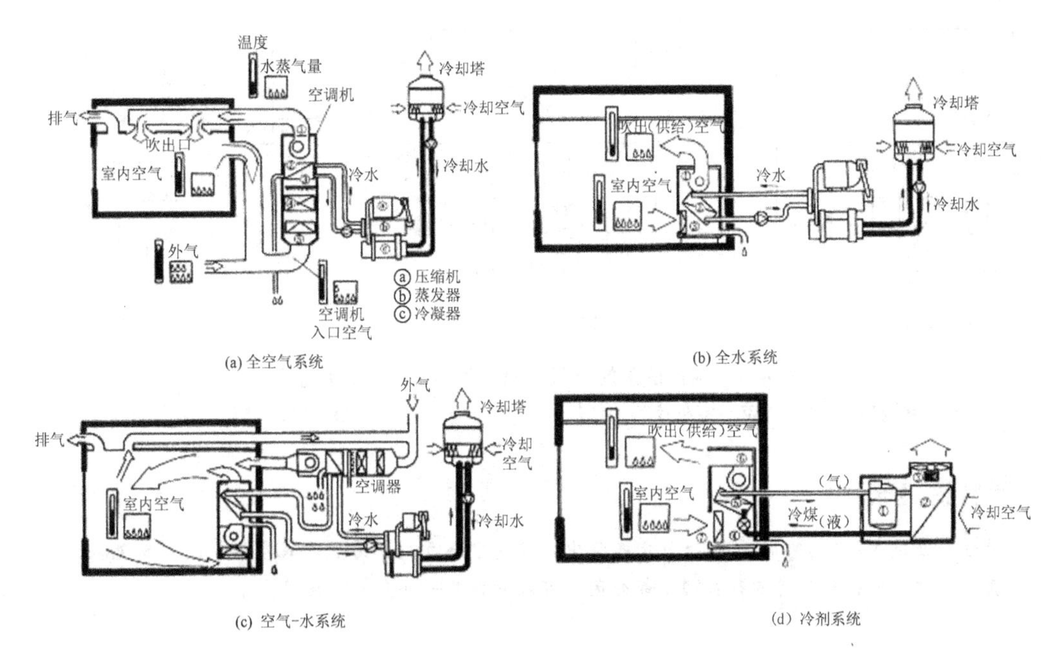

图 4.6 根据负担室内热湿负荷所用的介质不同分类

Q—热负荷；W—湿负荷

机盘管及辐射板系统属于此类。由于水的比热容及密度比空气大，所以在室内负荷相同时，需要的水管断面尺寸比风道小。不过靠水只能消除余热和余温，达不到通风换气的目的。

3）空气-水系统

如果空调房间的负荷由空气和水共同负担，则称为空气-水系统，如图 4.6(c)所示。诱导器系统和风机盘管加新风系统均属此类。局部再加热或再冷却的系统也属此类。它们的优、缺点介于前两者之间。

4）冷剂系统

冷剂系统是指空调房间的负荷由制冷剂直接负担的系统。安装在空调房间或其邻室的空调机组属于这类系统，如图 4.6(d)所示。空调机组按制冷循环运行可以消除房间余热、余湿；空调机组按热泵循环运行可为房间供暖，因此使用更灵活、方便。

4. 根据空调系统使用的空气来源分类

1）封闭式空调系统

封闭式系统全部使用室内再循环的空气，如图 4.7(a)所示。因此，这种系统最节能，但是卫生条件也最差，它只适用于无人操作、只需保持空气温、湿度的场所及很少进人的库房。

2）直流式空调系统

直流式空调系统[图 4.7(b)]全部使用室外新风，空气从百叶栅进入，经处理后达到送风状态，送入房间后，吸收余热、余湿后又全部排掉，因而室内空气得到百分之百的交换。直流式空调系统的舒适性高，但耗能巨大，运行不够经济，一般只有特殊的有毒车间、放射性实验室等场合应用。该系统适用于产生有毒物质、病菌及放射性有害物的空调房间，是一种耗费能量最多的系统。

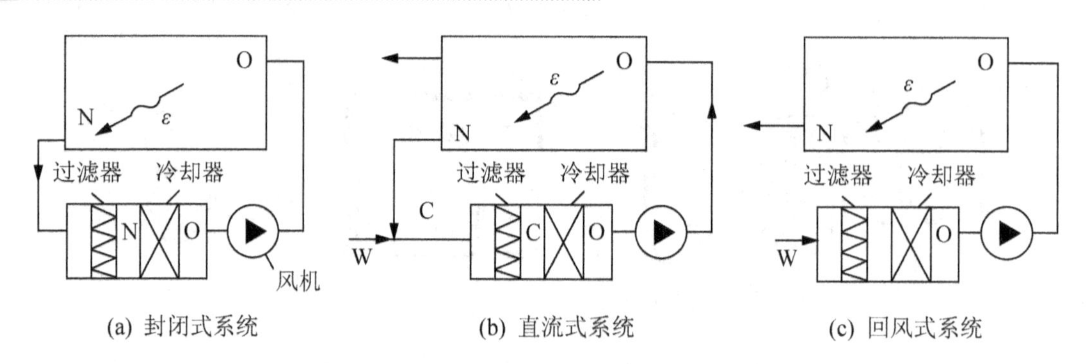

(a) 封闭式系统　　(b) 直流式系统　　(c) 回风式系统

图 4.7　根据使用的空气来源分类的空调系统示意图

N—室内空气状态；W—室外空气状态；C—混合空气状态；O—冷却器后的空气状态

特别提示

单独由新风机组(参见 4.3 节)进行空气集中处理的空调方式即为直流式空调系统。新风机组常与风机盘管系统共同出现，其不存在回风部分因而可以看作是一种直流式空调。

3）回风式空调系统

回风式系统，也称混合式系统。该系统使用的空气一部分为室外新风；另一部分为室内回风，如图 4.7(c)所示。它具有既经济又符合卫生要求的特点，使用比较广泛。在工程上根据使用回风次数的多少又分为一次回风系统和二次回风系统。

知识链接

直流式空调系统的空气处理过程分析

直流式空调系统流程如图 4.8 所示，利用焓湿图对空气处理过程进行分析。

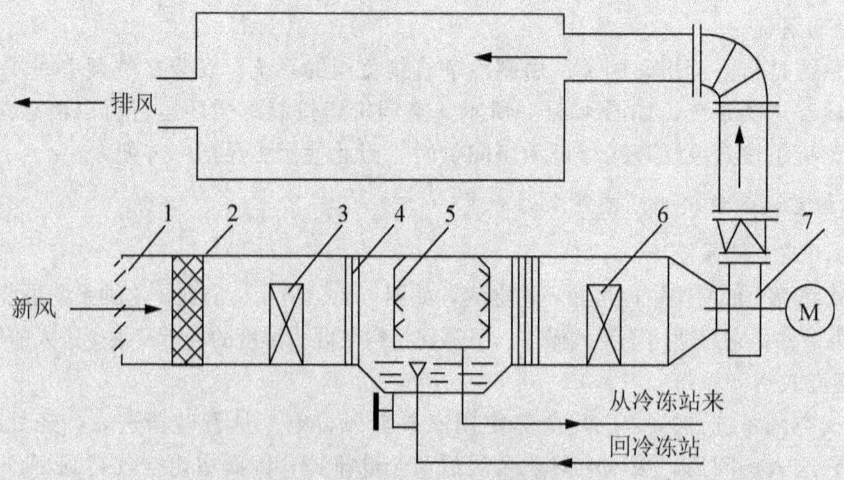

排风
1 2 3 4 5 6 7
新风
M
从冷冻站来
回冷冻站

图 4.8　直流式空调系统流程图

1—百叶栅；2—空气过滤器；3—预加热器；4—前挡水板；
5—喷水排管及喷嘴；6—再加热器；7—风机

(1) 直流式空调系统的夏季处理过程的分析。室外空气状态为 $W_x(h_{Wx}, d_{Wx})$ 的新风经空气过滤器过滤后进入喷水室冷却去湿达到机器露点状态 $L_x(h_{Lx}, d_{Lx})$(习惯上称相对湿度为90%～95%的空气状态为“机器露点”状态),然后经过再热器加热至所需的送风状态点 $O_x(h_{Ox}, d_{Ox})$ 送入室内,在空调房吸热吸湿后达到状态 $N_x(h_{Nx}, d_{Nx})$,然后全部排出室外。整个处理过程可以写为:

$$W_x \xrightarrow[\text{除湿}]{\text{降温}} L_x \xrightarrow{\text{加热}} O_x \xrightarrow{\varepsilon} N_x \longrightarrow \text{排出室外}$$

上述处理过程在 h-d 图上的表示如图4.9(a)所示。

(2) 直流式空调系统的冬季处理过程的分析。冬季室外空气一般是温度低,含湿量小,要把这样的空气处理到送风状态必须进行加热和加湿处理。室外空气状态为 $W_d(h_{Wd}, d_{Wd})$ 的新风经空气过滤器过滤后由预热器等湿加热到 $W_d(h_{W'd}, W'_d)$ 点(W'_d 应当位于送风状态点 O_d 的机器露点 L_d 的等焓线上),然后进入喷水室绝热加湿处理到 L_d 点。再从 L_d 点经再热器加热至所需的送风状态点 O_d 送入室内,在空调房间放热达到状态点 N_d 后被排出室外。整个处理过程可以写为:

$$W_d \xrightarrow[\text{升湿}]{\text{等湿}} W'_d \xrightarrow[\text{加热}]{\text{等湿}} O_d \xrightarrow{\varepsilon} N_d \longrightarrow \text{排出室外}$$

上述处理过程在 h-d 图上的表示如图4.9(b)所示。

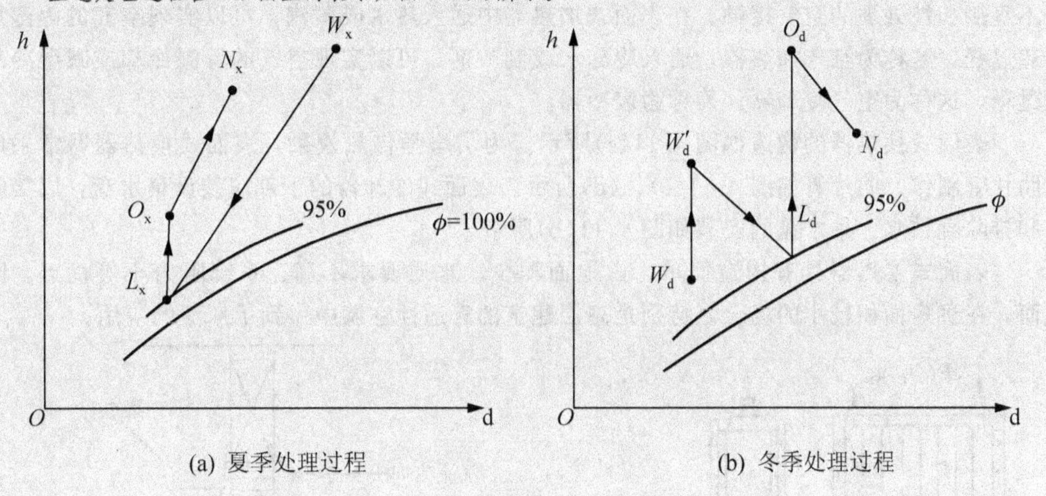

图4.9 直流式空调系统空气处理过程

4.2.6 空气处理设备

1. 空气过滤器

空气过滤器是对空气进行净化处理的设备,通常分为初效、中效和高效过滤器三种类型。初效过滤器主要用于过滤粒径在10～100μm范围的大颗粒灰尘,通常采用金属网格、聚氨酯泡沫塑料及各种人造纤维滤料制作。中效过滤器用于过滤粒径在1～10μm范围的灰尘,常用玻璃纤维、无纺布等滤料制作。高效过滤器用于对空气洁净度要求较高的净化空调。通常采用超细玻璃纤维、超细石棉纤维等滤料制作。如图4.10(a)、(b)所示分别是抽屉式和袋式过滤器。

若空气过滤器的滤料上积尘太多,则空气的流动阻力会变大,过滤器前后的压差增

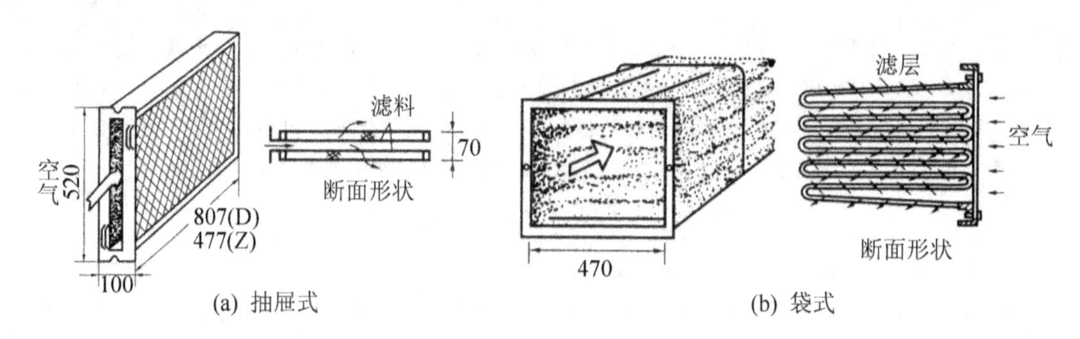

(a) 抽屉式　(b) 袋式

图 4.10　过滤器

大。在 BAS 中常采用压差开关监测过滤器前后的压差状况。若压差超过上限值，则应报警，提示应拆换清洗。

2. 表面式换热器

用表面式换热器处理空气时，工作介质通过换热器的金属表面与空气进行热湿交换而不直接和被处理的空气接触。在表面式加热器中通入热水或蒸汽，可以实现空气的等湿加热过程，这称为空气加热器；通入冷冻水或制冷剂，可以实现空气的等湿冷却或减湿冷却过程，这称为空气冷却器，简称为表冷器。

表面式换热器的构造如图 4.11(a)所示。为了增强传热效果，表面式换热器通常采用肋片管制作。肋片管如图 4.11(c)、(d)所示。表面式冷却器的下部应装设集水盘，以接收和排除凝结水。集水盘的安装如图 4.11(b)所示。

表面式换热器具有构造简单、占地面积少、水质要求不高、系统阻力小等优点，因而，在机房面积较小的场合，特别是高层建筑的舒适性空调中得到了广泛的应用。

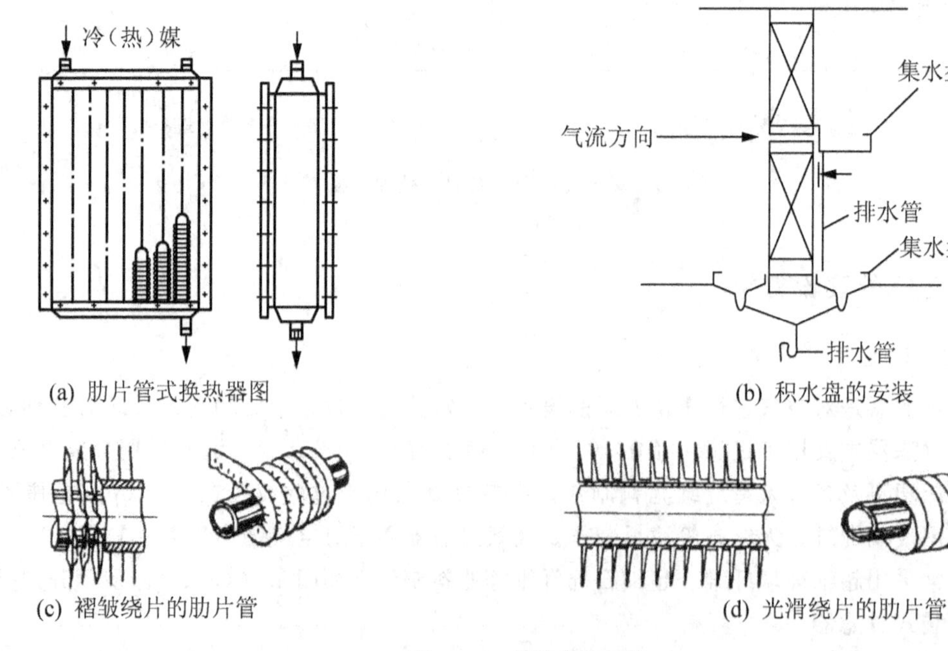

(a) 肋片管式换热器图　(b) 积水盘的安装

(c) 褶皱绕片的肋片管　(d) 光滑绕片的肋片管

图 4.11　表面式换热器

3. 电加热器

电加热器是使电流通过电阻丝发热来加热空气的设备，具有结构紧凑、加热均匀、热量稳定、控制方便等优点。由于耗电费用较高，通常只用在加热量较小的空调机组中。在恒温精度较高的空调系统里，常作为控制房间温度的调节加热器，安装在空调房间的送风支管上。

电加热器分为裸线式和管式两种。裸线式电加热器如图 4.12(a)所示，具有结构简单、热惰性小、加热迅速等优点，但电阻丝容易烧断、安全性差。抽屉式电加热器[图 4.12(b)]也是一种裸线式电加热器，管式电加热器[图 4.12(c)]把电阻丝装在特制的金属套管内，套管中填充有导热性好的不导电材料，其优点是加热均匀、热量稳定、经久耐用、使用安全性好，但它的热惰性大，构造也比较复杂。

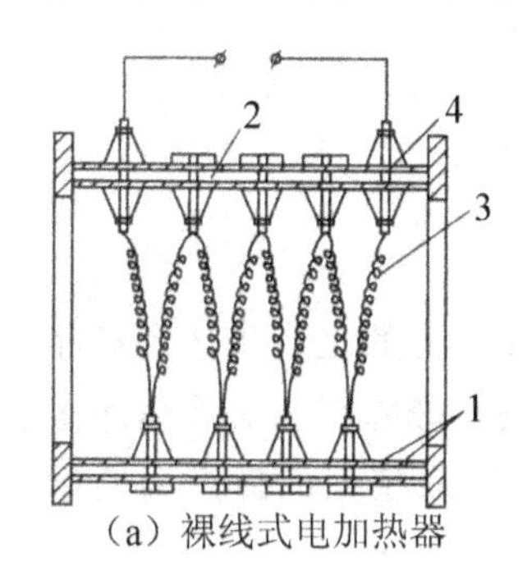

(a) 裸线式电加热器

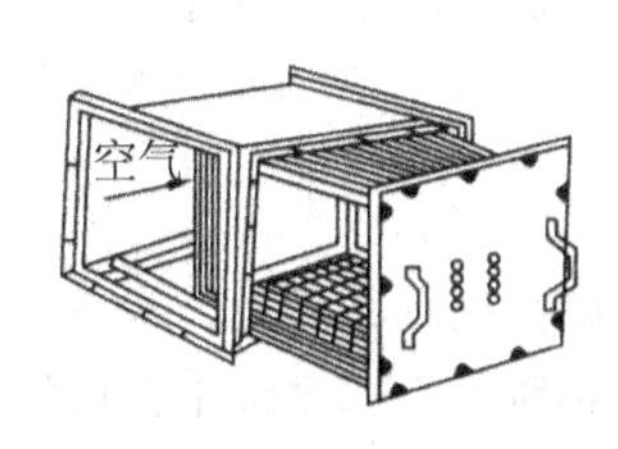

(b) 抽屉式电加热器

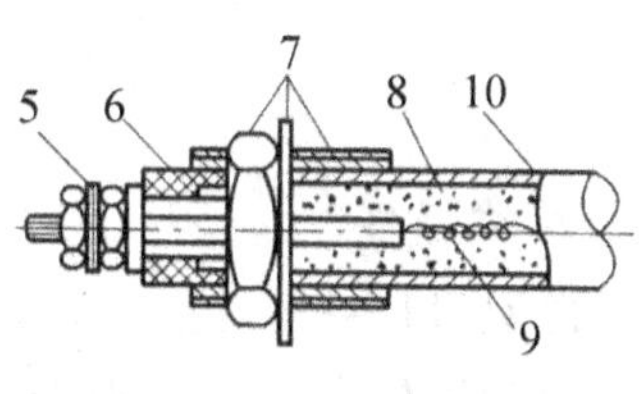

(c) 管式电加热器

图 4.12 电加热器

1—钢板；2—隔热层；3—电阻丝；4—瓷绝缘子；5—接线端子；6—瓷绝缘子；
7—紧固装置；8—绝缘材料；9—电阻丝；10—金属套管

4. 加湿器

加湿器是用于进行空气加湿处理的设备，常用的有干蒸汽加湿器和电加湿器两种类型。

1) 干蒸汽加湿器

干蒸汽加湿器[图 4.13(a)]是利用锅炉等加热设备产生的蒸汽对空气进行加湿处理。为了防止蒸汽喷管中凝结水的产生，蒸汽先进入喷管外套 1，对喷管中的蒸汽加热、保温，然后经导流板进入加湿器筒体 3，分离出凝结水后，再经导流箱 4 和导流管 5 进入加湿器内筒体 6。在此过程中，夹带的凝结水蒸发，最后进入喷管 7，喷出没有凝结水的干蒸汽。干蒸汽加湿器可通过蒸汽调节阀来调节加湿量。

2) 电加湿器

使用电能产生蒸汽来加湿空气的装置称为电加湿器。根据工作原理不同，有电热式和电极式两种，如图 4.13(b)、(c)所示。电热式加湿器是在水槽中放入管状电热元件，元件通电后将水加热产生蒸汽。为避免发生断水空烧现象，依靠浮球阀自动控制补水。电极式加湿器则是利用三根铜棒或不锈钢棒插入盛水的容器中作电极，当电极与三相电源接通后，靠电流从水中流过产生的热量把水加热形成蒸汽。电极式加湿器结构紧凑，加湿量易于控制，但耗电量较大，电极上容易产生水垢和腐蚀，因此，仅适用于小型空调系统。电加湿器可通过电功率变化来调节加湿量。

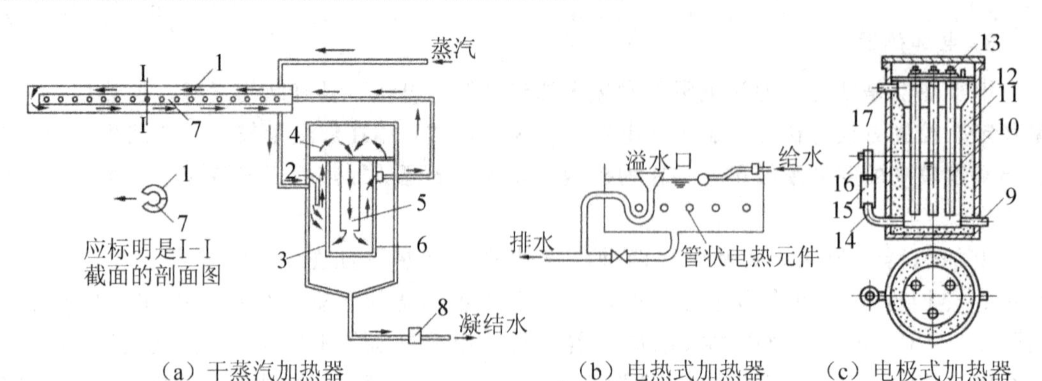

（a）干蒸汽加热器　（b）电热式加热器　（c）电极式加热器

图 4.13　加湿器

1—喷管外套；2—导流板；3—加湿器筒体；4—导流箱；5—导流管；
6—加湿器内筒体；7—加湿器喷管；8—疏水器；9—进水管；10—电极；11—保温层；
12—外壳；13—接线柱；14—溢水管；15—橡皮短管；16—溢水嘴；17—蒸汽出口

5. 除湿机

除湿机是一种对空气进行减湿处理的设备，常用于对湿度要求低的生产工艺、产品贮存以及产湿量大的地下建筑等场所。空调系统中常用的除湿机是冷冻除湿机。冷冻除湿机适用于既要减湿，又不需要降温的场所。但当相对湿度低于50%或空气的露点温度低于4℃时，不可使用。这时应采用液体吸湿剂或固体吸附剂去湿。

6. 喷水室

在空调房间的温、湿度要求较高的场合(如纺织厂等工艺性空调系统)常会用到喷水室，如图 4.14 所示。在喷水室中水与空气直接接触，喷入不同温度的水，可以实现对空

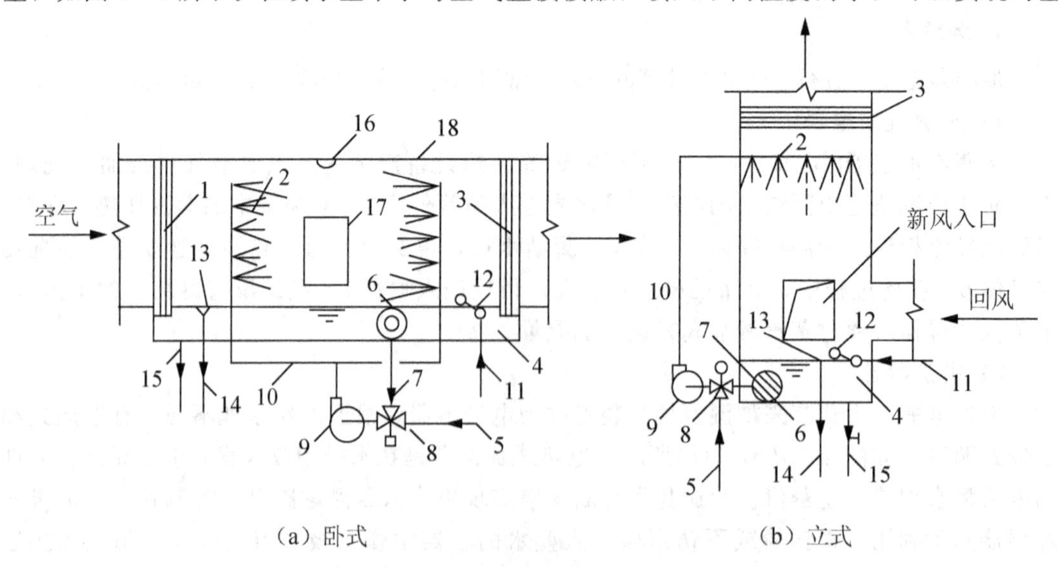

（a）卧式　（b）立式

图 4.14　喷水室的构造

1—前挡水板；2—喷嘴与排管；3—后挡水板；4—底池；5—冷水管；6—滤水器；
7—循环水管；8—三通混合阀；9—水泵；10—供水管；11—补水管；12—浮球阀；
13—溢水器；14—溢水管；15—泄水管；16—防水灯；17—检查门；18—外壳

气的加热、冷却、加湿和减湿。喷水室能够实现对空气的多种处理，冬夏季可以共用一套空气处理设备，具有一定的净化空气的能力，并具有金属耗量小、容易加工等优点。但喷水室对水质条件要求高、占地面积大、水系统复杂、耗电较多。

特别提示

上述介绍的都是空气处理系统中某一环节所需的器件或设备。在实际应用中，往往将他们组装成空气处理机组(AHU)、新风机组(PAU)、风机盘管(FCU)等形式。

4.3 半集中式空气调节系统的控制

4.3.1 半集中式空气调节系统简介

1. 概述

在半集中式空调系统中，空气处理过程由集中在空调机房中的集中设备和分布在控制区域的分散设备共同完成。其典型的应用形式是风机盘管(Fan Coil Unit，FCU)加上新风机组(Primary Air-handling Unit，PAU)。这种空调系统的空气处理过程包括PAU对新风的集中处理、配送和分散在控制区域的FCU对空气就地处理两部分。新风机组和风机盘管所用的冷冻水(热水)由冷(热)源集中供应，空调房间热湿负荷由新风机组送进来的空气和进入风机盘管的冷冻水(热水)带入，故属于空气-水系统。

风机盘管空调系统广泛应用于旅馆、公寓、医院和办公室等高级多层的建筑中。对于需要增设空调的小面积、多房间的旧建筑来说，采用这种空调方式也较为合适，因为它占地面积小，易于安装施工。

2. 风机盘管

风机盘管由风机、电动机、盘管、空气过滤器、凝水盘和箱体等器件组成，如图4.15所示。机组箱体由钢骨架和薄钢板制成，其出风格栅做成固定式或可调式。围护面板可以拆卸，便于检修内部设备。明装机组箱体表面喷有彩漆，与建筑装饰相协调，可兼作室内

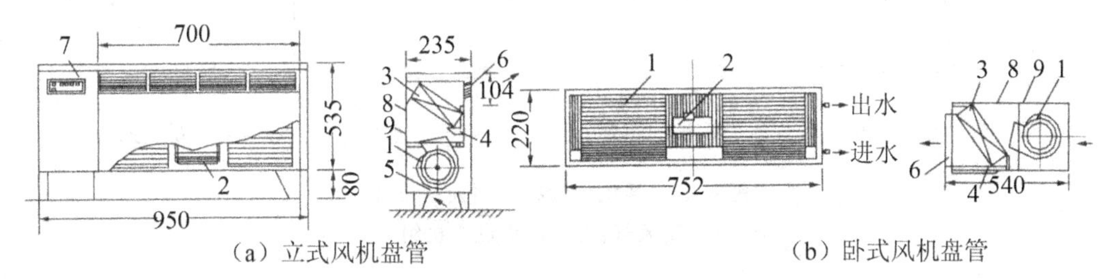

(a) 立式风机盘管　　(b) 卧式风机盘管

图4.15 风机盘管的组成

1—风机；2—电机；3—盘管；4—凝结水盘；5—循环风进口及过滤器；6—出风口格栅；7—控制器；8—吸声材料；9—箱体

陈设。出风口位置有上出风和前出风两种。风机有高、中、低三挡转速，采用双进风离心式通风机，叶轮由可调速的低噪声电动机驱动，噪声低。盘管一般采用翅片式热交换器，在其下方设有凝水盘以收集凝结水。空气过滤器通常设在机组下部或侧部，用来过滤回风中的尘埃，过滤器做成抽屉式便于进行调换和清洗。

风机盘管作为半集中式空调系统的空调末端装置，直接放在空调房间内。工作时，盘管内流动冷冻水(或热水)，风机把室内空气吸进机组，经过滤后再经盘管冷却(或加热)送回室内，如此循环，以达到调节室内温湿度的目的。

几种常用的风机盘管实物图如图 4.16 所示。风机盘管的选型及布置与空调房间的使用性质、建筑形式有关。对于宾馆客房，一般布置在进门的过道顶棚内，采用卧式暗装机组，如图 4.17(a)所示。这种布置形式美观，不占用房间有效面积，噪声小。从室内气流组织和温度分布均匀的角度来看，这种方式特别适合于夏季使用。对于办公室、医院病房等顶棚无安装位置的房间，一般采用明装立式机组。将其布置在外墙窗下，如图 4.17(b)所示。立式机组多用于空间较大的房间。冬季和夏季室内温度均匀性较好，特别适用于冬季送风。立式机组易于安装，维修方便，但需占用房间的有效使用面积。

(a) 卧式暗装薄型

(b) 立式暗装

(c) 嵌入式明装

图 4.16　常用的风机盘管实物图

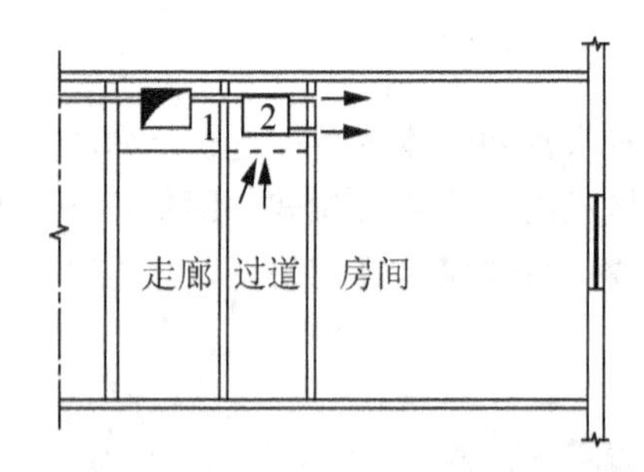

(a) 卧式风机盘管机组与独立新风系统的布置

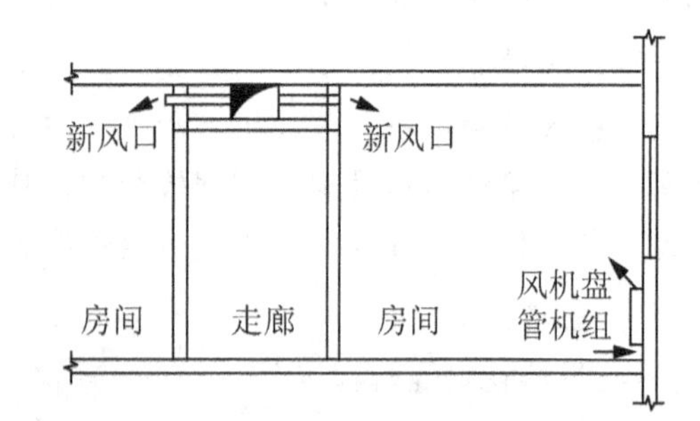

(b) 立式风机盘管机组与独立新风系统的布置

图 4.17　风机盘管在房间内的布置

1—新风管；2—风机盘管机组

3. 风机盘管机组空调系统的新风供给方式

风机盘管则直接安装在各空调区域内，对空调区域内空气进行闭环处理(一般没有新风，完全处理回风)的空调设备。因此，应有合适的引入新风措施，以使室内空气品质得到保证。风机盘管机组新风供给方式有多种，如图 4.18 所示。

如图 4.18(a)所示，室外空气靠房间的门窗等缝隙自然渗入和浴厕机械排风补给新风。风机盘管处理的是室内循环空气，具有投资少和运行费低的优点，但无组织渗漏的新风使室内温湿度分布难以均匀，并且新风供给难以保证，室内卫生条件较差。

如图 4.18(b)所示，在房间外墙打洞作为新风引入风口。新风口做成可调节的形式，冬、夏季按最小新风量运行，过渡季节尽量多采用新风。室内空气参数因受新风负荷的变化，可能产生较大的波动，并且在外墙打洞会影响建筑物的外观。

在一些要求高的场合，往往采用独立新风系统将室外空气经集中处理后由管道送入风机盘管所在的房间，如图 4.18(c)所示。

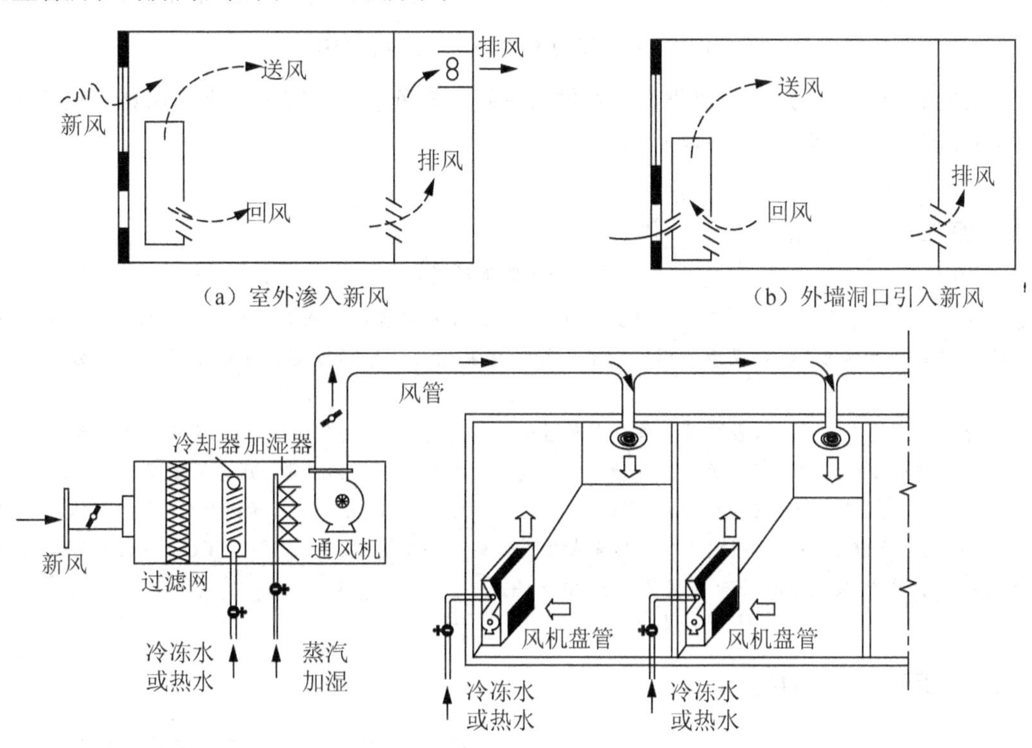

图 4.18 风机盘管系统的新风供给方式

4. 新风机组

新风机组是处理从室外引入的新风的空气调节设备，如图 4.19 所示。新风机组只有一个换热器，冬夏季共用。冬季送入热水对空气进行加热，夏季送入冷冻水对空气冷却。加湿器仅在冬季对新风加湿。新风机组在南方地区作为舒适性空调使用时，往往不包含加湿器。

新风机组通常与风机盘管配合使用，主要是为各房间提供一定的新鲜空气，以满足卫生要求。为避免室外空气对室内温湿度状态的干扰，在送入房间之前需要对其进行热湿处理，例如处理到与室内空气的焓相同的机器露点，新风不再增加室内的空调负荷。室内负荷通常由风机盘管处理。在气候适宜的季节，新风系统直接向室内送风，提高了设备的运

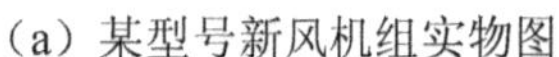

（a）某型号新风机组实物图

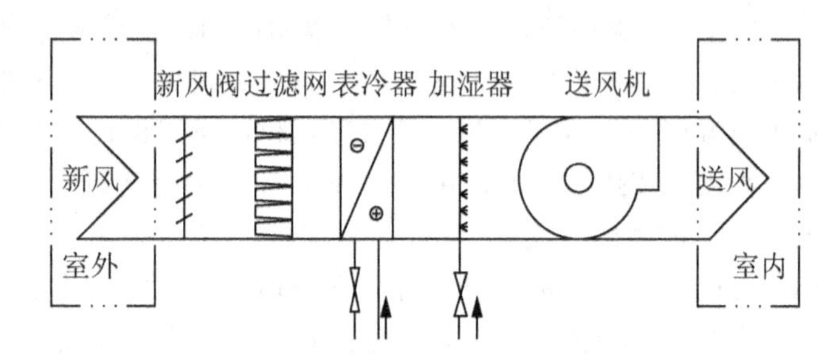

（b）新风机组的典型工艺流程图

图 4.19 新风机组实物图及工艺流程图

行经济性和灵活性。这种新风供应方式供给房间的新风量全年都可以得到保证。风机盘管空调系统的新风供给多采用这种方式。

知识链接

人的新风量需求简介

在室内新风量不足时，会使 CO_2 浓度升高，对人的健康产生诸多危害。长期处于新风量不足的室内易患“室内综合征”，表现为胸闷、头痛头晕、浑身无力、精神萎靡、睡眠不足、免疫力下降等症状。

由于室外灰尘、噪声以及室外空气的各种污染，同时为了避免空调、暖气的能源浪费，许多人养成了常年不开窗的习惯。据有关部门统计：中国人平均新风量小于 $2m^3/h$，严重低于国家标准。

国家标准《室内空气质量标准》(GB/T 18883—2002)确定每人每小时新风量(从室外引入的新鲜空气)不应小于 $30m^3$，这是根据人体生理需求量设定的，如需要保证二氧化碳(CO_2)的浓度不超过国家标准的 0.1%，则必须保证新风量不小于 $30m^3/h$。

4.3.2 新风机组的控制

本小节以图 4.19 所示的新风机组工艺流程为控制对象，进行 BAS 的监控原理分析和配置设计。

1. 工艺流程分析

新风机组(PAU)是用来集中处理室外新风的空气处理装置，主要由新风阀、过滤器、表冷器(冷/热盘管)、加湿器、送风机等设备构成。新风机组对室外进入的新风进行过滤、温/湿度调节后，配送至各空调区域。下面以图 4.19 为例，分析新风机组的工艺流程。

室外新风通过新风阀的通断控制是否引入新风机组。新风阀应与送风机联动。送风机启动时，新风阀自动打开；送风机停止，新风阀自动关闭。新风进入新风机组后，先经过滤网进行过滤灰尘等颗粒杂物，再经换热盘管与盘管内的冷冻水(热水)进行热交换。通过控制水阀开度可以调节换热量，进而调节空气温度。之后，进入加湿环节。在空气湿度低于设定值时，开启加湿器入口处的蒸汽阀门，蒸汽通过加湿器融入送风的气流进入房间，最终提高房间的相对湿度。通过控制蒸汽阀的开度，可以调节加湿量。风机是新风机组的动力设备，处理过后的空气通过送风机送到空调房间内。

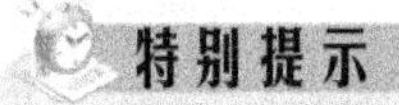

在空调系统中，并不总是需要加湿。在需要供热的建筑中，常常需要用加湿器来进行加湿。但在供冷为主的建筑中，往往不设置加湿器。

2. 监控需求分析

一般根据业主的需求和相关标准确定BAS监控的需求。新风机组的监控功能见表4-2。

表4-2 新风机组的监控功能

序号	监控内容	监控功能
1	新风门控制	参数测量及自动显示，历史数据记录及定时打印、故障报警
2	过滤器堵塞报警	空气过滤器两端压差大于设定值时报警，提示清扫
3	防冻保护	加热器盘管处设置温控开关，当温度过低时开启热水阀，防止将加热器冻坏
4	送风温度自动检测	参数测量及自动显示、历史数据记录及定时打印、故障报警
5	送风温度自动调节	冬季自动调节热水调节阀开度，夏季自动调节冷水调节阀开度，保持送风温度为设定值。过渡季根据新风的温湿度自动计算焓值，进行焓值调节
6	送风湿度自动检测	参数测量及自动显示、历史数据记录及定时打印、故障报警
7	送风湿度自动调节	自动控制加湿阀开断，保持回风湿度为设定值
8	风机两端压差	风机启动后两端压差应大于设定值，否则及时报警与停机保护
9	机组预定时启停控制	根据事先工作及节假日作息时间表，定时启停机组
10	工作时间统计	自动统计机组工作时间，提示定时维修
11	联锁控制	风机停止后，新回风风阀、电动调节阀、电磁阀自动关闭
12	最小新风量控制	在回风管内设置二氧化碳检测传感器，根据二氧化碳浓度自动风阀，在满足二氧化碳浓度标准下使新风阀开度最小，可节能
13	新风温湿度自动检测	参数测量及自动显示、历史数据记录及定时打印、故障报警

3. 新风机组的监控原理分析

新风机组的监控原理如图4.20所示。新风机组通过DDC控制器、送风温度传感器、送风湿度传感器、防冻开关、压差开关、电动调节阀、风阀执行器等现场设备，以及软件编程实现控制功能逻辑。下面就主要控制功能进行分析。

1）新风阀控制

新风机组的新风阀一般采用通断式风阀驱动器。DDC通过1路DO信号控制新风阀的开与关。当输出高电平时，风阀驱动器打开风阀，低电平时关闭风阀。

新风阀应与送风机联动，进行开关控制。若送风机启动，则新风阀打开；若送风机停机，则新风阀联锁关闭。新风阀关闭可以防止室内冷量(或热量)外逸，减少灰尘进入，保持新风机组内清洁，冬季还可起到盘管防冻作用。

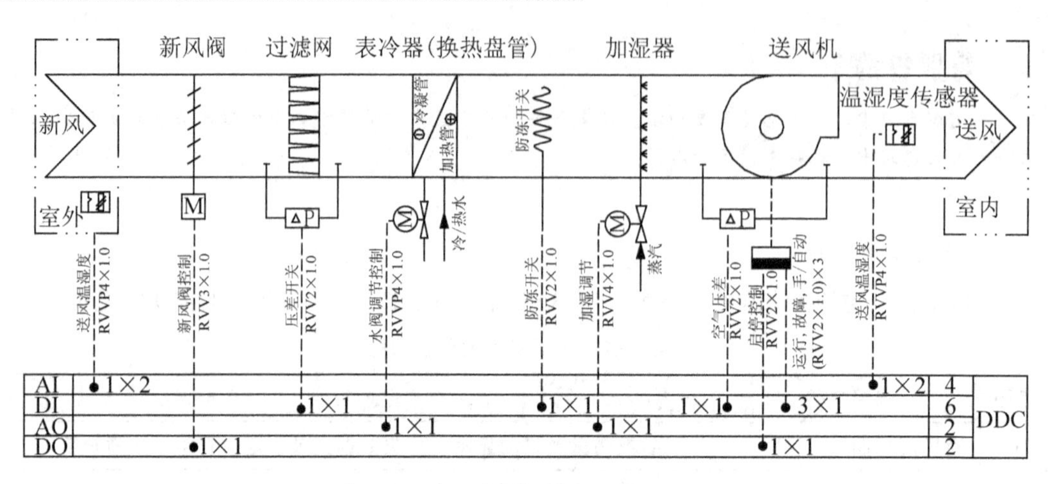

图 4.20 新风机组的监控原理

2）过滤网状态显示与报警

为监视过滤网的畅通情况，在滤网两端装设压差开关。当滤网发生阻塞时滤网两端的压差就会增大，压差开关动作发出报警，提醒工作人员进行清洗。

当风机在运行时，由于过滤网的阻力作用，在过滤网的前后存在一个压差。这一压差可以利用微压差开关监视。如果过滤网干净，压差将小于指定值。反之，如果过滤网太脏，过滤网前后的压差变大。当超过压差设定值时，微压差开关的触点就会动作。微压差开关吸合时的临界压差值可以根据过滤网阻力的情况预先设定。微压差开关将检测得到的过滤网状态(干触点信号)通过两芯线缆(如 RVV2×1.0)连接到 DDC 控制器的 DI 通道。

特别提示

压差开关和压差传感器检测得到的信号分别是数字信号和模拟信号。所以，对 DDC 来说，分别对应于 DI 和 AI 通道。压差开关的成本远低于可以直接测出压差的压差传感器，并且比压差传感器可靠耐用。在本问题中一般不选择昂贵的可输出连续信号的微压差传感器。

3）送风温湿度的检测与控制

在新风机与其他分散空气处理设备(如风机盘管)组成的半集中式空调系统中，新风机组一般只保证送入足够的新风量、控制室内湿度和送风温度，而不管控制区域内的温度。控制区域内的温度由分散的空气处理设备进行控制。

在风机出口处设 4～20mA 电流输出的温、湿度变送器各一个，接至 DDC 的 2 路 AI 输入通道上，分别对空气的温度和相对湿度进行监测，以便了解机组是否将新风处理到所要求的状态，并以此控制盘管水阀和加湿器调节阀。

特别提示

温度、湿度传感器常常装配成一体，这在产品选型时应加以注意。

一般没有必要每台新风机组单独设置室外温湿度传感器，只需整栋建筑统一设置一个或几个即可。

4）换热盘管的热交换速度与送风温度的控制

换热盘管对经过滤后的新风进行热交换处理，DDC 根据检测得到的送风温度来控制水阀的开度，调节热交换速度，从而控制热交换后新风的温度。

控制器根据送风温度与设定温度的差值，对水阀开度进行 PID(或 PI)调节。设定温度根据控制器的内部时钟确定，夏季和冬季设定值不同。DDC 通过 1 路 AO 通道控制换热盘管的二通电动调节水阀的开度，从而调节换热器的换热量，以使送风温度达到设定值。

此外，热水盘管的水阀应与送风机联动，仅当送风机处于运行状态时，水阀进入自动调节状态；送风机停止后，水阀自动回到关闭位置，以免浪费冷冻水循环能源。

5）防冻保护控制

在北方地区，防止冬季盘管内水的冻结是十分必要的。防冻开关设在换热盘管下风向侧，可起到防冻保护作用。当温度低于设定值(一般设置为 5℃)时，防冻开关动作，输出干触点信号，经两芯线缆(如 RVV2×1.0)接入到 DDC 控制器的 1 路 DI 通道，DDC 据此发出控制命令，停止风机转动，开大热水阀门、关闭新风阀门，使风温回升，并报警以检测故障。当温度升高，防冻开关恢复常态时，重新启动风机，打开新风阀，恢复正常工作。

特别提示

应该说明的是，防冻开关的设置只适于加热工况的地区。

防冻保护的另一种方法是，在换热器水盘管出口安装水温传感器，测量出口水温。这一方面供控制器用来确定是热水还是冷水，以自动进行工况转换；同时还可以在冬季用来监测热水供应情况，供防冻保护用。水温传感器可使用 4～20 mA 电流输出的温度变送器，接到 DDC 的 AI 通道上。当机组内温度过低时，为防止水盘管冻裂，应停止风机，关闭风阀，并将水阀全开，以尽可能增加盘管内与系统间水的对流，同时还可排除由于水阀堵塞或水阀误关闭造成的降温。

6）送风相对湿度控制

该案例采用干蒸汽加湿器进行加湿处理。湿度传感器检测到送风湿度实际值，与控制器设定的湿度比较，经 PID 计算后，输出相应的模拟信号(1 路 AO)，控制加湿电动调节阀的开度，使实测湿度达到设定湿度。

特别提示

如果加湿设备使用电加湿器，则 DDC 控制器可以采用双位控制的方式，输出数字信号(1 DO)控制电加湿器的启停(通电与断电)。当然 DDC 也可以采用 PID 控制规律，调节电加湿器的电功耗，进而控制加入空气的蒸汽量。

7）风机启停控制及运行状态显示

对风机的监控内容包括：风机启/停控制及状态监视、风机故障报警监视、风机的手/自动控制状态监视等。DDC通过事先编制的启停控制程序，通过1路DO通道控制风机的启停。将风机电机主电路上交流接触器的辅助触点作为开关量输入(DI信号)，输入DDC监测风机的运行状态；从手/自动开关取1路DI信号输送给DDC，以检测手/自动状态；主电路上热继电器的辅助触点信号(1路DI信号)，作为风机过载停机报警信号。

风机的状态监视一般有两种实现方式：一种是直接从风机电控箱接触器的辅助触点取信号；另一种是在风机两端加设压差开关，根据压差反馈判别风机状态。第一种方法虽然简单经济，但实际上只是监测风机电控箱的送电状态；而第二种方法可以准确地监视风机的实际运行状态。

8）安全和消防控制

只有风机确实启动，风速开关检测到风压后，温度控制程序才会工作。当火灾发生时，由消防联动控制系统发出控制信号，停止风机运行，并通过1路DO通道关闭新风阀。

9）联锁控制

启动顺序控制：启动新风机→开启新风机风阀→开启电动调节水阀→开启加湿电动调节阀。

停机顺序控制：关闭新风机→关闭加湿电动调节阀→关闭电动调节水阀→关闭新风机风阀。

4. BAS监控原理图绘制及监控点位的统计

根据上述的分析，绘制新风机组监控原理图如图4.20所示。DDC监控点位统计见表4-3，四类点位合计：4AI、6DI、2AO、2DO。

表4-3 新风机组监控点位统计

设备名称 Equipment	数量 Qty	数字量输出					模拟量输出					数字量输入									模拟量输入								
		DO					AO					DI									AI								
		启停控制	新风风门控制	加湿器控制	蝶阀开关控制	电加热启停	冷水阀控制	变频器控制	旁通阀控制	蒸汽阀控制	回风风门控制	运行状态	故障报警	手/自动开关	过滤器报警	风机压差开关	蝶阀开关状态	高低液位报警	超高液位报警	防霜冻报警	送风温度	送风湿度	室内温度	室内湿度	室外温度	室外湿度	二氧化碳浓度	回风温度	风管静压
新风机组	1	1	1				1			1		1	1	1	1	1				1	1	1			1	1			
合计		2					2					6									4								

5. 补充说明：带变频控制的新风机组的控制

带变频控制的新风机组需设置室内空气品质传感器。室内空气品质通过空气品质传感器检测，主要是检测CO_2的浓度，占用DDC控制器的1路AI通道。DDC控制器根据监测得到的CO_2浓度，通过改变变频器的频率来调节送风机的运转速度。

当室内空气品质满足设定值要求时，可以降低送风机频率以节约能源。但送风机应设有最小运行频率限制，以保证最小新风量。当室内空气品质不满足设定值要求时，应加大频率提高送风机转速增加新风量。从节能角度考虑，室内空气品质的控制一般希望在满足室内空气品质的前提下，将新风量控制在最小。与传统的固定新风量的控制方案相比，在保证室内空气品质不变的前提下，以CO_2浓度作为指标的控制方案具有明显的节能效果。

4.3.3 风机盘管系统的控制

1. 风机盘管系统的监控功能

由于风机盘管是分散在各空调房间对室内空气进行处理的，因此无论从监控内容还是设备功率上看，风机盘管都比新风机组简单得多。BAS对风机盘管的控制功能包括以下几方面。

(1) 室内温度测量。

(2) 冷、热水阀开关控制。

(3) 风机变速及启停控制。

风机盘管系统的BAS监控原理如图4.21所示。

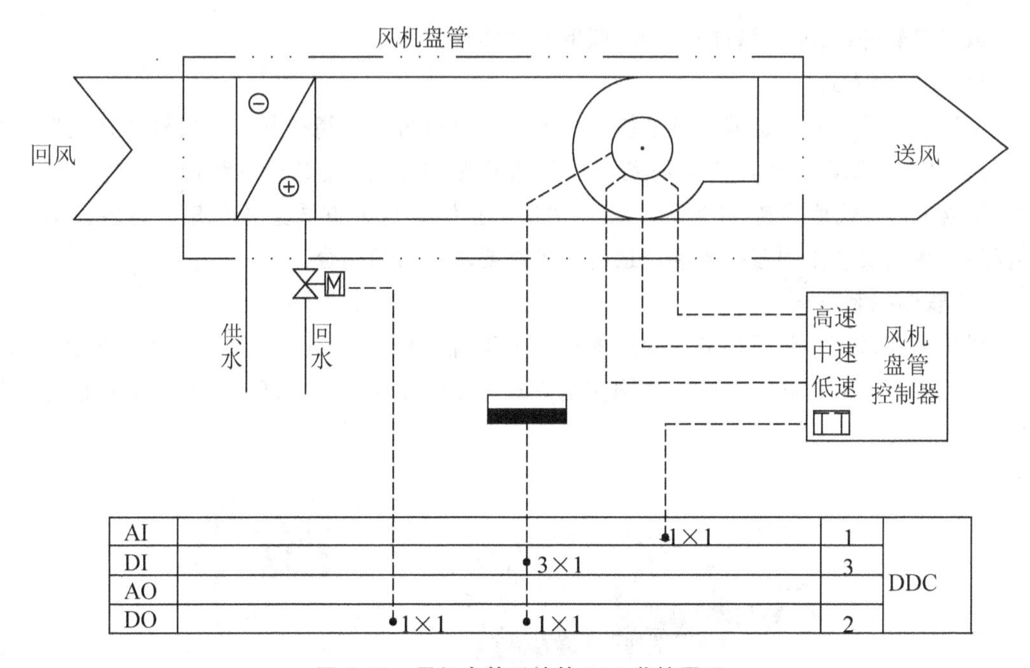

图4.21　风机盘管系统的BAS监控原理

2. 风机盘管系统的监控功能描述

1) 风机变速及启停控制

回风由小功率风机吸入换热盘管，经热交换后送回室内。由于风机盘管的风机功率较小，因此控制较为简单，仅包括转速控制与状态监视，且一般为有级调节可分为高、中、低速3档。启停控制、风量调节通常是使用者就地手动控制。

2）室温控制

室温控制系统由室温控制器及电动阀组成，通过调节冷、热水量来改变盘管的供冷或供热量，控制室内温度。风机盘管温度采样直接取室内实际温度，温度传感器通常安装在温度控制器内。根据类型不同，风机盘管的温度控制器有启停控制、三挡风速控制、温度设定、室内温度显示、占用模式设定等功能可供选择。

风机盘管进行温控时，有双位控制和比例控制两种。前者特点是设备简单、投资少、控制方便可靠，但控制精度不高。后者控制精度较高，要求采用P(或PI)调节功能的温控器和连续调节的电动水阀，因此投资相对较大。目前大多数工程都采用双位控制方式，只有极少数要求较高的区域，或者风机盘管型号较大时，才采用比例控制。

无论是何种控制方式，温控器都应设于室内有代表性的区域或位置，不应靠近热源、灯光及远离人员活动的地点。三速开关则应设于方便人操作的地点。

3）联锁控制

风机启停应与电动水阀联锁。当房间设有钥匙开关时，从节能考虑，风机盘管应与钥匙开关联锁。

3. 风机盘管的联网控制与非联网控制

风机盘管的控制一般有联网和非联网两种实现方式。

1）非联网方式

所谓非联网方式，也就是就地控制的方式，是指盘管水阀控制、风机转速控制等功能不通过DDC控制器实现控制，而是由风机盘管温控器(由纯电子电路构成，内含感温元件，不含CPU)就地控制(详见后文的“知识链接”)。这种方式造价低廉，但控制方式不够灵活，无法实现集中监控管理，适合于控制要求不高的场合。

2）联网控制方式

风机盘管采用一些固化应用程序的小型DDC控制器如图4.22所示，对风机盘管进行一对一控制，并实现联网控制。联网控制方式可充分体现集中管理、分散控制的思想，但其造价较高。

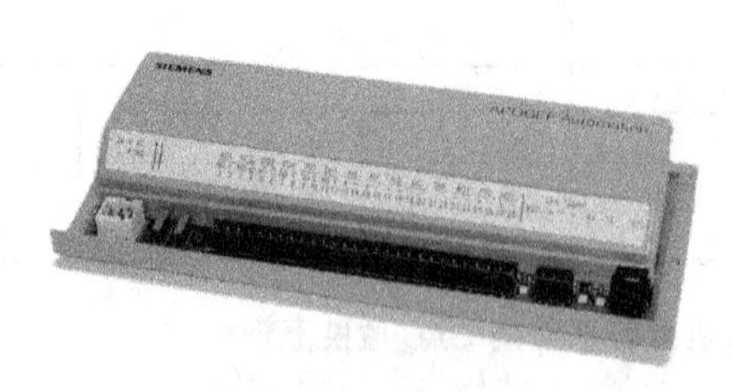

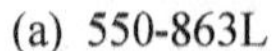
(a) 550-863L

(b) 540-652

图4.22 西门子联网风机盘管控制器

另一种折中的控制方式是盘管水阀控制、风机转速控制等功能由温度控制面板中的纯电子电路就地实现，但风机的启停及运行状态等接入大型通用DDC控制器进行集中监控。这种方式的监控效果及造价都介于上述两种控制方式之间。

风机盘管的就地控制

风机盘管实现就地控制的设备包括温度控制面板(也就是温控器)、电动开关阀等。如图4.23所示风机盘管室温控制装置，它主要由感温元件、室温双位调节器和小型电动三通阀构成。室温调节器根据感温元件检测到的温度控制水阀的通断，以达到调节室温的目的。实际应用中，感温元件和室温调节器做在一起，称为风机盘管温控器。温控器可装设于温度需要加以控制的场所内，温控器实物图及安装位置如图4.24所示。

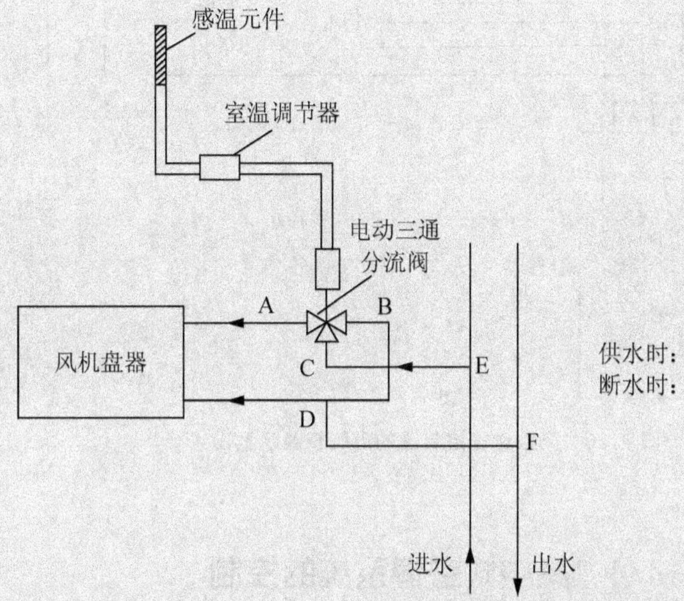

供水时：E—C—A—D—F
断水时：E—C—B—D—F

图4.23 风机盘管室温控制装置

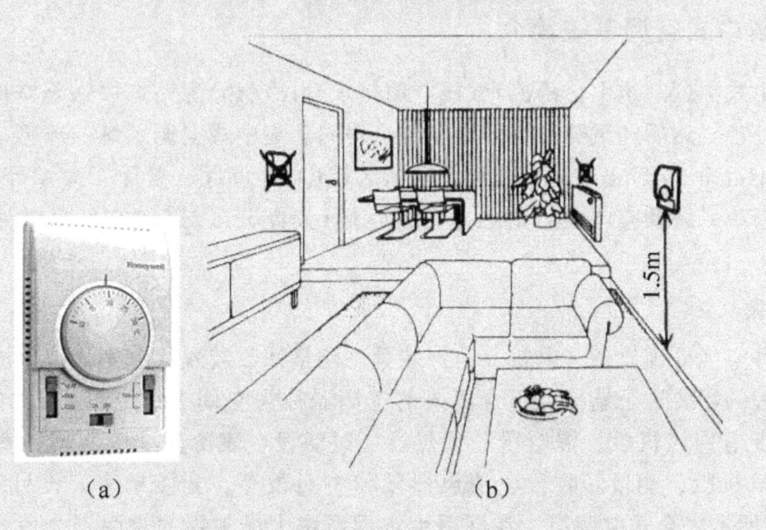

图4.24 温控器实物图及安装位置

如图 4.25 所示某典型的二管制风机盘管(单一冷水盘管)与温控器的电气接线图。温控器控制电动阀的通/断两个工作状态，使室内温度保持在所需的范围(温控器的设定温度在 10～30℃)。

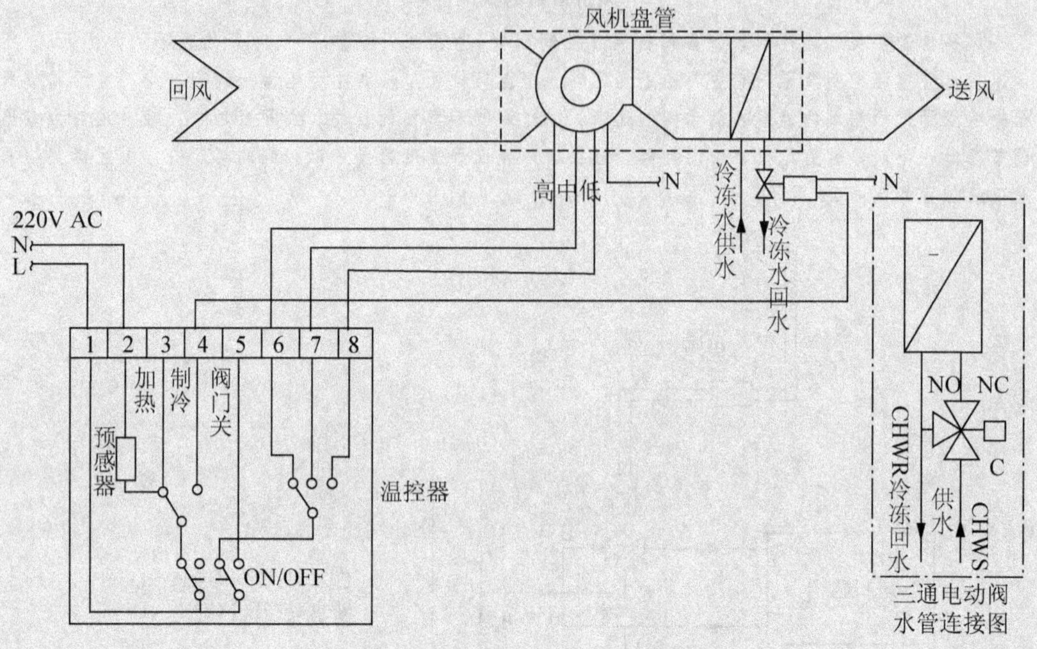

图 4.25 风机盘管控制器的电气接线示意图

4.4 集中式空调系统的控制

4.4.1 集中式空调系统简介

在集中式空调系统中，冷冻水(或空调热水)由冷(热)源站集中送至空调机房，对空气进行集中处理，然后经风管系统配送至各个房间。集中式空调系统的典型应用如：由空调机组(Air Handling Unit，AHU)对大空间区域(如会议厅、餐厅、大堂等)空气集中处理的定风量系统，以及空调机组对独立分割空间(如办公区域等)空气集中处理的变风量系统等。

1. 空调机组

把各种空气处理设备、风机、消声装置、能量回收装置等分别做成箱式的单元，按空气处理过程的需要进行选择、组合而成的空调器称为空调机组(或组合式空调箱)。其标准分段主要有回风机段、混合段、预热段、过滤段、表冷段、喷水段、蒸汽加湿段、再热段、送风机段、能量回收段、消声器段和中间段等。分段越多，设计选配就越灵活。如图 4.26 所示组合式空调箱。在舒适性空调系统中最常用的是由混合段、过滤段、中间段、表冷段、送风机段五段组合而成的空调机组。

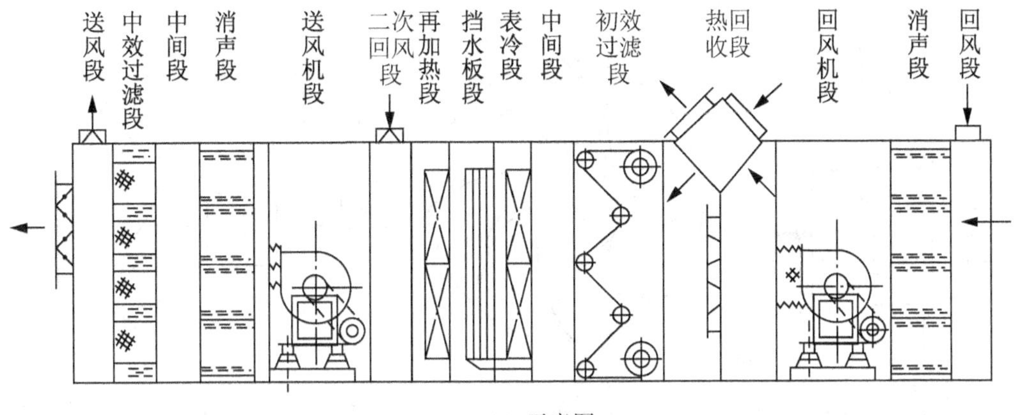

(a) 示意图

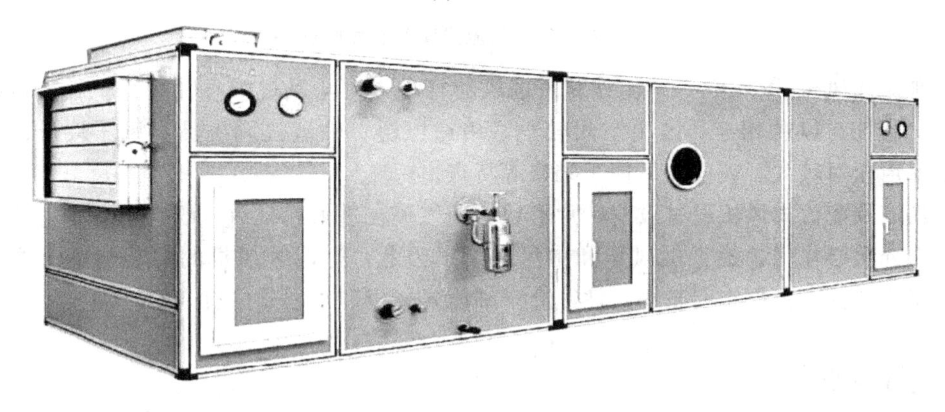

(a) 实物图

图 4.26 组合式空调箱

空调机组必须与相应的风管配送网络及末端设备配合才能组成完整的空调系统。根据末端设备的控制方式，可以将空调机组分为定风量(Constant Air Volume，CAV)系统与变风量(Variable Air Volume，VAV)系统两大类。

2. 空调风系统

空调风系统由送风机、回风机、风道系统、风口，以及风量调节阀、防火阀、排污阀、消声器、风机减振器等配件组成。其作用是将处理后的空气按设计要求送到空调房间，并从房间内抽回一部分空气或排除一定量的空气。

1) 通风机

通风机是机械通风和空调机组送风的主要设备，它能使空气增压，推动空气流动。常用的通风机有轴流式、离心式、斜流及混流式风机。

离心式风机，图 4.27(a)、(b)所示工作时，进风在叶轮旋转产生的离心力作用下，离开叶轮进入机壳，最后由机壳出口送出。与轴流式风机相比，它对进口空气的流场均匀度要求可以相对放宽一些。离心式风机具有风压高、风量可调、噪声较低、可将空气进行远距离输送等优点，适用于要求低噪声、高风压的场合。

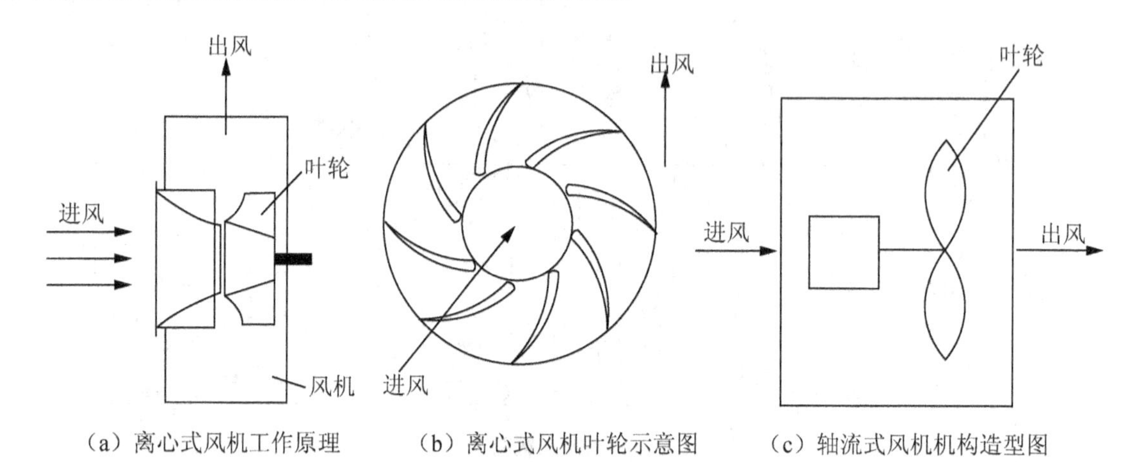

（a）离心式风机工作原理　（b）离心式风机叶轮示意图　（c）轴流式风机机构造型图

图 4.27　轴流式和离心式风机

轴流式风机[图 4.27(c)]工作时，进风的气流方向与风机中心轴平行。轴流风机安装简单，直接与风管相连，占用空间较小，用途广泛。轴流式风机具有风压较低、风量较大、噪声相对较大、耗电少、便于维修等特点。

斜流及混流式风机通过改变叶片形状，使气流在进入风机后，既有部分轴流作用，又产生部分离心作用，提供中风压和中等风量。因此，这两种风机的安装与轴流式风机相似，接管方便，占用空间较小，性能介于轴流式风机和离心式风机之间。

特别提示

工程上，推动叶轮运转的电动机多采用三相异步电动机。BAS 对风机的监控原理与给排水系统中水泵的监控类似。

2）风管

普通空调多用薄钢板、铝合金板、镀锌钢板、玻璃纤维板或预制保温板(两层金属板间加隔热材料)制作风道。某些体育馆、影剧院也用砖或混凝土预制风道。风管有圆形、矩形和椭圆形等形式。矩形风管容易和建筑配合，但保温加工较困难。圆形风管阻力小，省材料，保温加工方便。椭圆形风管兼有矩形和圆形风管的优点，但需专用设备进行加工，造价较高。

减少管道的能量损失，防止管道表面产生结露现象，保证进入空调房间的空气参数达到规定值，应有风管保温措施。常用的保温结构由防腐层、保温层、防潮层、保护层组成。防腐层一般为 1～2 道防腐漆。保温层常采用阻燃性聚苯乙烯或玻璃纤维板或者新型的高倍率独立气泡聚乙烯泡沫塑料板，其厚度应参阅有关手册计算确定。保温层和防潮层都要用铁丝或箍带捆扎，然后再敷设保护层。保护层可用水泥、玻璃纤维布、木板或胶合板包裹后捆扎。设置风管及制作保温层时应注意外表美观和光滑，尽量避免露天敷设和太阳直晒。

3）送风口、回风口

常用的几种送风口如图 4.28 所示，主要有侧送风口、散流器、孔板送风口、喷射式送风口等型式，其作用是将送风状态的空气均匀地送入空调房间。

侧送风口安装在空调房间侧墙或风道侧面上，可横向送风，有格栅风口、百叶风口、条缝风口等类型。散流器安装在顶棚上，其送风气流从风口向四周呈辐射状送出。孔板送风口是开有一些圆形小孔的孔板，适用于要求工作区气流均匀、流速小、区域温差小和洁净度较高的场合，如高精度恒温室和平行流洁净室。喷射式送风口是一个渐缩的圆锥台形短管，渐缩角很小，风口无叶片阻挡，噪声小、紊流系数小、射程长，适用于大空间公共建筑的送风，如体育馆、影剧院等场合。

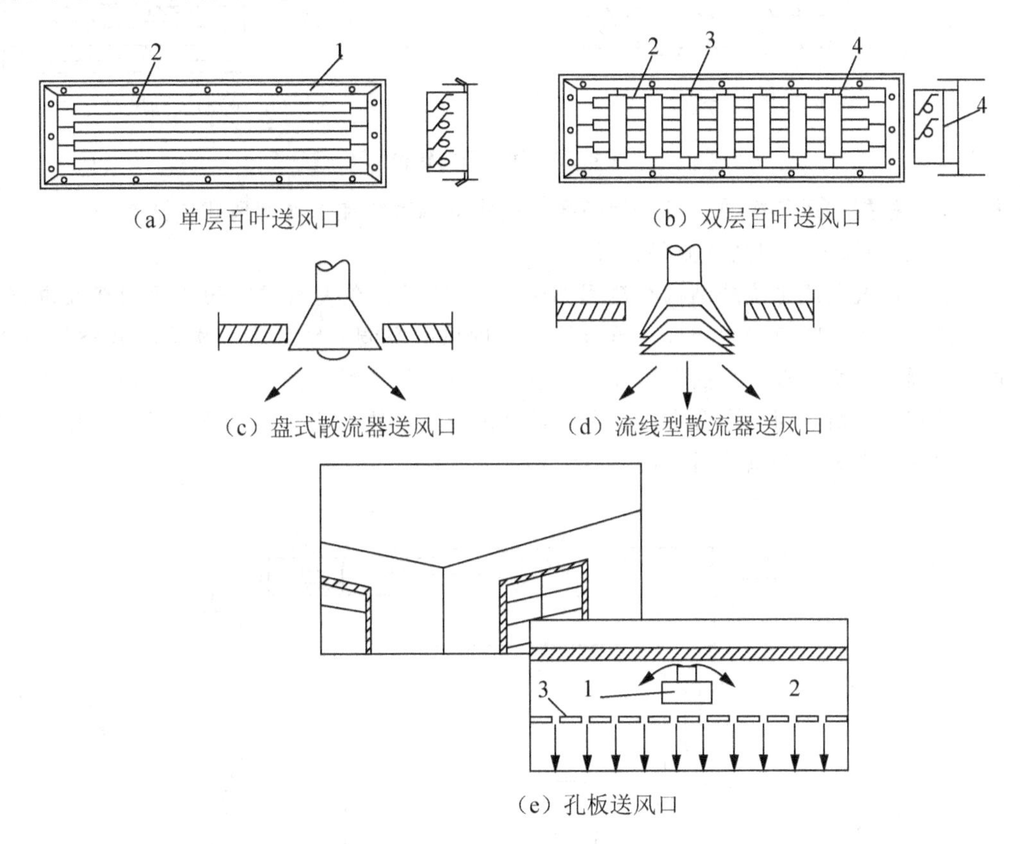

（a）单层百叶送风口　（b）双层百叶送风口

（c）盘式散流器送风口　（d）流线型散流器送风口

（e）孔板送风口

图 4.28　常用的几种送风口

1—铝框；2—水平百叶片；3—百叶片轴；4—垂直百叶片；
5—风管；6—静压箱；7—孔板；8—空调房间

回风口由于汇流速度衰减很快、作用范围小，故其吸风速度的大小对室内气流组织的影响很小。回风口的类型较少，常用的有格栅、单层百叶、金属网格等形式，但要求能调节风量和定型生产。回风口的结构如图 4.29 所示。

3. 集中式空调的典型工作流程简介

为经济和节能，集中式空调常采用一定量的回风进行循环使用，这种系统即为回风式

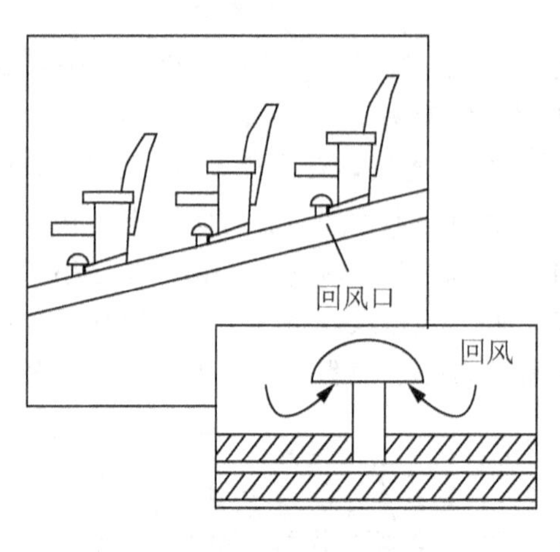

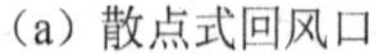
(a) 散点式回风口

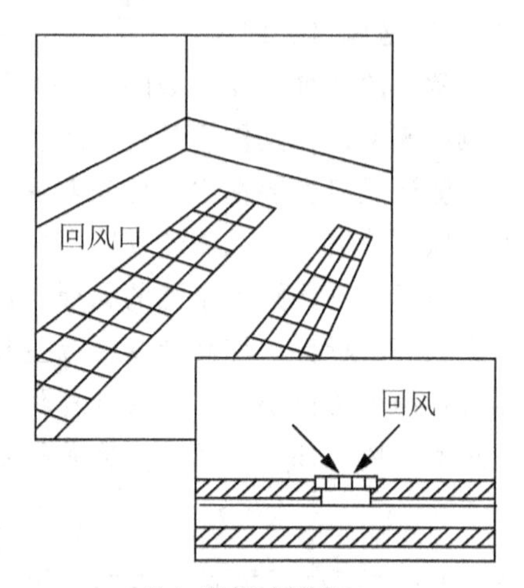

(b) 隔栅式回风口

图 4.29 回风口的结构

空调系统。根据回风的次数，可分为一次回风式空调系统和二次回风式空调系统。

1) 一次回风式空调系统流程分析

一次回风式空调系统的结构与流程如图 4.30 所示。在表面式冷却器前同新风进行混合的空调房间回风叫第一次回风，具有第一次回风的空调系统称为一次回风式空调系统。此时，空调机组所处理的是由新风和循环空气(室内回风)混合的气体。一次回风系统在空调箱内设有一个新、回风混合室。新风量最小占总风量的 10%，一次回风系统应用较为广泛，被大多数中央空调系统所采用。

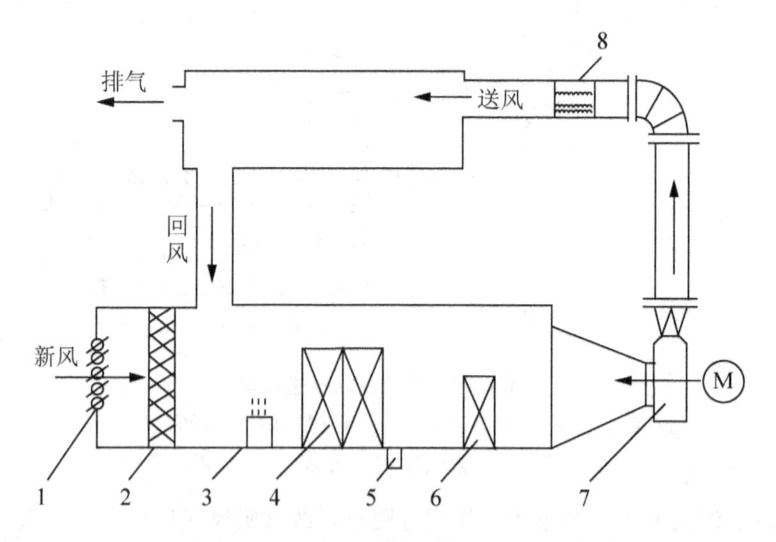

图 4.30 一次回风式空调系统的结构与流程

1—新风口；2—空气过滤器；3—电极式加湿器；4—表面式冷却器；
5—排水口；6—再加热器；7—风机；8—精加热器

若要深入理解空气处理过程，读者可以利用焓湿(h-d)图。下文的“知识链接”部分以图 4.30 的一次回风空调系统流程为例，利用焓湿图对空气处理过程进行分析。

知识链接

一次回风空调系统的空气处理过程分析

1. 一次回风系统的夏季处理过程

室外空气状态为从$W_x(h_{W_x}, d_{W_x})$的新风与来自空调房间状态为$N_x(h_{N_x}, d_{N_x})$的回风混合后，状态为$C_x(h_{C_x}, d_{C_x})$。进入表面式冷却器冷却去湿达到机器露点L_x，然后经过再热器加热至所需的送风状态$O_x(h_{O_x}, d_{O_x})$送入室内吸热、吸湿，当达到状态$N_x(h_{N_x}, d_{N_x})$后部分排出室外，另一部分进入空气处理系统与室外新鲜空气混合，如此循环。整个处理过程可以写为：

$$\left.\begin{matrix} W_x \\ N_x \end{matrix}\right\rangle \xrightarrow{\text{混合}} C_x \xrightarrow[\text{去湿}]{\text{冷却}} L_x \xrightarrow[\text{加热}]{\text{等湿}} O_x \xrightarrow{\varepsilon} N_x \longrightarrow \text{排出室外}$$

（N_x ↓ 回风）

上述处理过程在h-d图上的表示如图4.31(a)所示。

一次回风式系统在表面式冷却器处理空气所需的冷量Q_0为：

$$Q_0 = G(h_{C_x} - h_{L_x})$$

式中　Q_0——处理室所需冷量，kW；

G——系统送风量，kg/s；

h_{C_x}——混合后空气的焓，kJ/kg；

h_{L_x}——进入表面式冷却器后空气状态的焓，kJ/kg。

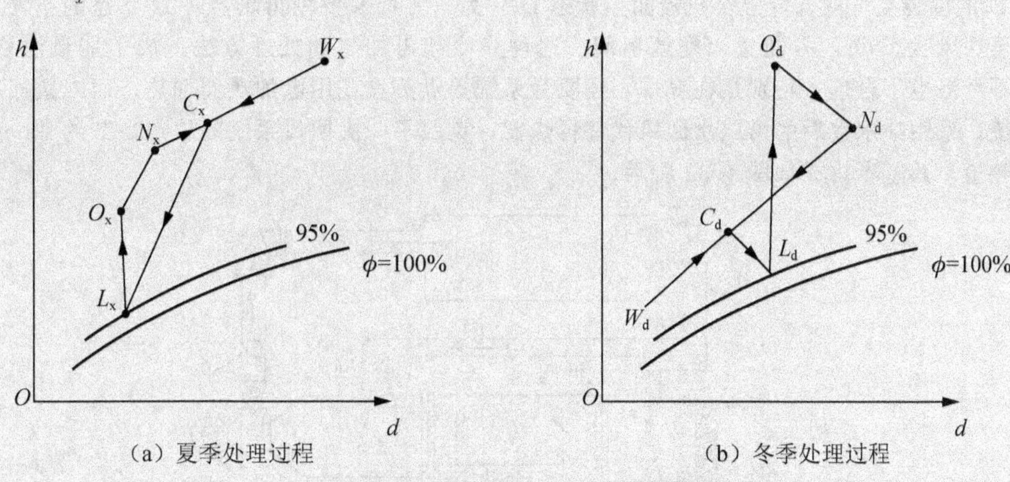

(a) 夏季处理过程　　(b) 冬季处理过程

图4.31　一次回风式空调系统空气处理过程

2. 一次回风系统的冬季处理过程

从节能角度看，冬季送风量应小于夏季，但目前工程上采用的大多数空调系统，冬、夏季使用同一风机送风，也就是说冬、夏季的风量是相等的。空调系统的送风机是按满足夏季所需送风量确定的。

冬季室外空气状态为$W_d(h_{W_d}, d_{W_d})$的新风与室内空气状态为$N_d(h_{N_d}, d_{N_d})$的回风混合至状态$C_d(h_{C_d}, d_{C_d})$，经加湿器绝热加湿到状态点$L_d(h_{L_d}, d_{L_d})$，再经再热器加热至送风状态$O_d(h_{O_d}, d_{O_d})$送入室内。在室内放热湿达到室内设计的空气状态点$N_d(h_{N_d}, d_{N_d})$后，一部分被排出室外，另一部分进入空气处理系统与室外新风混合，如此循环。整个处理过程可以写为：

$$W_d, N_d \xrightarrow{\text{混合}} C_d \xrightarrow[\text{加湿}]{\text{绝热}} L_d \xrightarrow[\text{升湿}]{\text{等湿}} O_d \xrightarrow{\varepsilon} N_d \longrightarrow \text{排出室外}$$

（N_d ↓ 回风）

上述空气处理过程在 h-d 图上的表示见图 4.31(b)，一次回风系统冬季所需的加热量为：

$$Q_1 = G(h_{O_d} - h_{L_d})$$

式中 Q_1——一次回风冬季系统所需热量，kW；

G——冬季送风量，kg/s；

H_{O_d}——冬季送风状态的焓，kJ/kg；

h_{L_d}——冬季处理过程中机器露点的焓，kJ/kg。

2）二次回风式空调系统流程分析

二次回风系统是在一次回风系统的基础上将室内回风分成两部分分别引入空调箱中，如图 4.32 所示。与经过喷水室或表面式冷却器处理之后的空气进行混合的空调房间回风称为第二次回风。因此，二次回风式空调系统是包括第一次回风和第二次回风的空调系统。一部分回风在新、回风混合室第一次混合，另一部分进入第二混合室与一次混合室出来后经过处理的气体第二次混合。

在分析一次回风系统的夏季处理过程时，我们可以看到这样一种情况：一方面将状态为 C_x 的混合空气冷却降温至机器露点状态 L_x；另一方面又要用再热器将 L_x 状态的空气升温至送风状态 O_x，方能送入空调房间。这种先冷却再加热的处理方法造成了能量浪费，既不经济也不合理，特别是在夏季，还要为系统提供蒸汽或用电加热器加热。而二次回风系统，采用喷水室后的第二次回风代替再热器，克服了一次回风系统的缺点，节约了冷量和热量，其基本构成如图 4.32 所示。

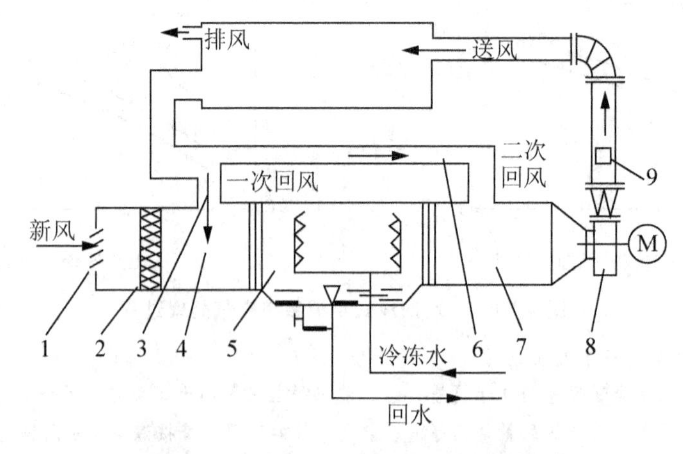

图 4.32 二次回风式空调系统流程图

1—新风口；2—过滤器；3——次回风管；4——次混合室；5—喷水室；6—二次回风管；7—二次混合室；8—风机；9—电加热器

知识链接

二次回风空调系统的空气处理过程分析

下面如图4.33所示作为分析对象，利用焓湿图进行空气处理过程分析。

1. 二次回风系统的夏季空气处理过程

夏季室外空气状态为$W_x(h_{W_x}, d_{W_x})$的新风与室内空气状态为$N_x(h_{N_x}, d_{N_x})$的第一次回风混合至状态$C_x(h_{C_x}, d_{C_x})$，进入喷水室冷却除湿后到机器露点状态$L_x(h_{L_x}, d_{L_x})$、然后再与状态为$N_x(h_{N_x}, d_{N_x})$的第二次回风混合至送风状态$O_x(h_{O_x}, d_{O_x})$并送入空调房间吸热吸湿，当达到状态$N_x(h_{N_x}, d_{N_x})$后部分排出室外，另一部分进入空气处理系统进行混合，如此循环。整个处理过程可以写为：

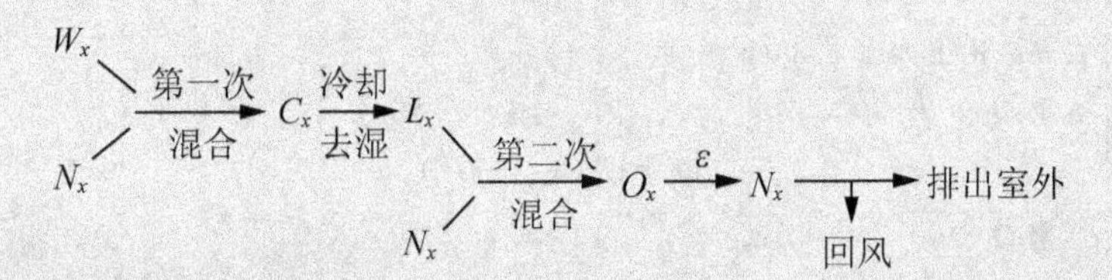

上述处理过程在h-d图上如图4.33(a)所示。

二次回风式系统在喷水室内处理空气所需的冷量Q_0为：

$$Q_0 = G_1(h_{C_x} - h_{L_x})$$

式中 Q_0——处理室所需冷量，kW；

G_1——新风与第一次回风的总风量，kg/s；

h_{C_x}——混合后空气的焓，kJ/kg；

h_{L_x}——喷水室后空气的焓，kJ/kg。

比较二次回风系统与一次回风系统后可以看出：

(1) 二次回风系统通过喷水室的风量G_1小于一次回风系统的总送风量G，这说明二次回风系统不仅节省了再热器的加热量，也节省了一部分冷量，喷水室的尺寸也可缩小。

(2) 由于二次回风系统的机器露点温度t_{L_x}低于一次回风系统的机器露点温度，而且第一次混合状态点C_x的焓值要比一次回风系统的h_{C_x}大一些，所以二次回风系统的冷冻机制冷效率将会有所降低，也使天然冷源的使用受到限制。

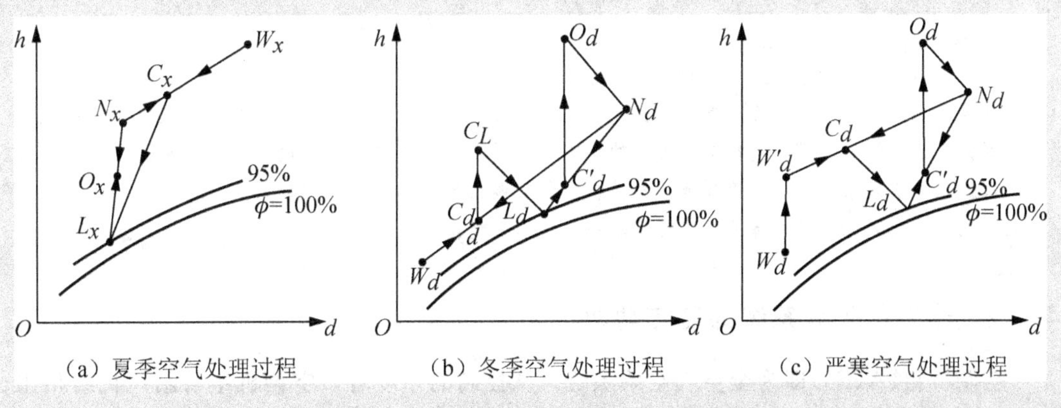

(a) 夏季空气处理过程　(b) 冬季空气处理过程　(c) 严寒空气处理过程

图4.33 二次回风式空调系统空气处理过程

2. 二次回风系统的冬季处理过程

如前所述，对一般系统而言，冬季送风量与夏季相同。在冬季较寒冷的地区，室外新风与回风按最小新风比混合后，其焓值仍低于送风所需的机器露点的焓值，此时就要用预热器加热第一次混合后的空气，使其焓值等于 h_{Ld}，再送至喷水室绝热加湿，最后与第二次回风混合再加热至送风状态 O_d 送入空调房间。整个处理过程可以写为：

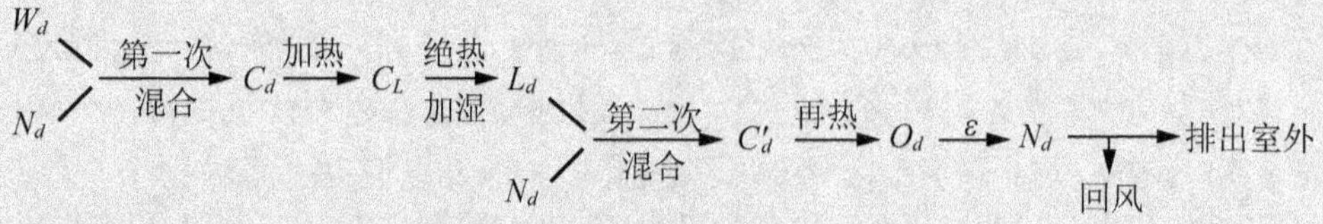

W_d、N_d $\xrightarrow[\text{混合}]{\text{第一次}}$ C_d $\xrightarrow{\text{加热}}$ C_L $\xrightarrow[\text{加湿}]{\text{绝热}}$ L_d；L_d、N_d $\xrightarrow[\text{混合}]{\text{第二次}}$ C'_d $\xrightarrow{\text{再热}}$ O_d $\xrightarrow{\varepsilon}$ N_d → 排出室外；↓回风

上述过程可在 h-d 图上如图 4.33(b)所示。

预热器的加热量 Q_1 为：

$$Q_1 = G_1(h_{L_d} - h_{C_d})$$

再热器的加热量 Q_2 为：

$$Q_2 = G_1(h_{O_d} - h_{C_d})$$

如果在严寒地区，就需要采用先加热新风再与第一次回风混合的系统。这种方法的送风状态 O_d、机器露点状态 L_d 与上面相同，不同之处在于预热器的位置和它的加热量。被预热后的新风 W'_d 与第一次回风混合后的焓值 h_{C_d} 应等于机器露点状态的焓值 h_{L_d}。这种方案的空气处理过程如图 4.33(c)所示，可以写为：

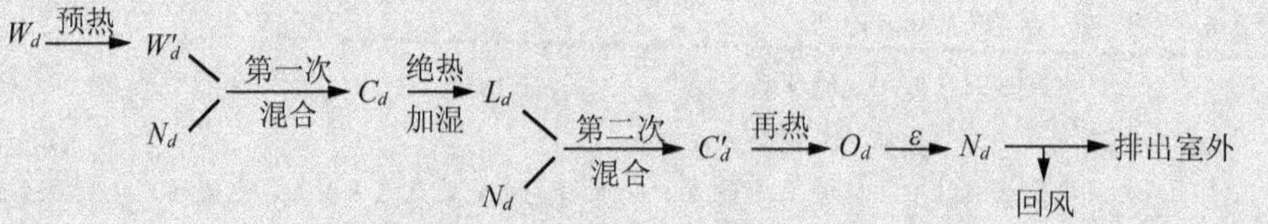

W_d $\xrightarrow{\text{预热}}$ W'_d；W'_d、N_d $\xrightarrow[\text{混合}]{\text{第一次}}$ C_d $\xrightarrow[\text{加湿}]{\text{绝热}}$ L_d；L_d、N_d $\xrightarrow[\text{混合}]{\text{第二次}}$ C'_d $\xrightarrow{\text{再热}}$ O_d $\xrightarrow{\varepsilon}$ N_d → 排出室外；↓回风

预热器的加热量 Q_1 为：

$$Q_1 = G_W(h_{W'_d} - h_{W_d})$$

再热器的加热量 Q_2 为：

$$Q_2 = G(h_{O_d} - h_{C'_d})$$

式中　G_W——新风风量，kg/s。

3. 关于一次回风系统和二次回风系统的选择

从夏季工况来看，二次回风系统比一次回风系统节省能量，尤其可以不用热源。但是二次回风系统机器露点温度较低，影响它在某些场合的应用。二次回风系统在空气处理设备构造和运行调节方面较一次回风系统复杂一些。对于夏季只作降温用的空调系统，如果对送风温差没有限制，即不必采用再热器或二次风来保证送风温差，这时采用一次回风系统就更合理。

4.4.2　全空气处理系统的监控功能

空调机组(AHU)即为全空气空调系统。从控制的角度看，空调机组与新风机组相比，有一些不同。空调机组控制调节的对象是房间内的温湿度，而新风机组控制的是送风温湿度。空调机组有回风(不同于新风机组系统)，新回风比可以变化。空调机组要求房间的温湿度全年均处于舒适区范围内，同时还要研究系统节能的控制方法。因此，在过渡季节空调机组应尽量利用新风，以减少运行费用，降低运行成本。

BAS对空调机组的监控内容与功能可参照表4-4进行确定。在实际工程中，一般根据智能建筑的不同等级、投资、业主需求和相关标准确定BAS的监控功能，可以是表4-4中的全部或部分的监控功能。

表4-4 全空气处理系统的监控功能

序号	监控内容	监控功能
1	新风门控制	参数测量及自动显示、历史数据记录及定时打印、故障报警
2	过滤器堵塞报警	空气过滤器两端压差大于设定值时报警，提示清扫
3	防冻保护	加热器盘管处设置温控开关，当温度过低时开启热水阀，防止将加热器冻坏
4	回风温度自动检测	参数测量及自动显示、历史数据记录及定时打印、故障报警
5	回风温度自动调节	冬季自动调节热水开度，夏季自动调节冷水开度，保持回风温度为设定值。过渡季根据新风的温湿度自动计算焓值，进行焓值调节
6	回风湿度自动检测	参数测量及自动显示、历史数据记录及定时打印、故障报警
7	回风湿度自动调节	自动控制加湿阀开断，保持回风湿度为设定值
8	风机两端压差	风机启动后两端压差应大于设定值，否则及时报警与停机保护
9	机组预定时启停控制	根据事先工作及节假日作息时间表，定时启停机组
10	工作时间统计	自动统计机组工作时间，提示定时维修
11	联锁控制	风机停止后，新回风风阀、电动调节阀、电磁阀自动关闭；送回风机组与消防系统的连动控制
12	重要场所的环境控制	在重要场所设温湿度测点，根据其温湿度，直接调节空调机组的冷热水阀，确保重要场所的温湿度值
13	最小新风量控制	在回风管内设置二氧化碳检测传感器，根据二氧化碳浓度自动调节新风阀，在满足二氧化碳浓度标准下使新风阀开度最小，可节能
14	新风温湿度自动检测	参数测量及自动显示，历史数据记录及定时打印，故障报警
15	送风温湿度自动检测	参数测量及自动显示，历史数据记录及定时打印，故障报警

4.4.3 定风量空调系统的控制

本小节如图4.34所示为空调机组工艺流程为控制对象，进行监控原理分析和配置设计。

1. 工艺流程分析

如图4.34所示将新、回风按一定比例进行混合，在空调机组内进行各项参数处理后，直接将处理好的空气送至空调房间内使用。再经回风机一部分排到室外，另一部分与新风混合，继续循环。图中的风机都为定速风机，故本例属于定风量系统。

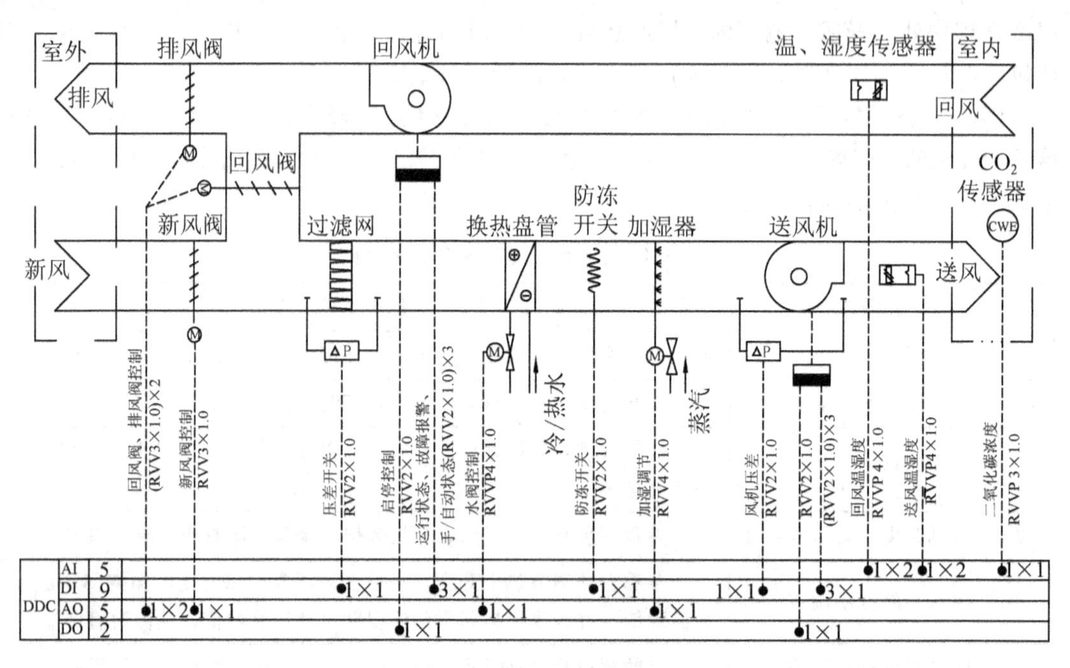

图 4.34 AHU 监控原理图

知识链接

定风量空调系统简介

如果各送风口不具备任何调节能力，送风机为定速风机，经空调机组处理后的空气直接由风管配送网络按比例送至各送风口，则各送风口的风量基本不变(忽略室内气压变化对送风量的影响)。工程中常把这种系统称为定风量空调系统。其特点是依靠送风温度的变化来调节房间的温度和湿度。

在会议厅、餐厅、大堂等大空间区域内，各送风口的控制范围内占用情况和温湿度设定值相同，可以由一台或多台空调机组统一控制，适宜采用定风量空调系统。在病房、仓库等独立、分割空调区域，温湿度设定值相同，也可采用定风量空调系统，但要在各区域的送风口末端安装开关风阀。当空调区域处于占用状态时打开开关风阀进行控制，当空调区域空闲时关闭开关风阀以节约能源。对于独立、分割的办公区域，定风量空调系统往往无法满足各区域的个性化需求。

定风量空调系统的设备是根据恶劣工况条件配置设计的。而全年空调的建筑物里，空调系统大部分时间都不在满负荷状态下工作，因此能耗较大。

2. 监控需求分析

(1) 电动风阀与送风机、回风机联锁控制，当送风机、回风机关闭时，电动风阀(新风、回风、排风风阀)都关闭。新风阀和排风阀动作同步，与回风阀动作相反。根据新风、回风以及送风焓值的比较，调节新风阀和回风阀开度。当风机启动时，新风阀打开；风机关闭时，新风阀同时关闭。

(2) 当过滤网两侧压差超过设定值时，压差开关送出过滤器堵塞信号，并报警。

(3) 当冬季温度太低时，防冻开关送出信号，风机和新风阀关闭，防止盘管冻裂。当防冻开关正常时，应重新启动风机，打开新风阀，恢复正常工作。

(4) 送风温度传感器检测到送风温度实际值，与控制器设定的温度比较，经 PID 计算后，输出相应的模拟信号，控制水阀的开度，使实测温度达到设定温度。

(5) 送风湿度传感器检测到送风湿度实际值，与控制器设定的湿度比较，经 PID 计算后，输出相应的模拟信号，控制加湿阀的开度，使实测湿度达到设定湿度。如果加湿设备使用加湿器，则控制变为数字信号，控制加湿器的启停。

(6) 风机的监测状态为：手/自动状态，运行状态和故障状态，由 DDC 内置程序控制风机启停。

(7) 送风机、回风机的启停顺序为：启动时先开送风机，延时后开回风机；停止运行时先关回风机，延时后关送风机。

空调机组的监控管理、联锁、防冻保护等与前面讨论的新风机组类似，因此，后文仅对新回风比控制、室内温湿度控制、室内空气状态确定等不同于新风机组的内容做深入分析。

3. 新回风比的控制模式

新回风比即为混合空气中新风与回风的比例。在空调机组中，为了调节新回风比，对新风、排风、回风 3 个风门都要进行单独的连续调节。根据质量守恒定理，通过新风门的空气流量与通过排风门的空气流量相等，因此控制时新风门开度与回风门开度之和保持为 100%，排风阀与回风阀的开度之和也为 100%。增大新风比例可以提高室内空气的品质和舒适度，而提高回风比例可以起到节能效果，因此在控制新风与回风比例时需要兼顾舒适度与节能两个因素进行综合考虑。在空气处理机工作时，一般不允许新风门全关，需要设定最小新风门开度，最小新风门开度一般为 10%～15%左右。对空调机组中的新风门和回风门的开度控制，工程中经常采用的控制策略有以下几种。

1) 节能优先控制模式

节能优先的控制思想是，只要换热盘管水阀没有处于关断状态，则将新风门开至最小开度以节约能源。具体实施时多根据工况和空气温度(当设有湿度传感器及加湿设备时应用焓值替代)进行判断。在过渡季节，盘管水阀处于关断状态，新风门全开。夏季工况，当室外温度大于回风温度时，盘管水阀必然打开，关闭新风门至最小开度；当室外温度小于等于回风温度时，盘管水阀关闭，新风门全开。冬季工况的判别逻辑与夏季工况相反。

2) PID 控制模式

通过回风温度与设定温度的差值对新风门开度进行 PID 控制。通过改变 PID 参数，可以调整此控制策略的节能、舒适倾向。

3) 有级控制模式

PID 控制模式虽然先进，但参数整定困难。另一种简便、直观的控制方式是将回风温度与设定温度的差值划分为若干区域，每个区域对应不同的新风门开度。如在夏季工况下，可采用如图 4.35 所示的控制逻辑。具体区域的划分及对应的新风门开度可根据实际工程情况加以确认。当仅区分回风温度大于或小于设定温度两个区域，且一个区域对应新风门全开，另一个区域对应新风门最小开度时，有级控制模式实际上就退化成节能优先控制模式了。

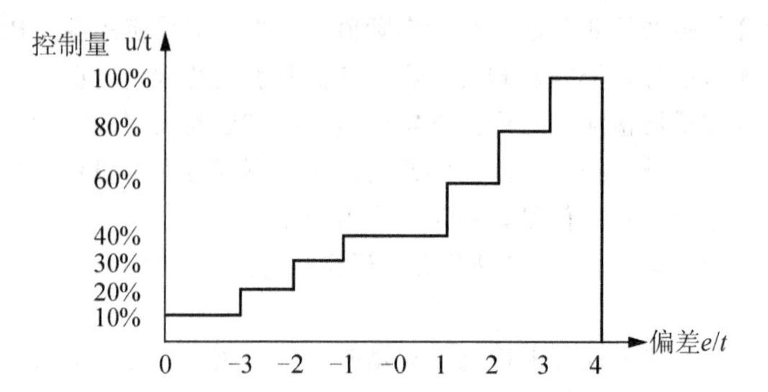

图 4.35 空调机组风门有级控制模式夏季工况

知识链接

排风中的能量回收

在空调系统中，由于加入了一定的新风量，故必须有一定量的排风。排风中具有可回收的冷(热)量，因此有些空调机组采用带转轮式热回收器来回收排风中的冷(热)量，转轮式热回收器如图 4.36 所示。转轮的转速对热回收效率影响很大，转轮转速一般在 4～10r/min 范围内，可以通过 DDC 控制其转速。

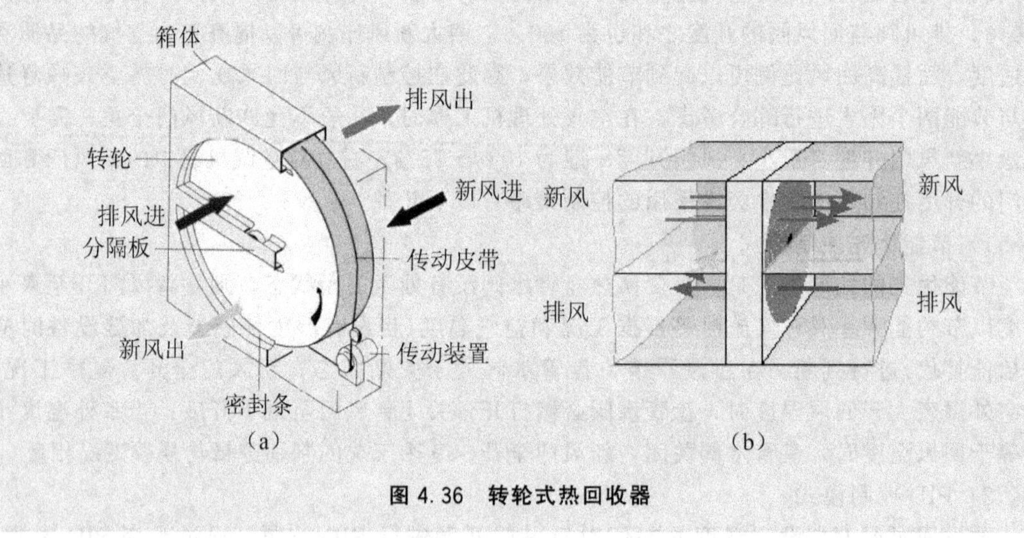

图 4.36 转轮式热回收器

4. 室内温度、湿度的控制方法

空调机组不同于新风机组只需对送风温度进行控制，它控制的是相应空调区域的温度(室内温度)。一般可认为，回风温度为室内温度的平均值。

为提高控制精度和响应速度，空调机组的盘管水阀通常采用如图 4.37 所示的双闭环串级 PID 模型进行控制。如图 4.37 所示，首先根据设定温度与回风温度的差值通过 PID 算法确定理想的送风温度，然后再由理想送风温度与实际送风温度的差值确定盘管水阀开度。这种双 PID 的串级控制方法在控制精度与响应速度上都要优于由设定温度与回风温度的差值直接确定盘管水阀开度的单 PID 闭环控制。

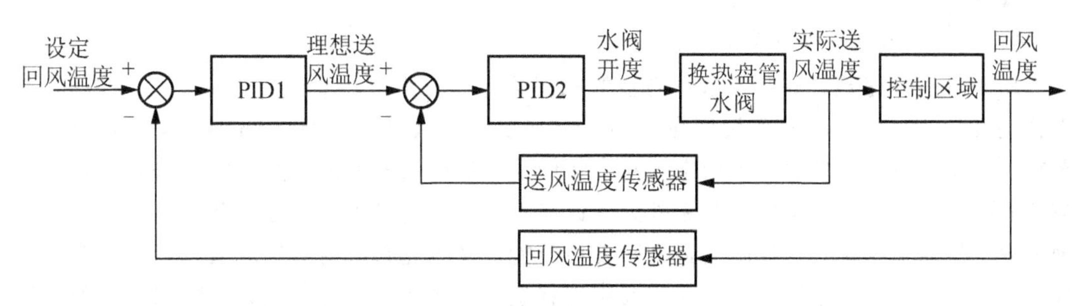

图 4.37 空调机组盘管水阀控制方式

对于室内湿度的控制也采用“串级PID调节”，方法类似，请读者自行分析。

知识链接

串级控制简介

串级控制(Cascade Control)一般是在有多个测量信号和一个控制变量的情况下使用。它尤其适用于控制变量和过程变量之间存在显著动态特性(比如长的时间滞后或长的时间常数等)的系统中。比如，在空调机组调节室内温湿度的系统中，热湿交换过程的时间常数较大，达到十多分钟(甚至30min)以上。控制器要等到室内温湿度发生偏差后再进行控制。如果采用简单的PID控制系统，其控制很不及时，这会导致偏差在较长的时间内不能被克服，以致误差太大不符合工艺要求。

串级控制系统采用分级控制的思想，把时间常数较大的被控对象分解为两个时间常数较小的被控对象，也即把一个控制通道较长的对象分为两级。这种分级控制的思想在许多非工程、非自然学科领域应用也非常普遍。

串级控制系统将原被控对象分解为两个串联的被控对象，串级控制系统组成原理如图4.38所示。以连接分解后的两个被控对象的中间变量为副被控变量，构成一个简单控制系统，称为副控制系统或副环。以原对象的输出信号为主被控变量，即分解后的第二个被控对象的输出信号构成一个控制系统，称为主控制系统或主环。主控制系统中控制器的输出信号作为副控制系统控制器的设定值，副控制系统的输出信号作为主被控对象的输入信号。

以空调机组的室内温度 t_n 控制为例，空调机组的调节空气到送风温度 t_s 的设备可作为第一个被控对象，再到被控变量室内温度 t_n 的设备作为第二个对象，也就是在原被控制对象中找出一个中间变量 t_s。送风温度能提前反映扰动的作用，增加对这个中间变量的有效控制，使整个系统的被控制变量得到较精确地控制。如此构成的串级PID控制系统如图4.38所示。

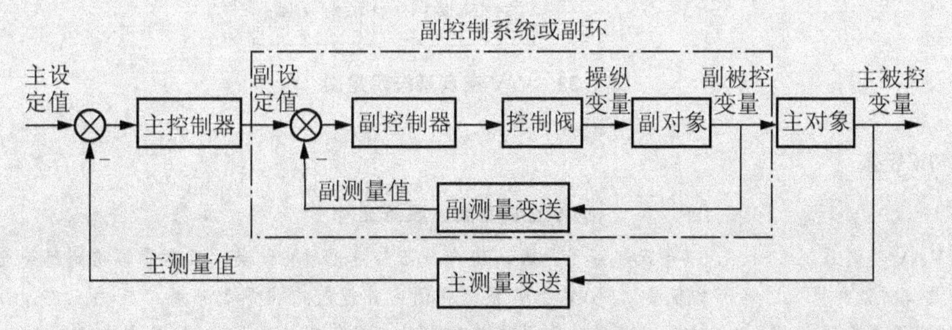

图 4.38 串级控制系统组成原理

串级控制在压力无关型VAV末端箱中也有应用，后文将详述。

5. 室内空气状态的确定方法

对于舒适性建筑，并非要求室内空气状态恒定于一点，而是允许在较大范围内浮动。例如温度为24～28℃，相对湿度在40%～65%以内，风速不大于0.3m/s，均满足舒适性要求。当室外状态偏低时，室内空气状态相应地靠近此域的下限；室外状态偏高时，室内空气状态则靠近此域的上限。当室外处于此域附近时，则尽可能多地用新风，使室内状态随外界空气状态变化。这样既可最大限度地节能，又可提高室内空气品质和舒适程度。这样，可以在每个时刻根据新回风状态及室内状态确定最适宜的送风状态，既保证房间空气状态处于舒适区，又使空气处理所需的能耗最小。当房间允许的舒适域范围较大时，与固定的室内设定状态相比，这样做节能效果十分显著。

4.4.4 变风量空调系统的控制

1. 变风量空调系统简介

变风量(VAV)空调系统是一种通过根据室内负荷变化改变送风量来调节室内温湿度的空调系统。VAV空调系统由变风量空气处理机组(带变速风机)、新风/排风/送风/回风管道、VAV末端装置(又称为变风量空调箱，VAV BOX)、房间温控器等组成如图4.39所示。其中，VAV末端装置是该系统的最重要部分，在每个控制区域都有一个VAV末端装置。VAV末端根据控制区域的热负荷，通过调节风门的开启比例控制送风量。变风量空调机组则根据各个VAV末端的需求，通过控制风机转速来调节总送风量。

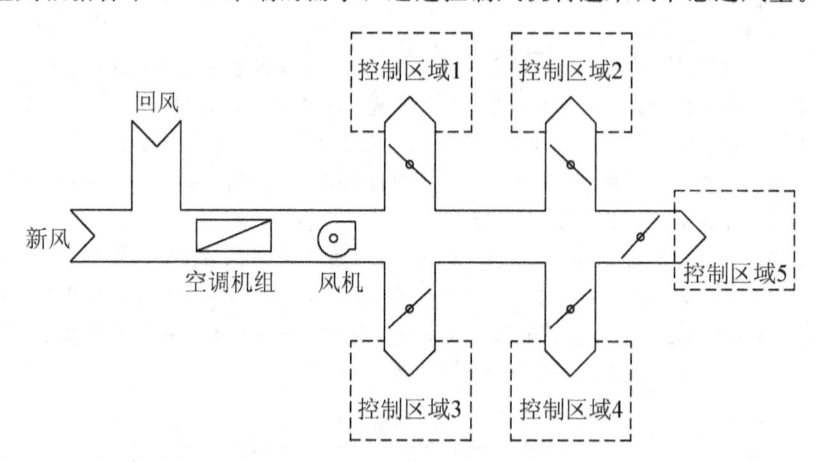

图4.39 VAV空调系统示意图

知识链接

VAV空调系统发展概况

VAV空调系统20世纪60年代起源于美国，70年代石油危机后在欧美、日本等国得到迅速发展。由于具有节能和可分区调节的优点，VAV空调系统在国内外建筑中得到越来越广泛的应用。目前，VAV空调系统已占据了欧、美、日集中空调系统约30%的市场份额，采用VAV技术的多层建筑与高层建筑已达到95%，并在世界上越来越多的国家得到应用。

VAV空调系统具有良好的舒适性。VAV空调系统可以根据建筑特点灵活分布，通过改变VAV末端风阀的开度可以控制送入各区域的风量，满足不同区域的个性化负荷需求。与新风机组加风机盘管系统相比，VAV空调系统属于全空气系统，避免了风机盘管的结露和霉变问题，且VAV末端具有隔离噪声作用，因此，舒适性更高。且因为VAV空调系统没有像风机盘管的冷凝水和霉变等问题，设备维护工作量较小。

节能是VAV空调系统的最大特点。建筑空调系统在全年空调运行时段的大部分时间里都不在满负荷状态下工作。VAV空调系统根据各控制区域的负荷需求决定总负荷输出，因而在部分负荷状态下送风能耗和冷热量损耗都相应减少。尤其在各控制区域负荷差别较大的情况下，节能效果尤为明显。

由于上述的舒适性和节能优点，VAV空调系统获得广泛应用，尤其在高档办公楼等应用场合。但是VAV空调系统一次性投资比较大，工艺设备加控制系统的总价大约是新风机组加风机盘管系统的两倍以上；并且系统控制相对复杂，对管理水平要求高，否则有可能产生新风不足、房间气流组织不好、房间正压或负压过大、室内噪声偏大、系统运行不稳定、节能效果不明显等一系列负面问题。

2. 变风量系统的控制特点

变风量系统在其舒适性和节能性方面具有定风量系统以及新风机组加风机盘管系统无法比拟的优势，但它的控制也相当复杂。

首先，由于变风量控制系统中任何一个末端风量的变化都会导致总风管压力的变化，如不能及时调整送风机转速和其他各风口风阀开度，其他各末端的风量都将受到干扰，发生变化。以图4.39为例，在夏季工况下，假设人为地将控制区域1内的设定温度调高，则控制区域1的VAV末端风阀开度必将减小。如其他设备运行状态不变，则风管静压必将升高，其他各控制区域的送风量加大，温度降低。即控制区域1的变化影响了其他区域的控制。如送风机运行频率及其他各末端的风阀进行相应调整，这些调整同样又会影响控制区域1。如何正确地处理各控制区域之间相互影响的问题是变风量系统控制的最大难点。

其次，变风量末端风阀的控制是以末端风速或送风量为依据的。在风量较小时，送风量的准确测量是变风量系统控制的又一问题。

再次，在定风量空调系统中，由于各末端的送风量基本保持恒定，因此只要保证送风量中新风的百分比就可保证最小新风量的送入。但是在变风量空调系统中，各末端的送风量是变化的，因此依靠百分比保证新风量的做法显然是行不通的。在许多变风量工程中，用户反映低负荷状态下空气品质不好往往就是由于这个原因造成的。当空调机组总送风量变化时，如何保证足够的新风量也是变风量控制需要解决的问题。

3. VAV末端及室内温度控制

变风量系统的空气处理机组的送风温度和湿度通常是定值或接近于定值。通过调节区域内的送风量来控制制冷量以实现与区域冷负荷的匹配。一台空调机组一般要担负多个控制区域的送风量。通常情况下每个区域都设一个VAV末端装置，连接在送风管上。该装置可以调节进入区域或房间的风量，使房间温度无论在供冷还是供热季节都能保持适当的温度。

通常要求 VAV 末端装置有以下功能：

（1）接收控制器的指令，自动调节风量，使室温恒定。

（2）应有“上限”和“下限”控制功能，即当送风量达到给定的最大值时，风量不再增加，送风量达到最小值时，不再进一步减小，以维持室内最小的换气量。

（3）应有良好的分布特性，噪声小。

（4）有通信功能，能向监控系统汇报风量末端的信息。

从压力角度来分，VAV 末端可以分为压力有关型和压力无关型。从动力形式来分，变风量箱可以分为诱导式和电动风机式。电动风机式变风量箱又包括并联式和串联式。

1）压力有关型

在压力有关型 VAV 末端箱中，利用实测的房间温度值(T1)，温度控制器(TC-1)直接对风阀(D-1)进行控制，如图 4.40 所示。这种 VAV 末端没有风量变送器，即控制系统无法获得实际送风量这个重要参数，只能根据室内温度与设定温度的差值确定末端风门开度，是最简单的一种控制方式。

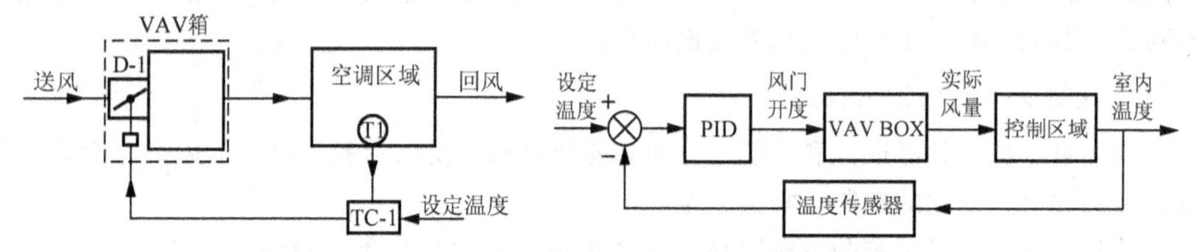

图 4.40 压力有关型 VAV 末端的工艺流程与控制方框图

TC-1—度控制器；D-1—VAV 箱的阀门；T1—室内温度传感器

当室内热负荷较低时，风门关闭；室内温度较高时，风门开大，而与实际的送风量无关。当系统内其他一些 VAV 末端箱改变阀门开度以调节风量所引起风管静压发生变化时，由于室内温度惯性较大，不可能发生突变，因此不会立刻影响风门的开度。风管静压变化了而风门开度不变，送风量必然发生改变。结果是，在负荷较大或较小的季节，离风机近的变风量箱获得了大部分的风量。另外，严重的过调或欠调现象非常明显，因为建筑系统的反应较慢，压力变化只有在房间温度受影响后才会被监测到。这种末端的送风量大小与风管静压有关，故称为压力有关型 VAV 末端。由于受风管静压的波动影响过大，目前已很少使用。

2）压力无关型

压力无关型 VAV 末端增加了风量传感器，可以得到实际送风量，将此值与送风量设定值比较，通过风门调节送风量。而室内温度是起修订送风量设定值的作用，如夏天室内较冷时，减小送风量的设定点，室内变热，则增大送风量的设定值。

知识链接

毕托管风量传感器简介

VAV 末端箱的空气流量等于空气流速乘以风管的截面积。VAV 末端一般采用毕托管风量传感器，毕托管测出迎风面的空气全压和垂直于背风面的空气静压如图 4.41 所示，全压减去静压就是空气动压，空气动压开平方运算，即可由 VAV 专用控制器算出空气流速并根据此得出流量。

(a) 毕托管测量全压p_T和静压p_s工作原　(b) 一字型风量传感器　(c) 十字型风量传感器

图 4.41　毕托管风量传感器

空调工况下，空气可看成不可压缩的流体。根据伯努利定理可以得到空气流速 v_s 的计算式：

$$v_s = \sqrt{2(p_T - p_s)/\rho} = \sqrt{2p_v/\rho}$$

$$p_v = p_T - p_s$$

式中　v_s——空气流速，m/s；

p_v——空气动压(空气流动速度形成)，Pa；

p_T——空气全压，Pa；

p_s——空气静压，Pa。

因为空气的密度 $\rho = 1.293\text{kg/m}^3$，故有：

$$v_s = 1.29\sqrt{(p_T - p_s)} = 1.29\sqrt{p_v}$$

最低空气动压不要低于 2.5Pa(对应的风速 $v_s = 1.29\sqrt{p_v} = 1.29\sqrt{2.5} = 2.04\text{m/s}$)，否则测量结果误差较大。因此，进入 VAV 末端箱的空调风风速要求不能低于 2.04m/s。

压力无关型 VAV 末端箱的工艺流程与控制方框图流程如图 4.42 所示。温度控制基于对流量设定值的重设，利用串级控制来消除送风压力变化对区域温度控制的影响。在变风

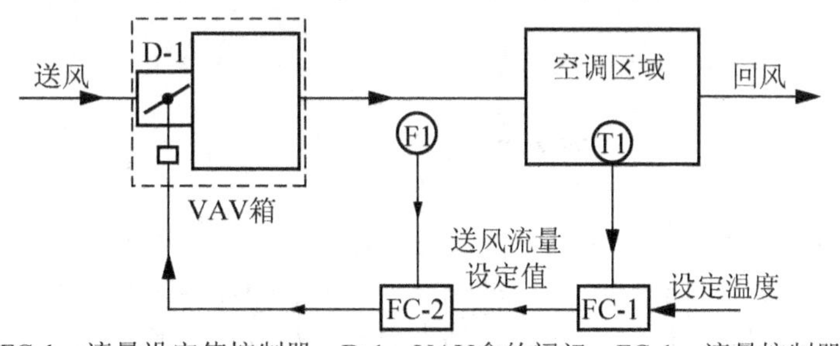

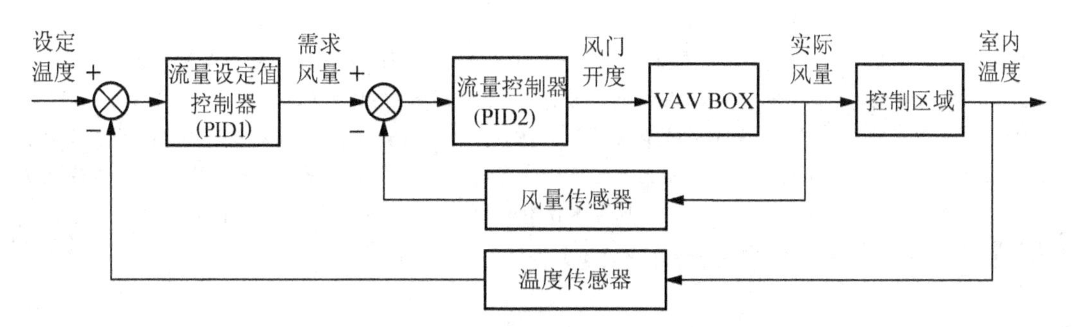

图 4.42　压力无关型 VAV 末端箱的工艺流程与控制方框图流程

量箱中，风阀(D-1)由流量控制器(FC-2)控制，FC-2 的设定值则由流量设定值控制器(FC-1)根据实测房间温度(T1)进行重设。这个设定值重设控制器根据由房间温度变化引起的冷负荷变化来确定流量的设定值。如果输送到 VAV 末端的静压有变化，风量将会受影响。且风量的变化将迅速地传给流量传感器。流量控制器根据风量传感器测得的数值 F1 调节风阀开度，以符合所需风量。最终，在房间温度受影响之前，控制系统就对压力波动做出了快速反应。这种末端的送风量不再受风管静压的影响，因此称之为压力无关型 VAV 末端。目前工程中大量采用的正是这种压力无关型 VAV 末端。

通常情况下，压力无关型装置独立使用或者与再热盘管一起使用。它用于当冷量减少需要额外加热时来再热空气。这些类型的变风量箱一般都有一个最小的送风量，如果一个特定区域在最小的送风量时仍过冷，就可以用再热盘管加热这一最小送风量，如图 4.43 所示。再热盘管可以使用电、热水或蒸汽。

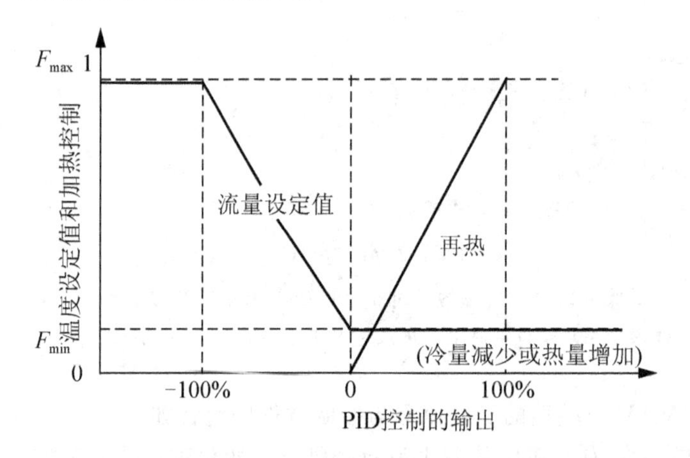

图 4.43　带再热末端的压力无关型 VAV 末端箱温度控制策略原理图

知识链接

VAV 末端箱按照有无风机分类

1. 基本型 VAV BOX

基本型 VAV 变风量箱是由进风管、风量传感器、风阀及箱体等组成的压力无关型末端装置。风量传感器一般为十字正交、多点采样、中央平均室式传感器，可感测空气全压和静压，并通过连接管分别引出全压和静压，测量其压差，就可以得到空气的平均动压，从而可计算出通过变风量末端装置的风量如图 4.44 所示。

2. 风机动力型 VAV BOX

在基本型 VAV BOX 中内置送风风机，如图 4.45(a)所示串联风机型，经过 VAV BOX 风阀的、由空调机组处理过的空气(称一次风)经过风机与室内(在顶棚内)的回风(称二次风)混合后送入房间。BOX 中风阀改变的是一次风，而风机的风量不变，所以一次风量减少时，二次风量增加，但总风量不变。增加风机和回风量仅是为了满足室内气流组织的需求，与室温控制基本无关。这时风机的转速还可以由室内人员，根据需要分“高、中、低”速控制(可改变吹风感)，而只要风机的风量大于一次风的风量，风机的控制就不会影响室温。

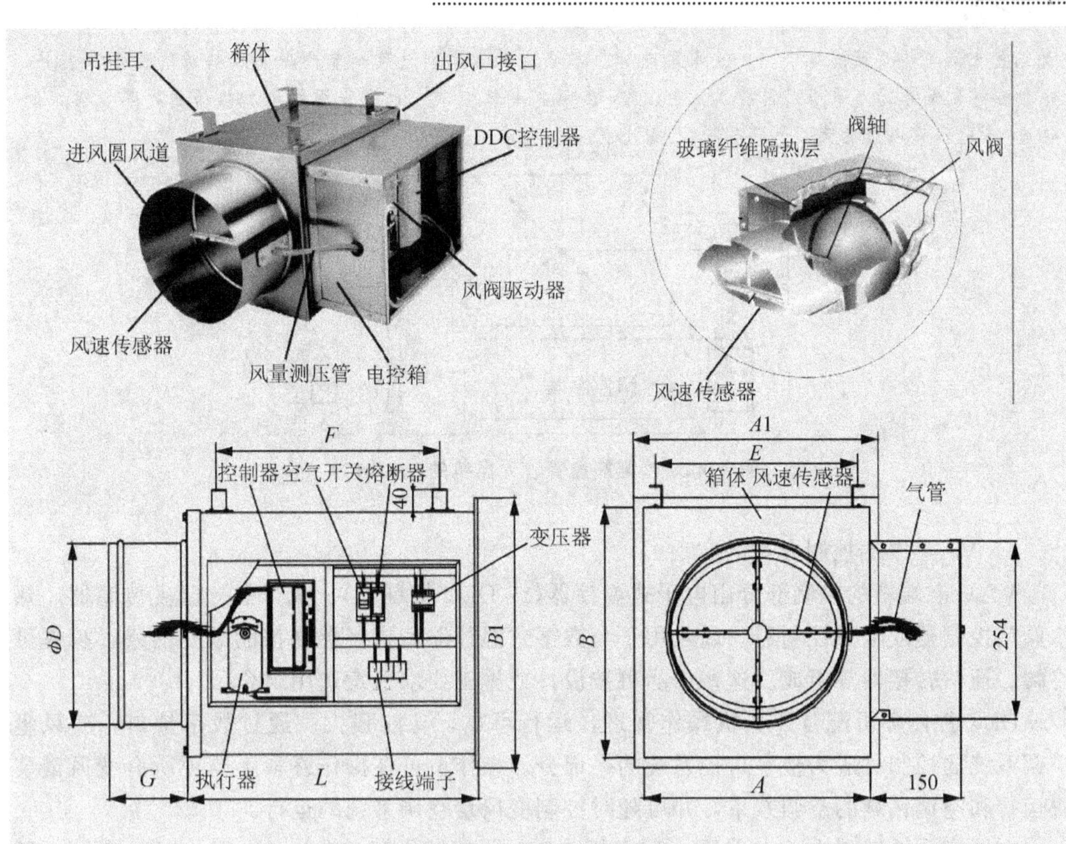

图 4.44 基本型 VAV 末端

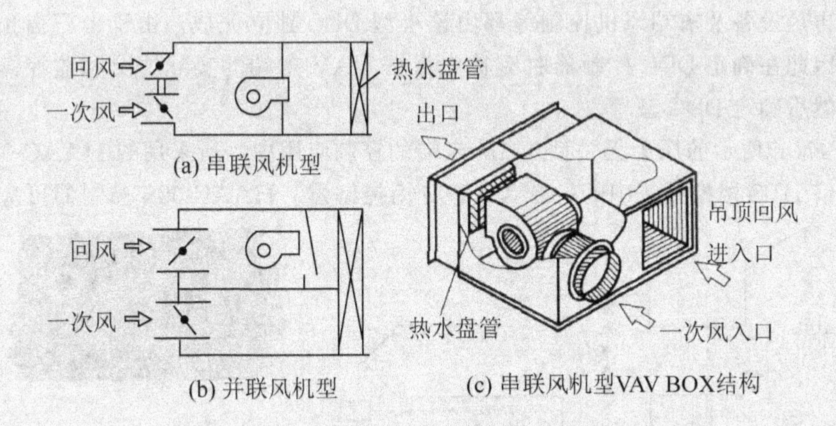

图 4.45 风机动力型 BOX

在我国还流行着另一种基于变速风机的 BOX，就是用变速器替代风阀来实现对风量的调节。如果采用近于“恒流量”特性的风机，当转速一定时，风量基本确定，而受主风道压力变化的影响很小。这样就可以直接根据室温闭环调节系统，调节风机转速来调节室温，因此就不必采用压力无关型 BOX，不采用串级调节系统。这种系统虽然简化了，但需有变速风机。

在过渡季节的工况，有些房间需要供冷，而另一些房间需要供热。这时即使采用变风量系统，改变各房间的风量，仍不能同时满足各房间的冷热需求。为此，在 BOX 中需再设置加热器，通过调节加热量来满足热负荷的需求。一般采用电加热器，这是考虑到过渡季节缺少热水热源的原因。另外，电加热控制简单，可采用双位控制，由 VAV 专用控制器完成。也有采用热水加热器的再热盘管，如图 4.46 所示带再热盘管、无风机的 VAV BOX。

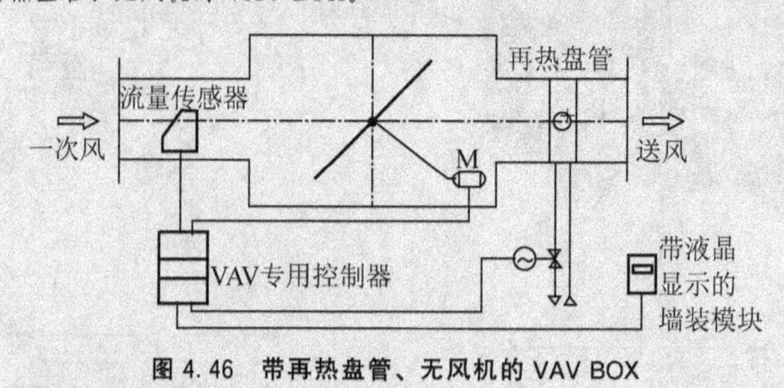

图 4.46　带再热盘管、无风机的 VAV BOX

3）VAV 末端控制方式的实现

VAV 末端箱的控制部分由电子式温控器(或 DDC 控制器)、执行器、温度传感器、热水阀门控制器或电热控制器，以及用于与数字式温控器和执行器通信的数字网络、操作员终端、通信转接器等组成。这些产品可按设计或施工要求任意选用组合。

DDC 控制器可配合计算机操作管理，运行可靠，功能强大。通过数字接口，变风量空调系统的控制可成为楼宇自控系统的一部分。操作员可在操作终端上监视所有变风量装置运行和空调区域的空调效果，并可随时控制变风量空调系统的运行。

在楼宇自控工程中，常采用小型专用 DDC 控制器对 VAV 末端进行一对一控制。所有的风门、再热设备及末端风机控制等都由该小型 DDC 独立完成。由于由厂商预先固化应用程序，因此在确定 DDC 控制器时应首先根据 VAV 末端的实际情况和监控需求选定应用程序，然后确定 DDC 型号。

在图 4.47(a)所示的压力无关型 VAV 末端的控制应用中，所采用的 HAAC-08S 控制器是利达恒信 HBS 楼控系统中的一款 VAV 专用控制器。HAAC-08S 控制器可应用于各

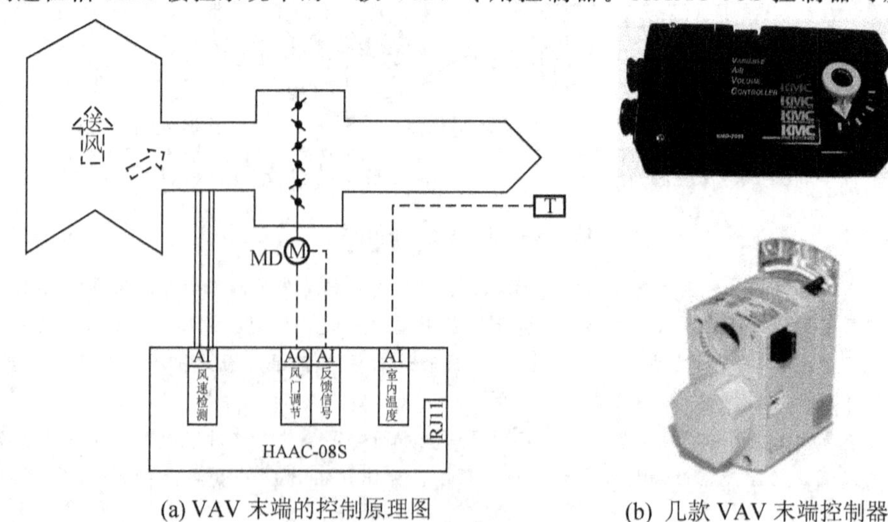

(a) VAV 末端的控制原理图　　(b) 几款 VAV 末端控制器

图 4.47　VAV 末端的控制

种 HVAC 系统中的 VAV 末端箱，并且捆绑了风门执行机构。HAAC-08S 控制器提供压力无关型的变风量循环控制。

一些厂商还提供了专门的一体化的 VAV 控制器[图 4.47(b)]，这种控制器将 DDC 与风门驱动器进行一体化生产，以方便工程安装和维护。

4. 风管静压控制

当各 VAV 末端风门开度随控制区域负荷的变化而改变时，如果送风机运行频率不作相应调整，风管静压就会产生波动。工程中必须根据各末端状态及时调整送风机频率以优化控制。目前，应用较多的风管静压控制策略主要有定静压、变静压和总风量三种。

1）定静压控制

定静压控制是一种传统的方法，系统比较简单。当 VAV 末端风门改变开度后，会影响整个风道的静压，风机通过改变风量以满足风道系统的静压要求。而风机变风量有三种方式：出口风阀的节流控制、入口导叶控制、变转速控制。其中以变转速控制最为常见，其节能效果也最为明显。

风管静压的控制点(静压测量点)一般放在主风道距风机出口的 2/3 处，定静压控制方式如图 4.48 所示。但是在风管管网比较复杂时，该点的位置仍然很难确定。有时会设置多个静压传感器，以各传感器测量值的加权和作为控制依据。

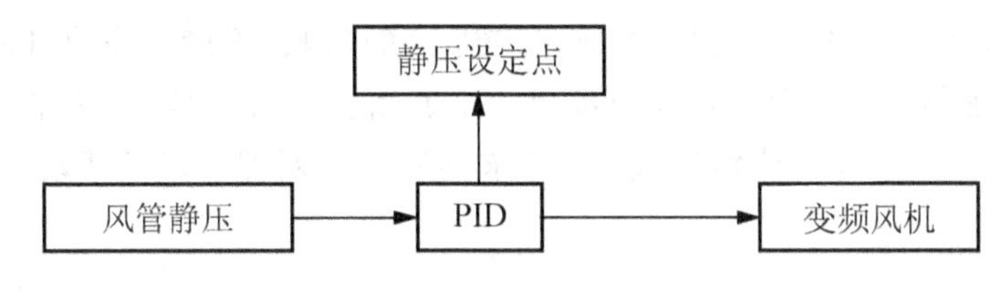

图 4.48 定静压控制方式

静压测量点难以确定，且节能效果不佳是定静压控制方式的主要缺陷。但定静压控制方式实施简单，各 VAV 末端之间的耦合性小。定静压控制较常见于欧美地区。

2）变静压控制

与风机根据风道静压来维持送风静压恒定的定静压控制不同，变静压控制是根据压力无关型变风量末端的实际送风量(风门开度)送至风机转数控制器，控制送风机的转数，在保证处于最不利点处的送风量的前提下，尽量降低风道压力，从而降低风机转速，节约风机能耗。

变静压控制的节能效果良好，但由于各风门末端之间的耦合关系复杂，因此工程实施较定静压控制方式困难。尤其在各控制区域负荷均较低时，对于变静压这样的低风速系统，使用毕托管测量的送风量误差往往较大，直接影响控制效果。在日本，变静压末端风量的测量一般使用超声波风速传感器，以提高测量精度，但这将大大地提高工程成本。

变静压控制较常见于日本地区。目前国内许多新建高档办公楼都优先考虑采用变静压控制方式，但就已完工的项目而言，控制效果并不理想。许多项目中途又转为定静压控制。

3）总风量控制

总风量控制是在变静压控制的基础上发展起来的方法。基本思路是，将各末端的风量设定信号直接相加，得到当时的总风量需求值，这一值可作为调节风机转数的依据。

4）三种控制方式的工程实施及比较

工程中，许多人往往误认为采用哪种控制策略完全是控制方面的问题，而与暖通设计无关。事实上，每一种控制策略都必须和相应的暖通设计相配合，才能达到良好的控制效果。以定静压和变静压控制为例，定静压由于各 VAV 末端直接的耦合关系不明显，一般一台空调机组可以带 15～20 个末端，而变静压控制方式控制的空调机组一般只能带 5～8 个末端。因此，为定静压控制设计的 VAV 系统用变静压方式控制基本上是无法调试稳定的。

而为变静压控制设计的 VAV 系统如果采用定静压方式，就控制而言是没有问题的。但变静压系统的末端往往采用低风速系统，对 VAV 末端噪声参数要求不高，如果换成定静压控制的话，控制区域的室内噪声将明显增大。

由此可见，工程中 VAV 风管静压控制方式的确定应与暖通设计结合起来，最好从暖通设计早期就开始介入。

5. VAV 空调系统监控案例

变风量空调系统不仅要对 VAV BOX（变风量末端箱）进行控制，还要对空调机组进行监控。以图 4.49 为例，空调机组为带有一次回风、风机变频调速的变风量空调机组，其监控内容有：送风机转速控制，回风机转速控制，送风温、湿度的控制以及送风机、回风机运行状态的监视与故障报警等，需要配置一个通用 DDC 控制器对其控制。而对于每个被控区域的 VAV BOX 需要分别配置 VAV 末端专用控制器、风门驱动器和室内温度传感器。

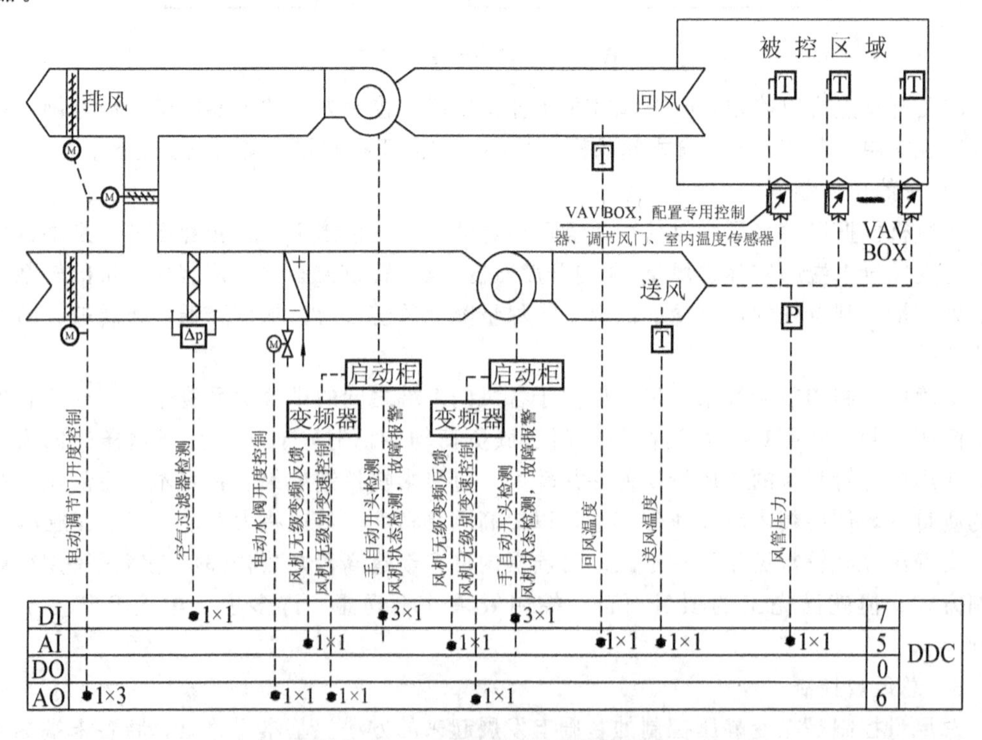

图 4.49 VAV 空调系统监控案例图

4.4.5 送排风系统的控制

送风的任务是把经过处理的空气输送到被调区域。排风的任务则是排出室内被污染的空气，借以改善室内空气的条件，以利于人们的生活、工作和学习，保证人们的身心健康，提高工作效率。送排风系统的核心设备是送风机(Supply Fan，SF)和排风机(Exhaust Fan，EF)。送风机与排风机系统由于不对空气进行任何温、湿度处理，因此控制较为简单。其监控对象主要为送、排风风机的工作状态，监控内容包括：风机启/停控制及状态监视，风机故障报警监视，风机的手/自动控制状态监视等。

如图 4.50 所示送排风系统的监控原理。DDC 控制器通过事先编制的启停控制程序，通过 1 路 DO 通道控制风机的启停。将风机电机主电路上交流接触器的辅助触点作为开关量输入(DI 信号)，输入 DDC 监测风机的运行状态。从手/自动开关取 1 路 DI 信号输送给 DDC，以检测手/自动状态。主电路上热继电器的辅助触点信号(1 路 DI 信号)，作为风机过载停机报警信号。在风机两端加设压差开关，根据压差反馈以准确地监视风机的实际运行状态。空气品质传感器检测室内空气的 CO_2 浓度，作为 DDC 启停风机的判断依据。

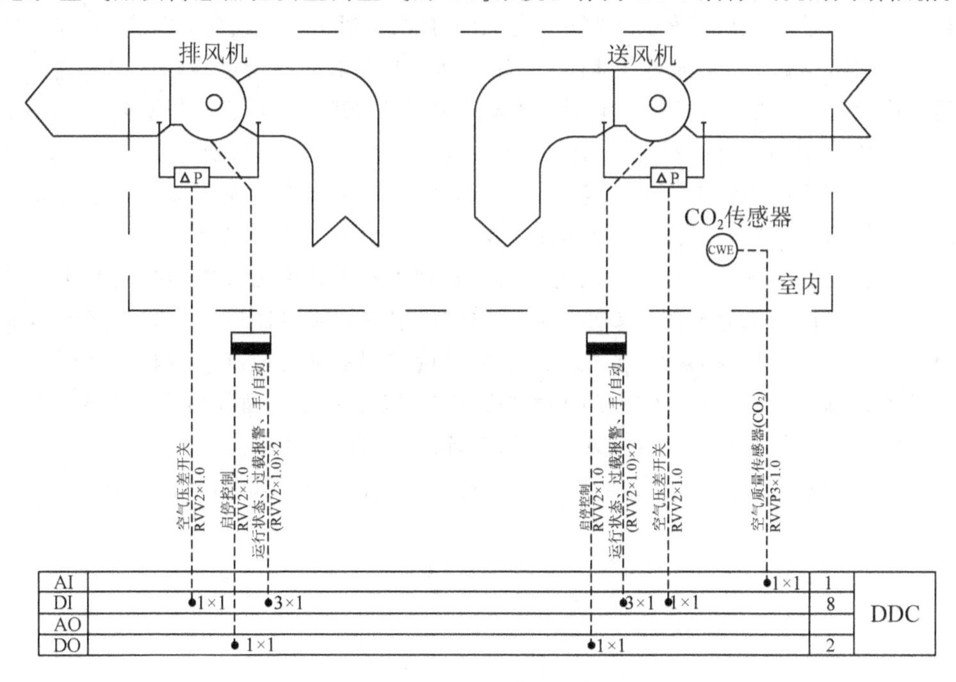

图 4.50 送排风系统的监控原理

如有需要还可以安装风速传感器，对送、排风量进行监测。另外，有些送风系统还需安装滤网对室外空气进行过滤，此时还需安装滤网压差传感器，对滤网阻塞情况进行监视。

工程中，消防排烟风机(Smoke Exhaust Fan，SEF)一般也归入送排风系统，它的启停一般由消防系统联动控制，楼宇自控系统只需对其运行及故障状态进行监视即可。

本章小结

暖通空调(HVAC)是供暖、通风和空气调节系统的总称，是建筑设备自动化系统(BAS)最主要的控制对象。对HVAC的监控在建筑设备自动化系统(BAS)中占有十分重要的地位。本章只涉及空气调节系统的内容，冷热源及空调水系统的控制将在下一章介绍。

本章首先介绍了空气调节的任务、热/湿负荷、空调系统的组成和分类、空气处理设备。这些知识是读懂和理解暖通空调专业技术资料的必备基础。接着分别就空调系统的半集中式空气调节系统、空气处理系统详细论述了其设备运行的知识和BAS监控原理。

对于半集中式空调系统的控制，主要分析了风机盘管加新风机组的形式。以一个工程的新风机组为案例，分析了新风阀控制、过滤网状态显示与报警、送风的温湿度检测、换热盘管的热交换速度，与温度控制、防冻保护控制、送风相对湿度控制、风机启停控制及运行状态显示、安全和消防控制、联锁控制等监控内容和原理，并据此绘制监控原理图和监控点统计表。此外还对CO_2浓度的控制进行了专门介绍。对于风机盘管，可通过BAS和专用控制器实现联网控制，也可通过就地模拟仪表实现就地控制。前者可实现集中管理、分散控制，但造价较高，后者造价低廉，但无法实现集中监控管理，适合于控制要求不高的场合。

对于集中式空调系统的控制，主要分析了定风量空调系统和变风量空调系统两种形式。分析了空调机组控制与新风机组控制的不同之处。空调机组控制调节的是房间内的温湿度，而新风机组控制的是送风温湿度；空调机组有回风，新回风比可以变化；空调机组要求房间的温湿度全年均处于舒适区范围内，同时还要研究系统节能的控制方法。以某工程的一次回风空调系统为案例，着重分析了空调机组的新回风比控制模式、室内温湿度的控制方法、室内空气状态的确定方法。对于变风量空调系统的控制，则着重分析了变风量空调系统的控制特点、VAV末端箱的两种控制方式(压力有关型和压力无关型)的控制原理、风管静压控制等内容。此外还对送排风系统的控制做了简单介绍。

暖通空调设备的监控是读者学习本书的重点，读者有必要深入理解和掌握。

习　　题

一、填空题

1. 暖通空调系统的耗电量占全楼总耗电量的________%以上，其监控点数量常常占全楼BAS监控点总数的________%以上。

2. 暖通空调的英文全称是________，缩写为________。

3. 空气调节是为了满足生活、生产要求，改善劳动卫生条件，用________方法使室内环境空气参数保持在一定范围内的工程技术，它是一门环境控制技术。

4. 一般来说，空气调节主要是调节空气的四个参数，分别为：________、________、________和________。

5. 对于人们的居住空间，所调节的空气参数应以________为目的；对于生产工艺所需的空气环境应以__________为空气调节的依据。

6. 对于空气的温度调节，一般来说，居室的温度夏季保持在__________，冬季保持在__________比较合适。对于工矿企业、科研、医药卫生单位则根据__________要求确定温度值。一般来说，室内的相对湿度冬季应保持在__________之间，夏季应保持在__________之间，这样人的感觉比较舒服。

7. 空气温度的调节过程实质上是增加或减少空气所具有的__________过程，对空气的湿度调节过程，实质上是增加或减少空气所具有的__________的过程。

8. 全水系统、空气-水系统、水源热泵系统、诱导器系统、风机盘管系统等均属__________，单风道空调系统、双风道空调系统及变风量空调系统均属__________。

9. __________是一种耗费能量最多的系统。

10. 集中式空调系统和半集中式空调系统两者的冷源、热源都是由__________供给。通常，集中式和半集中式空调系统又统称为__________。

11. 喷水室可用于夏季时对空气__________或冬季时对空气__________。

12. 在表面式加热器中通入热水或蒸汽，可以实现空气的__________过程；通入冷水或制冷剂，可以实现空气的__________或__________过程。

13. 用喷水室处理空气时，可能仅发生显热交换；也可能既有显热交换，又有__________交换。当喷出的水珠表面空气边界层的水蒸气分压低于周围空气的水蒸气分压时，则起到__________作用，反之，则起到__________作用。

14. 电加热器是使电流通过电阻丝发热来加热空气的设备。由于耗电费用较高，通常只用在__________的空调机组中。

15. 加湿器是用于进行空气加湿处理的设备，常用的有__________和__________两种类型。

16. 空气过滤器是对空气进行净化处理的设备，通常分为__________、__________和__________三种类型。

17. 空调系统中常用的除湿机是__________。

18. 民用建筑舒适性空调系统中最常用的是由__________、__________、__________、__________和__________五段组合成的空调机组。

19. 典型的半集中式空调是__________系统加上__________系统。

二、简答题

1. 空气调节的任务是什么?

2. 对空气流速调节的作用是什么?

3. 空气调节系统一般由哪些部分组成?

4. 舒适性空调和工艺性空调有什么区别?

5. 解释空调系统中有几个常用的术语：送风、排风、回风、新风。

6. 按风量调节方式不同，空调系统分为哪几类?

7. 根据空调系统使用的空气来源不同，空调系统分为哪几类?

8. 若对读者所在学校第一幢教学楼的教室配置中央空调系统，请采用简单计算法或者单位面积估算法估算该楼的夏季冷负荷。

9. 风机盘管空调系统是怎样实现调节室内温湿度的?

10. 风机盘管机组空调系统有哪些新风供给方式？

11. 绘制新风机组的组成示意图。

12. BAS 是怎样实现对风机盘管系统的监控的？

13. 利用软件 AutoCAD 绘制图 4.20“新风机组监控原理图”，并分析 BAS 监控点的设置原理。

14. 新风机组是怎样实现对室内空气品质控制的？

15. 在图 4.20 所示新风机组工艺流程中，若需要根据室内空气品质对送风机进行 BAS 监控，则请绘制该新风机组监控原理图。

16. 简述图 4.8、图 4.30、图 4.32 所示的直流式、一次回风式、二次回风式空调系统的工艺流程。并利用焓湿图分别分析空气处理过程。

17. 空气系统中的风系统的作用是什么？

18. 简述风口的作用及形式。

19. 简述图 4.34 所述的 AHU 系统的监控原理，并利用软件 AutoCAD 绘制工艺流程图。

20. 对空调机组中的新风门和回风门的开度控制，工程中经常采用哪些控制策略？

21. 简述空调机组的室内温湿度控制方法。

22. 如图 4.51 所示二次回风式空调系统的流程。

(1) 请说明其工作流程。

(2) 设计 BAS 监控点位，并且绘制监控原理图。

(3) 填写监控点位统计表。

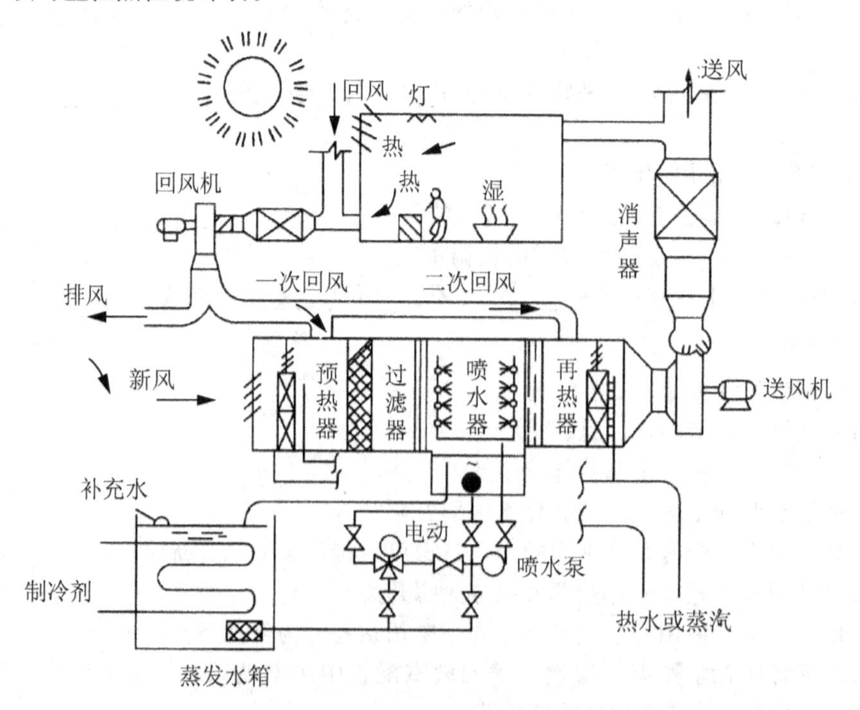

图 4.51　二次回风式空调系统的流程

23. CAV 和 VAV 分别指的是什么?

24. 简述 VAV 末端的两种控制方式。

25. 简述变风量空调机组的控制方式：定静压控制、变静压控制和总风量控制。

26. 某变风量空调系统平面图如图 4.52 所示(选自某品牌 VAV 末端的产品说明书)，请阅读分析其工艺流程。

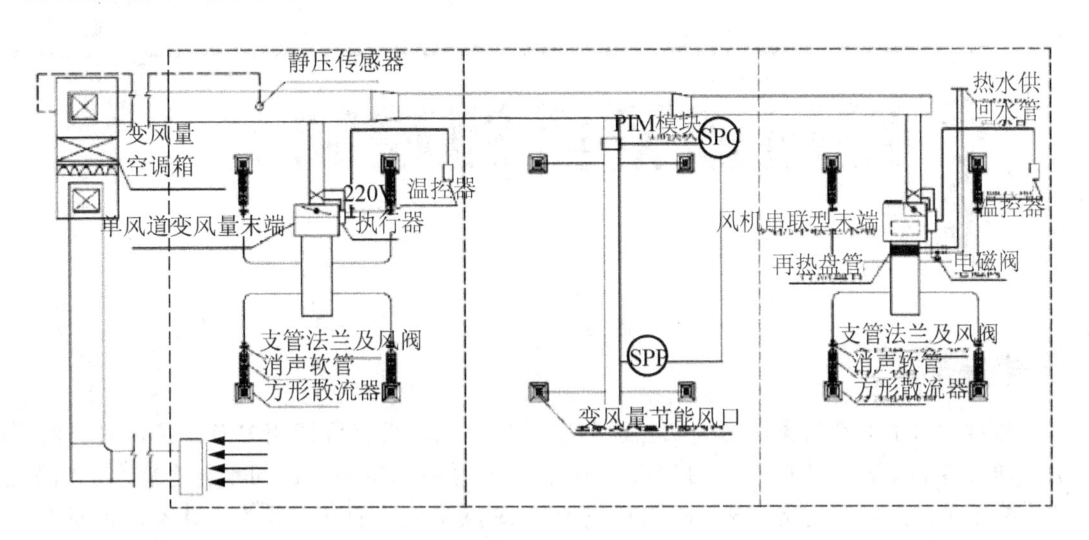

图 4.52 某变风量空调系统平面图

27. 根据图 4.50 所示“送排风系统的监控原理”，分析送排风系统监控原理，并填写监控点位统计表。

第5章

冷热源系统的控制

教学目标

通过学习了解冷热源设备的工艺流程的基本知识，具有看懂相关专业技术资料的能力。通过冷热源系统监控案例的学习，理解BAS对冷水机组、冷却水、冷冻水、锅炉、热交换系统的控制和优化原理，掌握相应的BAS点位设计的基本能力，具备监控原理图绘制、点位统计表编制和BAS设备配置的能力。

教学步骤

能力目标	知识要点	权重	自测分数
了解冷冻站的工艺流程	冷水机组的工作原理	5%	
	某冷冻站的运行流程分析	5%	
	冷冻站机电设备的启停顺序	5%	
理解冷冻站的控制原理，掌握冷冻站监控原理图设计	BAS对冷冻站的控制思路	5%	
	某冷冻站监控实例	10%	
理解BAS对水泵、风机等机电设备的控制原理，会设计二次回路图	电气控制原理	5%	
	二次回路图设计	5%	
理解冷水机组群控实现的策略和方法	冷水机组运行台数的确定	5%	
	冷水机组运行时间、启动次数记录	5%	
	群控的序列策略	5%	
理解空调冷冻水循环系统的控制原理，掌握监控原理图设计	冷冻水循环系统的基本知识	3%	
	一次泵冷冻水循环系统的控制	8%	
	二次泵冷冻水循环系统的控制	8%	

续表

能力目标	知识要点	权重	自测分数
理解空调冷却水循环系统的控制原理，掌握监控原理图设计	空调冷却水系统的基本知识	3%	
	冷却水系统控制原理	10%	
理解热源设备及热交换系统的控制原理，掌握监控原理图设计	热源设备的基本知识	3%	
	锅炉设备的控制	5%	
	热交换系统的控制	5%	

▶▶章节导读

现代建筑中，暖通空调系统的能耗占总能耗的一半以上，而冷热源设备又是暖通空调系统能耗的主要组成部分。冷热源设备不仅监控工艺复杂，而且节能技术手段丰富，对这些设备的控制质量优劣直接影响日后的设备运行经济效益。

第4章介绍了空调系统设备的控制原理，本章介绍的是冷热源和空调水系统设备的控制。本章主要内容包括：中央空调系统中冷水机组的工艺流程、主要能耗特性和基本控制方法，冷水机组群控实现的策略和方法，BAS对水泵、风机等机电设备的控制原理，冷却水系统优化控制、冷冻水供水温度优化，以及热源设备和热交换系统的控制原理。

引例

工程师Helloly最近在做一个酒店工程。该工程的冷冻站包括多台冷水机组、冷冻水泵、冷却水泵、冷却塔等设备。对这些设备，是采用冷水机组厂商自带的专业控制系统实现群控，还是由楼宇自控系统(BAS)统一做控制呢？到底是哪种方式更好些？造价上的差别会有多大？在机组招标时需要提出那些具体要求(比如控制点位的要求等)？Helloly对冷冻站的控制方式难以定夺。

一些有类似工程经验的同行朋友了解了Helloly的难处后，纷纷提出了自己的观点和参考建议。

工程师A的观点：

首先，不是所有的冷水机组厂家都有完善的控制系统实现群控的。机组厂家有的在做，但这也是属于自动控制专业，机组厂家内往往专有个研发或自控的部门做这个！如果由机组厂家做这个，只是对数据的采集能更专业一些，适合运行人员的管理，但对自动控制可能不是很专业。

我认为楼宇自控系统(BAS)统一做比较好，但需要设备厂家对通讯协议要敞开，签订购买设备时一定要签署“通讯协议要敞开”这一条，否则还会花钱！

早年，楼宇自控系统(BAS)对空调的控制，做得不是很好。经过这些年的发展，他们找空调专家配合出来的产品还是不错的。我用过，一些品牌的BAS做的也很专业！

要注意，在运行时一定找个专业的运行人员运行，保证自控的正常使用。

在造价上，机组厂家做群控要便宜一些，买设备可以送群控。约克和特灵(这些都是著名的空调、冷冻机厂商)我没有接触他的群控，但国内厂家我倒是接触几个，主要是为了更好的卖设备。若是由BAS来控制机组设备，因是买机组设备后，再另买BAS，这当然要更贵了。

机组招标时需要提出的具体要求有哪些呢？这是由使用方需要什么数据，花多少钱来决定的，以及你要达到什么样的使用功能来决定的。当然，还有个前提就是业主要有足够的资金。

工程师B的观点：

工程师A说得比较详细了。不过TRANE(特灵)在做机房集成(意思是机房打包)，施工队只要连接相应的水管即可。但这样会使施工队与设备厂家扯皮，互相沟通很重要，我最近一个项目就是，冷冻机房的控制由设备厂家统一完成。

不过，个人认为采用BAS实现冷冻机房控制比较好，因为BAS实现的是对整个机电工程的集成。

工程师C的观点：

严格来说，冷水机组厂家做比较好。这是因为机组厂家对冷冻机的性能比较了解，知道冷冻机运行在什么工况下效率最高。这点BA厂家可能不如这些设备厂家。

但是在实际工程中，不管是BAS还是冷机厂家做群控，很少有能够综合考虑机组运行控制与节能的。

工程师D的观点：

采用专业的楼宇自控公司是首选。在实际工程中，那些所谓冷机厂家做群控，无非是总包后再分包而已。只要系统深化设计完善了，其实根本无所谓谁的优劣。最根本的是你选用好的硬件和软件。在工程调试时，需要结合实际运行工况。这点倒是冷机设备商占优的。

工程师E的观点：

不管是机组厂商自带的控制系统，还是楼宇自控系统，其实现冷冻机房设备的自动控制都是为了减少人力资源成本。在冷冻机房，主机昂贵，设备众多，运行调试要花很多时间。但现实情况是，最后在使用中还是需要有人(且须是专业人员)在冷冻机房值班，而那些自动控制系统还是置之不用，甚至是已进入建筑运行期即废弃了。

但针对酒店来说，还用BAS为好。这是因为BAS功能强大，特别是对末端新风机组系统有完善的控制和监测功能，BAS也能用照明系统、给排水系统、电梯系统等应用。

工程师F的观点：

我接触过几个BAS工程，到后来因为管理的人不会用，都没用上。所以，建议在冷冻机房使用监测点，不要采用自动控制点，可留备用位置给以后扩展，这样费用也少了。当然，对一些工程甚至可以连监测点也不要，也就是把整个BAS对冷冻机房的控制都省略掉，这样可以节省更多的投资。

上面的观点使得工程师Helloly获得了自己的思路。根据该工程的实际情况，Helloly提出了自己的解决方案，获得了公司管理层的肯定。

案例小结

冷冻机房的控制属于冷热源系统控制的重要内容之一，在BAS工程中至关重要。本例中各位工程师对冷冻机房控制提出不同的方案。

有主张设备本身自带的控制系统来完成控制的。自带的控制系统有其专业性的优势，比如对制冷机的性能比较了解，对数据的采集能更专业一些。有主张由BAS系统来实施机组控制的。BAS系统可以更好地实现集成，但前提是厂家"通讯协议要敞开"。也有认为，在冷冻机房建议使用监测点，不要采用自动控制点。

这些观点，各有利弊。在BAS工程中，冷冻机房需要根据实际情况来确定控制方案。

5.1 冷冻站工艺流程的认知

5.1.1 中央空调系统冷源概述

中央空调在供冷时需要冷量的来源。冷源有两类：天然冷源和人工冷源。天然冷源一般是指深井水、山涧水等温度较低的水。这些温度较低的水可直接用水泵抽取供空调系统的喷水室、表冷器等空气处理设备使用，然后排放掉。天然冷源往往难以获得。在实际工程中，空调系统通常使用制冷设备以人工制取冷量，这就是人工冷源。空调系统在采用人工冷源制取的冷冻水或冷风来处理空气时，制冷机是系统中消耗能量最大的设备。

中央空调系统中的冷源常称为冷冻站，所在的房间称为冷冻机房。冷冻站一般包括如下三个部分：冷水机组(Chiller，如图5.1所示)、冷却水循环系统(Heat Rejection System)和冷冻水分配系统(Chilled Water Distribution System)。

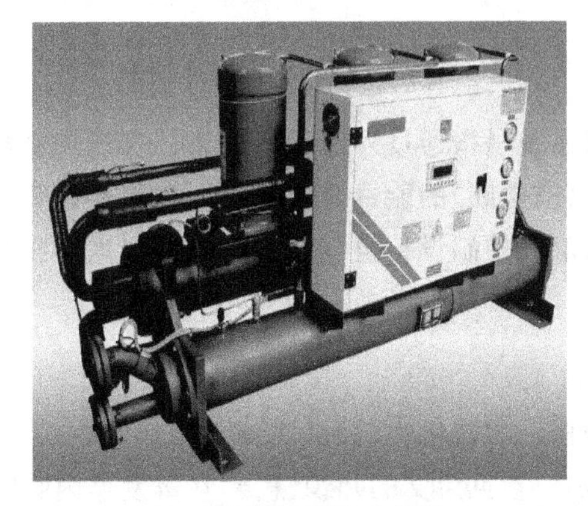

(a) 水冷涡旋型冷水机组

(b) 满液式螺杆冷水机组

图5.1 某品牌冷水机组实物图

冷水机组的主要功能是为空调末端提供足够的具有所需温度的冷冻水流量。冷水机组以水为载冷剂，可进行远距离输送分配并可以满足多个用户的需要。冷水机组配备有较完善的控制保护设备，运行安全。它具有结构紧凑、占地面积小、机组产品系列化、冷量可组合配套等优点，便于设计选型、施工安装和维修操作。

冷冻水分配系统则把冷冻水传输和分配到各末端用户，冷冻水将从各末端用户吸收的热量在冷水机组的蒸发器中通过热交换传递给制冷剂。制冷剂吸收的热量在冷凝器中通过热交换传递给冷却水，冷却水系统将冷却水吸收的热量排放到大气环境中。

在中央空调的制冷系统中，冷水机组通常有四种类型：往复式制冷机(Reciprocating Chillers)、旋转-螺杆式制冷机(Rotary - screw Chillers)、离心式制冷机(Centrifugal Chillers)和吸收式制冷机(Absorption Chillers)。其中前三种属于蒸汽压缩式制冷机，蒸汽压缩式制冷机组在空调系统中是应用最广泛的制冷设备。压缩式制冷以消耗电能作为补偿，通常以氟利昂或氨为制冷剂；吸收式制冷以消耗热能作为补偿，以水为制冷剂，溴化锂溶液为吸收剂，可以利用低位热能和高温冷却水。

此外，蓄冰制冷机组在中央空调中的应用也越来越多。其基本思想是让制冷设备在电网低负荷时(夜间)工作制冰，利用冰地融解热(335kJ/kg)进行蓄冷，将冷量储存在蓄冷器中，在用电负荷的高峰期(白天)向空调系统供冷。蓄冰制冷可以调节电网负荷，起到削峰填谷、缓和供电紧张的作用。

特别提示

冰蓄冷往往被错误地认为是一种节能手段，而事实上它所消耗的能源要较普通冷源更多，其主要作用是移峰填谷、平衡电网负荷。对业主或物业管理部门而言，冰蓄冷的获益点则在于充分利用峰谷电价差，节省能源费用。利用峰谷电差价机制，鼓励冰蓄冷技术应用，对国家电力事业具有重要意义。

5.1.2 冷水机组的工作原理

冷水机组实际上就是一个制冷系统。制冷系统是指通过外能量的加入，实现热量从温度较低的物体(或空间)转移到温度较高的物体(或空间)的能量转换系统。把制冷系统中的压缩机、冷凝器、蒸发器、节流阀等设备以及电气控制设备组装在一起，专门提供冷水的设备，即为冷水机组。

1. 蒸汽压缩式制冷系统工作原理

蒸汽压缩式制冷系统主要由压缩机、冷凝器、节流机构(如膨胀阀、毛细管等)、蒸发器等组成，如图 5.2 所示。制冷工质(即制冷剂，参见后文的知识链接)在蒸发器内吸收被冷却物体的热量并气化成蒸汽，压缩机不断地将产生的蒸汽从蒸发器中抽出，并进行压缩，经压缩后的高温、高压蒸汽排到冷凝器后向冷却介质(如水、空气等)放热冷凝成高压液体，再经节流阀降压后进入蒸发器，再次气化，吸收被冷却物体的热量，如此周而复始地循环。

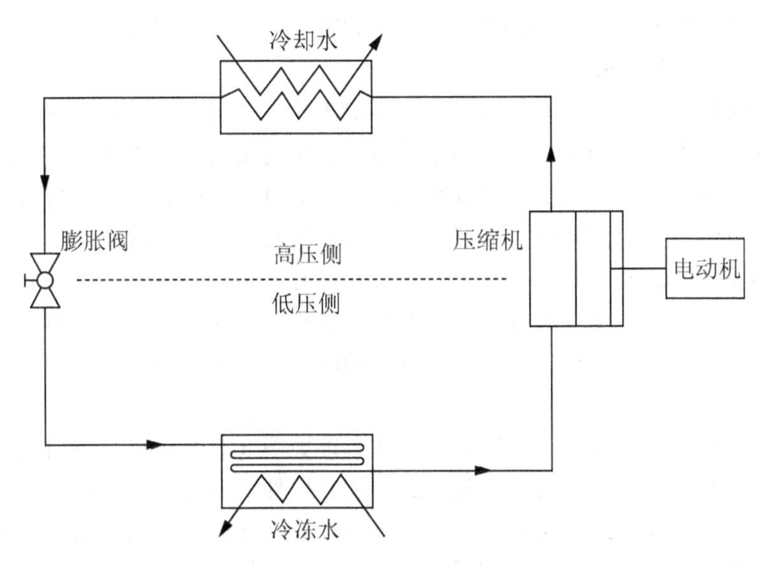

图 5.2 压缩式制冷系统示意图

特别提示

制冷系统也是可以用作制热的。蒸发器从外界吸收热量，则有制冷的作用；冷凝器向外界放热，则有制冷的效果。如图 5.3 所示制冷系统中增加一个四通换向阀，即可实现制冷状态[图 5.3(a)]与制热状态[图 5.3(b)]的切换。我们把以制热为目的的制冷系统称为热泵。家用热泵式空调器就是这样的工作原理。

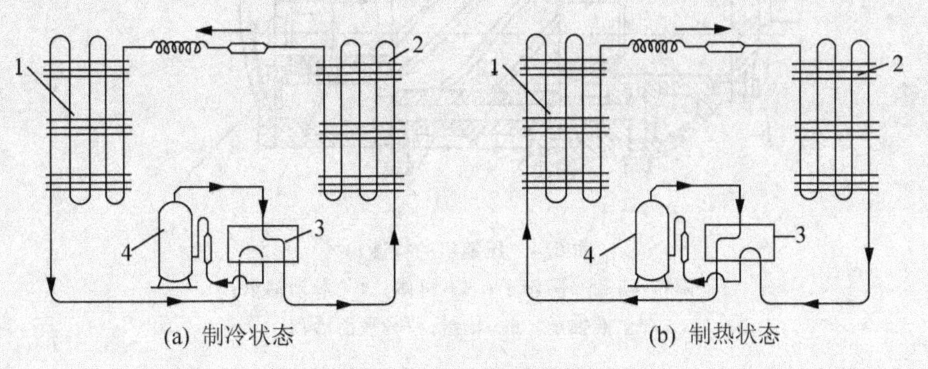

图 5.3 热泵型制冷系统

1—室内换热器；2—室外换热器；3—换向阀(四通阀)；4—压缩机

下面就压缩式制冷系统的四大部件做一介绍。读者若想进一步了解这四大部件对应的热力过程，则请参见后文的知识链接。

1) 制冷压缩机

制冷压缩机的功能是压缩制冷剂蒸汽，迫使制冷剂在制冷系统中冷凝、膨胀、蒸发和压缩，周期性地不断循环，起到压缩和输送制冷剂的作用，并使制冷剂获得压缩功。制冷压缩机由压缩机和电动机两部分组成。

压缩机按制冷量分类，有小型压缩机(20×10^4kJ/h 以下)、中型压缩机($20\times10^4\sim160\times10^4$kJ/h)、大型压缩机($160\times10^4$kJ/h 以上)。

压缩机按整体结构分类，有全封闭式、半封闭式、开启式压缩机。全封闭式压缩机主要用于电冰箱、空调器、冷藏箱等小型制冷设备。半封闭式压缩机的压缩机和电动机安装在一个铸件机身内，机身两端面和气缸盖(顶面)制成可拆卸式，检修较方便。开启式压缩机的压缩机和电动机分为两部分，其间用联轴器或用皮带传动连接。

压缩机根据工作原理不同，可分为容积式和离心式两种。容积式压缩机是靠工作腔容积改变实现吸气、压缩、排气等过程。活塞式压缩机、回转式压缩机、螺杆式压缩机均属于容积式压缩机。离心式压缩机是靠高速旋转的叶轮对蒸汽做功，使压力升高并完成输送蒸汽的任务。

螺杆式压缩机的构造如图 5.4 所示，工作原理如图 5.5 所示。在汽缸的吸气端座上有吸气口，当齿槽与吸气口相遇时，吸气开始。随着螺杆的旋转，齿槽脱离吸气口，一对齿槽空间吸满蒸汽。螺杆继续旋转，两螺杆的齿与齿槽相互啮合，由汽缸体、啮合的螺杆和排气端座做成的齿槽容器变小，而且位置向排气端移动，完成了对蒸汽压缩和传输的作

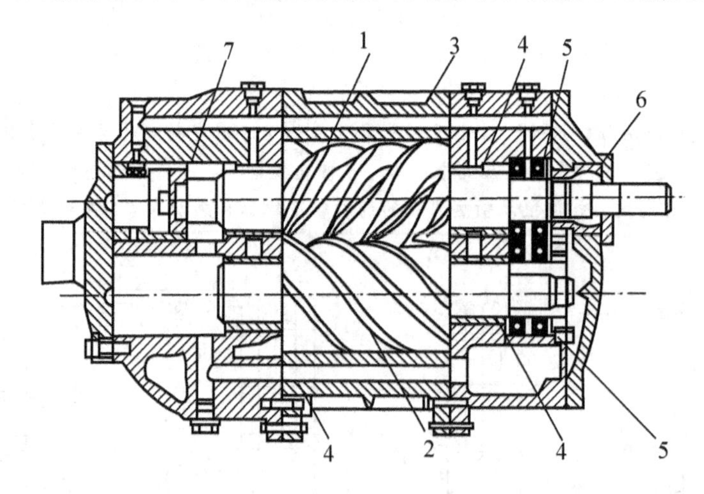

图 5.4 压缩机的构造

1—阳转子；2—阴转子；3—机体；4—滑动轴承；
5—止推轴承；6—轴封；7—平衡活塞

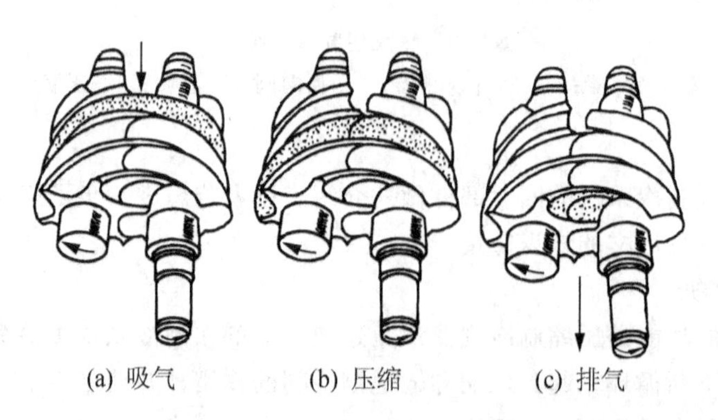

图 5.5 螺杆式压缩机的工作原理

用。当这对齿槽空间与端座的排气口相通时，压缩结束，蒸汽被排出。每对齿槽空间都经历了吸气、压缩、排气三个过程。螺杆式压缩机不设吸气、排气阀。当齿槽空间与吸气口接通时，即开始吸气；离开吸气口时，即开始压缩；与排气口相通时即开始排气，压缩过程结束。

2）冷凝器

冷凝器的作用是把压缩机排出的高温高压制冷剂蒸汽，通过散热冷凝为液体。制冷剂从蒸发器中吸收的热量和压缩机产生的热量，被冷凝器周围的冷却介质所吸收而排出系统。冷凝器在单位时间内排出的热量称为冷凝负荷。

冷凝器根据所使用冷却介质的不同可分为水冷式冷凝器、风冷式冷凝器等类型。风冷式冷凝器是利用常温的空气来冷却的。按空气在冷凝器盘管外侧流动的动力，可分为自然对流和强迫对流两种形式。自然对流式无风机噪声，传热效率低，仅适用于制冷量很小的家用冰箱等场合。强迫对流式一般装有轴流风机，传热效率高，不需水源，应用广泛。水冷式冷凝器用水冷却，其传热效率比风冷式高。中央空调系统中一般采用水冷式冷凝器。

冷凝器按结构形式不同，可分为套管式、壳管式、板式等类别。套管式冷凝器结构简单，易于制造，传热系数较高，可达 1000W/(m^2·℃)，常用于制冷量小于 40kW 的小型氟利昂制冷系统中。壳管式冷凝器又分为立式和卧式两种。立式壳管式冷凝器主要用于氨制冷系统中，其结构庞大，耗材多。卧式壳管式冷凝器则在氨系统和氟利昂系统中应用广泛。卧式壳管式冷凝器传热系数较高，热负荷也大，多用于大、中型制冷系统。板式冷凝器采用的是板式换热器(常简称为板换)。板式换热器由若干板片组合而成，相邻板片的波纹方向相反，流体沿板间狭窄弯曲的通道流动，速度和方向不断发生突变，扰动强烈，从而大大强化了传热效果，是一种以波纹板为换热表面的高效、紧凑型换热器。中央空调的热力站也常采用板式换热器。

中央空调的冷水机组常采用卧式壳管式冷凝器。为节约用水，冷却水通常循环使用，需配备冷却塔、水泵及管路组成冷却水循环系统。冷却水进出冷凝器的温差一般为 4～6℃。

3）蒸发器

蒸发器的作用是通过低温低压制冷剂液体在其内蒸发(沸腾)变为蒸汽，吸收被冷却物质的热量，使物质温度下降，达到人工制冷的目的。

蒸发器分为冷却液体(水)的蒸发器和冷却空气的蒸发器。在冷却空气的蒸发器中又能分为自然对流和强制对流两种形式。在中央空调系统中，一般以水作为载冷剂。水在蒸发器中被吸收热量，温度降低，然后送到大楼的空调末端。

4）节流机构

节流机构是蒸汽压缩式制冷系统的基本设备之一。节流机构的功能是将冷凝器输出的高压制冷剂冷凝液降压变为蒸发器所需的低压冷凝液(含少量蒸汽)，使制冷剂在低温下沸腾气化吸热制冷。将节流机构做成阀式，还可调节制冷剂的循环流量，从而实现制冷量的调节。节流机构的形式很多，常用的有毛细管、热力膨胀阀和电子膨胀阀等，如图 5.6 所示。

(a) 毛细管

(b) 热力膨胀阀

(c) 电子膨胀阀

图 5.6 节流机构实物图

知识链接

蒸汽压缩式制冷循环的热力过程分析

如图 5.7 所示，理想蒸汽压缩式制冷循环包括四个热力过程：绝热压缩(1—2)、等压冷凝(2—3)、等焓节流(3—4)和等压蒸发(4—1)。

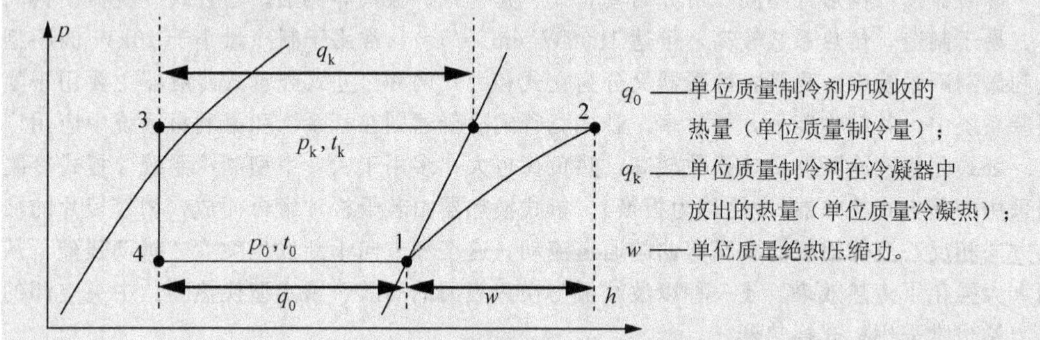

图 5.7 理论制冷循环示意图

1) 绝热压缩过程

压缩机输入压缩功 w，制冷剂蒸汽压力由低压 p_0 升到高压 p_k，温度由低温 t_0 升到高温 t_k。压缩过程在瞬间完成，蒸汽与外界几乎不存在热量的交换，所以称为绝热压缩过程。该过程由于外界对制冷剂做功，使制冷剂温度升高而处于过热的蒸汽状态。

2) 等压冷凝过程

过热蒸汽进入冷凝器，在压力不变的条件下，先是将部分热量传给外界冷却介质，冷却成饱和蒸汽，然后再等压等温下继续放出热量，冷凝成饱和液体。这是等压冷凝放热过程。向外界放出的冷凝热为 q_k。

3) 等焓节流过程

饱和液体流经节流元件由高压 p_k 降至低压 p_0，温度由高温 t_k 降到低温 t_0，进入液、汽两相混合区。节流前后制冷剂的能量(焓)不变。这是等焓节流过程。

4) 蒸发换热过程

制冷剂在蒸发器中沸腾蒸发，蒸发压力为 p_0，蒸发温度为 t_0，从被冷却物体中吸取所需要的汽化热。其蒸发温度 t_0 一定要低于被冷却物的温度。两相状态的制冷剂在蒸发器中吸收被冷却物的热量而不断气化，制冷剂在等压等温下向干度增大的方向变化，直到全部变为饱和蒸汽，又重新回到压缩机吸气口。这是等压蒸发吸热过程。从外界吸收的蒸发热为 t_0。

上述四个热力过程完成了一个完整的理论制冷循环。低压、低温制冷剂蒸汽再由压缩机抽吸、压缩，进入下一次循环。

在理论制冷循环过程中，压缩机起着压缩和输送制冷剂蒸汽，使制冷剂在蒸发器中产生低压低温、在冷凝器中产生高压高温的作用，是整个循环系统的心脏。节流元件起着节流降压和调节进入蒸发器的制冷剂流量的作用。制冷剂在蒸发器内蒸发，吸收被冷却物的热量，完成制取冷量。制冷剂从蒸发器中吸收的热量连同压缩机产生的热量在冷凝器中被冷却介质带走，使制冷剂不断从低温物体中吸热，向高温介质放热，从而达到制冷的目的。

知识链接

制冷剂简介

制冷剂是制冷机进行能量转换的工作物质，它在密闭的制冷系统中循环流动，通过自身热力状态的变化与外界发生热能交换，从而实现制冷的目的。蒸汽压缩式制冷机中的制冷剂在低温下气化，从被冷却物中吸取热量，再在高温下凝结，向环境介质排放热量。

1. 制冷剂的分类、代号及其应用

国际上对制冷剂种类的代号和称谓有统一的规定。用字母“R”和它后面的一组数字或字母作为制冷剂的简写符号。字母“R”表示制冷剂。如“R12”表示氟利昂12制冷剂。

作为制冷剂使用的物体有很多。按照化学成分及组成的不同，制冷剂可以分成四类：无机化合物制冷剂、氟利昂制冷剂、碳氢化合物制冷剂、多元混合溶液。

常用的无机化合物制冷剂有氨(NH_3，R717)、二氧化碳(CO_2，R744)、水(H_2O，R718)等。这类制冷剂在工程上常用到的是氨，氨多用在大、中型冷库中。

氟利昂制冷剂是碳氢化合物中全部或部分氢元素被卤族元素代替后衍生物的总称。目前使用的大都是甲烷(CH_4，R50)和乙烷(C_2H_6，R170)的衍生物，如二氟二氯甲烷(CF_2Cl_2，R12)、二氟一氯甲烷(CHF_2Cl，R22)等。它们被广泛应用在电冰箱、冰柜和空调设备中。

碳氢化合物制冷剂主要用在石油和化工部门制取低温。如甲烷(CH_4，R50)、乙烷(C_2H_6，R170)、乙烯(C_2H_4，R1150)、丙烯(C_3H_6，R1270)等。

多元混合溶液又称混合制冷剂，是由两种或两种以上的氟利昂组成的混合物。混合制冷剂有共沸溶液和非共沸溶液之分。共沸溶液的特点是在固定压力下的蒸发温度或冷凝温度保持不变，且其气相和液相的组分保持不变，常见的共沸溶液有R500、R502等；非共沸溶液在固定压力下不能保持蒸发温度或冷凝温度恒定，且在饱和状态下气液两相的组成也不相同，常见的非共沸溶液有R407c、R410a等。

2. 常用制冷剂的主要特性

1) 氨

氨的汽化潜热大，工作压力适中，传热性能好，流动阻力小，吸水性强，几乎不溶于油。价格低廉，来源充足，是应用较为广泛的中温中压制冷剂。但氨有强烈的刺激性臭味，对铜及铜合金的腐蚀性强，空气中含氨量高时遇火会燃烧爆炸。因此，目前多在一些工业制冷设备的活塞式制冷压缩机中采用。

2) 氟利昂

氟利昂是用氟、氯、溴等部分或全部取代饱和碳氢化合物中的氢而生成新化合物的总称。氟利昂是制冷剂的一个大家族，具有化学性质稳定、不燃烧、无毒、对金属不腐蚀、易液化等优点。但氟利昂也有渗透性强、易泄漏、密度大、流动性差、价格高等缺点。由于氟利昂不溶于水，因此要求制冷系统保持干燥，如：规定R22、R12的含水量不超过0.0025%。目前，中、小型活塞式制冷压缩机、空调机用的螺杆式和离心式制冷机、低温制冷装置及一些特殊制冷装置几乎都采用氟利昂作制冷剂，可见其应用之广泛。

常用制冷剂的热物性参数可通过查阅相关制冷技术专业书籍获得。

3. 制冷剂的替换问题

研究证明，CFCs(即氟化碳，指不含氢的氟利昂)对大气中臭氧和地球高空的臭氧层有严重的破坏作用。CFCs还能在大气中稳定吸收太阳热，加剧温室效应。因此，减少和禁止CFCs的使用和生产，已成为国际社会环境保护的紧迫任务。

根据1987年通过的《关于消耗臭氧层物质蒙特利尔议定书》和其他有关国际协议，规定发达国家在1995年停止生产和禁止使用公害物质CFCs，在2030年停用过渡性物质CFCs，而对发展中国家允许延期10年再禁用。

2. 吸收式制冷系统工作原理

吸收式制冷与压缩式制冷一样，都是利用低压制冷剂的蒸发产生的汽化潜热进行制冷。两者的区别是：压缩式制冷以电为能源，而吸收式制冷则是以热为能源。在高层民用建筑空调制冷系统中，吸收式制冷所采用的制冷工质通常是溴化锂水溶液，其中水为制冷剂，溴化锂为吸收剂。因此，通常溴化锂制冷机组的蒸发温度不低于0℃，在这一点上，可以看出溴化锂制冷的适用范围不如压缩式制冷，但在高层民用建筑的空调系统中，由于要求空调冷水的温度通常为6～7℃，因此还是比较容易满足的。溴化锂吸收式制冷循环的基本原理如图5.8所示。

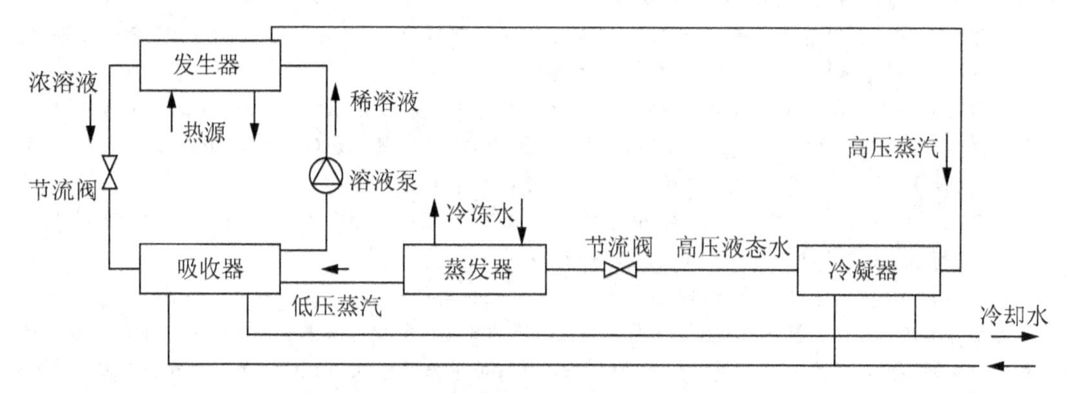

图5.8 溴化锂吸收式制冷循环的基本原理

来自发生器的高压蒸汽在冷凝器中被冷却为高压液态水，通过膨胀阀后成为低压蒸汽进入蒸发器。在蒸发器中，冷媒水与冷冻水进行热交换发生汽化，带走冷冻水的热量后成为低压冷媒蒸汽进入吸收器，被吸收器中的溴化锂溶液(又称浓溶液)吸收，吸收过程中产生的热量由送入吸收器中的冷却水带走。吸收后的溴化锂水溶液(又称稀溶液)由溶液泵送至发生器，通过与送入发生器中的热源(热水或蒸汽)进行热交换而使其中的水发生汽化，重新产生高压蒸汽。同时，由于溴化锂的蒸发温度较高，稀溶液汽化后，吸收剂则成为浓溶液重新回到吸收器中。在这一过程中，实际上包括了两个循环，即制冷剂(水)的循环和吸收剂(溴化锂溶液)的循环，只有这两个循环同时工作，才能保证整个制冷系统的正常运行。

从溴化锂制冷机组制冷循环中可以看出，它的用电设备主要是溶液泵，电量为5～10kW，这与压缩式冷水机组相比是微不足道的。与压缩式冷水机组相比，它只是在能源的种类上不一样。前者消耗热能，后者消耗电能或机械能。因此，在建筑所在地的电力紧张而无法满足空调要求的前提下，作为采用低位能源的溴化锂吸收式冷水机组可以说是一种值得考虑的选择；如果当地的电力系统可以允许的话(当然，作为建设单位，还要考虑各地一些不同的能源政策)，还是应优先选择压缩式冷水机组的方案。

3. 制冷机的性能系数 *COP*

把制冷机作为一个系统，则输入该系统的能量包括压缩功 w 和蒸发吸热量 q_0，输出的能量为 q_k，如图 5.9 所示。以制冷机作为分析对象，应用热力学定律(参见后文的“知识链接”)可得：

$$q_0+w=q_k$$

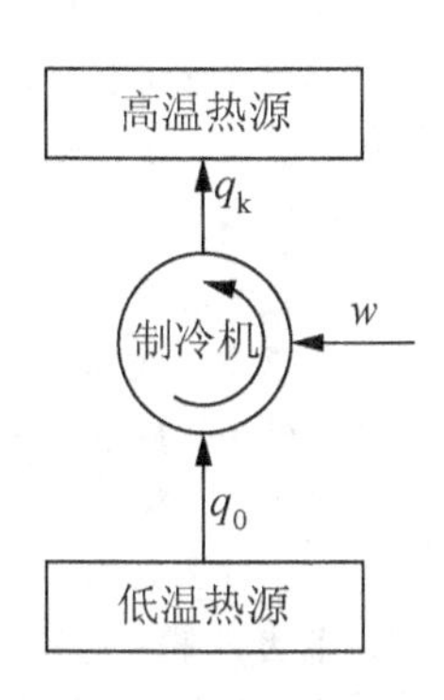

图 5.9 制冷循环的热力学原理图

能量利用的经济性常采用得到的收益与花费的代价的比值这一指标来衡量。在制冷循环中，把单位质量制冷量 q_0 与单位质量绝热压缩功 w 之比称为制冷机的性能系数(Coefficient of Performance，COP)，即：$COP=\frac{q_0}{w}=\frac{q_k-w}{w}$。*COP* 是针对空调设备节能的评价指标。显然，*COP* 越大，表明产生同等冷量所消耗的功越少，该设备设计制造的效果越好。制冷机的 *COP* 一般都大于 1，通常介于 2.5～7.0 之间。

如果考虑提高制冷机的 *COP*，冷凝温度应在允许范围内越低越好，而蒸发温度应在允许范围内越高越好。这样就可降低制冷剂在冷凝器和蒸发器中的压差，从而降低压缩机功耗。一般来说，在正常空调工况下，冷凝温度每降低 1℃或蒸发温度每升高 1℃，实际系统的 *COP* 能提高 1.5%～2.5%左右。当然，制冷机的运行对冷凝温度有最低要求。对于不同的制冷机设计，所要求的最低冷凝温度也不尽相同。蒸发温度应该越高越好，但是最高的蒸发温度也受系统的特定要求以及空调末端运行条件的限制。

制冷机的 *COP* 还与制冷量有关。这是因为制冷量的变化会引起压缩机工作负荷的变化，压缩机的效率也随之变化。一般来说，在相同蒸发温度和冷凝温度下，采用单级压缩机的制冷机在高负荷时的效率比在低负荷时要高。但离心式制冷机的效率随制冷量的变化有所不同。如图 5.10 所示一典型离心式制冷机 *COP* 随制冷量的变化情况，当制冷量约为 80%～85%时，其 *COP* 最高。

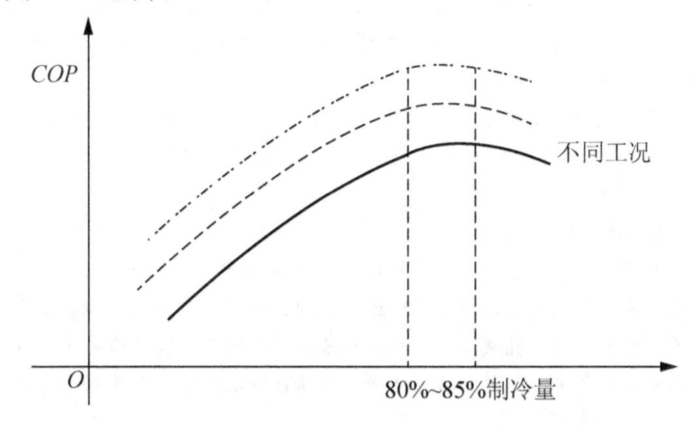

图 5.10 离心式制冷机 *COP* 与制冷量之间的关系

知识链接

制冷与空调系统中几个常用的定律

在制冷与空调系统的分析中，常用到能量守恒定律、质量守恒定律、热力学定律等。

1. 能量守恒定律

自然界的一切物质都具有能量，能量既不能创造也不能消灭，而只能从一种形式转换成另一种形式，从一个物体传递到另一个物体，在能量转换和传递过程中，能量的总量恒定不变。这就是能量守恒定律。例如，煤燃烧后放出热量，可以用来取暖；可以用来生产蒸汽，推动蒸汽机转换为机械能，推动汽轮发电机转变为电能。电能又可以通过电动机、电灯或其他用电器转换为机械能、光能或热能等。这些能量的形式在一定条件下发生多次转换，但能量的总量是恒定不变的。

2. 质量守恒定律

在任何的反应中，反应前后的质量总是守恒的。质量守恒定律是自然界普遍存在的基本定律之一。比如，对于某一个空调房间，质量守恒定律可表示为：

流进房间的空气质量－流出房间的空气质量＝空调房间内的空气质量的变化量

3. 热力学第一定律

飞机和火车的运行是以热机(喷气发动机内燃机)作为动力的。热机的作用是把燃料所产生的热能转化为机械功。制冷机的作用是借助消耗一定量的机械能，而获得一定的冷量。对热机，我们希望消耗尽量少的热能而获得尽可能多的机械功。而对制冷机，则希望消耗尽量少的机械能而获得尽可能多的制冷量。为此，我们需要研究热能和机械能相互转换时的条件及其规律。这就是下面要讨论的热力学第一定律和热力学第二定律。理解热力学第一定律和第二定律有助于掌握制冷空调系统的运行原理。

热力学第一定律是能量转换及守恒定律在热力过程中的具体表述，其表述为：无论何种热力过程，在机械能与热能的转换或热能的转移中，系统和外界的总能量守恒。即：

输入系统的能量－输出系统的能量＝系统贮存能量的变化

假设系统与环境之间交换的热量为 Q，与环境交换的功为 W，物体内能的变化量为 ΔE，则有关系式：

$$Q=\Delta E+W$$

式中 Q、W、ΔE 三者的单位都为 J。相应的符号规定分别为：若从外界吸热则 Q 取正值，若向外界放热则 Q 取负值；若系统对外做功，W 取正值；外界对系统做功，W 取负值；系统内能增加，ΔE 取正值；系统内能减少，ΔE 取负值。

上式的物理意义是：物体从外界吸收的热量，一部分使物体的内能增加，一部分用于物体对外做功。

4. 热力学第二定律

实践证明：一切实际的宏观热过程都具有方向性，热过程不可逆，这就是热力学第二定律所揭示的基本事实和基本规律。热力学第二定律有多种说法，但都反映同一客观规律，彼此是等效的。

1) 克劳修斯说法

人们很早就发现两个温度不同的物体相接触时热量总是从高温物体传向低温物体，而不可能自发地反向进行。克劳修斯在 1850 年简明扼要地概述为：热不能自发地、不付出代价地、从低温物体传至高温物体。

2) 开尔文·普朗克说法

人们逐渐认识到要使热能连续地转化为机械能，必须存在温度差，至少需有两个温度不同的热源。只有一个热源的热动力装置是无法工作的。同时还认识到，热能转化成机械能是有限度的，高温热源提供的热量无论如何不可能全部转为机械能，不可避免地要有一部分热能转移到低温热源。1851 年开尔文将之概述为：不可能制造出从单一热源吸热，使之全部转化为功而不留下其他任何变化的热力发动机。

5.1.3 某冷冻站的工艺流程分析

某冷冻站的工艺流程如图5.11所示，由冷水机组、冷却水系统、冷冻水系统组成。共有3台冷水机组，系统根据建筑冷负荷的情况选择运行台数。图中冷水机组的左侧是冷却水系统，含有3台冷却塔及相应的冷却水泵及管道系统。冷却水系统的作用是负责向冷水机组的冷凝器提供冷却水。图中冷水机组的右侧是冷冻水系统，由冷冻水循环泵、集水器、分水器、管道系统等组成。冷冻水系统的作用是把冷水机组的蒸发器提供的冷量，通过冷冻水(冷媒)输送到各类冷水用户(如组合式空调机组和风机盘管)。

冷水机组运行时，通过蒸发器中的制冷剂吸收冷冻水的热量，使冷冻水保持低温。在冷凝器中制冷剂需通过冷却水向室外环境排出热量。因此，在冷水机组开启时，必须首先开启冷却水和冷冻水系统的阀门和水泵、风机。保证冷凝器和蒸发器中有一定的水量流过，冷水机组才能启动。否则，会造成制冷机高压超高、低压过低，直接引起电机过流，易造成对机组的损害。冷水机组都随机携带有水流开关，水流开关的电气接线要串联在制冷机启动回路上。当水流达到一定流速值，水流开关吸合，制冷机才能被启动。这样就起到了冷水机组自身的流量保护作用。

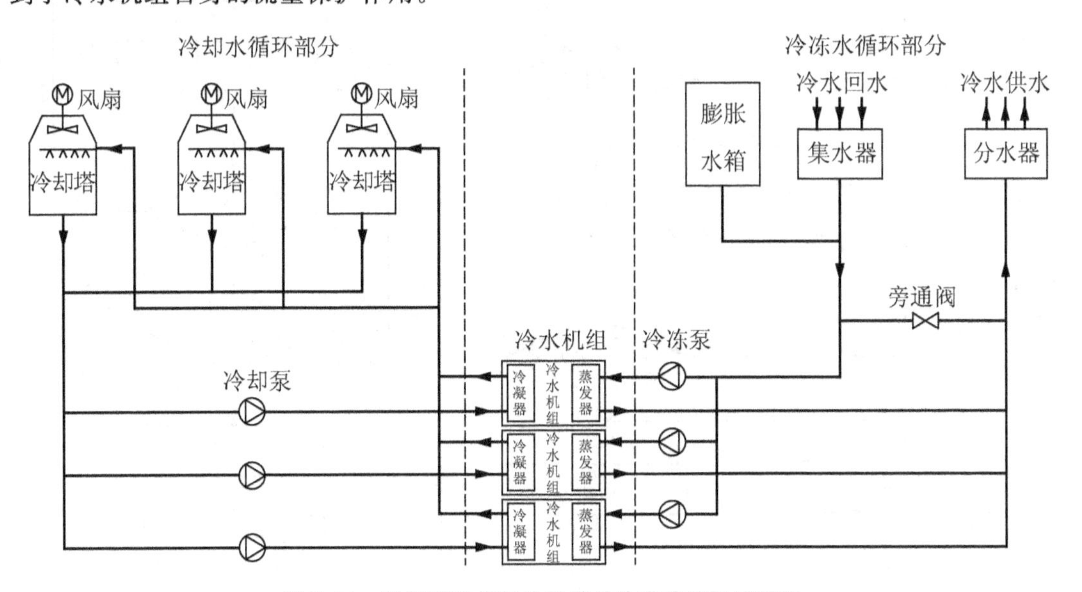

图5.11 采用压缩式制冷系统的冷冻站运行原理图

5.1.4 冷冻站机电设备的启停顺序

冷冻站机电设备的启停控制不仅包括冷水机组启停，还包括对应的冷冻水泵、开关蝶阀、冷却塔、冷却水泵等。冷水机组是整个建筑物空调系统的核心设备。冷冻水循环、冷却水循环都是根据冷水机组的运行状态进行相应控制的。

1. 冷冻站机电设备间的电气联锁

为保证整个系统安全运行，在启动或停止的过程中冷水机组应与相应的冷冻水泵、冷却水泵、冷却塔等进行电气联锁。只有当所有附属设备及附件都正常运行工作之后，冷水机组才能启动；而停车时的顺序则相反，应是冷水机组优先停车。当有多台冷水机组并联且在水管路中泵与冷水机组不是一一对应连接时，则冷水机组冷冻水和冷却水接管上应设有电动蝶阀，以使冷水机组与水泵的运行能一一对应进行。该电动蝶阀应参加上述联锁。

2. 冷冻站机电设备启停的逻辑顺序

冷冻站工艺复杂、设备多，其启停通常按照事先编制的时间假日程序控制。每次启停时各机电设备的启/停控制流程如图 5.12 所示。当需要启动冷水机组时，一般首先启动冷却塔，其次启动冷却水循环系统，然后是冷冻水循环系统的启动，当确定冷却水、冷冻水循环系统均已启动后方可启动冷水机组。当需要停止冷水机组时，停止的顺序与启动顺序正好相反。这些功能都需要 BAS 来实现。

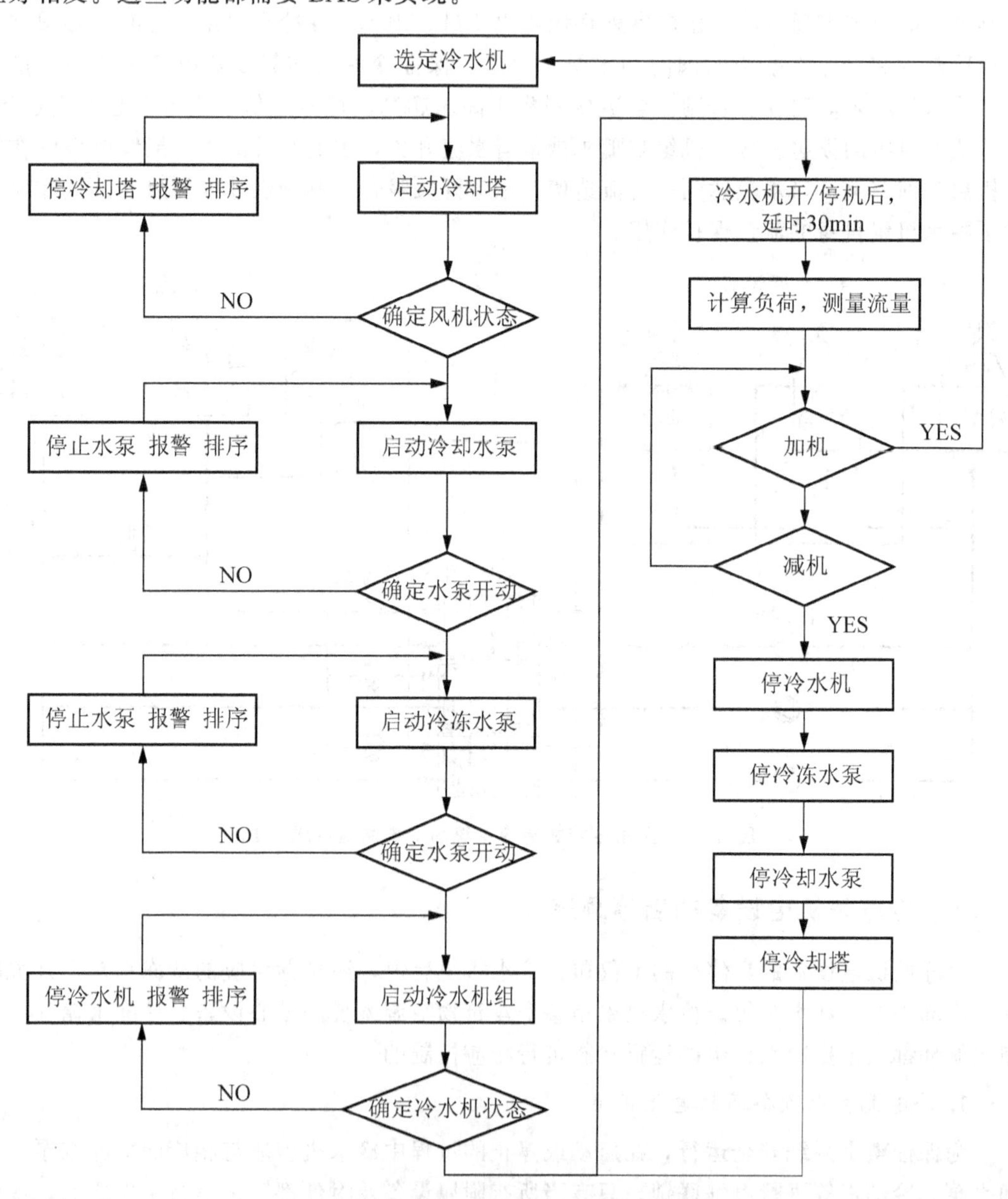

图 5.12 冷冻站机电设备的启/停控制流程

5.2 冷冻站的控制概述

5.2.1 BAS对冷冻站控制的思路

在现代建筑中，冷水机组及水系统的能耗是暖通空调系统能耗的最主要部分，约占建筑总能耗的25%～50%。冷冻站设备不仅工艺复杂，而且节能技术手段丰富。对冷冻站进行良好的监测和控制不仅有助于提高制冷系统运行的可靠性，而且还能降低其总能耗，提高运行经济效益。

目前，无论是压缩式制冷系统、吸收式制冷系统或蓄冰制冷系统，设备厂商一般均提供与冷水机组设备本身成套的自动控制装置。机组自带的控制系统本身能独立完成机组监控与能量调节的功能，而且这些设备大多都留有与外界的通信接口。当与BAS系统相连时，需考虑机组成套控制系统包含哪些监控功能，以及如何与BAS进行数据通信。通信接口形式有两种，一种为RS232/RS485通信接口，一种为干触点接口。通过RS232/RS485接口，可以实现BAS与主机的完全通信，而干触点接口只能接受外部的启停控制，向外输出报警信号等，功能相对简单。

目前，BAS对于这类自身带有控制系统的成套设备的监控主要有三种做法。

1. BAS不与冷水机组和锅炉主机的控制器通信

BAS不与冷水机组和锅炉主机的控制器通信，而是另外在冷冻水、冷却水管路上安装水温传感器、流量传感器，在配电箱中通过交流接触器辅助触头、热继电器触点等方式取得这些主机的工作状态参数，通过端子排或交流接触器控制设备的启停。这种监测方法不能深入到主机内部，对冷水机组内部的运行参数，如压缩机吸排气的压力、润滑油压力和油温等都无法检测，因此检测信号是不完整的。主机设备不能放心地交由BAS管理，冷热源机房还必须有人专门值守。

2. BAS采用冷水机组和锅炉主机制造商提供的冷冻站或锅炉房管理系统

这类管理系统能够把冷冻站或锅炉房内的设备全部监控起来管理，形成一个独立的冷热源监控管理系统，一般由冷热源设备厂商提供。采用这种方式可提高控制系统的可靠性和简便性，但是从优化的角度看由于冷冻站(或锅炉房)的控制还与空调水系统有关，用冷冻站(或锅炉房)内的水压以及水温的变化不能完全反映系统的特性。不过这类独立的控制管理系统的节能控制效果仍然是可观的，在工程设计中仍不失为一种上佳的选择方案。

以YORK公司的冷水机组监控系统ISN™(Integrated Systems Networks)为例，BAS则可以通过YORKTalk译码器与冷冻机与监控系统相连。通过YORKTalk与BAS监控系统通信，此时，BAS可以读取系统的所有信息，同时也可通过YORKTalk实现对机组的启停等控制。

3. BAS与冷源主机通信

为了解决建筑物各种机电设备，特别是暖通空调设备的互连问题，早在1995年，美国ASHRAE学会(采暖通风空调制冷工程师学会)就制订了解决这一问题的通信协议

BACnet。如果各设备制造商和控制系统公司都遵守这一协议，则大楼内的各种机电设备就有望实现无缝的连接。这些设备中最主要的就是冷冻机，但是由于各种原因，BACnet协议未能得到广泛的应用，使得原来预期的实现各种控制器统一通信和信息互换的局面没有如期实现。但实现通信协议的统一是发展方向。

当控制系统与冷水机组的协议不统一时，需要开发通信接口来解决互连问题。在通信接口开发时，冷水机组制造商应开放其通信协议。

上述三种方法各有利弊。不过，在目前的实际工程中BAS对自带控制系统的成套设备的监控，往往采用简单的“只监不控”的策略。

5.2.2 冷冻站监控实例

如图5.11所示采用压缩式制冷系统的冷源系统(冷冻站)。本小节以此为例，分析BAS对冷冻站监控的设计思路和过程。其监控设计结果如图5.13所示。

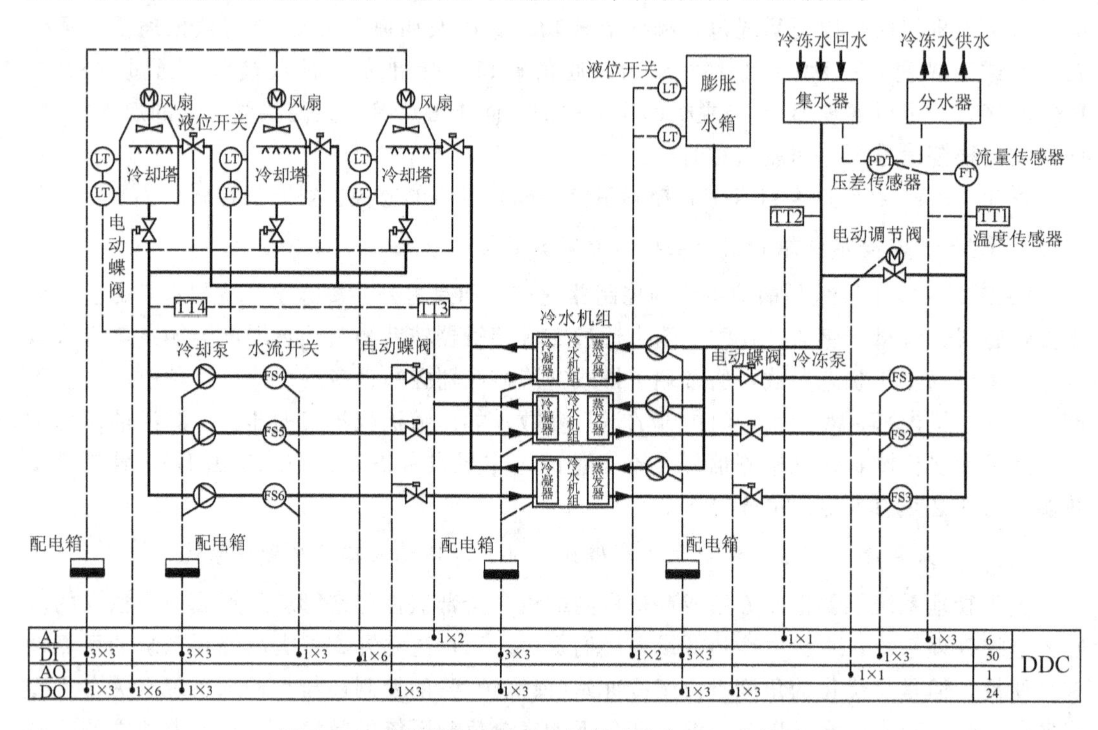

图5.13 采用压缩式制冷系统的冷冻站BAS监控原理

1. 受控对象的工艺流程分析

该冷冻站工艺流程分析参见5.1.3节。

2. 监控需求分析

一般根据业主的需求和相关标准进行BAS监控的需求分析。该系统的监控要求有如下目的和功能。

1) 压缩式制冷系统实行监控的目的

(1) 保证冷冻机蒸发器通过稳定的水量以使其正常工作。

(2) 向空调冷冻水用户提供足够的水量以满足使用要求。

(3) 在满足使用要求的前提下，尽可能提高供水温度，从而提高机组的 *COP* 值，同时减少系统的冷量损失，实现系统的经济运行。

2) 压缩式制冷系统的监控功能

(1) 启停控制和运行状态显示。

(2) 冷冻水进出口温度、压力测量。

(3) 冷却水进出口温度、压力测量。

(4) 过载报警。

(5) 水流量测量及冷量记录。

(6) 运行时间和启动次数记录。

(7) 制冷系统启停控制程序的设定。

(8) 冷冻水旁通阀压差控制。

(9) 冷冻水温度再设定。

(10) 台数控制。

3. 压缩式制冷系统的监控策略分析

冷水机组带有由厂家供应的完整的控制系统，BAS 对 3 台冷水机组采用监测为主，控制为辅的策略(主要是启停控制)，而对冷水机组内部的运行不直接控制。BAS 监控的任务是监测各设备的工作状态、工作参数、控制设备的启停。检测设备的报警信号，保证设备安全运行。

1) 启停控制、运行状态显示和过载报警

相关的监控对象有冷水机组、水泵、冷却塔风机等。BAS 对这些机电设备的监控原理是基本相同的，实质上就是 BAS 对三相电动机的控制。其监控内容一般包括：启/停控制及状态监视、故障报警监视、手/自动控制状态监视等。其监控点一般都直接取自其电气控制回路。有关的监控原理详见 5.3 节。

2) 冷负荷计算和冷水机组运行台数的控制

对冷源或者热源，其冷热负荷 $Q=c \cdot M \cdot (t_1-t_2)$，其中 c 为比热，M 为总管流量，t_1、t_2 分别是供、回水总管上的温度。因此，为使设备容量与变化的负荷相匹配以节约能源，应根据计算的负荷，决定开启冷冻机的数量。详见 5.4 节。

3) 机组的启停顺序控制

详见 5.4 节。

4. BA 监控点位的确定

根据以上的监控思路，绘制监控原理图如图 5.13 所示。BAS 对各设备的监控点位说明如下。

1) 冷水机组的监控

对冷水机组的监控包含：启/停控制和运行状态、过载状态、手/自动状态的监测。所以，每台冷水机组共计 1 个 DO，3 个 DI 点。现有 3 台冷水机组，故占有 DDC 点位共计 3(即 1×3)个 DO，9(即 3×3)个 DI 点。在图中的 DO、DI 的点位统计表中分别表示表示为“•1＊3”和“•3＊3”。

2）冷却水循环部分的监控

每台冷却塔含有一个风扇，DDC 对每个风扇进行启/停控制和运行状态、过载状态、手/自动状态的监测，共计 1 个 DO，3 个 DI 点。现有 3 台冷却塔的风扇，故共计 3 个 DO，9 个 DI 点。

在每个冷却塔内设置液位开关 LT，以监测高低水位，供 DDC 在液位过高或过低时报警，计 2 个 DI 点。3 台冷却塔共计 6 个 DI 点。

3 台冷却塔的供回总管上的水温度监测，需配置温度传感器 TT3 和 TT4 监测，2 个 AI 点。

3 台冷却水泵的启停控制和状态(运行状态、过载状态、手自动状态)监测，共计 3 个 DO 点和 9 个 DI 点。

3 台冷却水泵的出水侧管道分别安装了水流开关 FS，判断水是否流动，从而监测水泵的实际运行状态，共计 3DI。(注：也可以在水泵两端安装压差开关以监测水压差、判断水泵的实际运行状态。)

冷却水循环部分共有 6 个开关蝶阀进行冷却水的开关控制，共计 6 个 DO 点。

3）冷冻水循环部分的监控

3 台冷冻水泵的启停和状态，共计 3 个 DO 点和 3 个 DI 点。

3 台冷冻水泵出水侧的水流开关，用于测量水泵的实际运行状态，共计 3 个 DI 点。

3 个冷冻水循环开关蝶阀，共计 3 个 DO 点。

用液位开关检测膨胀水箱的高低警戒水位，共计 2 个 DI 点。

设置温度传感器 TT1、TT2 和流量传感器 FT 检测冷冻水的供回水温度和冷冻水流量，用于计算冷负荷，共 3 个 AI 点。

压差传感器 PDT 检测冷冻水供回水压差，DDC 据此压差传感器做出逻辑运算，控制旁通管上旁通调节阀的阀芯的开度，从而实现压差旁通控制，共计 1 个 AI 点和 1 个 AO 点。

5.3 BAS 对水泵、风机等机电设备的控制

在暖通空调系统中，经常遇到冷冻水循环泵、冷却水循环泵、一次热水循环泵、二次热水循环泵，还有冷却塔风机、空调机组和新风机组的风机等机电设备。这类设备一般都由三相电源供电，内部都有电动机。因此，BAS 对这类机电设备的控制都可以归结于对电动机的控制。大多数由 BAS 直接控制启停的电气设备，如风机、照明、水泵、电动机等的监控原理基本相同，其监控内容一般包括：启/停控制及状态监视、故障报警监视、手/自动控制状态监视等。其监控点一般都直接取自其电气控制回路(装在电控箱内)。冷水机组中的压缩机也一般是由三相电动机驱动，BAS 也可以按照这样的思路对冷水机组实现简单的控制。

具体来说，BAS 对每一台水泵、风机、冷水机组分别需要的监控点位数有：1DO，3DI。BAS 通过 DDC 发出命令控制这些设备的启动与停止，这需要占用 DDC 的 1 路 DO 通道。BAS 需要知道这些设备是否处在运行状态，检测方法是将主电路上交流接触器的辅助触点作为开关量信号，输入 DDC 监测冷水机的运行状态，这占用 DDC 的 1 路 DI 通道。

BAS 还需要知道这些设备是否过载，以便做出报警等逻辑动作，检测方法是主电路上热继电器的辅助触点信号，作为过载停机报警信号，这要占用 DDC 的 1 路 DI 通道。BAS 还需对监控对象是否处在手动/自动状态进行检测，这也将占用 DDC 的 1 路 DI 通道。

特别提示

对于水泵，除对其电动机的监控外，还通常通过水流开关 FS 监测水泵回路的水流状态或者通过压差开关监测水泵前后的压差来进一步确认水泵的运行状态。对于风机，除对其电动机的监控外，通常还通过空气压差开关来进一步确认风机运行状态。若水和空气流动异常(流量太小)，则自动报警并做相应联锁动作。

如图 5.14 所示典型电气设备电控箱及电气控制原理图。电气原理图由主回路(一次回

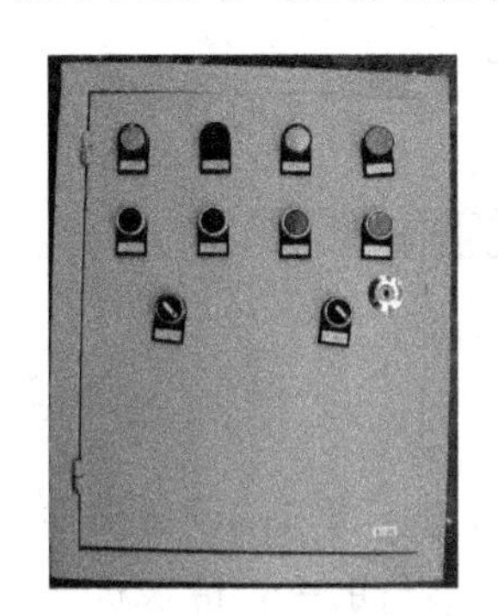

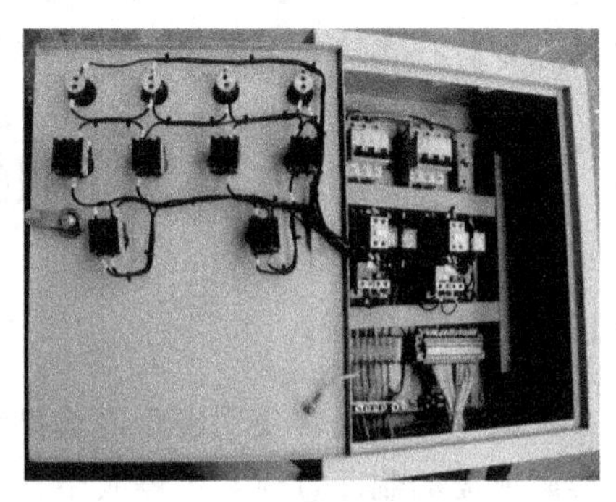

(a) 电控箱外观及内部

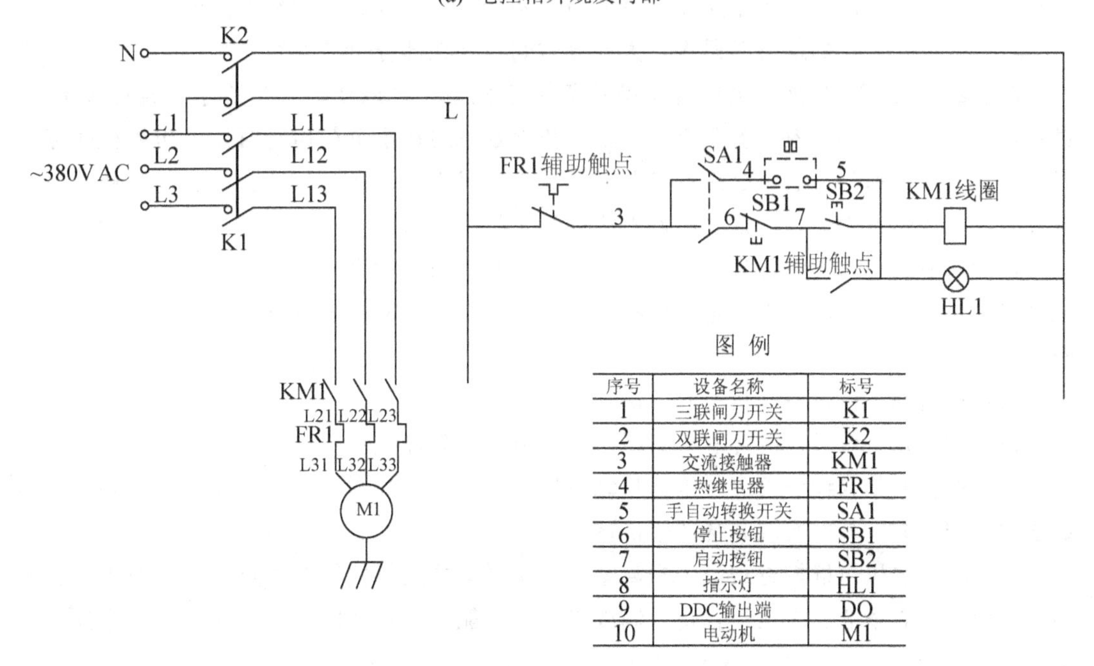

序号	设备名称	标号
1	三联闸刀开关	K1
2	双联闸刀开关	K2
3	交流接触器	KM1
4	热继电器	FR1
5	手自动转换开关	SA1
6	停止按钮	SB1
7	启动按钮	SB2
8	指示灯	HL1
9	DDC输出端	DO
10	电动机	M1

(b) 电控箱内部的电气原理图

图 5.14　典型电气设备电控制箱及电气控制原理图

路)与控制回路(二次回路)两部分组成。主回路工作电压为三相380V，以闸刀开关或空气断路器作为电源进线开关，以便故障检修时形成明显的断点，确保安全。主回路通过接触器对设备电源进行控制，采用热继电器对设备进行过载保护。控制回路主要实现对主回路接触器的控制，工作电压是220V。此回路一般要求以手/自动两种方式对风机启/停进行控制。具体设计方案是：利用一个手/自动转换开关，实现手动回路与自动回路之间的转换。当拨到手动挡时，操作人员可通过启动按钮、停止按钮、接触器线圈以及接触器辅助常开触点组成的自保持电路在现场对设备进行控制；当拨到自动挡时，设备的启/停则受DDC的控制。

监控内容中的启/停控制实际上就是对图中主回路中接触器的控制，启/停状态信号取自接触器辅助触点，故障状态信号取自热继电器的辅助触点，手/自动转换信号取自手自动转换开关。

有关二次回路的设计在第3章已有所论述，读者可相互对照着理解。

5.4 冷水机组的群控

5.4.1 冷水机组的群控概况

一般来说，在大型建筑中通常使用多台冷水机组为空调末端设备提供冷量。当冷冻站的供冷能力大于实际所需的制冷量时，关停其中正在运行的一台冷水机组；当实际所需的制冷量大于在运行的冷水机组所能提供的最大制冷量时，开启一台冷水机组。

中央空调在全年的运行时段中，大部分时间是处在部分负荷运行工况的。在满足末端负荷需求的前提下，根据大楼的冷负荷启停冷水机组，可以使运行的冷水机组的总*COP*最高，仍然运行在最佳效率值附近，并且避免冷水机组在小负荷运行时发生压缩机喘振或温度控制失效。另外，通过合理的控制使所有冷水机组的总运行时间大致相等，从而可以延长冷水机组运行寿命，降低其维修费用和发生故障的概率。

这种对所有冷水机组的启停顺序的控制，通常也叫做时序控制(sequence control)，也就是就是工程上所说的冷水机组的群控问题。冷水机组的群控策略就是要解决如下两方面问题：

(1) 在启动下一台冷水机组时，决定哪一台先启动?

(2) 在停止一台运行的冷水机组时，决定哪一台先停止?

群控的目的是与设备管理、维修计划更好地配合，充分利用设备的无故障周期，提高设备的使用寿命，从而实现系统的经济运行。

合适的冷水机组群控方法对于提高整个空调系统的运行性能至关重要。当使用多台不同种类和不同效率的制冷机，且每台制冷机的制冷能力各不相同时，对它们的时序控制将变得尤为复杂。

特别提示

一般的过程控制系统通常采用反馈控制的形式，这是过程控制的主要方式。而在多台冷水机组、多台冷冻/冷却水泵这类批量型的过程操作中，则需要采用顺序控制方式。

顺序控制(Sequence Control)是指按照预先给定的顺序或条件对各控制阶段逐次进行控制。顺序控制常采用可编程序逻辑控制器(PLC)或继电器来实现。在BAS工程中可以通过DDC控制器的DI/DO通道来实现顺序控制。

5.4.2 冷水机组运行台数的确定

中央空调的需冷量通常可以用回水温度或实际冷负荷来反映，进而确定冷水机组的运行台数，并进行冷水机组的启停控制。

1. 根据回水温度确定冷水机组运行台数

通常冷水机组的出水温度设定为7℃，冷冻水供、回水温差大多为5℃。在冷水机组出水温度恒定的空调水系统中，不同的回水温度实际上反映了空调系统中不同的需冷量。因此，根据回水温度可确定冷水机组运行台数。

回水温度控制的方式在控制精度上受到了温度传感器的约束。为了保证投入运行的新冷水机组达到所必需的负荷率(通常有20%～30%考虑)，减少误投入的可能性及降低由于迟投入带来的不利影响，如果采用回水温度来决定冷水机组的运行台数，则要求系统内冷水机组的台数不应超过2台。

知识链接

水管温度传感器测量精度对冷水机组运行台数控制的影响分析

假设所选用的水管温度传感器精度为±0.3℃。对于只有1台冷水机组的系统，回水温度的测量显示值范围为6.7～12.3℃，其控制冷量的误差在12%左右。

对于有2台相同制冷量的冷水机组的系统，从1台运行转为2台运行的条件是回水温度为9.5℃，而实际测量值有可能是9.2～9.8℃。这说明，当显示回水温度为9.5℃时，系统实际需冷量的范围是在总设计冷量的44%～56%。如果此时是低限值，则说明转换的时间过早，已运行的冷水机组此时只有其单机容量的88%，而不是100%，这时投入2台会使每台冷水机组的负荷率只有44%，明显是低效率运转而耗能的。如果为高限值(56%)，则说明转换时间过晚，已运行的冷水机组的负荷率已达到其单机容量的112%，处于超负荷工作状态。

当系统内有3台同冷量冷水机组时，上述控制的误差更为明显。以此类推，其结论是：冷水机组设计选用台数越多而实际运行数量越少时，上述由于温度传感器精度所带来的误差越为严重。

2. 根据实际冷负荷确定冷水机组运行台数

对冷/热源，可用公式$Q=c\cdot M\cdot(t_1-t_2)$计算冷/热负荷。其中，c为比热；M为总管流量；t_1、t_2分别是供、回水总管上的温度。因此，通过测量用户侧供、回水温度t_1、t_2及冷冻水流量M，根据计算的实际冷/热负荷决定开启冷水机组的台数，则可使冷冻站的供冷量与变化的负荷相匹配，从而节约能源。相对回水温度控制的方式来说，这种方式更为精确。

通过供水管网中分水器上的温度传感器 TT1 检测冷冻水供水温度(1 路 AI 信号)，通过回水管网中集水器上的温度传感器 TT2 检测冷冻水回水温度(1 路 AI 信号)以及供水总管上的流量传感器 FT(1 路 AI 信号)检测冷(冻)水流量，送入 DDC，计算出实际的空调冷负荷，控制冷水机组投入台数及相应的循环水泵投入台数如图 5.12 所示。

在工程设计和施工中，供/回水温度传感器和流量传感器的安装位置对实际冷负荷的精度影响很大。在图 5.15(a)、(b)所示的安装方式中，回水温度和流量的测取位置都位于用户侧，供水温度的测取位置分别在用户侧和冷源侧，但两者的测量值是相同的。这 3 个测量值可以反映实际冷负荷，因此是正确的。图 5.15(c)、(d)不能正确反映实际冷负荷，因此是错误的。

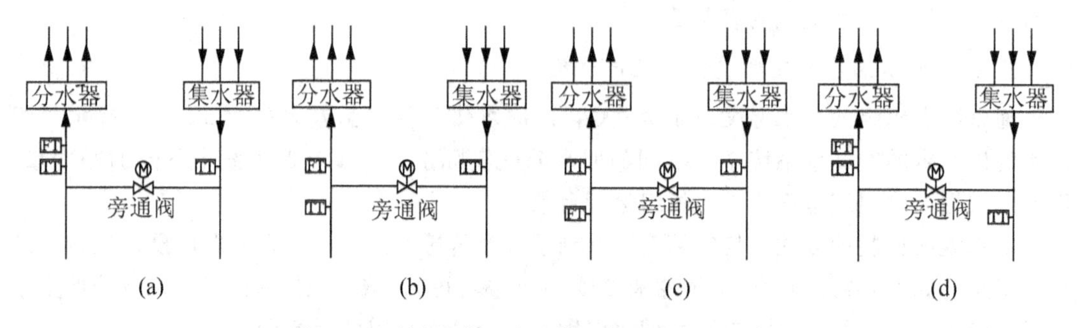

图 5.15　冷冻水供回水总管温度及流量测取位置

为了保证流量传感器达到其测量精度，应把它设于管路中水流稳定处，并在设计安装时保证其前面(来水流方向)直管段长管不小于 5 倍接管直径，后面直管段长度不小于 3 倍接管直径。另外，在空调水系统中，为了减少水系统阻力，一般不采用孔板式流量计而采用电磁式流量计。电磁式流量计的测量精度大约为 1%。

特别提示

图 5.13 旁通管位于供水管和回水管之间。而如果旁通管设于分、集水缸之间，则三个传感器的测量值会使实际冷负荷的计算误差偏大，对机组台数控制显然是不利的。

读者如果有兴趣的话，可以对传感器在不同安装位置时实际冷负荷的误差进行计算、分析和比较。

5.4.3　冷水机组运行时间、启动次数记录

冷冻站工艺复杂、设备多，其启停通常按照事先编制的时间假日程序控制。为了延长机组设备的使用寿命，需记录各机组设备的运行累计小时数及启动次数。通常要求各机组设备的运行累计小时数及启动次数尽可能相同。因此，每次启动系统时，都应优先启动累计运行小时数最少的设备(除特殊设计要求，如某台冷水机组是专为低负荷节能运行而设置的)。

BAS 通过软件程序对各机电设备进行运行时间和启动次数记录，以供逻辑判断。

5.4.4 群控的序列策略

BAS根据监测计算得到的空调系统实时冷负荷和机组运行时间、启动次数记录，可以确定启/停哪一台设备。多台冷水机组启/停控制的流程参见图5.11。

在需要启动一台制冷机时可按如下的优先顺序确定：

(1) 当前停运时间最长的优先。

(2) 累计运行时间最少的优先。

(3) 轮流排队等。

在需要停止一台制冷机组时可按如下的优先顺序确定：

(1) 当前运行时间最长的优先。

(2) 累计运行时间最长的优先。

(3) 轮流排队等。

选择哪一种序列策略与物业管理方式，设备维护计划等密切相关。BAS应尽量提供灵活的序列模式，便于物业管理部门按需选择。

特别提示

目前流行的冷冻机组群控，包括以上这些监控，通常由冷水机组厂家(如York，Carrier，Mcquary，Trane等)自己完成，而BAS则通过网关与其通信，完成对冷冻机系统的监测。

5.5 空调冷冻水循环系统的控制

5.5.1 冷冻水循环系统的认知

1. 冷冻水循环系统概述

冷冻水循环系统的主要作用是可靠经济地将冷水机组提供的冷冻水传输到各末端用户。在中央空调系统中，冷冻水系统通常分为两个环路：一次环路和二次环路。一次环路与冷水机组蒸发器相接，主要功能是产生低温冷冻水。二次环路将冷冻水传输和分配到各末端用户，是冷冻水在用户侧的分配管路系统。

冷冻水分配系统可以通过末端使用二通阀进行变流量，也可以通过在末端使用三通阀而定流量。当使用三通阀时，在低负荷下，分配系统的水流量将大于末端实际所需的水流量，因此会有一定的浪费。分配系统可以使用定速水泵，也可以使用变频水泵。变频水泵可以调节分配系统的水流量，使之与末端实际所需的水流量相匹配，实现节能运行。

特别提示

空调热水系统与空调冷冻水系统的设置和控制方式基本相同。而且常常在一些工程项目中，空调热水系统与冷冻水系统共用一套管道，通过阀门切换供回水管与冷热源的连接。

本书不单独设置章节来介绍空调热水的控制。

2. 冷冻水循环系统的设备组成

空调冷冻水循环系统的作用是将冷源提供的冷冻水送至空气处理设备。其组成主要有冷冻水水源、供回水管、阀门、仪表、集箱、水泵、空调机组或风机盘管、膨胀水箱等。

供回水管一般采用镀锌无缝钢管。集水器和分水器用无缝钢管制成，实际上是一根直径较大的管子、在上面焊接了许多不同管径的管接头，以连接不同区域的空调水管。集水器和分水器上装有若干阀门，用来控制空调的供、回水流量，起着冷冻水流量分配、调节和管理的作用。集水器和分水器上还装有温度计、压力表以及传感器，便于监测、控制。空调冷冻水系统的阀门有手动阀门和自动阀门两种。手动阀门有闸阀、截止阀和蝶阀。自动阀门有电磁阀和电动调节阀。膨胀水箱一般设置在系统的最高点。在密闭循环的冷冻水系统中，冷冻水的体积随水温而变化，此时膨胀水箱可以容纳或补充系统的水量。

知识链接

冷冻水循环系统用户侧管路的布置形式简介

冷冻水循环系统在用户侧的管路布置的方法有很多种。按水压特性的不同，有开式系统和闭式系统。按末端设备水流程的不同，有同程式系统和异程式系统。按空调末端设备的冷、热水管道设置方式的不同，有双管制系统、三管制系统和四管制系统。

1. 开式系统和闭式系统

开式系统是指水流经末端空气处理设备后，依靠重力作用流入建筑物地下室的蓄水池，再经冷却和加热后由水泵送至各个用户盘管系统，如图 5.16(a)所示。这种系统结构简单，水池有一定的蓄冷能力，可以部分降低用电峰值和电气设备的安装容量。但水池占地面积大，并与大气接触，水质易污染，管道容易被堵塞、腐蚀。另外，由于管道与大气相通，水泵不仅要克服水系统的阻力，还要把水提升到末端设备的高度，这造成系统静压大、水泵扬程及电机功率较大等缺点。该系统已经逐渐被淘汰。

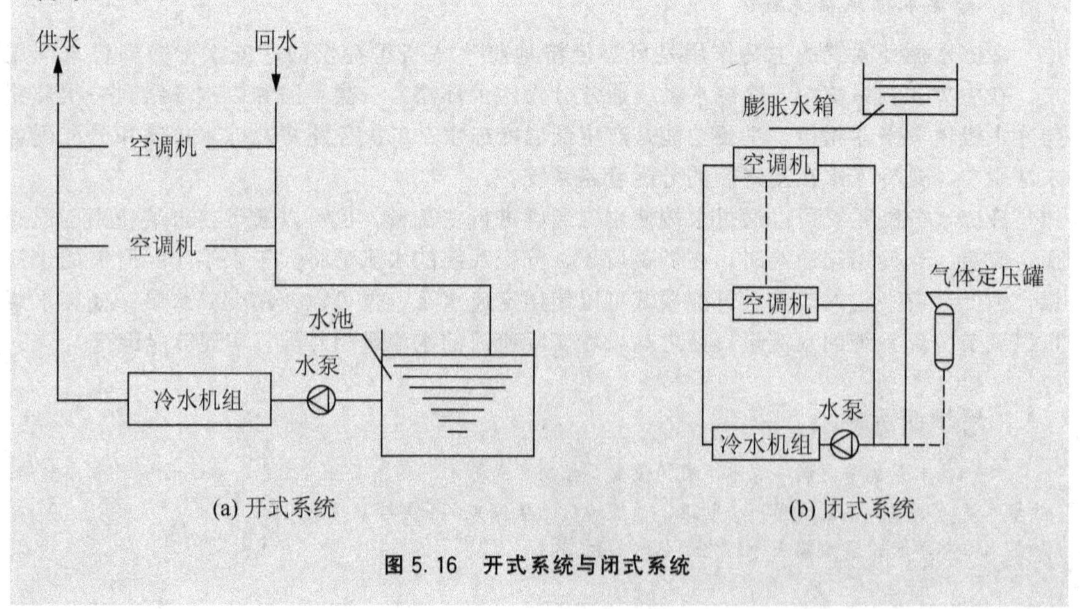

图 5.16 开式系统与闭式系统

闭式系统的冷冻水在密闭的管道中循环，不与大气接触，仅在系统的最高点设置膨胀水箱，如图5.16(b)所示。闭式系统水泵只用来克服管网的循环阻力，不需克服水的静压力，因此水泵扬程比开式系统要小得多，相应的电耗也降低。闭式系统无论水泵运行和停止，管道内都充满水，不与大气接触，避免了管道的腐蚀。在系统中的最高点设置开式膨胀水箱作为系统的定压设备，水箱水位通常应比系统最高的水管高出1.5m以上。闭式系统克服了开式系统的缺点，得到了广泛的应用，是目前唯一适用于高层民用建筑的空调冷冻水系统形式。

2. 同程式系统和异程式系统

同程式系统是指系统中的每个循环环路的长度相同，如图5.17(a)所示。该系统的特点是各环路的水流阻力、冷(热)量损失相等或近似相等，这样会有利于水力平衡，从而大大减少系统调试的工作量。

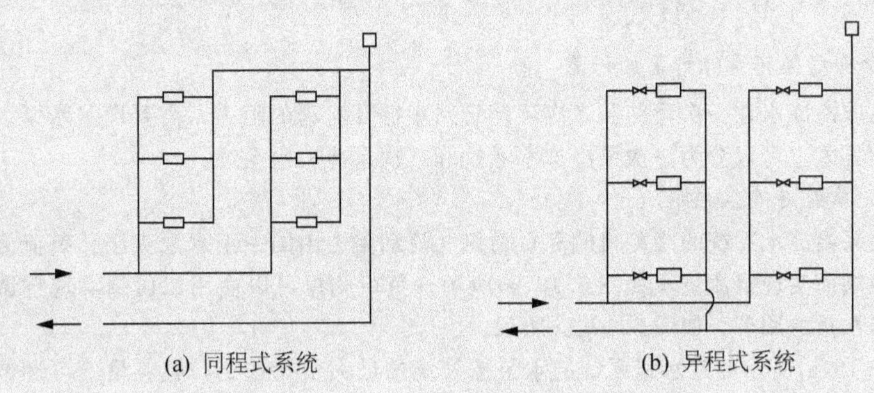

图5.17 同程系统与异程系统

异程式系统是指系统中水流经每个末端设备的流程都不相同，如图5.17(b)所示。该系统的特点是各环路的水流阻力不相等，容易产生水力失调；但是该系统的管路系统简单，投资较省。当系统的规模较小时，可以采用异程式系统，但是必须在末端空调机组或风机盘管的连接管上设置流量调节阀，以平衡系统的阻力。

3. 双管制系统、三管制系统和四管制系统

双管制系统是指冷、热源共同利用一组供回水管为末端装置(如空调机组或风机盘管)的换热盘管提供冷水(热水)的系统，如图5.18(a)所示。双管制系统的冷、热源各自独立。夏季，关闭热水总管阀门，打开冷冻水总管阀门，系统供应冷冻水；冬季，关闭冷冻水总管阀门，打开热水总管阀门，系统供应热水。因此，双管制系统不能同时既供冷又供热，不能满足过渡季节空调房间的不同冷暖要求。但该系统简单实用，投资少，在高层民用建筑中得到了广泛应用。

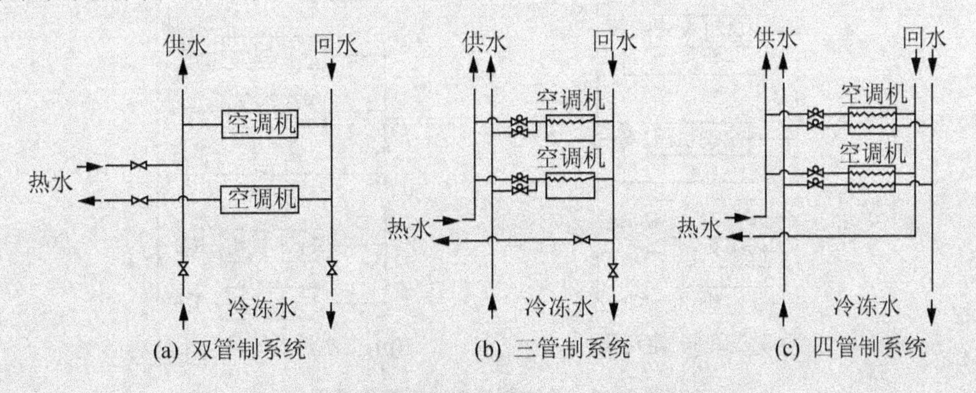

图5.18 双管制系统、三管制系统和四管制系统

三管制系统如图5.18(b)所示，是指冷、热源分别通过各自的供水管路为末端装置的冷盘管与热盘管提供冷水与热水，而冷热水回水共用一根回水管路的系统。三管制系统解决了两管制系统中各末端无法解决自由选择冷、热的问题，但在过渡季节使用时，冷热回水进入一根管道，混合损失较大，增加了制冷及加热的负荷，运行效益低，因此三管制系统现在很少应用。

四管制系统是指冷、热源分别通过各自的供、回水管路为末端装置的冷水盘管与热水盘管提供冷水与热水的系统。也就是末端装置的管路有四条，分别为热水供/回水管、冷水供/回水管，如图5.18(c)所示。四管制系统可同时使用冷、热源，同时满足冷、热要求不同的用户需求。四管制系统不存在三管制系统那样的冷、热抵消问题，因此节能性能更好。但四管制系统的管道复杂，占用空间比较大，投资大，运行管理要求高。四管制系统多用于舒适性要求高的场合。

3. 冷冻水循环系统水泵的设置

为克服冷冻水在一次环路和二次环路管路中循环流动的阻力，需要设置水泵。根据水泵设置的方式，可以分为一次泵冷冻水系统和二次泵冷冻水系统。

1）一次泵冷冻水系统

一次泵冷冻水系统的制冷机侧和负荷侧的流动阻力由同一组水泵克服。负荷侧可通过使用三通阀而实现定流量，如图5.19(a)所示。负荷侧也可以使用二通阀实现空调末端设备的冷冻水量的调节，如图5.19(b)所示。

图5.19(a)所示的定水量系统的水泵按系统的最大负荷选定，且流量不可调节。当处于部分负荷运行时，水泵提供的水流量大于实际负荷所需的水流量，造成管路上热损失的增加和功耗的消耗浪费。在空调全年运行时段中，大部分时间处于部分负荷运行状态。因此，定流量系统在经济上是不合理的。

图5.19(b)所示的冷冻水系统中，二通阀的调节必然使得末端实际所需的水流量变化，并使得供水管和回水管间的压差波动。而从制冷机可靠运行的角度来说，要求流经制冷机蒸发器的冷冻水流量和压差基本保持不变。为此，在供、回水管间设置旁通管，并在旁通管上安装压差旁通阀(Differential Pressure by - pass Valve，DPV)，以保证通过制冷机的冷冻水流量和压差的稳定。这种使用压差旁通阀的一次泵冷冻水系统在工程应用中比较常见。

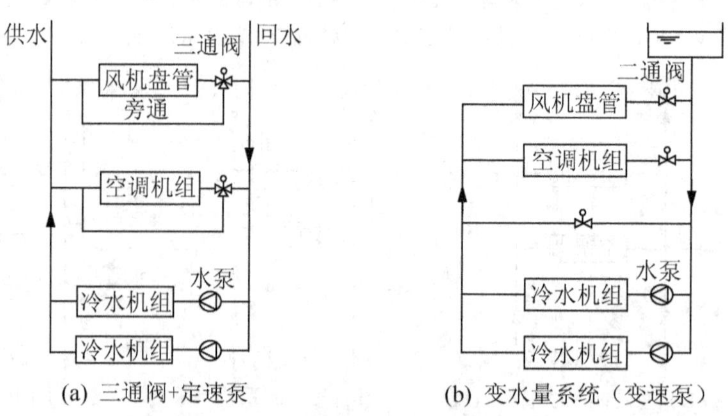

图5.19　一次泵冷冻水系统示意图

2）二次泵冷冻水系统

二次泵冷冻水系统的制冷机侧和负荷侧分别配有一组水泵，如图 5.20 所示。制冷机侧一次环路上的水泵称为一次泵，用户侧二次环路上的水泵称为二次泵。二次泵的总供水量与一次泵的总供水量有差异时，相差的部分就从平衡管(或称旁通管)AB 中流过(可以从 A 流向 B，也可以从 B 流向 A)，这样就可以解决冷热源机组与用户侧水量控制不同步的问题。

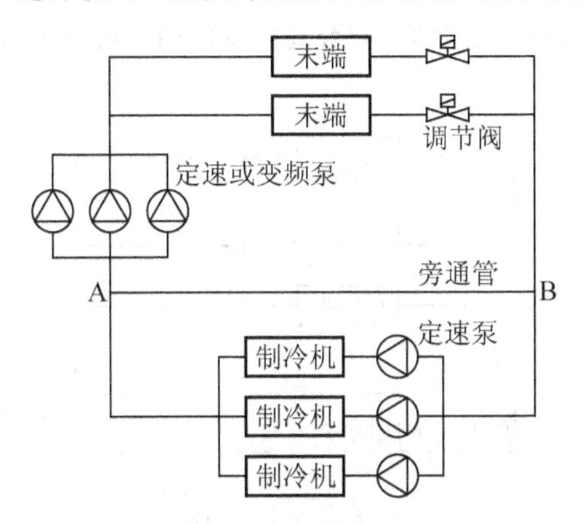

图 5.20　二次泵冷冻水系统示意图

特别提示

在实际安装工程中，常将旁通管当成普通水管。当回水经旁通管从 B 流向 A 时，将降低冷冻水的供水温度。为防止此现象，可在旁通管上安装单向阀。

一次泵只需要克服制冷机蒸发器和一次环路的管路、阀门等设备的阻力损失，一次环路的冷冻水流量通常是设计流量。二次泵则克服用户侧整个二次环路上的管路、阀门及空调机组或风机盘管等设备的阻力损失，二次泵消耗的功耗比一次水泵要高。一次泵一般选用定速泵，二次泵可以使用定速水泵，也可以使用变频水泵。

由于二次泵冷冻水系统内的压力分别由一次泵和二次泵提供，水泵扬程小，水系统承受的压力也较小，特别适用于高层建筑。

5.5.2　一次泵冷冻水循环系统的控制

1. 压差旁通控制

在采用定速泵的一次泵冷冻水循环系统中，需要设置压差旁通阀来同时满足冷机组水量恒定和用户侧水量变化两方面的要求。通常根据冷冻水供/回水总管间的压差控制旁通阀的开度，以使冷冻水供/回水总管压差保持恒定，并且基本保持冷水机组的水量不变，起到节能和延长设备寿命的效果。

如图 5.21 所示典型应用中，主供回水管之间通过旁通管相连，通过压差传感器检测供回水管两端的压差，在旁通管上装有压差旁通阀进行流量控制。阀门的开度通过压差控制器(在 BAS 中通过 DDC 控制器)进行调节。当系统处于设计工况时，系统满负荷运行，压差旁通阀的开度为零，即没有旁通水流过，此时压差控制器两端接口处的压差就是控制器的设定值。当末端负荷降低时，末端设备管路上的二通阀关小，末端的冷冻水流量相应降低，供回水管间的压差增大，超过设定值。此时，控制器将调节压差旁通阀，使其开度逐渐加大，以允许更多的冷冻水经旁通管直接返回制冷机，从而使主供回水管之间的压差降低。反之，当主供回水管之间的压差小于设定值时，压差旁通阀将根据控制器的信号逐渐关小，直至全关为止。通过上述的压差旁通控制作用，可基本保持冷冻水泵及冷冻机的水量不变。

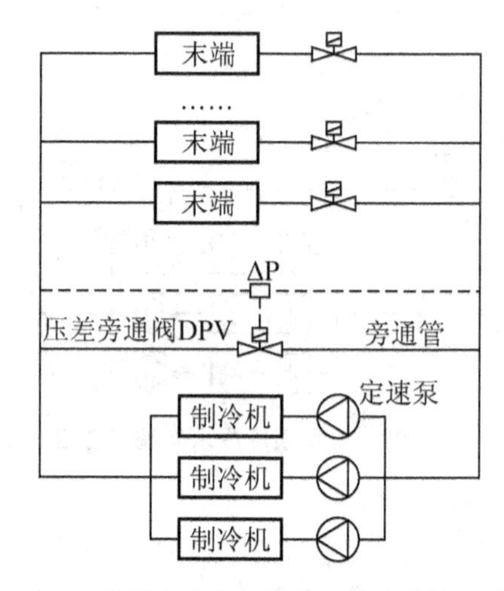

图 5.21　一次泵冷冻水系统的压差旁通控制示意图

特别提示

在安装压差传感器时，应注意其两端接管应尽可能靠近旁通阀两端，并设于水系统中压力较稳定的地点，以减少水流量的波动，提高控制的精确度。

旁通阀也是水泵台数启停控制的一个关键性因素。当旁通阀流量达到一台冷冻水泵的流量时，说明有一台水泵完全没有发挥作用，应停止一台冷冻水泵的运行以节能。因此，旁通阀的最大设计流量就是一台冷冻水泵的流量。

为提高系统运行效率，通常使用变频泵取代定速泵，从而在非设计工况下通过降低水系转速，降低水泵功耗。

实　例

BAS 如何实现压差旁通控制

在图 5.13 的实例中，BAS 的监控方法是：由压差传感器 PDT 检测冷冻水供水管网中分水器与回水管网中集水器之间的压差，由 1 路 AI 信号送入 DDC 与设定值比较后，DDC 送出 1 路 AO 控制信号，调节位于供水管网中分水器与回水管网中集水器之间的旁通管上电动调节阀的开度，实现供水与回水之间的旁通。

2. 冷冻水供水温度再设定

对于冷冻水分配系统，能源消耗设备主要是冷水机组和冷冻水泵。当室内外环境变化时，末端实际负荷随之变化。若在满足末端负荷需求的前提下，通过控制系统对冷冻水温度设定值的再设定，使制冷机和冷冻水泵的总功耗最小，可达到显著的节能效果。

当冷冻水供水温度升高时，制冷机的蒸发温度也随之升高，从而使得压缩机进气压力升高，压缩机功耗降低。但是，由于冷冻水供水温度的升高将使得冷冻水通过末端时的温差降低。要保证冷冻水与空气的热交换效果，需增大冷冻水流量。冷冻水供水温度越高，末端需求的冷冻水流量就越大，冷冻水泵的功耗也就越多。因此，在实际应用中，特别是在变流量系统中，冷冻水供水温度与制冷机功耗和冷冻水泵功耗之间的关系更为复杂。

特别提示

当冷冻水回水温度保持恒定时，冷冻水供水温度每升高1℃，压缩机的功耗约降低2%～3%，而冷冻水泵的功耗约增加10%。

对于定速泵的一次泵冷冻水系统(图5.21)，冷冻水供水温度的优化设定相对比较简单。由于定速水泵的功耗基本保持不变，在满足末端负荷需求的前提下，对系统的优化就是使制冷机的功耗最小，因此冷冻水供水温度应尽可能越高越好。当只有一个或多个空调末端的水阀处于全开状态，且它们对应的空气出口温度能达到温度设定值时，此时的冷冻水供水温度为最优温度设定值。具体逻辑如下：

(1) 如果所有水阀都没全开或有些水阀已处于全开状态，但它们对应的空气处理单元的空气出口温度低于温度设定值时，增加冷冻水供水温度设定值；

(2) 如果不止一个水阀处于全开状态，且它们对应的空气处理单元的空气出口温度大于温度设定值时，降低冷冻水供水温度设定值。

3. 采用变速泵的一次泵冷冻水循环系统的控制

为提高系统运行效率，通常使用变速泵取代定速泵，从而在部分负荷运行工况下通过降低水系转速，降低水泵功耗。

如图5.22所示一次泵系统中，水泵的转速通过维持冷冻水分配系统最不利环路的压差在设定值来进行转速控制控制。压差设定值应确保能为所有末端提供足够的冷冻水流量。压差设定值可以保持恒定不变，也可以在部分负荷下适当降低。在许多变流量系统中，由于末端负荷连续改变，因而所需的冷冻水流量也连续变化，因此通过变频调节，可以显著降低水泵的功耗。

在这种系统中，当末端负荷很低时，系统所需的冷冻水流量也相应很小。此时，制冷机蒸发器中的冷冻水流量就有可能会低于蒸发器中冷冻水最小流量要求。为满足制冷机蒸发器对冷冻水最小流量的要求，在系统中需安装有旁通控制阀和流量计。当流量计测得的冷冻水流量小于制冷机蒸发器最小流量要求时，控制器将打开旁通阀，使部分冷冻水旁通直接回到蒸发器，从而确保制冷机蒸发器中冷冻水流量满足最小流量要求。可见这种一次泵变流量系统的旁通阀控制和制冷机时序控制比较复杂。在工程应用中若没有慎重考虑，将会导致中央空调系统不能正常工作。

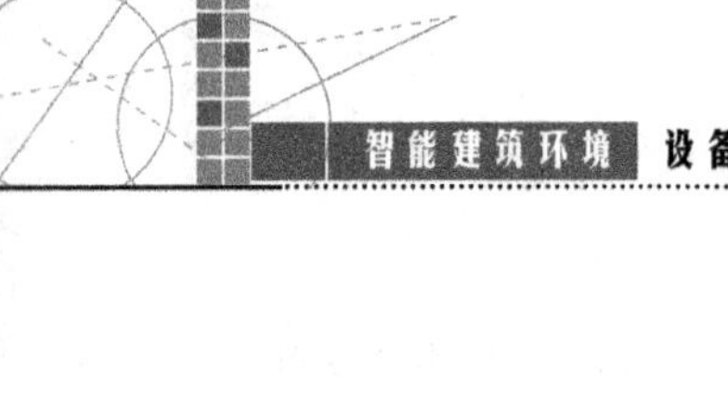

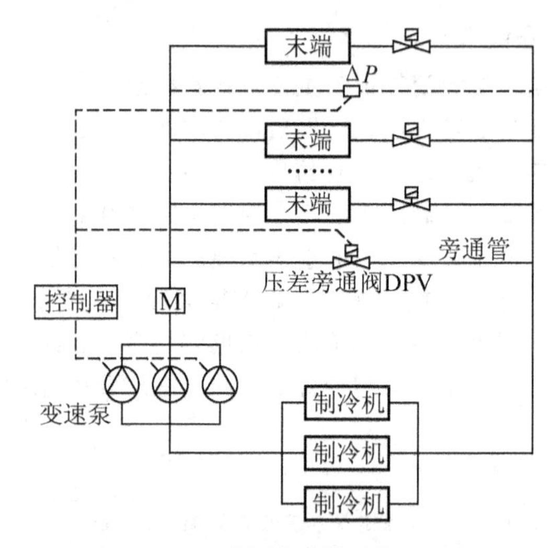

图 5.22 一次泵变流量系统示意图

知识链接

水泵变频调速节能的工作原理

1. 水泵的变频调速

水泵是在电动机转子的驱动下运转的。通过变频器改变电动机的供电频率，可以改变水泵的转速，从而调节水泵输送的水流量。转子转速 n 的计算式为：

$$n=60f\frac{1-s}{m}$$

式中 n——转子转速，r/min；

60——换算系数；

f——电源频率，Hz；

s——定子与转子之间的转差率；

m——电动机绕组的极对数。

上式表明：转子转速与频率成正比，改变频率就可以实现水泵调速。

根据水泵的相似定律，两种流体满足几何相似、动力相似和运动相似，则水泵的转速、流量、扬程和功率之间存在以下关系：

$$\frac{Q}{Q_m}=\frac{n}{n_m},\ \frac{H}{H_m}=\left(\frac{n}{n_m}\right)^2,\ \frac{N}{N_m}=\left(\frac{n}{n_m}\right)^3$$

式中 Q——水泵的流量，m^3/h；

H——水泵的扬程，m；

N——水泵的功率，kW。

因此：

$$\frac{N}{N_m}=\left(\frac{Q}{Q_m}\right)^3$$

该式表明：水泵所耗功率与流量的三次方成正比。因此，在部分负荷运行时，冷冻水泵通过变频调速降低流量，可以降低水泵功耗实现节能。

BAS对变速水泵的监控内容，除启停控制、运行状态、故障状态、手/自动状态外，还包括频率控制。

2. 变速泵的节能分析

当用户侧冷冻水需求量从 m_1 降到 m_2 时，如果使用定速水泵，水泵的特性曲线将始终保持不变，如图5.23(a)所示。为达到新的平衡，空调末端的水阀开度将逐渐关小，从而使系统的特性曲线相应发生变化。如果使用变速泵，水泵转速可适当降低，而末端水阀的开度也可适当关小，从而使水泵特性曲线和系统的特性曲线都发生变化，如图5.23(b)所示。具体的变化取决于具体选用的控制方法。采用的控制方法不同，新的平衡点也有所不同。

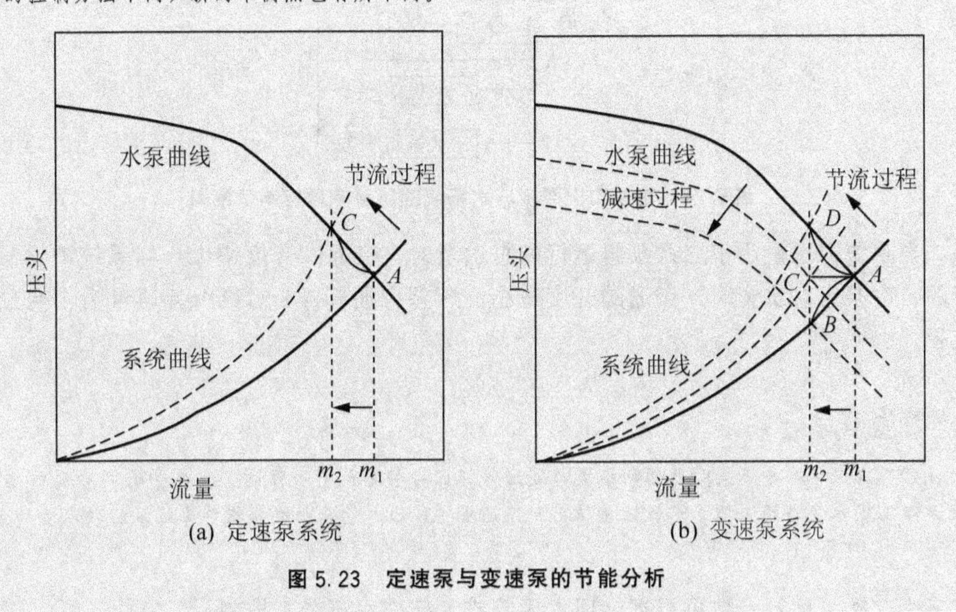

(a) 定速泵系统　(b) 变速泵系统

图5.23　定速泵与变速泵的节能分析

5.5.3　二次泵冷冻水循环系统的控制

1. 冷水机组运行台数控制

在二次泵系统中，由于连通管的作用，无法通过测量回水温度来决定冷水机组的运行台数。因此，二次泵系统冷水机组运行台数控制必须采用冷量控制的方式，其传感器设置原则与上述一次泵系统冷量控制相类似，如图5.24所示。

2. 一次泵的控制

二次泵系统的一次环路中，考虑到制冷机的稳定控制和安全运行，制冷机厂商一般推荐蒸发器中冷冻水流量应基本保持恒定不变。因而，一次环路的冷冻水流量通常是设计流量，一次泵常选用定速泵，其开启可同冷冻机联锁。

3. 定速二次泵的控制

在二次环路(冷冻水分配系统)中，可以使用定速水泵，也可以使用变频水泵。

图5.24所示的二次环路选用的是定速泵。为了保证二次泵的工作点基本不变，稳定用户环路，应在二次泵环路中设旁通电动阀。压差旁通阀的设置与一次泵空调冷冻水系统

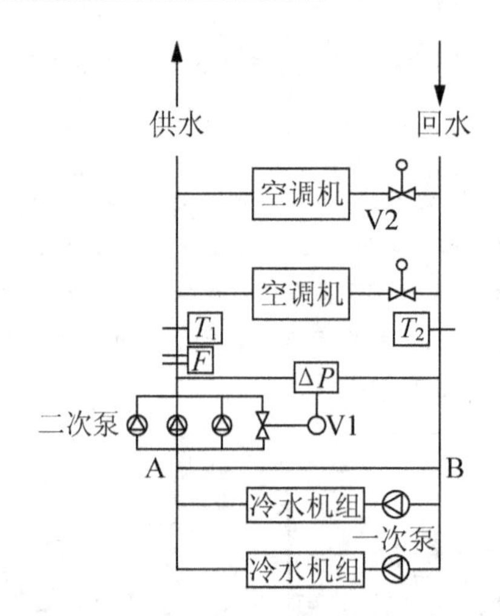

图 5.24 定速二次泵冷冻水系统的压差旁通控制示意图

类似。当系统需水量小于二次泵组运行的总水量时，旁通阀开度增大。当系统需水量大于运行的二次泵组总水量时，旁通阀开度减小。压差旁通阀 V1 的最大旁通量为 1 台二次泵的流量。

特别提示

注意二次泵环路中压差旁通阀的水量与连通管 AB 的水量是不一样的。压差旁通阀旁通的水量是二次泵组总供水量与用户侧需水量的差值，而连通管 AB 的水量是初级泵组与次级泵组供水量的差值。

定速二次泵运行台数可根据供回水压差或者冷冻水流量来控制。

1） 压差控制

根据用户侧供回水的压差，可控制二次泵的开启台数。当旁通阀开度增大，直至全开且供回水压差超过设定值时，则应停止 1 台二次泵运行。当旁通阀开度减小，直至全关且压差小于设定值时，则应增加 1 台二次泵投入运行。

由于压差的波动较大，测量精度有限(5%～10%)，显然采用这种方式直接控制次级泵时，精度会受到一定的限制，且由于必须了解两个以上的条件参数(旁通阀的开、闭情况及压差值)，因而使控制变得较为复杂。

2） 流量控制

前已述及，根据冷冻水流量传感器的测量值可以控制冷水机组的运行台数。同样，将此流量测定值与每台二次泵设计流量进行比较，即可方便地得出需要运行的二次泵台数。

由于流量测量的精度较高，因此这一控制是更为精确的方法。此时旁通阀仍然需要，但它只是作为水量旁通用而并不参与次级泵台数控制。

4. 变速二次泵的控制

使用定速水泵的二次环路，无论在低负荷状态还是高负荷状态，只要启动的水泵台数相同，水泵能耗是基本相同的。低负荷状态下会浪费大量能源。二次环路若选用变频水泵，则可通过改变水泵电机频率，控制水泵转速，使得水泵功耗与用户冷冻水需求量相匹配，从而实现节能。显然，在这一过程中不再需要压差旁通阀。

二次泵的运行台数和变速控制可以根据二次泵的出口压力，也可以根据用户侧最不利端进回水压差 ΔP 进行确定。

应用实例

如图5.25所示某二次泵冷冻水系统的BAS监控原理图。本例中二次水泵根据用户侧最不利端进回水压差 ΔP 来确定的运行台数和运行频率。分析如下：

安装在冷冻机蒸发器回路中的循环泵P1、P2仅提供克服蒸发器及周围管件的阻力。二次泵P3、P4用于克服用户侧管路换热盘管、阀门等器件的阻力。当用户需水量与通过蒸发器的流量一致时，连通管AB间的压差就几乎为0。这样即使有旁通管，旁通管内亦无流量。一次泵P1、P2的启停与冷水机组联锁，二次泵P3、P4根据用户侧水流量控制。当用户侧水流量大于通过冷冻机蒸发器的水流量时，旁通管由B向A旁通一部分流量在用户侧循环。当蒸发器水流量大于用户侧水流量时，则旁通管内水由A向B流动，将一部分冷冻机出口的水旁通回到蒸发器入口处。这样，只要旁通管管径足够大，用户侧调整流量就不会影响通过蒸发器内的水量。为了节省二次泵能耗，可以根据用户侧最不利端进回水压差PDT来调整加压泵开启台数或通过变频器改变其转速。用户侧水流量与蒸发器侧水流量间的关系可通过测定供回水温度来确定，从而确定冷水机组的运行方式。

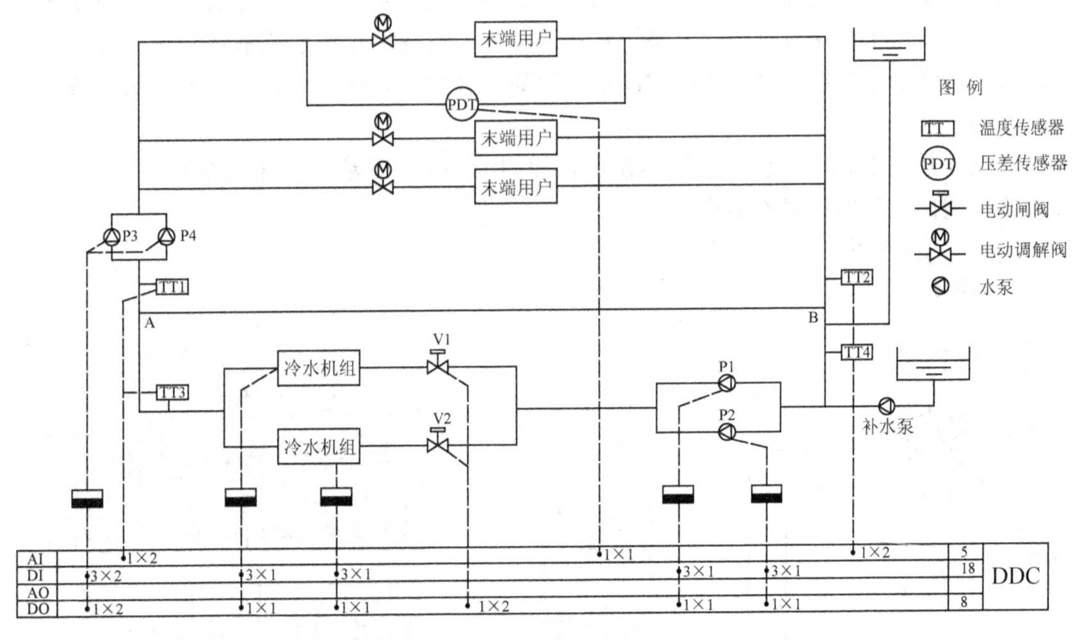

图5.25 二次泵冷冻水系统的BAS监控原理图

5.5.4 空调冷冻水系统的监控实例

本小节仍以图5.11所示的工程项目为例。图5.11的右半部分即为空调冷源的冷冻水系统。冷冻水系统由冷冻水循环泵通过管道系统连接冷冻机蒸发器及各类空调末端(如空调机和风机盘管)组成。此回路的监控内容主要包括：冷冻水泵的监控、冷冻水供/回水各项参数的监测、旁通水阀及膨胀水箱的监控等。BAS对冷冻水系统监控的原理参见图5.13。具体分析如下：

水流监测冷冻水泵启动后，通过水流开关FS(1路DI信号)监测水流状态，当流量太小甚至断流时，发出报警信号并自动停止相应制冷机运行。

冷冻水泵是冷冻水循环的主要动力设备，其监控内容一般包括：冷冻水泵的启/停及状态监视、冷冻水泵故障报警监视、冷冻水泵的手/自动控制状态监视等。冷冻水泵与制冷系统设备联锁控制启停，这应按照制冷系统的启停顺序进行。

DDC通过1路DO通道控制冷冻水泵的启停。将水泵电机主电路上交流接触器的辅助触点作为开关量输入(1路DI信号)，输入DDC监测冷冻水泵的运行状态。DDC从手自动转换开关取手/自动转换信号(1路DI信号)，以监测水泵的手/自动控制状态。主电路上热继电器的辅助触点信号(1路DI信号)作为冷冻水泵过载停机报警信号。

5.6 空调冷却水系统的控制

5.6.1 空调冷却水系统工艺流程认知

制冷系统中的高温高压气态制冷剂通过冷凝器散热冷凝为液态制冷剂。对于制冷量较大的冷水机组或水源热泵机组，常采用水作冷却剂。空调冷却水系统是将制冷系统中冷凝器的散热带走的水系统，是为水冷式冷水机组而设置的。对于风冷式冷水机组则不需要冷却水系统。

在民用建筑中，冷却水通常循环使用，如图5.26(a)所示。冷却水循环系统由水泵、冷却塔、阀门、管路等器件组成。

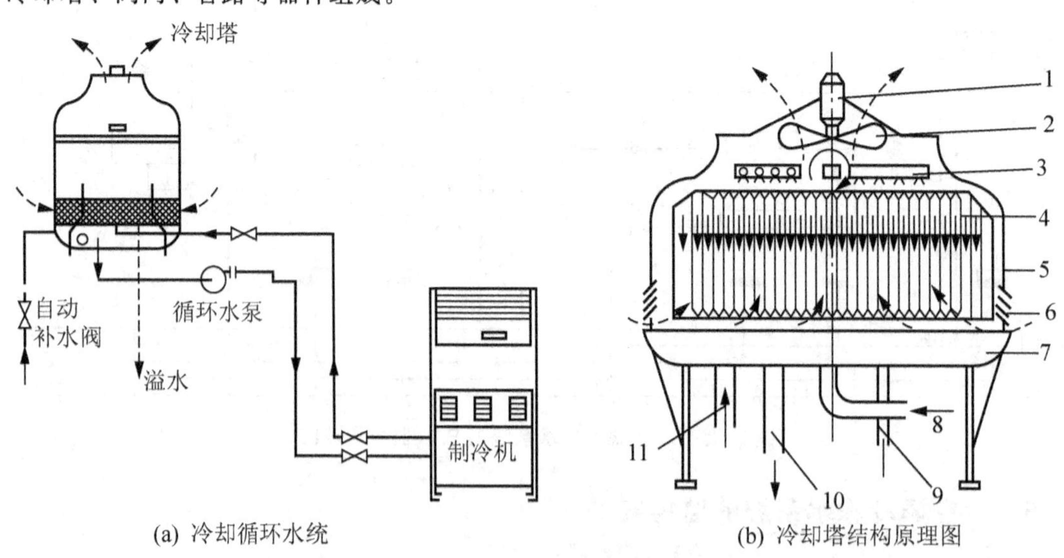

(a) 冷却循环水统

(b) 冷却塔结构原理图

图5.26 冷却水循环系统

1—电机；2—风机；3—布水器；4—填料；5—塔体；6—进风百叶；

7—水槽；8—进水；9—溢水管；10—出水管；11—补水管

来自冷却塔的较低温度(通常设计为32℃)的冷却水，经冷却泵加压后送入冷却机组，带走冷凝器的散热量。吸收热量的冷却水温度升高(通常设计为37℃)，被送至冷却塔。冷却水在喷淋下落的过程中，不断与下部进入的空气发生热湿交换，水温降低，从而将冷却水从冷凝器中吸收的热量排放到大气环境中。

冷却塔实质上是空气和水的热交换器。其在热湿交换过程中会产生水分蒸发，这将消耗一部分冷却水。一次当量直接冷却的水损失约占冷却水总流量的5%左右。冷却塔通常可以将冷却水温度冷却到比室外湿球温度约高2.5～5.5℃左右。对于损失的冷却水水量，可以通过自来水补充。

冷却塔通风方式有自然通风和机械通风两种。机械通风冷却塔的结构如图5.26(b)所示，冷却塔的实物图如图5.27所示。

(a) 圆形冷却塔

(b) 矩形冷却塔

图5.27 冷却塔的实务图

冷却塔应安装在通风良好的室外。在高层民用建筑中，多放在裙楼或主楼的屋顶。在布置时，首先要保证冷却塔的排风口上方无遮挡物，以避免排出的热风被遮挡而由进风口重新吸入，影响冷却效果。在进风口周围至少应有1m以上的净空，以保证进风气流不受影响，而且进风口处不应有大量的高湿热空气的排气口。冷却塔大都采用玻璃钢制造，难以达到非燃要求，因此要求消防排烟口必须远离冷却塔。

5.6.2 冷却水系统控制实例

冷却水系统是通过冷却塔、冷却水泵及管道系统向制冷机提供冷却水的系统。BAS对冷却水系统实行监控的主要作用是：

(1) 保证冷却塔风机、冷却水泵安全运行。

(2) 确保制冷机冷凝器侧有足够的冷却水通过。

(3) 根据室外气候情况及冷负荷调整冷却水运行工况，使冷却水温度在要求的设定温度范围内。

1. 冷却水系统的监控功能

(1) 水流状态显示。

(2) 冷却水泵过载报警。

(3) 冷却水泵启停控制及运行状态显示。

(4) 冷却塔风机运行状态显示。

(5) 进出口水温测量及控制。

(6) 水温再设定。

(7) 冷却塔风机启停控制。

(8) 冷却塔风机过载报警。

一个装有4台冷却塔及2台冷却水循环泵的冷却水系统的BAS监控原理图如图5.28所示。

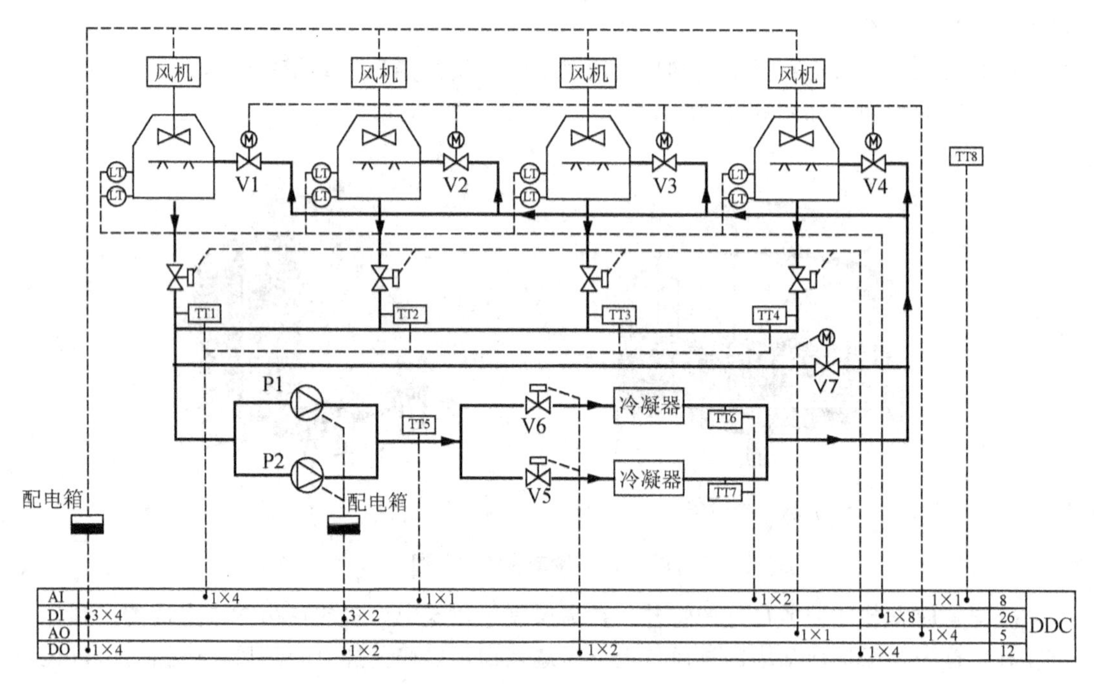

图5.28 冷却水系统的BAS监控原理图

2. 冷却水系统的监控功能描述

1) 冷却塔风机控制

每台冷却塔风机都是通过计算机进行启停控制。启停台数根据冷冻机开启台数、室外温湿度、冷却水温度、冷却水泵开启台数来决定。

每台冷却塔出水管上设温度测点(TT1～TT4)，进水管上安装电动水阀(V1～V4)，监测水温可确定冷却塔的工作状况。通过4个温度测点间温差调节电动水阀V1～V4，以调整进入各冷却塔的水量，使其均匀分配，以保证各冷却塔都能达到最大出力。

由于湿式冷却塔的工作性能主要取决于室外温湿度，因此设室外湿球温度测点TT8。当夜间或春秋季室外气温低，冷却水温度低于冷冻机要求的最低温度时，可以通过启停冷却塔台数或改变冷却塔风机的转速来调节冷却水温度，还能节约能源；也可适当打开混水阀V7，使一部分从冷凝器出来的水与从冷却塔出来的水混合，调整进入冷凝器的水温。

DDC通过4路AI通道输入冷却塔出水管温度信号；1路AI通道输入湿球温度信号；4路AO通道实现电动水阀调节。

DDC通过1路DO通道控制冷却塔风机的启停。将冷却塔风机电机主电路上交流接触器的辅助触点作为开关量(1路DI信号)，输入DDC监测冷却塔风机的运行状态。主电路上热继电器的辅助触点信号(1路DI信号)作为冷却塔风机过载停机报警信号。

冷却塔接水池设水位计用于监测冷却水系统水位。水位计可采用电容式水位状态传感器，能在各种恶劣条件下测出水位状态，并由计算机根据水位传感器的信号控制补水电动阀或补水泵动作。

2) 冷却水泵控制

冷却水泵也由计算机进行启停控制，并根据冷冻机开启台数决定它们的运行台数。

冷却水泵、冷却塔风机与制冷系统设备联锁控制启停。关于联锁关系在制冷系统监控部分有详细描述，这里不再赘述。

3) 水温监测

冷凝器入口水温测点TT5测得的水温是整个冷却水系统最主要的测量参数，由它可监测最终进入冷凝器的冷却水温度，依此启停各冷却塔和调整各冷却塔风机转速。

冷凝器出口水温测点TT6、TT7测得的温度，可确定这台冷凝器的工作状况。当某台冷凝器由于内部堵塞或管道系统误操作造成冷却水流量过小时，会使相应的冷凝器出口水温异常升高，从而及时发现故障；也可用水流开关指示冷凝器堵塞或管道系统误操作造成的冷却水流量过小或无水状态。

冷凝器入口处的两个电动阀V5、V6仅进行通断控制，在冷冻机停止时关闭，以防止冷却水短路，减少正在运行的冷凝器中的冷却水量。

5.7 热源设备的控制

5.7.1 热源设备工艺流程认知

热源是使燃料燃烧产生热能的部分，例如区域锅炉房或热电厂等。此外，还可以利用工业余热、太阳能、地热、核能等作为供暖系统的热源。

1. 供热方式

空调系统的热源通常为蒸汽或热水的方式。

1) 蒸汽

在采用蒸汽作为空调热源的系统中，通常采用城市热网或工厂、小区和单位自建的蒸汽锅炉提供高温蒸汽，一般都采用表压为0.2MPa以下的蒸汽。蒸汽热值较高，载热能力大，且不需要输送设备(只靠自身的压力即可送至用户的空调机组之中)。其汽化潜热在2200kJ/kg左右(随蒸汽压力的不同略有区别)，占使用的蒸汽热量的95%以上。

采用蒸汽为热源时，与之配套使用的一系列附件如减压阀、安全阀和疏水器等，其性能都直接关系到热源的合理利用，设计及管理人员应充分重视。

2) 热水

在暖通空调所用的热源中，热水的使用最为广泛。热水在使用的安全性方面比蒸汽优越，与空调冷水的性质基本相同，传热比较稳定。在空调机组中，常采用冷、热盘管合用的方式(即人们常说的两管制)，以减少空调机组及系统的造价，热水能较好地满足此种方式，而蒸汽盘管通常不能与冷水盘管合用。热水使用时，不像蒸汽系统那样需要许多的附件，也给运行管理及维护带来了一定的方便。

空调热水在使用的过程中系统内存在结垢问题。水的结垢与水质和水温有关。当水温超过70℃时，结垢现象变得较为明显，它对换热设备的效率将产生较大的影响。因此，空调热水应尽可能地采用软化水，至少也应考虑如加药、采用电子除垢器等防止或缓解水结垢的一些水处理措施。

2. 热源装置

1) 锅炉

锅炉是将燃料的化学能转换成热能，产生高温烟气，将热能传递给锅内的水进而产生热水或者蒸汽的加热设备。另外，也有消耗电能的电锅炉。

锅炉的种类、型号很多，它的类型及台数的选择，取决于锅炉的供热负荷、产热量、供热介质和燃料供应情况等因素。根据用途不同，锅炉分为动力锅炉(用于动力、发电)和供热锅炉(用于工业、供暖)；按所用燃料种类的不同，锅炉分为燃油锅炉、燃气锅炉、燃煤锅炉；按产生的热媒不同，锅炉分为热水锅炉、蒸汽锅炉；按工作压力的大小，锅炉分为低压锅炉、中压锅炉、高压锅炉。

锅炉的最基本组成部分是汽锅和炉子，为保证锅炉的正常工作和安全，还必须装设安全阀、水位表、水位报警器、压力表、主阀、排污阀、止回阀等，为节省燃料，还设有省煤器和空气预热器。

在空调热水系统中，由于空调机组及整个水系统要随建筑的使用要求进行调节与控制，通常设有中间换热器。设有蒸汽锅炉的建筑也为其冬季空调加湿提供了一个较好的条件。

2) 热力站

热力站是供热网络(如城市热网)向热用户供热的连接场所，起着热能转换、调节向热用户供热的热媒参数以及供热计量的作用。

根据供热网络(一次热网)热媒的不同，可分为热水热力站和蒸汽热力站。热水热力站主要用于建筑的供暖、通风及热水供应系统等。在热力站内设有水-水换热器，将高温水换成热用户所需的一定温度的热水。蒸汽热力站是将一定压力的蒸汽经汽-水换热器，将热量传递给热水，达到一定温度，用于建筑供暖、通风及热水供应；也可以将蒸汽直接向厂区供应，以满足生产工艺用汽。

根据服务对象不同，可分为工业热力站和民用热力站。前者主要为工业生产服务，后者主要为民用建筑服务。

根据热力站的位置及功能，可分为用户热力站、集中热力站和区域热力站。用户热力站也称为用户热引入口，设置在单幢建筑的地沟入口或该建筑的地下室或底层处。若供热网络向一个街区或多幢建筑分配热能，则需要通过集中热力站。一般集中热力站设在单独的建筑内，也可设在某一幢建筑内。从集中热力站向各用户输送热能的网络，一般称为二级供热网络或二次供热网络。区域热力站一般用在大型的供热网络上，设在供热干线与分支干线连接处。

3）热交换器

空调系统终端热媒通常是65～70℃的热水，而锅炉(或城市热网)提供的经常是高温蒸汽或者90～95℃的高温热水。在空调系统中要完成高温蒸汽(或高温热水)与空调热水的转换。这种转换装置称为热交换器或换热器。

空调系统中的热源如高温蒸汽或高温热水先经过热交换器变成空调热水，经热水泵(有的系统与冷冻水泵合用)加压后经分水器送到各终端负载中，在各负载中进行热湿处理后，水温下降，水温下降后的空调水回流，经集水器进入热交换器再加热，依次循环。

在建筑楼层比较高时，如果空调水回路采用闭式系统直接向最高层的末端设备供应空调热水，系统的静压可能会超过设备和管路的承压能力。为了解决这一问题，可在高区另设独立的空调水回路，通过增设二级热交换站，利用热交换器在压力相互隔离的独立空调水回路之间实现将上、下层相互独立空调水回路之间的热量进行交换。

从结构上来分，热交换器有3种类型，即列管式、螺旋板式及板式换热器。板式换热器是近十多年来大量使用的一种高效换热器，其结构如图5.29所示。板式换热器对安装的要求相对较高，尤其是各板片组合时，密封垫片与板的配合要准确，否则易发生漏水现象，在拆开检修后更要注意这一点。

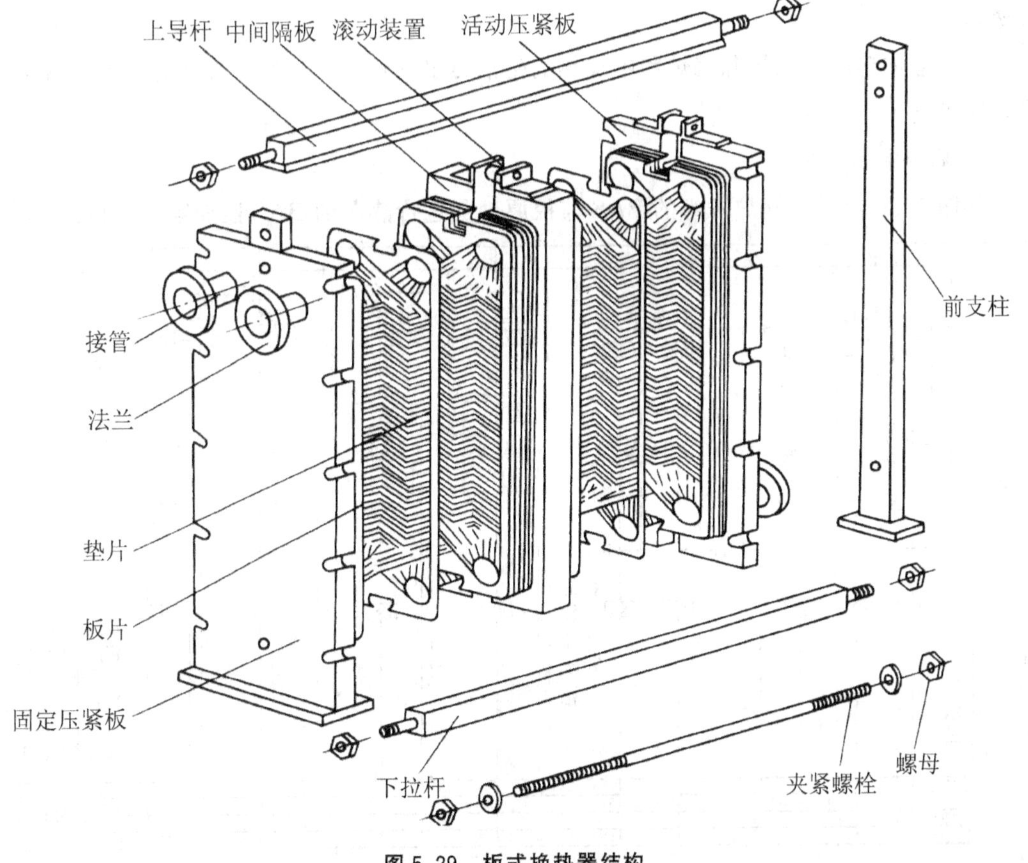

图5.29 板式换热器结构

5.7.2 热源设备的控制

1. 概述

BAS对热源进行监测与控制的主要目的是：提高系统的安全性，保证系统能够正常运行；全面监测并记录各运行参数，合理调节热力设备的运行工况，降低能源消耗，同时降低运行人员工作量，提高管理水平。

建筑空调系统的热源主要有两种获取方式，一是来自自备的锅炉，二是来自城市热网。自备锅炉一般选用燃油或燃煤锅炉，在供热量不是很大时也可选用电锅炉。

由于燃煤或燃油锅炉属于高压容器，是特种设备，国家有专门的技术规范和管理机构。同时，其本身往往配备专门的控制系统，因此，这类锅炉的运行控制一般不纳入BAS，而由其自带的控制系统完成。但BAS可以通过通信接口控制机组的启/停及调节部分控制参数。同时，也可通过接口监视一些重要的运行参数。具体可控参数的多少需要BAS承包商与锅炉机组设备厂商进行协调，取决于厂商开放数据的多少。

一般，BAS可监控的锅炉机组状态参数包括：锅炉机组启/停控制及状态监视，锅炉机组故障报警监视，锅炉机组的手/自动控制状态监视，锅炉机组进、出口蒸汽温度、压力及流量监视等。如有必要还可要求厂商开放烟气含氧量、燃料消耗量等参数供BAS读取监视。

对于电加热的空调热源锅炉和电加热的生活热水锅炉，由于其工作工艺和控制相对简单，则可以纳入BAS。

2. 监控案例分析

如图5.30所示电锅炉机组的BAS监控原理图进行热源的BAS监控案例分析。

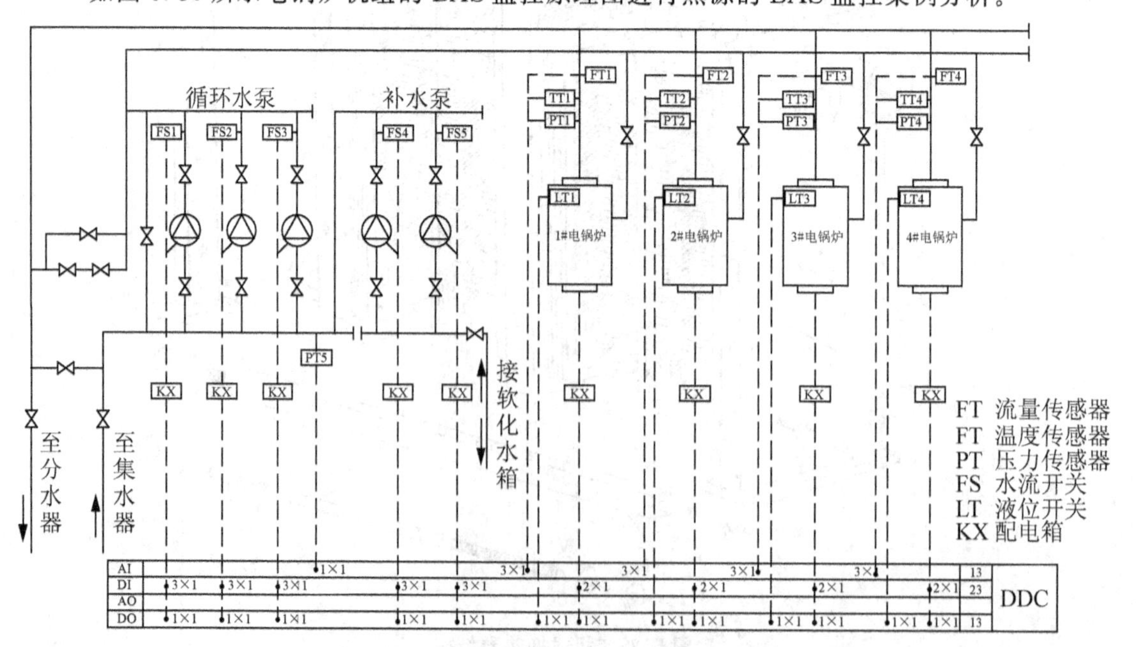

图5.30 电锅炉机组的BAS监控原理图

1）电锅炉机组的运行原理分析

电锅炉由于对周围环境没有污染，并且控制水温方便快捷，所需辅助设备少以及占地面积小，在智能大楼中越来越多地被采用。该热源系统由热水电锅炉机组、循环水泵、补水泵等组成。图5.30中共有4台电锅炉机组，系统根据建筑热负荷的情况选择运行台数。循环水泵为热水从集水器进入锅炉、再经分水器输送到用户用热终端设备的循环提供了动力。热水循环中热水的损失是不可避免的，补水泵的作用就是在需要时启动补充水量。空调热水在使用的过程中系统内存在结垢问题，为此，在补水之前应先经软化水箱进行水质处理。

2）电锅炉机组的BAS监控原理分析

（1）锅炉热水出口压力、温度、流量监测。在每台锅炉的热水出口设温度传感器(TT1～TT4)，测量锅炉出口水温，可了解每台锅炉的出力状况；安装流量计(FT1～FT4)，以了解每台锅炉出口热水的流量；采用压力变送器(PT1～PT4)测量热水出口的热水压力。测出的热水出口的温度、压力和流量，通过模拟量输入通道AI，送入DDC控制器显示，超限报警。

（2）锅炉补水泵的自动控制。采用压力变送器PT5测量系统回水压力，并通过1路AI通道送入DDC。当回水压力低于设定值，DDC自动启动补水泵进行补水，当回水压力上升到设定值时补水泵自动停泵。补水泵电机主电路上交流接触器的辅助触点作为开关量输入(DI信号)，输入DDC，用以监测补水泵的运行状态。

（3）锅炉、给水泵的顺序启停及运行状态显示。锅炉机组设备启停通常是按照事先编制的时间假日程序控制。为保证整个系统安全运行，编程时需按照一定的顺序控制设备的启停。

① 启动顺序。循环水泵→电锅炉。

② 停止顺序。电锅炉→循环水泵。

采用水流开关(FS1～FS3)(DI信号)监测循环水泵的运行状态，当循环水泵按控制程序启动后而水流开关没有动作，则中断启动程序。电锅炉的运行状态信号取自锅炉主电路接触器的辅助触头。锅炉、循环水泵的运行状态信号通过DI通道送入DDC显示。

（4）故障报警。循环水泵、补水泵发生过载故障时，通过水泵主电路热继电器的辅助触点(DI信号)获得故障报警信号；电锅炉的故障信号(DI信号)，取自加热器的断线信号。用液位计(LTl～LT4)检测锅炉锅筒水位，并送入DDC显示，水位超限报警。

（5）锅炉供水系统的节能控制。锅炉在冬季供暖时，根据分水器、集水器的供回水温度及回水干管的流量检测值，实时计算空调房间所需热负荷，按实际热负荷自动启停电锅炉及循环水泵的台数。

（6）安全保护。当由于某种原因造成循环水停止或循环量过小，以及锅炉内水温太高，出现汽化的现象时，DDC接收到水温超高的信号后，立即进入事故处理程序：恢复水的循环，停止锅炉运行，启动排空阀，排出炉内蒸汽，降低炉内压力，防止事故发生，同时响铃报警，通知运行管理人员，必要时还可通过手动补入冷水排除热水，进行锅炉降温。

（7）用电量计量。采用电能变送器计量锅炉用电量，用于锅炉房成本核算。

3）BAS 监控点位统计

请读者根据上述的分析，自行归纳统计 BAS 对电锅炉的监控点位。最后所得的监控原理图如图 5.30 所示。

5.7.3 热交换系统的控制

1. 工艺流程分析

如图 5.31 所示，热源系统设备包括锅炉机组(一次热水侧)、热交换器及热水循环(二次热水侧)3 部分。由于锅炉机组的监控不受 BAS 控制，故图左侧的热源部分没有画出锅炉机组。热交换器一端与锅炉机组的蒸汽/热水回路或城市热网相连，另一端与空调热水循环回路相连。热水循环系统的工作原理和监控内容与冷水机组冷冻水循环系统完全相同，所不同的只是冷水机组系统的冷冻水系统是与冷水机组的蒸发器发生热交换，被吸取热量；而锅炉系统的热水循环是与热交换器的蒸汽/热水回路发生热交换，吸取热量。也有许多工程热水循环侧不存在集水器与分水器，各台热交换器分区供热，在这种情况下需要对各回路分别进行控制。

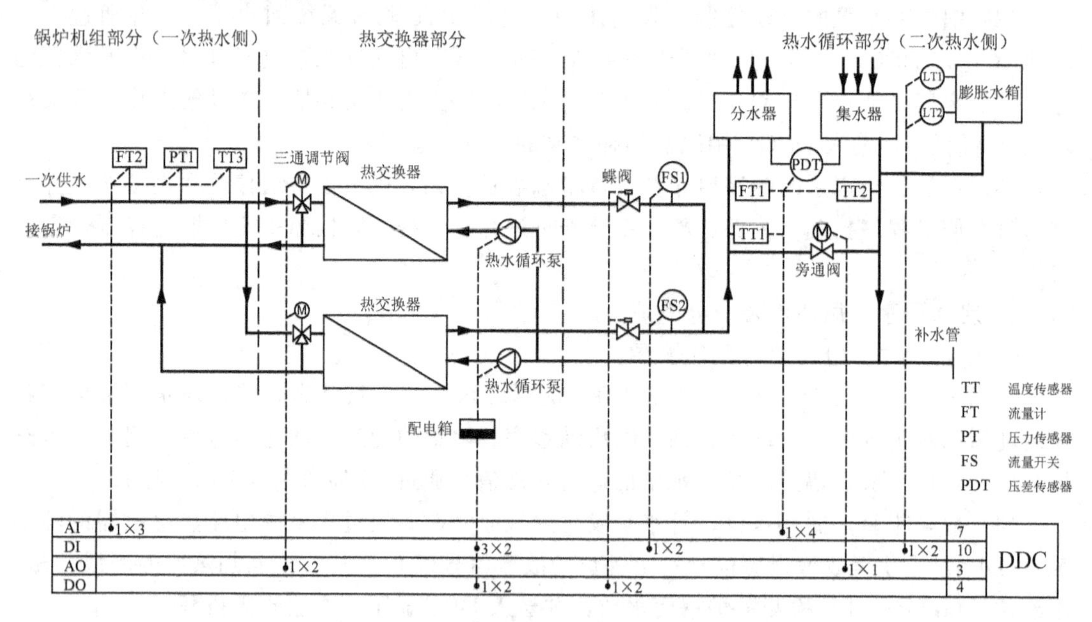

图 5.31 典型建筑物热源系统的 BAS 监控原理图

2. BAS 监控原理分析

1）热交换器部分的监控

在每台热交换器热水循环回路的进水口安装蝶阀并进行控制。每个蝶阀受 BAS 的 DDC 控制，占 DDC 的 1 路 DO 通道。

热交换器根据热水循环回路出水温度实测值(由温度传感器 TT1 测得)及设定温度，对热源侧蒸汽/热水回路的三通调节阀开度进行控制，以控制热水循环回路出水温度。BAS 对三通阀的控制需占用 DDC 的 1 路 AO 通道。

热交换器启动时一般要求先打开二次侧蝶阀及热水循环水泵，待热水循环回路启动后再开始调节一次侧三通阀，否则容易造成热交换器过热、结垢。

2）热水循环侧的监控

监测供、回水干管的温度 TT1、TT2 及供水干管的流量 FT1，根据热负荷计算公式 $Q=c\cdot M\cdot(t_1-t_2)$来确定实际的供热量(其中，c 为比热；M 为总管流量；t_1、t_2分别是供、回水总管上的温度)。

循环水泵的控制：根据前 24 h 的室外温度平均值查算供热曲线得到要求的供热量，并算出要求的循环水量，从而确定循环水泵的开启台数。

供水温度的设定：供水温度 TT1 的设定值，可由调整后测出的循环水量 M、要求的热量 Q 及实测回水温度 TT2 确定。随着供水温度 TT1 的改变，TT2 也会缓慢变化，从而使要求的供水温度同时相应地改变，以保证供出的热量与要求的热量设定值一致。

热水循环系统的监控还包括压差旁通控制、膨胀水箱的液位监控、水流开关对水泵真实运行状态的监测等，这些都与冷冻水循环系统的监控相同，不再重复叙述。

3）热源侧的监控

一次热水/蒸汽的计量。蒸汽计量可以通过温度传感器 TT3、压力传感器 PT1、流量计 FT2 测量蒸汽温度、压力和流量实现。若热源提供的是蒸汽，则也可以通过测量凝结水量来确定蒸汽流量。

3. BAS 监控点位统计

根据以上的监控思路，对各设备的 BA 点位确定如下：

1）热交换器部分的监控

2 个蝶阀，计 2 个 DO 点；2 个三通调节阀，计 2 个 AO 点。

2）热水循环侧的监控

2 个热水循环泵的启停和状态，共计 2 个 DO 点和 6 个 DI 点；2 个水流开关，用于测量水泵的实际运行状态，计 2 个 AI 点；用液位开关检测膨胀水箱的高低警戒水位，计 2 个 DI 点；设置温度传感器 TT1、TT2 和流量传感器 FT1 检测热水的供回水温度和流量，用于计算热负荷，共计 3 个 AI 点；压差传感器 PDT 检测供回水压差，计 1 个 AI 点；DDC 据此供回水压差对旁通管上旁通调节阀的阀芯开度进行控制，从而实现压差旁通控制，计 1 个 AO 点。

最终得到的监控原理图如图 5.31 所示。

本章小结

智能建筑中的暖通空调系统的能耗占总能耗的一半以上，冷热源设备及相应的水系统又是暖通空调系统能耗的主要组成部分。本章专门详细介绍了冷热源设备和空调水系统设备的工艺流程和控制原理，旨在让读者理解其复杂的监控工艺和丰富的节能技术手段。

本章主要内容包括：中央空调系统中冷水机组的工艺流程、主要能耗特性和基本控制方法，冷水机组群控实现的策略和方法，BAS 对水泵、风机等机电设备的控制原理，冷却水系统优化控制，冷冻水供水温度优化，以及热源设备和热交换系统的控制原理。

习　　题

一、填空题

1. 冷水机组是把整个制冷系统中的压缩机、冷凝器、蒸发器、节流阀等设备以及电气控制设备组装在一起，专门为空调系统提供__________的设备。

2. 空调系统中的供热方式通常有__________或__________方式。

3. 空调水系统包括__________系统和__________系统两部分。

4. 冷却塔一般应安装在通风良好的室外，在高层民用建筑中，多放在__________。

5. 目前，BAS对冷水机组、锅炉等带有自身完善自动控制装置的成套设备的监控以__________为主。

二、简答题

1. 空调冷(热)水系统的集水器和分水器的作用是什么?

2. 空调冷(热)水系统有哪些分类方法?

3. 参照图5.16，绘制开式系统与闭式系统的示意图，并比较开式系统与闭式系统的优缺点。

4. 参照图5.17，绘制同程系统与异程系统的示意图，并比较同程系统与异程系统的优缺点。

5. 参照图5.18，绘制双管制系统、三管制系统和四管制系统的示意图，并比较双管制系统、三管制系统和四管制系统的优缺点。

6. 简述冷却水系统的工作原理和冷却塔的布置方法。

7. 什么是定水量系统和变水量系统?

8. 压差旁通阀的作用是什么?

9. 二次泵变水量空调水系统与一次泵变水量空调水系统有什么区别?

10. 利用AutoCAD绘制图5.13所示的冷冻站BAS监控原理图。

11. 对于冷水机组、水泵、冷却塔风机等监控对象，BAS通过DDC是怎样对其实现监控的?

12. 理解图5.14所示典型电气设备启/停监控电气原理图。

13. BAS是怎样实现对冷水机组运行台数控制的?

14. BAS对冷水机组实现群控的目的是什么?并请叙述启动和停止一台制冷机的策略。

15. BAS是怎样实现压差旁通控制的?

16. 水流开关的作用是什么?

17. 冷源及水系统的节能控制主要通过哪些途径来完成?

18. 利用AutoCAD绘制图5.31所示的典型建筑物热源系统的BAS监控原理图。

19. 理解图5.31所示的典型建筑物热源系统BAS监控原理图。

20. 理解图5.31所示的电锅炉机组的BAS监控原理图。

21. 简述冷冻水回路二次水泵变频的控制方案。

22. 理解图 5.25 “BAS 对二级泵系统的监控”，并请问 BAS 是怎样调整加压泵开启台数或通过变频器改变其转速的?

23. 绘制并理解图 5.28 所示的冷却水系统的 BAS 监控原理图。

24. 如图 5.32 所示选自《Alerton 楼控系统设计手册》中的热交换站监控原理图，请阅读、分析和学习。

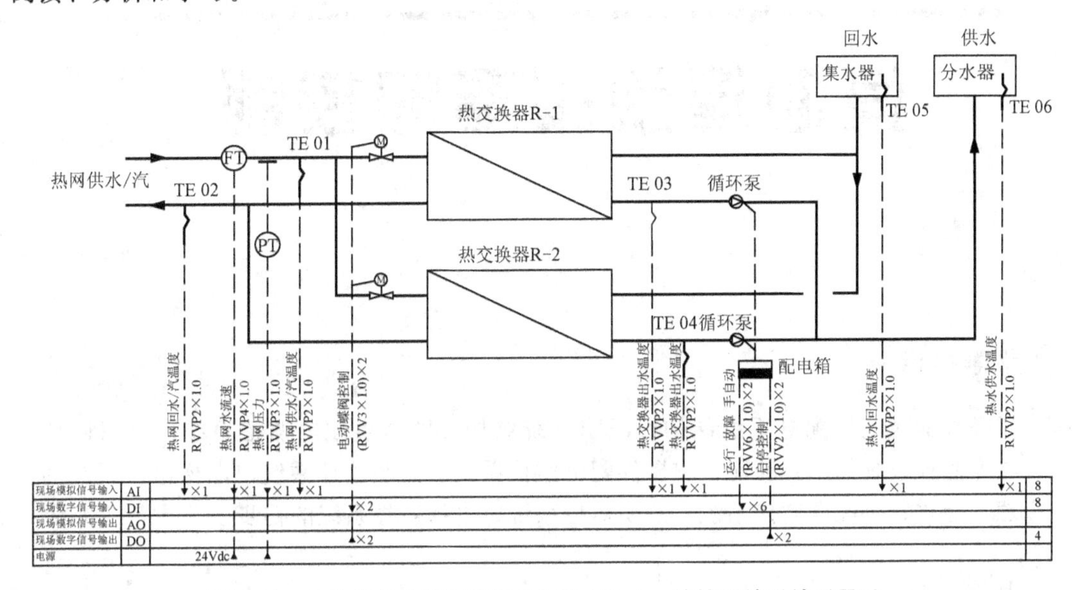

图 5.32 热交换站监控原理图(选自《Alerton 楼控系统设计手册》)

第6章

其他建筑设备的控制

教学目标

了解智能建筑供配电系统结构、照明系统结构，熟悉供配电监控系统、照明监控系统、电梯监控系统的主要功能，掌握供配电监控系统、照明监控系统、电梯监控系统的工作原理，能进行供配电监控系统、照明监控系统、电梯监控系统的初步设计。

教学步骤

能力目标	知识要点	权重	自测分数
了解智能建筑供配电系统的基本结构、了解照明系统的控制方式，了解电梯系统的控制原理	供配电系统的接线方式	10%	
	传统照明控制方式	10%	
	电梯自动控制原理	5%	
熟悉供配电、照明、电梯监控系统的主要功能	供配电系统的监测内容	10%	
	照明系统自动控制模式	10%	
	电梯监控系统的监测内容	10%	
掌握供配电、照明、电梯监控系统的工作原理	供配电监控系统工作原理	20%	
	照明监控系统的工作原理	15%	
	电梯监控系统的工作原理	10%	

▶▶章节导读

通过前面章节的学习，我们对智能建筑有了进一步的认识，了解了建筑设备自动化系统对于智能建筑的重要意义。通过学习，我们知道了建筑设备自动化系统如何对暖通空调和给排水进行监控。暖通空调监控系统、给排水监控系统的应用不仅提高了管理水平和管理效率，更重要的是有效降低了建筑物的能耗。实际上在智能建筑中，除了暖通空调、给排水外，照明、电梯也是耗能大户。据统计，建筑照明和电梯能耗占智能建筑总能耗的15%以上，因此，建筑设备自动化系统除了对暖通空调、给排水等进行监控外，还有必要对建筑照明和电梯进行监控，从而达到建筑节能的目的。另外，由于智能建筑的供电可靠性要求较高，为了对楼宇供配电系统进行有效管理，提高供电可靠性，因此建筑设备自动化系统也需要对建筑供配电系统进行监控。本章从系统结构、控制方式、监控原理、监控内容等方面对建筑供配电监控系统、照明监控系统和电梯监控系统进行介绍，使读者对这三个子系统有较全面、较深入的认识。

引例

随着我国经济的快速发展和技术水平的不断提高，智能建筑在我国的发展十分迅速。目前我国新建的建筑基本上都实现了不同程度的智能化，通常建筑物的规模以及用途是决定其智能化程度高低的重要因素，像大型酒店、写字楼、商业中心等建筑其智能化程度都很高，一般都安装了楼宇设备自动化系统，而像小区住宅楼等建筑，其智能化程度相对较低，一般安装建筑设备自动化系统的不多。建筑设备自动化系统最基本的监控对象包括暖通空调、给排水、供配电、建筑照明和电梯等机电设备。上述这些机电设备都是建筑耗能大户，其消耗的能源占整个建筑物的90%以上。因此，建筑设备自动化系统的重要作用之一就是尽量始终使机电设备在高效合理的状态下运行，以最大限度地节约整个建筑物的运行能耗。

供配电系统是智能建筑最主要的能源来源，对电能起着接收、变换和分配的作用，为智能建筑内的各种用电设备提供电能，是其不可缺少的最基本的建筑设备。为确保用电设备的正常运行，必须保证供电的可靠性。另外，从节约能源的角度看，电力供应管理和设备节电运行也离不开供配电系统的监控管理。因此，对建筑供配电系统进行监控很有必要。和常规的供配电系统相比，供配电监控系统应能自动、连续、实时地监控所有变、配电设备的运行、故障状态和运行参数，还应具有故障的自动应急处理能力。

随着人民生活水平的不断提高，人们对工作和生活环境的要求越来越高，同时对照明系统的要求也越来越高，传统照明技术受到了强烈冲击。一方面，由于信息技术和计算机的发展对照明技术的变化提供了技术支撑；另一方面，由于能源的紧缺，各个国家对照明节能越来越重视，新型的照明技术得以迅速发展，以满足使用者节约能源、舒适性、方便性的要求。

美国从2000年起投资5亿美元实施“国家智能照明计划”。美国能源部预测，到2010年前后，美国将有55%的白炽灯和荧光灯被半导体灯具替代，每年仅节电就可达350亿美元。世界著名的印制电路板生产公司、奥地利的AT&S也积极开发LED用于印制电路板，并打算将该类印制电路板作为未来的支柱产品。韩国政府则在实施将路灯更换成智能照明系统的计划。欧盟已经规定，自2009年9月1日起，所有超市不允许销售白炽灯泡，也不允许销售高压的荧光灯灯泡，只能销售节能灯。我国自1997年启动绿色照明工程以来，通过技术创新，引进国外技术和设备，在智能照明方面成绩显著。

在上海世博会上，大家见识到了不同的馆区不同的国家有着不同的风采，但是，不管是美国馆、加拿大馆、文化中心还是上汽通用汽车馆，都有一个共同点，那就是室内照明全部采用被称为“21世纪绿色光源”的智能照明系统。由此可见，智能照明已经成为全球各国各行业的照明方面的共识。

采用智能照明控制系统，不仅能提升照明环境的舒适性，而且能有效节约能源，降低用户运行费用，提高大楼管理水准，具有极大的经济意义和社会效益。因此，照明系统的智能化控制已成为建筑设备自动化系统不可分割的组成部分，而且应用范围越来越广。

案例小结

通过对建筑照明系统进行智能化控制，一般可以节约20%～40%的电能，其节能效果显著。而对于建筑供配电系统、电梯系统，建筑设备自动化系统通常只对其运行状态进行监测、故障报警，并不进行直接控制。

6.1 供配电系统控制

智能建筑供配电系统的安全、可靠运行对于保证智能建筑内人身和设备财产安全，保证智能建筑各子系统的正常运行，具有极其重要的意义。建筑自动化系统对供配电系统的监控除了确保大厦的整个供配电系统的正常运行外，还可以大大提高系统的工作效率，节省能源消耗。

6.1.1 供配电系统认知

1. 电力系统的基本概念

电能是国民经济各部门和社会生活中的主要能源和动力，是应用非常广泛的二次能源。电能可以比较容易地从其他形式的能量转换而得，又能很方便地转变成其他形式的能量，并可以很经济地远距离传输。电能的控制、分配、测量都很方便。

建筑物所需电能由电力系统提供，由于发电厂距用户较远，需要通过输电线路和变电所等中间环节，才能把电力输送给用户。同时，为了提高供电的可靠性和实现经济运行，常将许多的发电厂和电力网连接在一起并联运行。所谓电力系统就是由各种电压等级的输电线路将发电厂、变电所和电力用户联系起来的一个发电、输电、变电、配电和用电的整体电子系统如图6.1所示。

1）电力网或电网

电力系统中各电压等级的电力线路及其联系的变电所称为电力网或电网。电网通常分为输电网和配电网两大部分。由35kV及以上的输电线路和与其相连接的变电所组成的部分称为输电网，其作用是将电力输送到各个地区或直接供电给大型用户。35kV 以下的输电线路称为配电网，其作用是直接供电给用户。

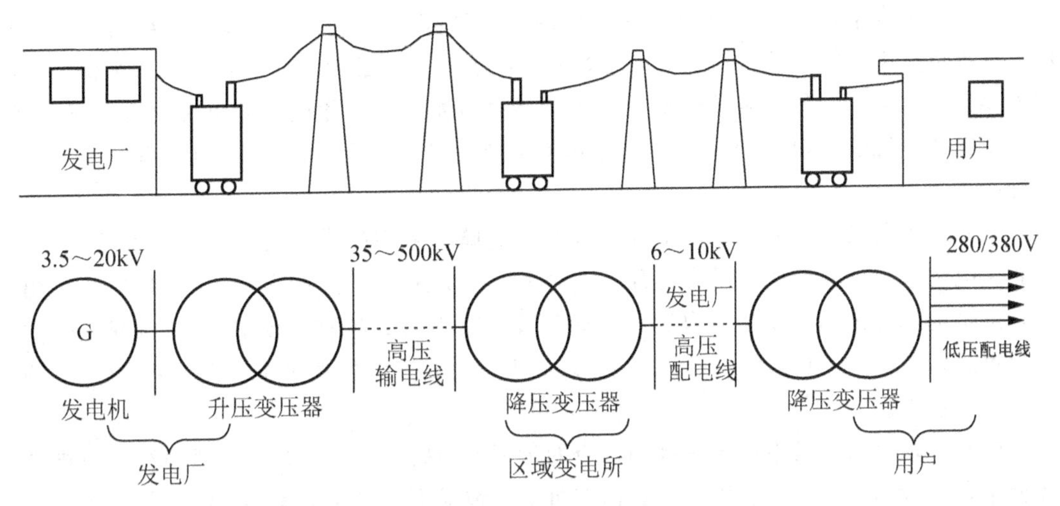

图 6.1　电力系统

电力线路是输送电能的通道。由于发电厂与电能用户相距较远，所以要用各种不同电压等级的电力线路将发电厂、变电所与电能用户之间联系起来，使电能输送到用户。一般将发电厂生产的电能直接分配给用户或由降压变电所分配给用户的 10kV 及以下的电力线路称为配电线路，而把电压在 35kV 及以上的高压电力线路称为送电线路。

2）变电所

变电所是接受电能、变换电压和分配电能的场所，可分为升压变电所和降压变电所两大类。为了实现电能的经济输送和满足用电设备对供电质量的要求，变电所需要对发电机的端电压进行多次变换。

3）配电所

引入电源不经过变压器变换，直接以同级电压重新分配给各变电所或供给各用电设备的场所称为配电所。

建筑中由于安装了大量的用电设备，电能消耗量大，为了接受和使用来自电网的电能，内部需要一个供配电系统，该系统由高压供电系统、低压配电系统、变配电所和用电设备组成。通常情况下，大型建筑或建筑小区的电源进线电压多采用 10kV，电能先经过高压配电所，再由高压配电所将电能分送给各终端变电所。经配电变压器将 10kV 高压降为一般用电设备所需的电压(220/380V)，然后由低压配电线路将电能分送给各用电设备使用。

2. 智能建筑供配电系统

1）智能建筑的负荷等级划分

由于智能建筑用电设备多、负荷大、对供电的可靠性要求高，因此应对负荷进行分析，合理、准确地划分负荷等级，从而使智能建筑的供配电系统设计更加科学、合理。负荷等级划分的原则主要是根据中断供电后在政治、经济上造成损失或影响的程度而定。按照国标《供配电系统设计规范》(GB 50052—1995)的规定，负荷等级的划分标准如下。

（1）一级负荷。中断供电将造成人身伤亡者；中断供电将造成重大的政治影响者；中断供电将造成重大的经济损失者；中断供电将造成公共场所的秩序严重混乱者。一级负荷应由两个电源供电，一用一备，当一个电源发生故障时，另一个电源应不致同时受到损坏。一级负荷中的特别重要负荷，除上述两个电源外，还必须增设应急电源。为保证对特别重要负荷的供电，禁止将其他负荷接入应急供电系统。常用的应急电源可有以下几种：独立于正常电源的发电机组、供电网络中有效地独立于正常电源的专门馈电线路、蓄电池等。

（2）二级负荷。中断供电将造成较大政治影响者；中断供电将造成较大经济损失者；中断供电将造成公共场所的秩序混乱者。对于二级负荷，要求采用两个电源供电，一用一备，两个电源应做到当发生电力变压器故障或线路常见故障时不致中断供电(或中断供电后能迅速恢复)。在负荷较小或地区供电条件困难时，二级负荷可由一路6kV及以上的专用架空线供电。

（3）三级负荷。凡不属于一级和二级的负荷，均属于三级负荷。三级负荷对供电电源无要求，一般为一路电源供电即可，但在可能的情况下，也应提高其供电的可靠性。

在智能楼宇用电设备中，属于一级负荷的设备有：消防控制室、消防水泵、消防电梯、防排烟设施、火灾自动报警、自动灭火装置、火灾事故照明、疏散指示标志和电动的防火门窗、卷帘、阀门等消防用电设备；保安设备；主要业务用的计算机及外设、管理用的计算机及外设；通信设备；重要场所的应急照明。属于二级负荷的设备有：客梯、生活供水泵房等。空调、照明等属于三级负荷。

2）智能建筑用电设备的特点

智能建筑通常是高层建筑，与一般建筑相比，其用电设备具有如下的特点。

（1）用电设备种类多，有电气照明设备、电梯设备、给排水设备、冷热源设备、洗衣房设备、厨房设备、暖通空调设备、消防用电设备以及弱电设备等。

（2）用电量大，且负荷密度高。智能建筑的用电负荷比较集中，一般情况下，空调用电负荷约占总用电量的50%，照明负荷约占总用电量的20%～30%，电梯、水泵以及其他动力设备约占总用电量的25%～35%。一般，像高层旅游宾馆和酒店、高层商住楼、高层写字楼等智能建筑的负荷密度都在60W/m^{2}以上，有的高达150W/m^2。

（3）供电可靠性要求高。智能建筑中有相当数量的负荷属于一级负荷，如消防用电等。所以智能建筑供电可靠性要求高，一般均要求有两个及两个以上的高压供电电源，并设置柴油发电机组(或燃气发电机组)作为备用电源。

（4）电气线路多，电气系统复杂。由于智能建筑的功能比较复杂、用电设备种类多、供电负荷多且可靠性要求高，导致智能建筑的电气系统很复杂。电气系统复杂了，电气线路也就多了。不仅有高压供电线路、低压配电线路，而且还有火灾报警线路、防盗报警线路等弱电系统线路。

3）智能建筑用电设备分类

智能建筑的用电设备很多，根据用电设备的功能可将其分为3类：保安型、保障型和一般型。

(1) 保安型负荷。保证大楼内人身安全及智能化设备安全、可靠运行的负荷。这类负荷有：消防负荷、通信及监控管理用计算机系统等用电负荷。

(2) 保障型负荷。保障大楼运行的基本设备负荷。这些负荷有：主要工作区的照明、插座、生活水泵、电梯等。

(3) 一般负荷。除上述负荷以外的负荷，如：一般的电力、照明、暖通空调设备、冷水机组、锅炉等。

4) 智能建筑供配电系统的特点

(1) 由于用电量大，一般供电电压都采用10kV标准电压等级，有时也可采用35kV，变压器装机容量大于5000kVA，并设内部变配电所。

(2) 按照《高层民用建筑设计防火规范》的有关要求，为了确保智能建筑消防设施和其他重要负荷用电，智能高层建筑一般要求两路或两路以上独立电源供电，当其中一个电源发生故障时，另一个电源应能自动投入运行，不至同时受到损坏。另外，还须装设应急备用柴油发电机组，要求在15s内自动恢复供电，保证事故照明、电脑设备、消防设备、电梯等设备的事故用电。

(3) 高层建筑的用电负荷一般可分为空调、动力、照明等。动力负荷主要指电梯、水泵、排烟风机、洗衣机等设备。普通建筑的动力负荷都比较小，且一般大部分放在建筑物的底部，因此变压器一般也都设置在建筑物的底部。但是随着建筑高度的增加，在超高层建筑中，电梯设备较多，电梯负荷随之增大，此类负荷大部分集中于大楼顶部。水泵容量也随着建筑的高度增大，竖向中段层数较多，通常设有中间泵站。在这种情况下，为了减少变配电系统的电能损失，采用变压器深入负荷中心的方式，宜将变压器按上、下层配置或者按上、中、下层分别配置，变压器进入楼内而且上楼。供电变压器的供电范围大约为15～20层。如日本的新信心大厦共60层，变压器配置在地下4层和地面40层；纽约的帝国大厦共102层，变压器配置在地下2层、地面41层及84层。

(4) 为了减少变压器台数，单台变压器的容量一般都大于1000kVA。由于供电深入负荷中心，变压器进入楼内，为了防火的需要，不能采用一般的油浸式变压器和油断路器等在事故情况下能引起火灾的电气设备，而采用干式变压器和真空断路器。

5) 智能建筑的高压主接线

变电所中承担输送和分配电能任务的回路被称为主电路或主接线。主接线上的设备被称为一次设备，包括变压器、断路器和互感器等。

智能建筑具有电气设备多、人员密度大、火灾隐患多、对消防安保要求高、用电负荷大等特点，对供电可靠性及供电质量要求都很高，因此，智能建筑供电系统一般采用双电源供电。智能建筑供电系统常用高压主接线方案如图6.2所示。

图6.2(a)采用双电源供电，正常工作时双电源同时供电，各带50%的负载，母线联络开关(也称母联开关)断开；当一路电源出现故障时，母联开关自动闭合，全部负荷由正常电源供电。由于增加了母线联络开关柜和电压互感器柜，因此变电所的面积也相应增大。

这种接线方式具有单母线分段、自动切换、互为备用的特点，可保证较高的供电可靠性，是智能建筑最常用的高压主接线方式。

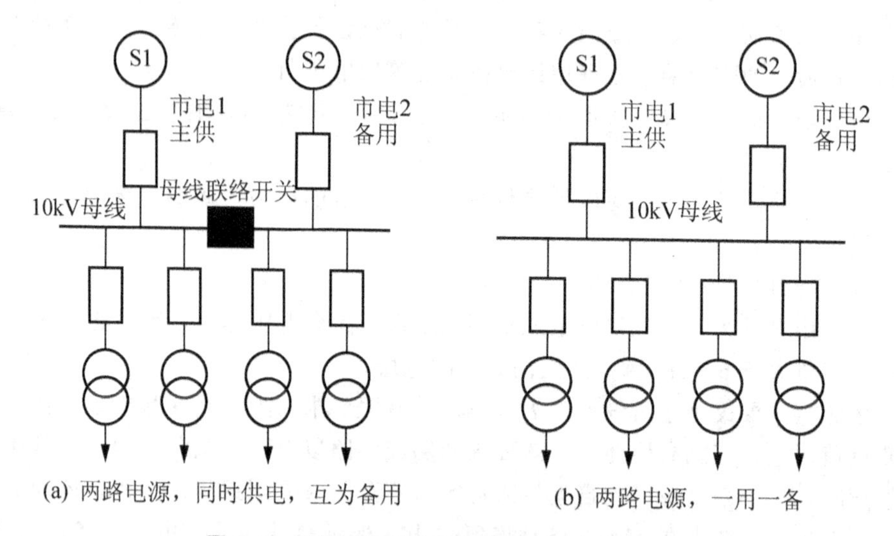

(a) 两路电源，同时供电，互为备用　　(b) 两路电源，一用一备

图 6.2　智能建筑供电系统常用高压主接线方案

图 6.2(b)采用双电源供电，正常工作时由一路电源供电，另一路停止，处于备用状态；当正常工作电源出现事故停电时，备用电源自动投入。这种接线方式结构简单，节省了母线联络开关柜和电压互感器柜，有利于节省投资和减小高压配电室的建筑面积，但要求两路都能保证100%的负荷用电，并且当清扫母线或母线故障时，将会造成全部停电。因此，这种接线方式常用在大楼负荷较小，供电可靠性要求相对较低的建筑中。

6）自备应急柴油发电机组

目前城市电网的供电状况虽然较稳定，但对一个建筑物来说，即使城市电网已提供两路电源，并且有时这两路电源来自不同的上一级变电站，但实际运行中，一路电源检修时不排除另一路电源出现故障的情况，而且还有可能两路电源同时出现故障(因为再上级电源往往是同一电源)。因此，为了确保大厦供电的可靠、安全，设置自备柴油发电机组是必要的。

自备应急柴油发电机组应始终处于准备启动状态。当市电中断时，机组应立即启动，并在15s内启动且供电；当市电恢复后，机组延时2～15min(可调)不卸载运行，延时时间到后主开关自动跳闸，机组再空载冷却运行10min后自动停车。

7）智能建筑的低压主接线

智能建筑变配电所的低压主接线一般采用分段单母线接线方式，母联开关手动或自动切换。低压配电的接线方式可分为放射式和树干式两大类。放射式配电的特点是每个负荷由单一线路供电，因此发生故障时影响范围小，可靠性高，控制灵活，易于实现集中控制，但缺点是线路多，所用开关设备多，投资大，因此多用于供电可靠性要求较高的设备。例如大型消防泵、生活水泵和中央空调的冷冻机组，供电可靠性要求高，且单台机组容量较大，通常都采用放射式专线供电。

树干式配电是一独立负荷或一集中负荷按它所处的位置依次连接到某一条配电干线上。树干式配电所需配电设备及线缆消耗量较少，但干线发生故障时影响范围大，所以供电可靠性较低，且在实现自动化方面适应性较差。树干式配电一般适用于用电设备比较均匀，容量不大，又无特殊要求的场合。

目前智能建筑低压配电方案是：在干线上基本采用放射式，而楼层间配电则为混合式。混合式即放射式与树干式的组合方式。如图 6.3(a)(c)所示低压配电接线方案，分别为放射式、树干式和混合式接线图。

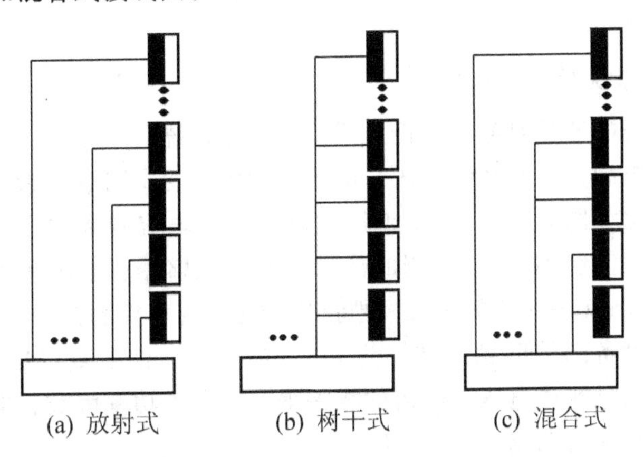

图 6.3 低压配电接线方案

特别提示

与传统建筑物相比，智能建筑对供配电系统的可靠性要求更高，因此，在进行智能建筑供配电系统设计时，应充分考虑系统结构、接线方式等对供电可靠性的影响。

6.1.2 供配电系统的控制

在智能建筑中，供配电监控系统是 BAS 的一个子系统，它应能够直接接收来自现场设备的各种监测信号，产生控制信号并直接作用于现场设备，而且应具有一定的记录、显示、处理及报警功能，同时还必须能够与上位计算机进行信息交换。如图 6.4 所示高层建筑供电系统监控示意图。

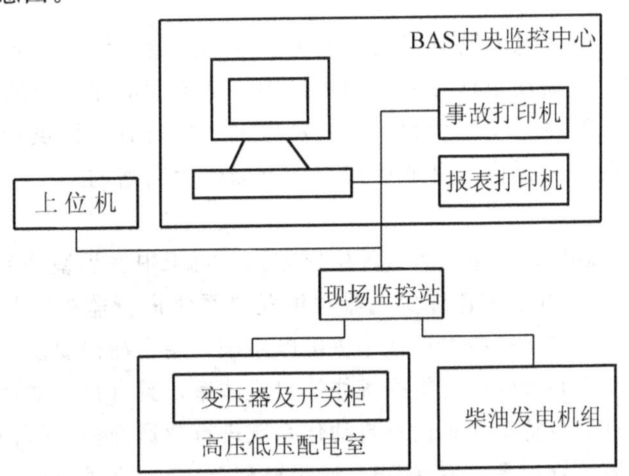

图 6.4 高层建筑供电系统监控示意图

供配电监控系统的主要任务是对供配电系统中各种设备的状态和供配电系统的有关参数进行实时的监视、测量，并通过计算机处理、显示、打印、存储及分析使用，使BAS管理中心能够及时了解供配电系统运行的情况，完成对各种重要的供配电设备的监测与管理。

1. 供配电监控系统的监控原理

供配电监控系统的监控对象为高低压系统、直流系统、变压器、备用发电机系统的相关设备的运行状态控制，以及系统电压、电流、功率、功率因数等参数的监测。高压线路的电压电流测量方法如图6.5所示(对低压线路的电压电流测量方法与之类似，只是电压和电流互感器的电压等级不同)。监测的信号由电流互感器、电压互感器获得，经过变送器转换，输出0～5V、0～10V的标准模拟量信号送入现场控制器的AI端子。电气设备的运行状态通过被测设备的辅助触点转换为ON/OFF(1/0)信号直接送往DDC的DI端子。功率因数的检测可通过测量电压与电流的相差得到，有了功率因数、电压、电流数值即可间接求得有功功率和无功功率。

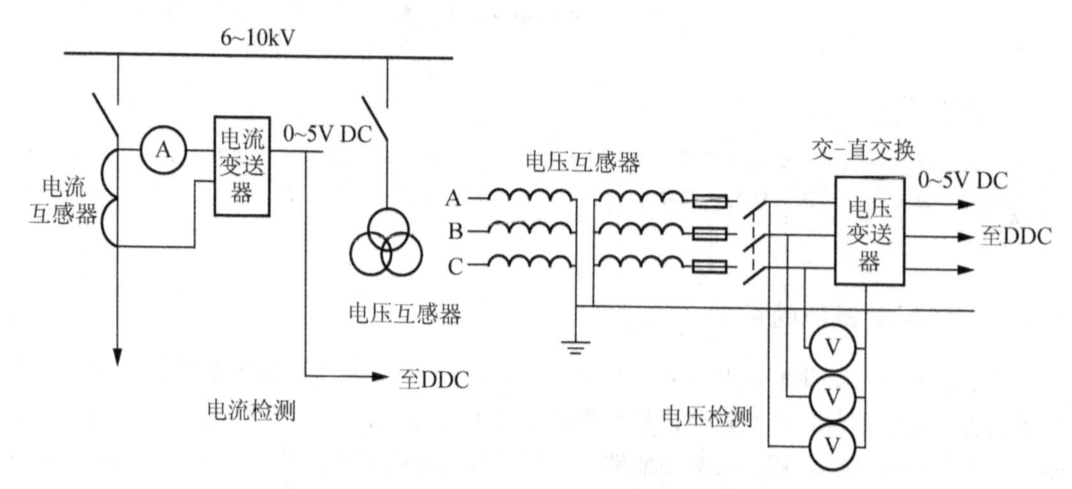

图6.5 高压线路的电压电流测量方法

另外也可采用多参数电力监测仪实现电力参数的测量。该装置是目前广泛使用的一种智能化检测装置，只需简单地接入三相电源中，从不同的端子上即可输出各种电力参数，如电压、电流、频率、功率因数、谐波和电度。它还可以提供计量参数、监视、能量管理等功能，同时它还提供多种通信接口，可以作为网络的一个结点与其他计算机进行通信。

在楼宇中供配电监控系统主要有两种构成方式：对于中、小型楼宇供配电系统，一般直接利用通用的DDC、PLC和各种变送器对供配电系统进行监视，其检测信号直接传至建筑设备自动化系统；对于一些大型楼宇供配电系统，用户往往要求采用专业的能源监控管理系统对其进行监控和管理，这类系统往往自成体系，具有自己的通信网络和监控管理工作站，通过通信接口与整个建筑设备自动化系统进行数据交换。目前电力设备监控中采用得比较多的能源监控管理系统有ABB、通用电气(GE)、金钟-默勒(Moller)、溯高美、施耐德等公司的产品。

2. 供配电监控系统的监测内容

1）高压供电系统的监测

高压供电系统的监测内容包括：高压进线主开关的分合状态及故障状态监测，高压进线三相电流监测，高压进线电压、频率、功率因数监测，电度计量等。

以上参数送入供配电监控系统或上级控制中心，由系统自动监视及记录，为中心的电力管理人员提供高压供电系统运行的数据，监视主开关的状态，发现故障及时报警。同时监视记录楼宇的用电负荷变化情况，便于今后统计分析。

2）低压配电系统的监测

低压配电系统的监测内容包括：变压器二次侧主开关的分合状态及故障状态监测，变压器二次侧主开关电流、电压、功率及功率因数监测，母联开关的分合状态及故障状态监测，母联的三相电流监测，各低压配电开关的分合状态及故障状态监测，各低压配电出线的三相电压、电流、功率及功率因数监测等。

低压配电的供电对象有冷水机组、照明、泵类、电梯等。监测的这些参数对楼宇的管理工作非常重要。基于这些参数，可以分析楼宇内各主要用电设备的运行与用电情况，为有效地管理提供帮助。

中央控制中心计算机配有专用监控软件，管理人员可通过计算机显示了解整个供配电系统的状况，监视各主要开关的分合状态及故障状态。若系统出现问题，管理人员可立即发现，并确定故障位置，从而及时处理问题。

如图 6.6 所示低压配电系统监控原理图，该监控系统由现场设备即电流变送器、电压变送器、功率因数变送器、有功功率因数变送器等各类传感器以及现场控制器(即 DDC)组成。DDC 通过电流变送器、电压变送器及功率因数变送器等现场检测设备自动检测电压、电流和功率因素等参数，与额定值比较，发现故障时报警，显示相应的电压、电流数值和故障位置，并送至中央监控中心统一管理。

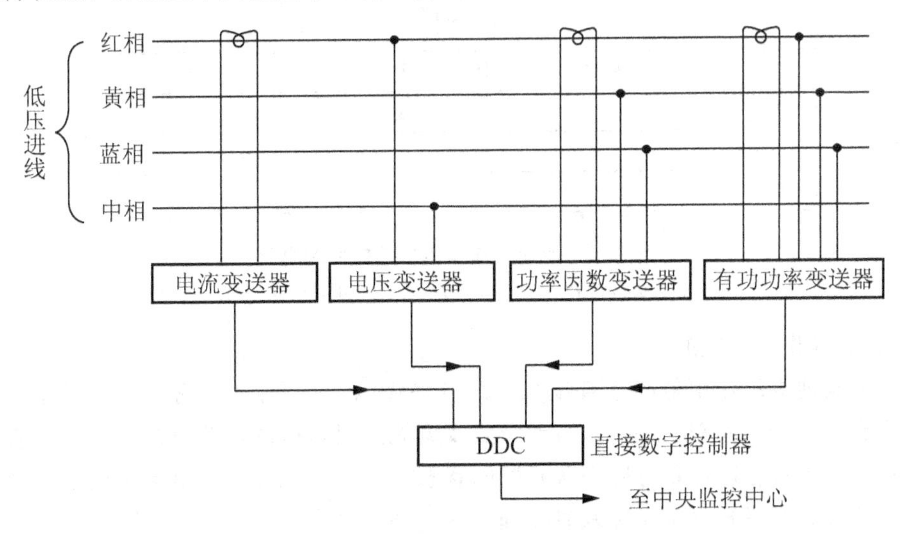

图 6.6 低压供配电系统监控原理图

3）变压器的监测

变压器监测内容包括：变压器温度监测，风冷变压器风机运行状态监测，油冷变压器油温及油位监测等。

对变压器的监测主要是确保其在正常的温度下工作，当变压器温度超过正常值时进行报警。对干式变压器散热风机的运行状态及油冷式变压器油温、油位的监测有助于分析变压器温度超常的原因，提前发现故障。

4）备用电源的监测

高层智能建筑为保证消防泵、消防电梯、紧急疏散照明、防排烟设施和电动防火卷帘门等消防用电供电的可靠性，需要自备应急柴油发电机组作为应急电源。通常，电力设备监控系统不对应急柴油发电机组及切换开关进行控制。但为保障机组的正常运行，需对一些有关参数进行监测，如机组运行状态，故障报警，油箱油位，各开关的状态，电流、电压及频率等，从而有助于系统的正常运行及故障排除。应急柴油发电机组的监测原理如图 6.7 所示。

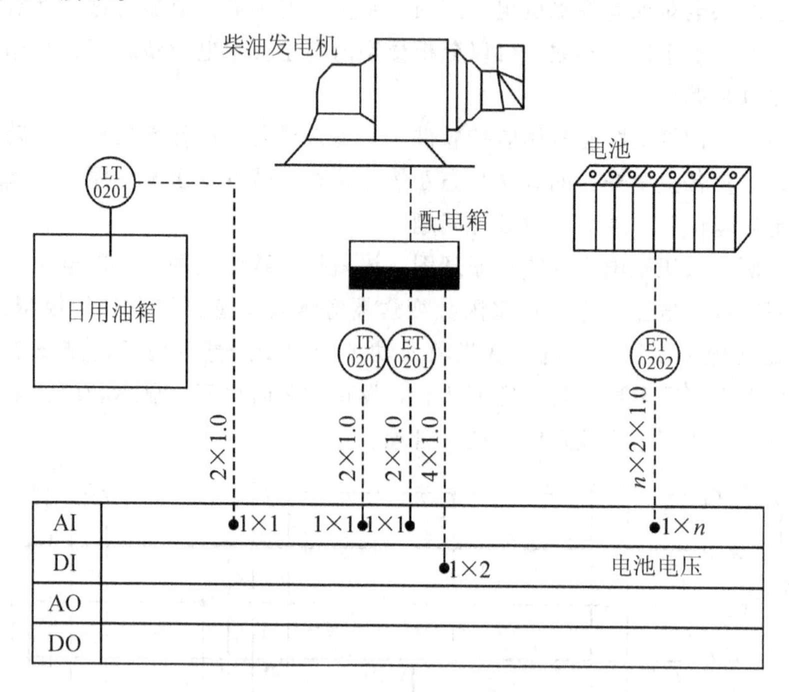

图 6.7 应急柴油发电机组的监测原理

IT—电流变送器；ET—电压变送器；LT—液位传感器/变送器

5）直流操作电源监测

直流蓄电池组的作用是产生直流 220V、110V、24V 直流电。它通常设置在高压配电室内，为高压主开关操作、保护、自动装置及事故照明等提供直流电源。为保证直流电源正常工作，电力设备监控系统监视各开关的状态，尤其要对直流蓄电池组的电压及电流进行监视及记录，若发现异常情况及时处理。

3. 供配电监控系统的控制功能

供配电监控系统可对系统的主开关、断路器等设备的工作状态进行自动控制。系统通常根据自身监测到的现场信号或接收上级计算机发出的控制命令，对供配电系统设备实施操作，即由控制系统产生开关量输出信号，通过接口单元驱动某个断路器或开关设备的操作机构来实现供配电回路的接通或分断，这些任务应由专用设备完成。要实现上述功能，通常应包括以下几方面的内容。

(1) 高低压断路器、开关设备按顺序自动接通、分断，高、低压母线联络断路器按需要自动接通、分断。

(2) 柴油发电机组备用电源的开关设备按顺序自动投入或自动脱离，即由开关设备的自动分、合闸实现备用电源与市电供电的转换。

(3) 大型动力设备定时启动、停止及顺序控制。

(4) 现场监控站的监控器根据用电量的统计与分析，通过预先编制的程序对用电高峰和低谷用电状况下变压器投入的台数进行合理的控制，提高变压器的利用率；通过监控装置中计算机软件对用户电量的监测、分析、预测，对系统负荷做相应的控制与调整，最终达到节能的目的。

特别提示

目前智能建筑供配电监控系统主要以监测为主，控制为辅。各类控制、保护及联动功能一般仍在各开关柜、变压器、配电箱内部实现或由人工就地控制。

6.1.3 供配电监控系统工程应用

目前，许多工程不将供配电系统的高压部分纳入建筑设备自动化系统的监控管理范围，这一方面是由于高压侧的许多参数是应该由电力部门负责保证的，无需各楼宇独立进行管理；另一方面，高压侧监控设备安装困难、危险性大，需要与电力部门进行多方面的协调。因此，如需监控，高压侧除开关柜的运行及故障状态利用干节点直接监控外，其他参数一般通过网络从专业的电力管理系统中读取。

在大多数工程中，对发电机组及直流操作电源的监控不由建筑设备自动化系统直接完成。如需监控，可通过网络与发电机组控制器及专业电力管理系统进行通信。

由此可见，目前工程中建筑设备自动化系统对供配电系统的监控，主要是对系统变压器及低压配电部分监控功能的实现。如图6.8所示典型低压配电系统监控原理图。图中对开关的分合状态及电流、电压、功率因素等参数进行监视，而并未对开关的分合进行控制。

下面以施耐德 PowerLogic 变配电监控系统为例，说明专业电力监控系统在变配电工程中的应用情况。

施耐德 PowerLogic 是具有安全、高效、经济、可扩展性的10/0.4kV 变配电计算机监控管理系统。该系统基于分层分布式结构，采用现场总线技术实现变配电系统信息的交换和管理。系统集保护、控制、测量、信号采集、故障录波、谐波分析、电能质量管理、

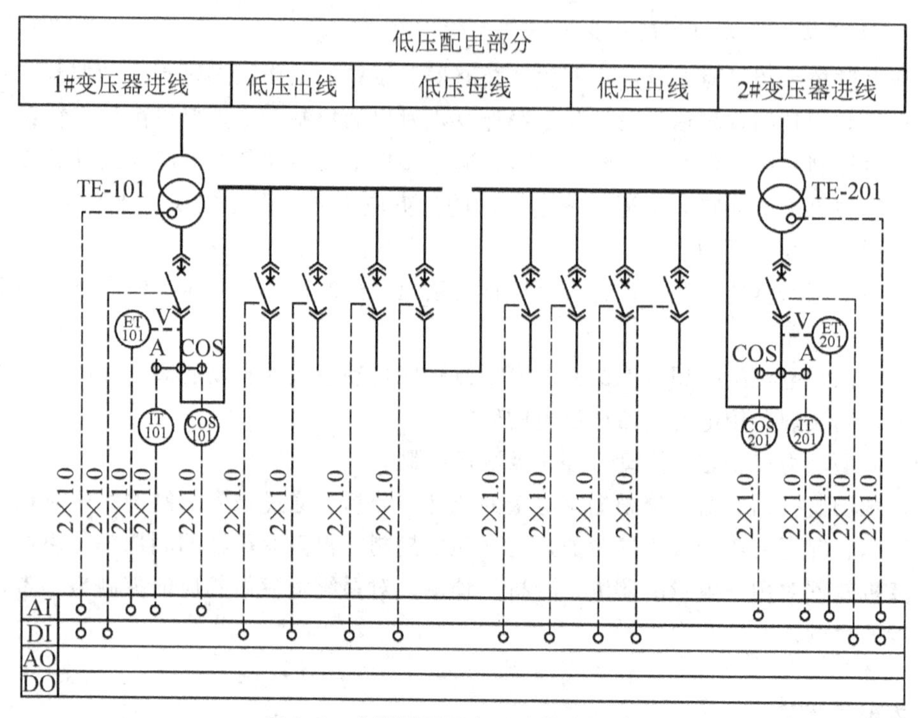

图 6.8 典型低压配电系统监控原理图

IT—电流变送器；ET—电压变送器；COS—功率因数变送器

负荷控制和运行管理为一体，实现了变配电系统高、低压电气设备分散监控和集中管理的功能，真正实现了配电室的无人值守，全面提高了变配电运行现代化管理水平。施耐德变配电监控系统结构图如图 6.9 所示。

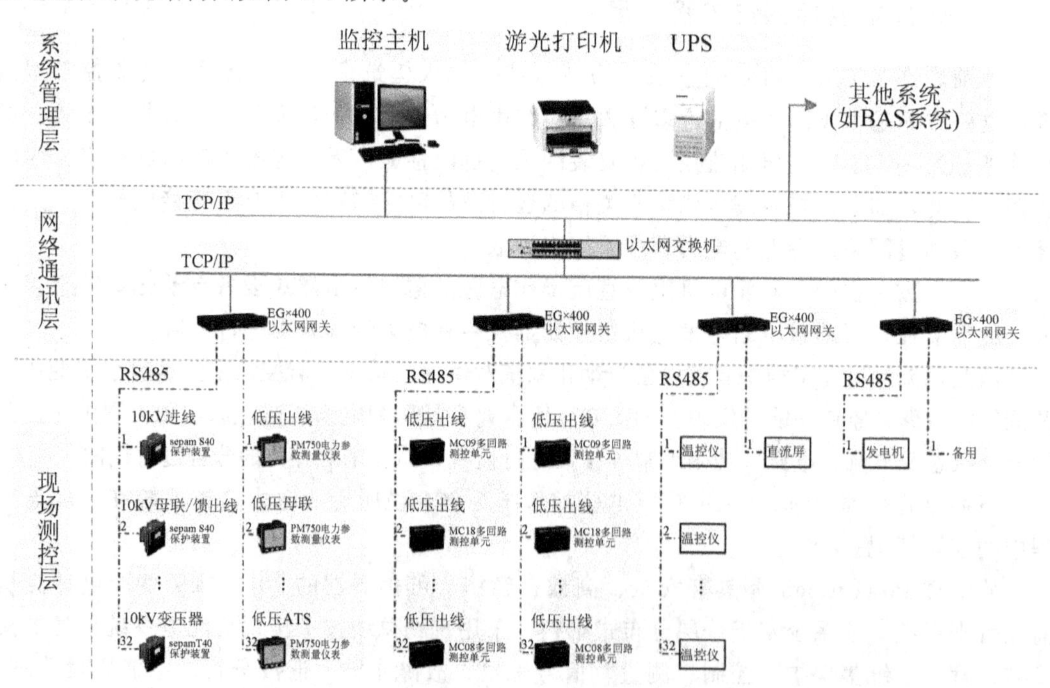

图 6.9 施耐德变配电监控系统结构图

1. 系统组成

系统采用分层分布式设计，网络结构简洁清晰，具有良好的可扩展性，通信接口规范，能够与各种自动化系统和智能设备实现网络通信，支持多种通信协议(如：MODBUS、PROFIBUS DP、IEC－60870－5－101/103等)，通信介质采用双绞线或光纤。系统从功能上可分为三层：现场监控层、通信管理层和系统管理层。

(1) 现场监控层。采用施耐德电气的Sepam系列微机保护测控装置、Micrologic系列低压智能控制单元和PM800系列电力参数测量仪作为监控单元，所有监控单元均为标准化、模块化结构，彼此相对独立。每个监控单元按一次设备对应分布式配置，就地安装在开关柜回路内，完成保护、控制、监测和通信等功能，同时具有动态实时显示开关设备工作状态、运行参数、故障信息和事件记录、保护定值等功能。监控单元与开关柜融为一体，构成智能化开关柜，经RS485通信接口接入现场总线。

(2) 通信管理层。完成监控层和管理层之间的网络连接、转换和数据、命令的交换，通过以太网可实现系统与办公信息管理系统(MIS)、建筑设备自动化系统(BAS)和智能消防管理系统(FAS)等自动化系统的网络通信，达到信息资源的共享。系统还具备与模拟显示屏、智能直流电源系统、柴油发电机组、变压器温控单元等其他智能设备的通信接口。

(3) 系统管理层。由监控主机、大屏幕彩显、打印机、UPS电源等组成。监控主机采用高性能计算机，选用专业组态监控软件完成变配电系统的全部监控和管理功能，系统软件采用基于多进程、多任务的Microsoft Windows操作系统。

变配电数据通过现场监控层进行分散采集和就地显示，经过变配电通信管理层的协议转换，最终由系统管理层实现集中的管理。

2. 系统主要功能

(1) 显示和统计打印功能。实时动态显示配电系统主接线图；动态刷新显示电气测量参数、运行参数和状态量参数；连续记录显示负荷曲线、电压棒图或饼图等；顺序记录显示保护动作和开关跳、合闸等事件；查询显示打印历史事件、负荷曲线、历史曲线；召唤显示打印日、月、年运行报表和各种统计报表。

(2) 事件报警和记录功能。当出现开关事故变位、遥测越限、保护动作和其他报警信号时，系统能发出音响提示，并在屏幕报警框内显示报警内容，报警事件经操作员确认后能手动复位，所有报警事件可打印记录和写盘保存。

(3) 控制操作和记录功能。操作人员可通过监控主机对受控对象进行操作，系统具有严格的密码保护系统，控制操作具有操作权限等级管理功能，对于每次遥控操作，系统均对操作人、操作时刻及操作类型进行记录，自动生成遥控操作记录，并将记录存盘。

(4) 数据采集和处理功能。系统能对模拟量、开关量进行实时和定时数据采集，所有的电气量均采用交流采样，并保证高精度和高速度，对重要历史数据进行处理并存入数据库。

(5) 在线维护和修改功能。各类画面、报表的在线编辑功能；数据库部分内容的在线修改；部分运行参数及限制值的在线设置和状态修改；主接线图及运行报表的制作及编辑。

(6) 电能管理功能。通过对系统数据的分析并进行成本核算，得到电能消耗模式并识别出主要的耗电源，帮助用户有效地管理负荷以控制波峰电价时的用电，减少非正常耗电，最终实现高效节能。

(7) 系统自检功能。系统具有良好的自检功能，能在线检测系统所有软件和硬件的运行状态，当发现异常及故障时能及时根据故障性质自动判别是否需要闭锁有关功能或设备，并记录和显示报警信息。

采用变配电监控系统，可使变配电系统的运行更安全、可靠、经济和直观，全面实现了变配电系统的“四遥”及无人值守(或少人值班)，节约了人力资源，提高了管理效率及管理水平。“四遥”功能，即遥测、遥控、遥信、遥视。

① 遥测是指通过系统通信采集器、监测模块以及电力组态软件实现变配电站所有回路的电量采集，即电流、电压、有功功率、无功功率、视在功率、有功电度、无功电度、视在电度、功率因数、频率等。

② 遥信是指通过系统通信采集器、监控模块以及电力组态软件实现变配电站中所有开关量的采集，如断路器的分合闸、手车工作位置、电机储能状态、变压器风机运行状态、高温报警信号、超高温跳闸信号、断路器故障信号、事故跳闸信号、综合保护器的故障类型以及变压器门开关信号等开关量。

③ 遥控是指通过系统通信采集器、监控模块以及电力组态软件实现带有电动操作机构的框架式断路器和分励脱扣的塑壳断路器以及接触器等远程控制功能。

④ 遥视(预选)通过视频采集器、视频通信以及组态软件实现变配电所监视功能，以防止非法人员进入。

特别提示

专业变配电监控系统对电量信号的采集是采用专用电量仪表，而不是变送器，采集的是各供电回路的波形变化，其信息量和精确程度都远远超过变送器。系统通信设备具有很强的抗干扰能力，其软件也是电力系统专业组态软件。

6.2 照明系统监控

电气照明系统是建筑物的重要组成部分之一。照明的基本功能是保证安全生产、提高劳动效率、保护视看者视力健康和创造一个良好的人工视觉环境。在一般情况下，照明是指以“明视条件”为主的功能性照明。在那些突出建筑艺术效果的厅堂内，照明的装饰功能加强，成为以装饰为主的艺术性照明。因此照明设计的优劣除了影响建筑物的功能外，还直接影响建筑的艺术效果。

室内照明系统由照明装置及其电气设备组成。照明装置主要是指灯具，照明电气设备包括电光源、照明开关、照明线路及照明配电箱等。

6.2.1 建筑照明系统认知

1. 照明的分类

1) 按照明范围分类

(1) 一般照明。在整个场所或场所的某个特定区域照度基本上均匀的照明称为一般照明。对于工作位置密度大而对光照方向又无特殊要求，或工艺上不适宜装设局部照明装置的场所，宜单独采用一般照明。例如办公室、体育馆及教室等。

(2) 局部照明。局限于工作部位有特殊要求的、固定或移动的照明。这些部位对高照度和照射方向有一定要求。对于局部地点需要高照度并对照射方向有要求时，宜采用局部照明。但在整个工作场所不应只设局部照明而无一般照明。

(3) 混合照明。一般照明与局部照明共同组成的照明。对于工作面需要较高照度并对照射方向有特殊要求的场所，宜采用混合照明。此时，一般照明照度宜按不低于混合照明总照度的5%～10%选取，且最低不低于20Lx。例如金属机械加工机床、精密电子电工器件加工安装工作桌及办公室的办公桌等。

2) 按照明功能分类

(1) 工作照明。正常工作时使用的室内外照明称为工作照明。它一般可单独使用，也可与应急照明、值班照明同时使用，但控制线路必须分开。

(2) 应急照明。应急照明包含三部分内容：正常照明因故障熄灭后，供继续工作或暂时继续工作的照明称为备用照明；为确保处于危险之中的人员安全的照明称为安全照明；发生事故时保证人员安全疏散时的照明称为疏散照明。在因工作中断或误操作容易引起爆炸、火灾以及人身事故会造成严重政治后果和经济损失的场所，应设置应急照明。应急照明宜布置在可能引起事故的设备、材料周围以及主要通道和出入口，并在灯的明显部位涂以红色，以示区别。应急照明通常采用白炽灯(或卤钨灯)。应急照明必须采用能瞬时点燃的可靠光源。

(3) 值班照明。在非工作时间内供值班人员使用的照明称为值班照明。可利用工作照明中能单独控制的一部分，或利用应急照明的一部分或全部作为值班照明。

(4) 警卫照明。用于警卫地区周界附近的照明。可根据需要在需警戒的区域设置。

(5) 障碍照明。装设在建筑物上作为障碍标志用的照明称为障碍照明。在飞机场周围较高的建筑上，或船舶通行的航道两侧的建筑上，应按民航和交通部门的有关规定装设障碍照明。

2. 传统照明控制方式

传统的照明控制包括开关控制和调光控制两个方面，而调光控制又包括连续的调光控制(被控光源的光通量可连续地变化)和不连续的调光控制(被控光源的光通量只能在若干固定的预设值之间变化)。对于白炽灯等热辐射光源，既可以实现开关控制，也可以实现调光控制，只需调节供给光源的供电电压即可调节光通量的输出。而对荧光灯等气体放电光源，实现调光控制比较困难，不能简单地控制供给光源的供电电压，这类光源都有镇流器，220V工频电压经过整流器后再给光源供电，要实现调光控制，必须配备适应具体气体放电光源的匹配的镇流器。通过控制镇流器的输出电压的频率和电压来调节光源的光通量输出。

自爱迪生发明第一个灯泡开始，传统照明控制方式就已经产生，这种控制方式多以手动控制为主。对于照明开关控制，通常利用设置在灯具配电回路中的开关(配电回路中的保护开关或手动开关等)来控制配电回路的通断，从而实现灯具开关控制；对于调光控制，通常利用设置在灯具配电回路中的手动旋钮(传统调光控制柜和灯光控制台等)调节供电回路的电气参数(主要是电压、电流、频率等)，从而实现灯光的明暗调节，即调光控制。传统照明控制方式原理如图 6.10 所示。

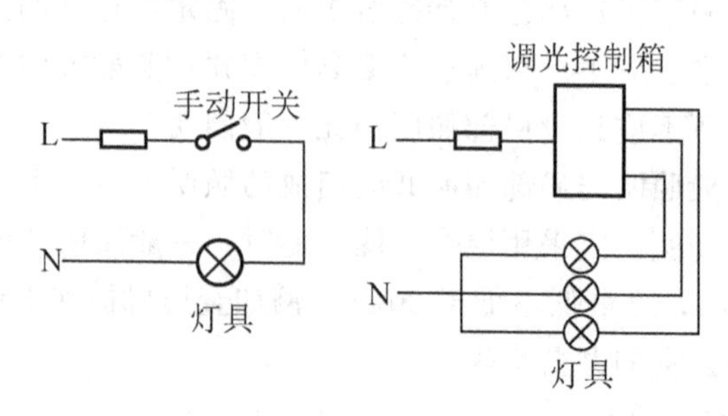

图 6.10 传统照明控制方式原理

目前传统照明开关控制方式主要有跷板开关控制、断路器控制、定时控制、光电感应开关控制等几种控制方式。其中跷板开关控制是应用最广的一种控制方式，可进行单控、双控、多控等不同形式的照明控制，双控及多控开关接线图如图 6.11 所示。跷板开关控制方式线路烦琐、维护量大、线路损耗多，很难实现舒适照明；若有一组灯具需要控制时，通常采用断路器进行控制，该控制方式具有投资小、控制简单等优点，但由于控制的灯具较多，会造成大量灯具同时开关，节能效果差，并且很难满足特定环境下的照明要求，因此一般很少采用；定时控制灵活性较差，在照明控制中应用相对较少；光电感应开关控制通过测定工作面的照度与设定值比较，来控制照明开关，这样可以最大限度地利用自然光，达到节能的目的，同时也可提供一个较不受季节与外部气候影响的相对稳定的视觉环境，特别适合一些采光条件好的场所，当检测的照度低于设定值的极限值时开灯，高于极限值时关灯。

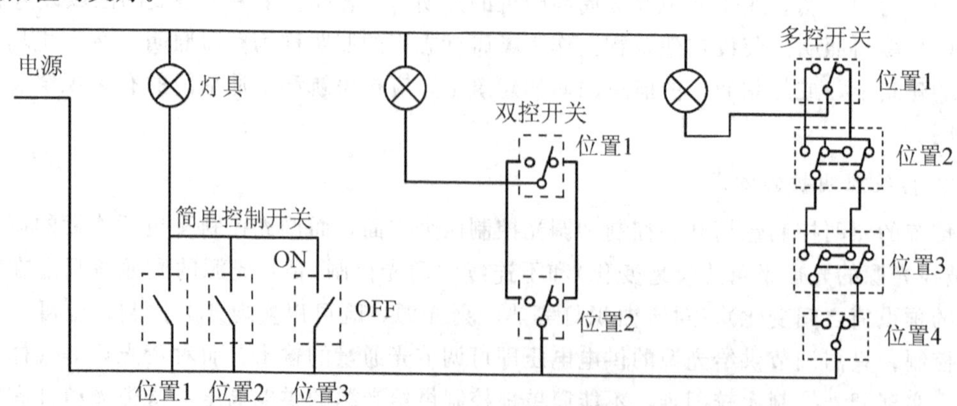

图 6.11 双控及多控开关接线图

3. 照明自动控制方式

传统照明控制方式简单、有效、直观，但它过多依赖手工操作。照明自动控制方式的出现，解决了传统照明控制方式相对分散和无法有效管理等问题，其应用范围越来越广泛。照明系统的自动控制同样包括开/关控制和调光控制两个方面。开/关控制主要负责控制某个回路或某个照明子系统的启/停，这部分控制一般由楼宇自控系统的照明设备监控子系统直接控制完成；调光控制包括多级、无级调节两大类，多级、无级调节主要控制部分区域的照明效果，如泛光照明的艺术效果、会场照明的各种明暗效果等，这类控制一般由专用的控制器或控制系统完成，专用的控制器或控制系统可以独立运行，也可以通过接口接受照明设备监控系统的部分指令。无论是照明设备监控系统直接控制的开/关控制还是通过接口控制的多级、无级调节，楼宇照明设备的自动控制都包括以下几种典型的控制模式。

(1) 时间表控制模式。这是楼宇照明控制中最常用的控制模式，工作人员预先在上位机中编制运行时间表，并下载至相应控制器，控制器根据时间表对相应照明设备进行启/停控制。时间表中可以随时插入临时任务，如某单位的加班任务等，临时任务的优先级高于正常时间配置，且一次有效，执行后自动恢复至正常时间配置的安排。

(2) 情景切换控制模式。在这种模式中，工作人员预先编写好几种常用场合下的照明方式，并下载至相应控制器。控制器读取现场情景切换按钮状态或远程系统情景设置，并根据读入信号切换至对应的照明模式。

(3) 动态控制模式。这种模式往往和一些传感器设备配合使用。如根据照度自动调节的照明系统中需要有照度传感器，控制器根据照度反馈自动控制相应区域照明系统的启/停或照明亮度。又如有些走道可以根据相应的声感、红外感应等传感器判别是否有人经过，借以控制相应照明系统的启/停等。

(4) 远程强制控制模式。除了以上介绍的自动控制方式外，工作人员也可以在工作站远程对固定区域的照明系统进行强制控制，远程设置其照明状态。

(5) 联动控制模式。联动控制模式是指由某一联动信号触发的相应区域照明系统的控制变化。如火警信号的输入、正常照明系统的故障信号输入等均属于联动信号。当它们的状态发生变化时，将触发相应照明区域的一系列联动动作，如逃生诱导灯的启动、应急照明系统的切换等。

以上各种控制模式之间并不相互排斥，在同一区域的照明控制中往往可以配合使用。当然，这就需要处理好各模式之间的切换或优先级关系。以走廊照明系统为例，可以采用时间表控制、远程强制控制及安保联动控制三种模式相结合的控制方式。其中，远程强制控制的优先级高于时间表控制，安保联动控制的优先级又高于强制远程控制。正常情况下，走道照明按预设时间表进行控制；如有特殊需要可远程强制控制某一区域的走道照明启/停；当某区域安保系统发生报警时，自动打开相应区域走道的全部照明，以便用闭路电视监控系统查看情况。

特别提示

照明控制方式有多种，无论哪种控制方式，其控制内容均主要包括开关控制和调光控制两个方面。传统照明控制方式节能效果较差，而照明自动控制方式不仅提高了管理效率，而且节能效果显著。学习时要注意两者的区别。

6.2.2 照明系统的监控

1. 照明监控系统的需求分析

照明设备的自动控制需根据不同的场合、用途需求进行，以满足用户的需求。一般楼宇中，照明设备监控系统所应用的场合及具体需求包括。

(1) 办公室及酒店客房等区域。此类区域的照明控制方式有就地手动控制、按时间表自动控制、按室内照度自动控制、按有/无人自动控制等几种。部分建筑物中此类区域的照明控制也可通过手机、电话、Internet 等方式进行远程遥控。

(2) 门厅、走道、楼梯等公共区域。在现代化建筑物中，此类区域的照明控制主要采用时间表控制的方式。如在办公楼宇中，走道照明一般在清晨定时全部开启，整个工作时间维持正常工作的需要；到晚上，除特殊区域申请加班外，其他区域仅长明灯保持开启，以维持巡更人员的可视照度；不同回路的照明灯交替作为长明灯使用，保证同一区域灯泡寿命基本相同，延缓灯泡老化，增加其寿命。除此以外也有部分楼宇采用照度自动调节、有/无人自动控制等方式对公共区域照明进行控制的，但应用较少。

(3) 大堂、会议厅、接待厅、娱乐场所等区域。此类区域照明系统的使用时间不定，不同场合对照明需求差异较大，因此往往预先设定几种照明场景，使用时根据具体场合进行切换。以会议厅为例，在会议的不同进程中，对会议室的照明要求各异。会议尚未开始时，一般需要照明系统将整个会场照亮；主席发言时要求灯光集中在主席台，听众席照明相对较弱；会议休息时一般将听众席照明照度提高，而主席台照明照度减弱等。在这类区域的照明控制系统中，预先设定好几种常用场景模式，需要进行场景切换时只需按动相应按钮或在控制计算机上进行相应操作即可。

(4) 泛光照明系统。单个或单组泛光照明灯的照明效果一般由专用控制器进行控制，不受楼宇自控系统的控制，但照明设备监控系统可以通过相应接口(一般为干接点接口)控制整个泛光照明系统的启/停和进行场景模式选择。泛光照明的启/停控制以往一般由时间表或人工远程控制，但现在许多区域都要求实现区域泛光照明的统一控制。如上海黄浦江两岸建筑物的泛光照明就由政府的照明管理办公室统一控制启/停。具体控制方法是通过一个无线控制器，此控制器可以接受照明管理办公室发出的无线信号以控制相关照明控制器中的干接点通/断。照明设备监控系统首先读取此干接点信号的状态，然后根据干接点信号的状态来驱动本建筑物泛光照明设备的启/停。通过这种方式实现泛光照明的区域统一管理。

(5) 事故及应急照明设备。事故及应急照明设备的启动一般由故障或报警信号触发，属于系统间或系统内的联动控制。如火灾报警触发逃生诱导灯的启动，正常照明系统故障触发相应区域应急照明设备的启动等。

(6) 其他区域照明。除上述讨论的几个典型区域和用途的照明外，建筑物照明系统还包括航空障碍灯、停车场照明等，这些照明系统大多均采用时间表控制方式或按照度自动调节控制方式进行控制。其中航空障碍灯根据当地航空部门的要求设定，一般装设在建筑物顶端。障碍照明属于一级负荷，应接入应急照明回路。

2. 照明系统的监控原理

照明控制系统主要针对公共区域照明、应急照明、泛光照明、航空障碍灯等进行直接监控，这些照明设备的监控内容大都是开关量，包括开/关控制、运行/故障状态监视、手/自动状态监视等。其中，应急照明一般只监不控，其联动控制内容由其他系统完成。作为建筑设备监控系统(BAS)的一个子系统，目前照明系统的自动控制有两种形式，一种是将照明系统和建筑物内空调系统、给排水系统等设备包含在一起采用直接数字控制器(DDC)进行监控，直接数字控制器通过控制供电回路中接触器的分合，从而控制供电回路的通断，实现灯具开关控制，其监控原理如图 6.12 所示。采用 DDC 控制尽管可对照明灯实现定时开关，对各个区域进行调控，但具有一定的局限性。它的控制器模块性能、功能都比较简单，输出功率小、回路少，灯具以开关控制为主，即使有调光，其调光功能和调光技术都很简单，照明灯调光后的场景效果较差，灯光场景等预设置和场景管理等功能也很难实现。而且由于通常以中央监控为主，缺乏现场调控手段，给操作使用带来诸多不便。另外这种控制方式对 DDC 本身要求很高，必须具有足够的处理能力和极高的可靠性，当系统任务量增加时，DDC 的效率和可靠性将急剧下降。

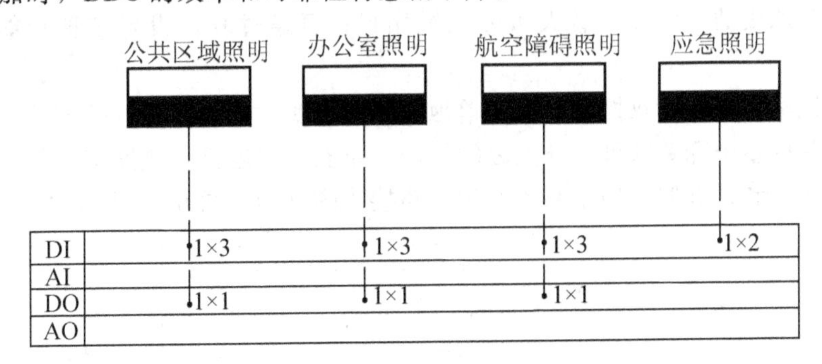

图 6.12　照明系统监控原理图

照明系统自动控制的另外一种形式是采用专业的照明控制系统，即智能照明控制系统。所谓智能照明控制系统，是指利用计算机技术、网络技术、无线通信数据传输、电力载波通信技术、计算机智能化信息处理技术、传感技术及节能型电器控制等技术组成的分布式无线或有线控制系统，通过预设程序的运行，根据某一区域的功能、每天不同的时间、室外光亮度或该区域的用途来自动控制照明。智能照明控制系统不依赖于建筑设备监控系统，可独立运行，也可通过网关接入建筑设备监控系统，接受统一的管理和控制。

智能照明系统是基于计算机控制平台的全数字、模块化、分布式总线型控制系统。系统所有的单元器件均内置微处理器和存储单元，并由信号总线连接成网络，每个单元均可分配唯一的单元地址。当有输入时，输入单元首先将其转变为总线信号，然后在控制系统总线上广播，所有的输出单元接收信号后进行判断，继而控制相应回路输出。如图 6.13 所示典型的智能照明控制系统结构图。

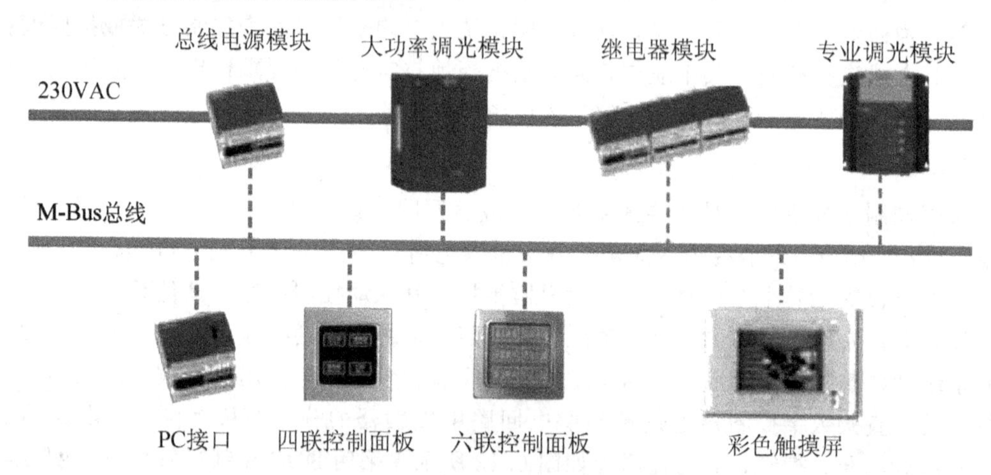

图 6.13 智能照明控制系统结构图

智能照明的系统通常主要由调光模块、开关模块、控制面板、液晶显示触摸屏、智能传感器、PC 接口、时间管理模块、手持式编程器、监控计算机等部件组成。

1）线路系统

（1）单控电路：负载回路连线接到输出单元的输出端，控制开关用五类线与输出单元相连。负载容量较大时仅考虑加大输出单元容量，控制开关不受影响；开关距离较远时，只需加长控制总线的长度，节省大截面电缆用量；可通过软件设置多种功能(开/关、调光、定时等)。

（2）双控电路：实现双控时只需简单地在控制总线上并联一个开关即可；进行多点控制时，依次并联多个开关即可，开关之间仅用一条五类线连接，线路安装简单省事。传统双控回路接线图和智能照明控制系统双控回路接线图分别如图 6.14 和图 6.15 所示。

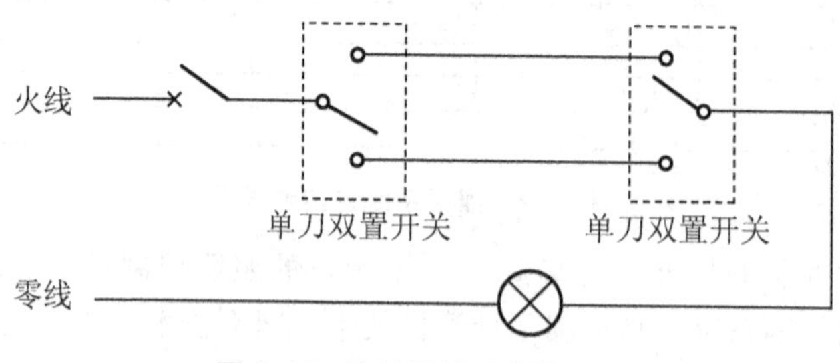

图 6.14 传统双控回路接线图

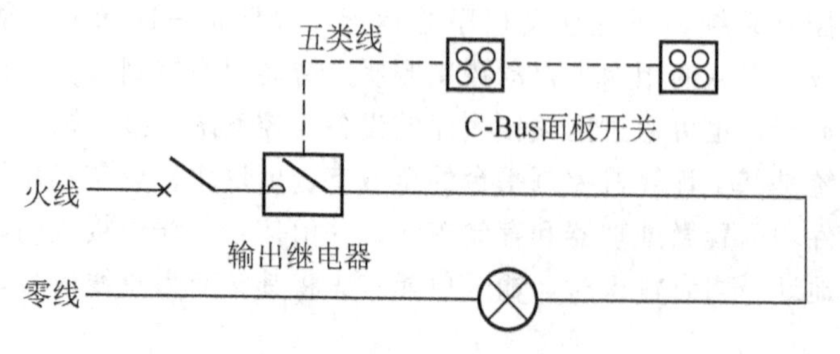

图 6.15 智能照明控制系统双控回路接线图

2）控制方式

智能照明控制采用低压二次小信号控制，控制功能强、方式多、范围广、自动化程度高，通过实现场景的预设置和记忆功能，操作时只需按一下控制面板上某一个键即可启动一个灯光场景(各照明回路不同的亮暗搭配组成一种灯光效果)，各照明回路随即自动变换到相应的状态。上述功能也可以通过其他界面如遥控器等实现。

3）照明方式

智能照明控制系统采用“调光模块”，通过灯光的调光在不同使用场合产生不同灯光效果，营造出不同的舒适的氛围。

4）管理方式

传统控制对照明的管理是人为化的管理；智能控制系统可实现能源管理自动化，通过分布式网络，只需一台计算机就可实现对整幢大楼的管理。

3. 照明控制系统的主要控制内容

1）定时控制

通过时钟管理器、定时器等电气元件，实现对各区域内用于正常工作状态的照明灯具时间上的不同控制。定时控制有两种，一种是相对时间间隔来控制，一种是根据天文时间来控制。

2）开关控制

由控制中心自动或就地控制面板对灯光进行开/关控制。

3）调光控制

由控制中心自动或就地控制面板对灯光进行调光控制。

4）照明亮度自动调节控制

利用照度动态检测器等电气元件，通过开关控制或调光控制，实现对照明灯具的自动控制，使该区域内的照度不会随日照等外界因素的变化而改变，将照度自动调整到最适宜的水平(人工照度＝照度标准－天然照度)。

5）场景控制

通过每个调光模块和控制面板等电气元件，对各区域内正常工作状态的照明区域的场景切换控制。

6）动静探测控制

通过每个调光模块和动静探测器等电气元件，实现对各区域内正常工作状态的照明灯具的自动开关控制。

7）手动遥控器控制

在正常状态下通过红外线遥控器，实现对各区域内照明灯具的手动控制和区域场景控制。

8）自然光源利用控制

调节有控光功能的建筑设备(如百叶窗帘)来调节控制天然光，还可以和灯光系统联动。当天气发生变化时，系统能够自动调节，无论在什么场所或天气如何变化，系统均能保证室内的照度维持在预先设定的水平。

9）应急照明控制

智能照明控制系统对特殊区域内的应急照明实现控制，使得在正常状态时按一般工作照明灯具进行控制，应急状态时自动解除应急照明灯具智能控制，按照应急照明工作模式运行。

4. 智能照明控制的优点

(1) 改善工作环境，提高工作效率。传统照明控制系统中，配有传统镇流器的日光灯以100Hz的频率闪动，这种频闪会使工作人员头脑发胀、眼睛疲劳，降低了工作效率。而智能照明系统中的可调光电子镇流器则工作在很高的频率(40～70kHz)，不仅克服了频闪，而且消除了启辉时的亮度不稳定，在为人们提供健康、舒适环境的同时，也提高了工作效率。

(2) 保护灯具、延长灯具寿命。智能照明控制系统是一个完善的工作保护体系，能适应电源电压、频率的变化，成功地抑制电网的浪涌电压、电磁干扰等各种电压冲击，改善电源的电压输出波形，使灯具不会因电压过高而过早损坏。同时，系统中的灯具大部分时间工作在低电压调光状态，这种长时间低电压工作状态能大幅度延长灯具寿命，有效地降低了照明系统的运行费用。这对于难安装区域灯具和昂贵灯具更具特殊意义。

(3) 节约能源。智能照明控制系统能利用智能传感器适应室外光线的亮度，自动调节灯具的亮度，以保持室内照度的一致性，即室外自然光线强，室内灯光自动调弱；室外自然光线弱，室内灯光自动变强，以充分利用室外的自然光，既创造了最佳的工作环境，又能达到节能的效果。同时，它还能利用时钟管理器根据不同日期、不同时间按照各个功能区的运行状况预先设定的照度设置，来控制各个区域照明灯具的启闭，保证照明系统只有在必需的时候才把灯点亮并控制到要求的亮度，从而实现利用最少的能耗提供最舒适的照明环境。此外，智能照明控制系统在对荧光灯等气体放电光源灯具进行调光控制时，采用了具有有源滤波技术的可调光电子镇流器，降低了谐波的含量，提高了功率因素，从而降低了低压无功损耗。

(4) 友好的图形监控软件。智能照明控制系统具有现代控制技术的特点，配置微型计算机和专门的控制管理软件。大楼管理员可在中央控制室通过微机监视、控制各照明子系统上各类器件的工作状态，同时可修改或重新设置各类器件的参数，对整个大楼的照明系统进行图形化的管理操作。此外，系统还可通过微机和建筑设备自动化系统相连接。通过计算机网络联入远程维护中心，可实现对整个系统远程维护。

(5) 系统扩展灵活，应用范围广。系统的各功能模块都挂于一个控制总线上，这种系统可大可小，便于扩充。小系统可只由一个调光模块(或一个开关模块)和几个控制面板组成，用于一个会议室、一座别墅或一个家庭的灯光控制。复杂的系统可配置计算机监控中心，这个监控中心可和智能建筑的中央控制室合用，实现就地控制和集中控制的良好结合。

(6) 提高管理水平，减少维护费用。智能照明控制系统将普通照明人为的开与关转换成智能化管理，不仅使大楼的管理者能将其高素质的管理意识运用于照明控制系统中去，而且还能大大减少大楼的运行维护费用，并带来极大的投资回报。

特别提示

智能照明系统采用了先进的现场总线技术，有效地提高了系统的可靠性、灵活性、可扩展性以及可维护性。而采用DDC进行照明控制，其系统结构为集散控制系统。在控制系统结构方面，现场总线系统具有一定的优势。

6.2.3 智能照明控制系统工程应用

目前专业的智能照明控制系统品牌较多，常见品牌有：澳洲邦奇的Dynet、ABB的I-Bus、奇胜的C-Bus、Siemens和ABB的EIB、瑞朗、百分百照明、清华同方、海尔等。这些智能照明控制系统的构成基本相同，稍有差异。下面以C-Bus系统为例，介绍智能照明控制系统在建筑照明工程的应用情况。

1. C-Bus系统工作原理

C-Bus即ClipsalBus的简称，是奇胜(Clipsal)公司的总线协议，采用两线制双绞线，即一对线上既提供总线设备工作电源(15～36V DC)，又传输总线设备信息，总线设备之间直接通信，无须通过中央控制器。C-Bus的传输协议为CSMA/CD，通信速率为916KB/s。

C-Bus系统是一个分布式、总线型的智能控制系统，主要用于对照明系统的控制；也可用于消防等系统中的联动控制；除此之外还可以与其他如空调、消防、保安等系统联动。

系统所有的单元器件(除电源外)均内置微处理器和存储单元，由一对信号线(五类线)连接成网络。每个单元均设置唯一的单元地址并用软件设定其功能，通过输出单元控制各回路负载。输入单元通过群组地址和输出组件建立对应联系。当有输入时，输入单元将其转变为C-Bus信号在C-Bus系统总线上广播，所有的输出单元接收并做出判断，控制相应回路输出。系统所有的参数被分散存储在各个单元中，即使系统断电也不会丢失。

C-Bus系统通过控制总线将所有单元器件连接成网络。总线上不仅为每个器件提供36V直流工作电源，还加载了控制信号。C-Bus通过系统编程使控制开关与输出回路建立逻辑对应关系，因此在设计时更加简单、方便、灵活。C-Bus系统既能独立运行，又能通过专用接口和软件协议与BAS相互连接和通信，构成一个完整的建筑设备管理系(BMS)，实现数据交换与共享，实现统一协调地控制与管理。C-Bus系统原理如图6.16所示。

2. 系统主要硬件及功能

1) PC接口

连接C-Bus照明系统与电脑或调制解调器的通信接口，同时又用作系统的时钟发生器。通过PC接口，电脑可以发指令给C-Bus输出单元，可以对C-Bus单元编程修改；可以对C-Bus系统进行监控和数据记录；可以用电脑来诊断故障。

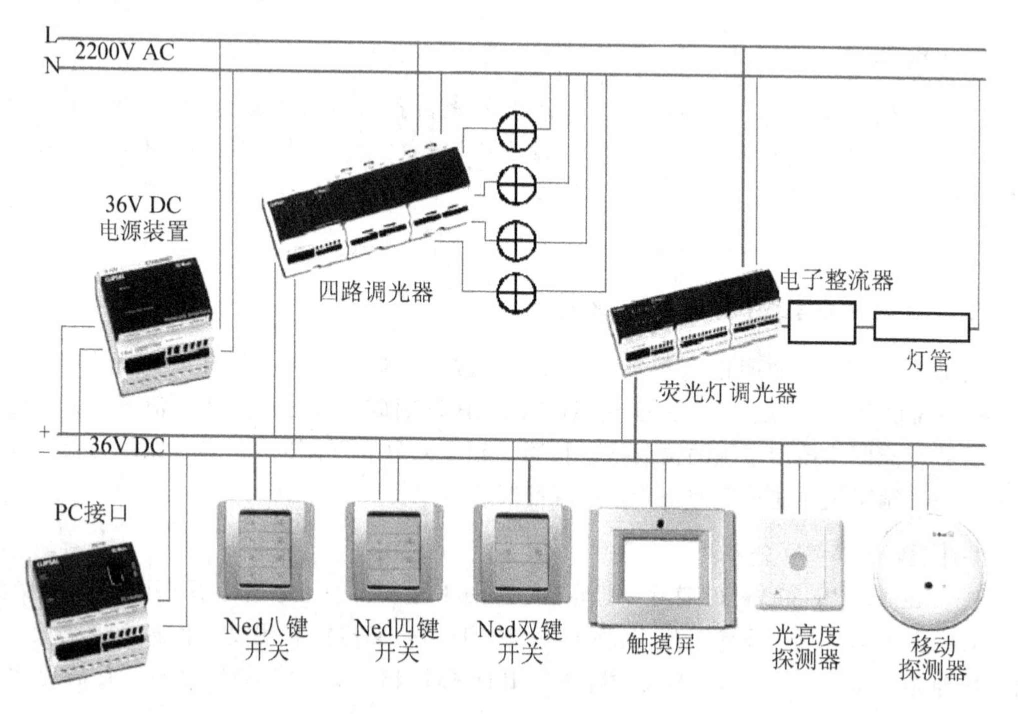

图 6.16　C - Bus 系统原理

2）红外线移动探测器

用于探测人体移动时发出的红外线，去感知环境是否有人在活动，通过总线输入相应信号，从而实现“人来灯亮，人走灯灭”的功能。

3）调光器

用于对灯具进行调光或开关控制，能记忆多个预设置灯光场景，不因停电而被破坏。调光器控制灯具亮度采用软启动方式，即渐增渐减方式，这样的调节方式能防止电压突变对灯具的冲击，同时使人的视觉十分自然地适应亮度的变化，没有突然变化的感觉。另外，调光器输入电源有一个由微处理机控制的 RMS 电压调节技术，确保输出电压稳定，不会对负载回路产生过压。

4）触摸屏

可图文同时显示，可根据用户需要产生模拟各种控制要求和调光区域灯位亮暗的图像，用以在屏幕上实现形象直观的多功能面板控制，既可用于就地控制，也可用作多个控制区域的监控。

3. C - Bus 系统的优越性

1）安装便捷，节省线缆

C - Bus 系统是一种二线制的照明控制系统，以一对 UTP 五类线作为控制总线，将系统中的各个输入、输出和系统支持单元连接起来，大截面的负载线缆从输出单元的输出端直接接到照明灯具或其他用电负载上，而无须经过开关。安装时不必考虑任何控制关系，在整个系统安装完毕后再通过 C - Bus 软件设置各个单元的地址编码，从而建立对应的控制关系。由于 C - Bus 系统仅在输出单元和负载之间使用负载线缆连接，与传统控制方法相比节省了大量原本要接到开关的线缆，也缩短了安装施工的时间，节省了人工费用。

2）可编程性

C－Bus系统可以通过电脑，用C－Bus控制软件对整个照明系统进行远程控制和中央监控，并可以随时方便地根据用户需求修改控制关系。C－Bus系统提供的可编程性对今后可能发生的变动有很强的适应性，当某种原因需要变更照明控制关系时，只需在软件中进行修改，而无须重新敷设线缆。

3）节约能源，降低运行维护费用

由于C－Bus系统中采用了红外线传感器、亮度传感器、定时开关以及可调光技术，智能化的运行模式，使整个照明系统可以按照经济有效的最佳方案来准确运作，不但能大大降低运行管理费用，而且能最大限度地节约能源，与传统的照明控制方式相比较，可以节约电能约30%。

4）系统开放性好

C－Bus系统具有开放性，提供与BAS（包括闭路监控、消防报警、安全防范系统）相连接的接口和软件协议，便于构成一个完整的建筑设备自动化系统。智能建筑采用C－Bus智能化照明管理系统，不仅有助于提升照明品质，还将大大提高整个建筑物的智能化管理水平。

特别提示

C－Bus系统是一个专门针对照明需要而开发的智能照明系统，可以独立运行。它有一套独立的控制协议，相对BAS来说比较简单，能完全满足对照明控制的需求，而且造价相对BA控制便宜。采用专业的照明控制系统，既可以降低造价又可以实现更加完美的智能照明控制，同时还可以保护灯具，节约能源，降低运行费用。

6.3 电梯系统控制

电梯是机与电紧密结合的复杂产品，是智能建筑必备的垂直交通工具。随着社会的发展，人们对电梯在可靠性、速度、舒适性等方面的要求越来越高。在智能建筑中，对电梯的启动加速、制动减速、正反向运行、调速精度、调速范围和动态响应等都提出了更高的要求。因此，现代电梯均采用了先进的控制系统。

6.3.1 电梯控制系统认知

1. 电梯的分类

1）按用途分类

（1）乘客电梯。为运送乘客设计的电梯，要求有完善的安全设施以及一定的轿内装饰。

(2) 载货电梯。主要为运送货物而设计，通常有人伴随的电梯。

(3) 医用电梯。为运送病床、担架、医用车而设计的电梯，轿厢具有长而窄的特点。

(4) 杂物电梯。供图书馆、办公楼、饭店运送图书、文件、食品等设计的电梯。

(5) 观光电梯。轿厢壁透明，供乘客观光用的电梯。

(6) 车辆电梯。用作装运车辆的电梯。

(7) 船舶电梯。船舶上使用的电梯。

(8) 建筑施工电梯。建筑施工与维修用的电梯。

(9) 其他类型的电梯。除上述常用的电梯外，还有些特殊用途的电梯，如冷库电梯、防爆电梯、矿井电梯、电站电梯、消防员用电梯等。

2) 按驱动方式分类

(1) 交流电梯。用交流感应电动机作为驱动力的电梯。根据拖动方式又可分为交流单速、交流双速、交流调压调速、交流变压变频调速等。

(2) 直流电梯。用直流电动机作为驱动力的电梯。这类电梯的额定速度一般在2.00m/s以上。

(3) 液压电梯。一般利用电动泵驱动液体流动，由柱塞使轿厢升降的电梯。

(4) 齿轮齿条电梯。将导轨加工成齿条，轿厢装上与齿条啮合的齿轮，电动机带动齿轮旋转使轿厢升降的电梯。

(5) 螺杆式电梯。将直顶式电梯的柱塞加工成矩形螺纹，再将带有推力轴承的大螺母安装于油缸顶，然后通过电机经减速机(或皮带)带动螺母旋转，从而使螺杆顶升轿厢上升或下降的电梯。

(6) 直线电机驱动的电梯。其动力源是直线电机。

3) 按速度分类

(1) 低速梯。常指低于1.00m/s速度的电梯。

(2) 中速梯。常指速度在1.00～2.00m/s的电梯。

(3) 高速梯。常指速度大于2.00m/s的电梯。

(4) 超高速。速度超过5.00m/s的电梯。

4) 按电梯有无司机分类

(1) 有司机电梯。电梯的运行方式由专职司机操纵来完成。

(2) 无司机电梯。乘客进入电梯轿厢，按下操纵盘上所需要去的层楼按钮，电梯自动运行到达目的楼层，这类电梯一般具有集选功能。

(3) 有/无司机电梯。这类电梯可变换控制电路，平时由乘客操纵，如遇客流量大或必要时改由司机操纵。

5) 按操纵控制方式分类

(1) 手柄开关操纵。电梯司机在轿厢内控制操纵盘手柄开关，实现电梯的启动、上升、下降、平层、停止的运行状态。

(2) 按钮控制电梯。是一种简单的自动控制电梯，具有自动平层功能，常见的有轿外按钮控制、轿内按钮控制两种控制方式。

(3) 信号控制电梯。这是一种自动控制程度较高的有司机电梯。除具有自动平层、自动开门功能外，尚具有轿厢命令登记，层站召唤登记，自动停层，顺向截停和自动换向等功能。

(4) 集选控制电梯。是一种在信号控制基础上发展起来的全自动控制的电梯，与信号控制的主要区别在于能实现无司机操纵。

(5) 并联控制电梯。2～3 台电梯的控制线路并联起来进行逻辑控制，共用层站外召唤按钮，电梯本身都具有集选功能。

(6) 群控电梯。是用微机控制和统一调度多台集中并列的电梯。群控有梯群程序控制、梯群智能控制等形式。

6) 特殊电梯

(1) 斜行电梯。轿厢在倾斜的井道中沿着倾斜的导轨运行，是集观光和运输于一体的输送设备。特别是由于土地紧张而将住宅移至山区后，斜行电梯发展迅速。

(2) 立体停车场用电梯。根据不同的停车场可选配不同类型的电梯。

(3) 建筑施工电梯。是一种采用齿轮齿条啮合方式(包括销齿传动与链传动，或采用钢丝绳提升)，使吊笼作垂直或倾斜运动的机械，用以输送人员或物料，主要应用于建筑施工与维修。它还可以作为仓库、码头、船坞、高塔、高烟囱的长期使用的垂直运输机械。

2. 电梯的控制功能

在建筑物应用的各种机电设备中，电梯的控制是最为复杂的。电梯的控制主要是对各种指令信号、位置信号、速度信号和安全信号进行管理，使电梯正常运行或处于保护状态，发出各种显示信号。电梯的控制功能主要包括以下几方面。

(1) 呼梯功能。响应使用人员在厅门的呼唤信号，依据轿厢运行状态及控制设计，前往该层执行运送任务。

(2) 轿内指令功能。响应、登记并执行轿内人员的任何操作。除专业人员操作的开关、按钮必须封闭外，轿厢操纵盘面上按钮的任何操作，均不得产生任何误动，更不容许有故障发送。

(3) 选层、定向功能。当接收到若干个内选外召指令时，电梯可根据轿厢实际运行状态，选择最佳运行路线停靠。

(4) 减速、平层功能。轿厢在到达停靠站前某一位置或时刻，自动减速缓行，进入平层区后，进行平层校正；当与层站平面一致时，自动停车。

(5) 指示功能。可在各层厅门前、轿厢内显示轿厢当前位置、内选外召登记记录及响应消号情况，以及故障的报警等。

(6) 保护功能。电梯运行出现异常，如过载、越线、门失灵、断绳、失速等现象时电梯的自动保护。

3. 电梯的自动控制原理

电梯控制主要有继电器控制、微机控制和可编程控制器(PLC)控制三种方式。继电器控制由于具有接线复杂、故障率高、设备庞大等特点，已被淘汰。随着计算机技术、通信技术、大规模集成电路技术的发展，以微机和 PLC 为主的电梯控制技术成为电梯发展和应用的主流。特别是在智能建筑中，电梯作为建筑设备自动化系统中主要受控设备之一，多种受控信号通过网络传输，送至中央监控计算机，实现对电梯系统的状态监测和数据信息交换。

1）微机控制

采用微机作为信号控制单元，完成电梯的信号采集、运行状态和功能的设定，实现电梯的自动调度和集选运行功能，拖动控制则由变频器来完成。

微机控制电梯系统具有较大的灵活性，对于运动功能的改变，只需要改变软件，而不必增减继电器。系统中位置信号和减速点信号可由微机选层器产生，轿厢内指令、厅门召唤等信号经过接口板送到微机，由微机完成复杂的控制任务，如群控电梯系统中的等候时间分析、自学习功能、节能运行等。

2）PLC 控制

PLC 是微机技术与继电器常规控制技术相结合的产物，是在顺序控制器和微机控制器的基础上发展起来的新型控制器，是一种以微处理器为核心用作数字控制的专用计算机。由于 PLC 具有可靠性高、抗干扰能力强、操作方便、维护简单等特点，因此采用 PLC 控制大大提高了电梯系统的可靠性。此外，与微机控制相比，PLC 更具有灵活性。其配备的编程器可在现场对程序随时修改，方便地修改任一输入/输出接口的功能或逻辑状态。PLC 采用梯形图编程，比继电器电气原理图更清晰直观，同时还具有故障诊断、状态指示、运行监控等功能，方便技术人员掌握。因此，电梯系统大多采用 PLC 控制。

采用 PLC 组成的电梯控制系统，其系统结构简单、紧凑、可靠性高，PLC 电梯控制系统结构图如图 6.17 所示。电梯的内外呼梯信号、层位检测信号、限位信号、开门关门信号等开关量接到 PLC 的开关量输入端，PLC 提供的 24V 直流电源可作为指示灯的电源，PLC 的输出点直接控制变频器，实现电动机的正转、反转、停止和多段速控制等，控制系统硬件框图如图 6.18 所示。

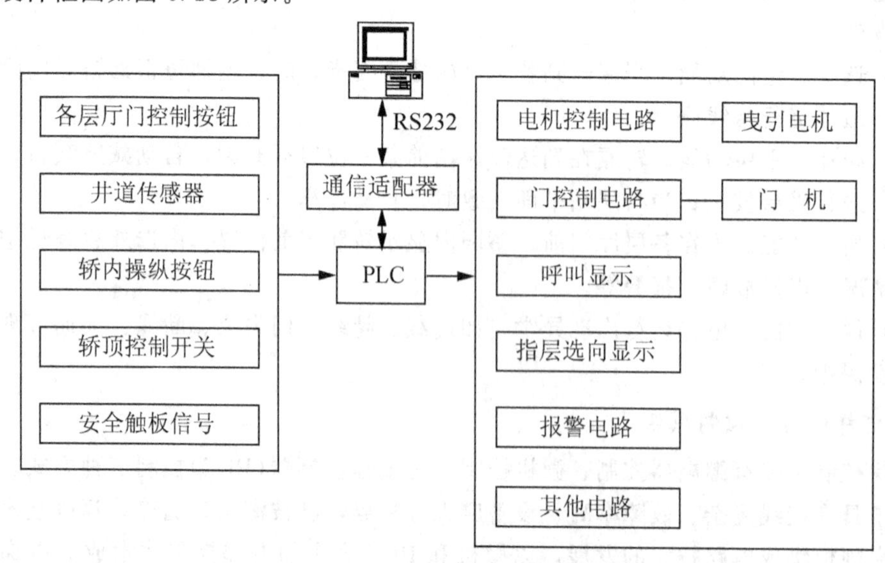

图 6.17 PLC 电梯控制系统结构图

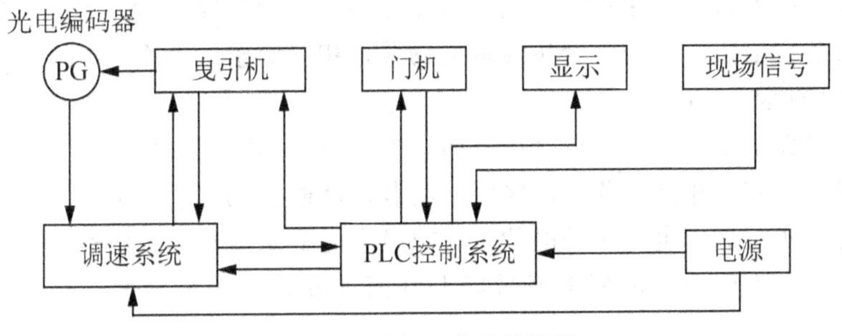

图 6.18 控制系统硬件框图

特别提示

微机控制即单片机控制，单片机所有的控制功能都集中于一个小芯片，I/O点数有限，可靠性、抗干扰能力、安全性等方面均比PLC差。因此单片机虽然具有价格优势，但考虑到电梯系统运行的稳定性，PLC控制仍是电梯系统的最佳选择。

6.3.2 电梯系统监控

1. 电梯监控系统的构成

电梯监控系统是以计算机为核心的智能化监控系统，如图6.19所示。电梯监控系统由主控计算机、显示装置、打印机、远程操作台、通信网络、现场控制器DDC等部分组成。主控计算机负责各种数据的采集和处理，显示器用于显示监视的各种状态、数据等画面，以及作为实现操作控制的人机界面。管理人员可通过监控系统对电梯的运行状态进行干预，以便根据需要随时启动或停止任何一台电梯。当发生火灾等紧急情况时，消防监控系统及时向电梯监控系统发出报警和控制信息，电梯监控系统主机再向相应的电梯现场控制器装置发出相应的控制信号，使它们进入预定的工作状态。

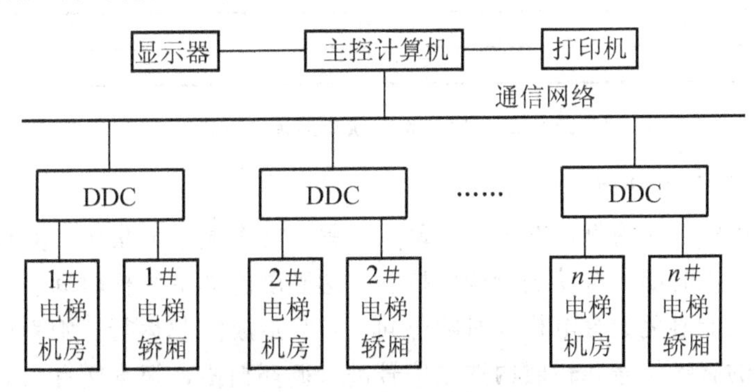

图 6.19 电梯监控系统结构图

电梯监控平台的人机界面画面显示内容如下。

1）轿厢外的运行状况

通过显示画面可以看到电梯的运动过程和开关门动作，并在每一层都设置三个图形标志，分别表示本层内选、上行外呼和下行外呼。它们的显示和更新与实际电梯的内选、外呼同步。管理人员可以像站在真实的电梯轿厢外一样，如果要上行，就按上行按钮，如果要下行，就按下行按钮，轿厢就会按要求运动并在相应的楼层停靠。

2）轿厢内的运行状况

以箭头形式表示动态显示电梯运行方向，电梯所到达的楼层(数字)，其显示与实际轿厢中的显示同步，完全相同。并显示轻载、满载、超载、司机、检修、消防、急停、门锁等几个指示等，实时显示电梯所处的状态，以及实时显示电梯运行的速度、运行次数。

管理人员可以方便地在屏幕上通过以上画面观察到整个电梯的运行状态和几乎全部动、静态信息。

2. 电梯监控系统的基本内容

1）对电梯运行状态的监测

按时间程序设定的运行时间表启/停电梯，监视电梯运行状态，对电梯故障及紧急状况报警。运行状态监测包括启动/停止状态、运行方向、所处楼层位置等，通过自动检测并将结果送入DDC，动态地显示出各台电梯的实时状态。

故障检测包括电动机、电磁制动器等各种装置出现故障后，自动报警，并显示故障电梯的地点、发生故障时间、故障状态等。

紧急状况检测常包括火灾、地震状况检测、发生故障时是否关人等，一经发现，立即报警。电梯运行状态监控原理图如图6.20所示。

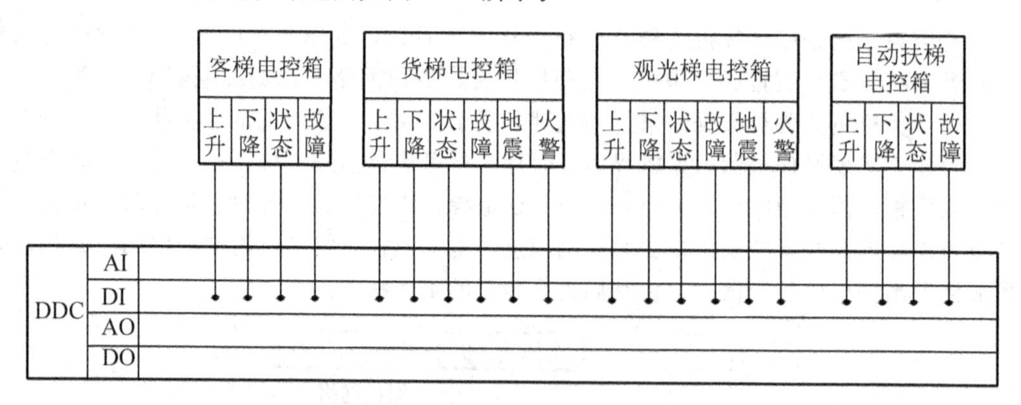

图6.20 电梯运行状态监控原理图

2）多台电梯的群控管理

以办公大楼中的电梯为例，在上、下班，午餐时间客流十分集中，其他时间又比较空闲。如何在不同客流时期，自动进行调度控制，达到既能减少候梯时间、最大限度地利用现有交通能力，又能避免数台电梯同时响应同一召唤造成空载运行、浪费电力，这就需要不断地对各厅站的召唤信号和轿厢内选层信号进行循环扫描，根据轿厢所在位置、上下方向、停站数、轿内人数等因素来实时分析客流变化情况，自动选择最适合于客流情况的输送方式。群控系统能对运行区域进行自动分配，自动调配电梯至运行区域的各个不同服务区段。服务区域可以随时变化，它的位置与范围均由各台电梯通报的实际工作情况确定，并随时监视，以便随时满足大楼各处不同厅站的召唤。

在客流量很小的“空闲状态”，空闲轿厢中有一台在基站待命，其他所有轿厢被分散到整个运行行程上。为使各层站的候车时间最短，将从所有分布在整体服务区中的最近一站调度发车，不需要运行的轿厢自动关闭，避免空载运行。

上班时，几乎没有下行乘客，客流基本上都上行，可转入“上行客流方式”，各区电梯都全力输送上行乘客，乘客走出轿厢后，立即反向运行。

下班时，则可转入“下行客流方式”。

午餐时，上、下行客流量都相当大，可转入“午餐服务方式”，不断地监视各区域的客流，随时向客流量大的区域分派轿厢以缓解载客高峰。

通过群控管理，可大大缩短候梯时间，改善电梯交通的服务质量，最大限度地发挥电梯作用，使之具有理想的适应性和交通应变能力。如图 6.21 所示电梯群控管理示意图，所有的探测器通过 DDC 总线连到控制网络，计算机根据各楼层的用户召唤情况、电梯载荷，以及根据井道探测器所提供的各机位置信息，进行运算后，响应用户的呼唤；在出现故障时，根据红外探测器探测到是否有人，进行响应的处理。

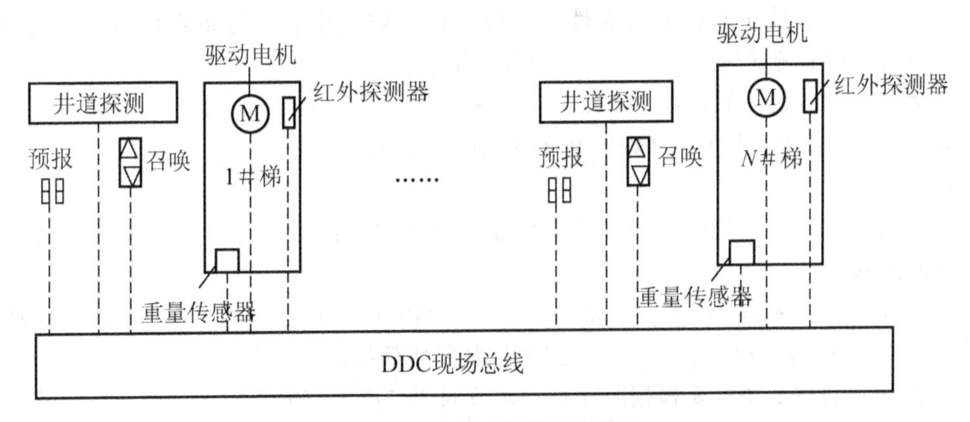

图 6.21 电梯群控管理示意图

3）与消防系统实现协同工作

发生火灾时，普通电梯直驶首层、放客，切断电梯电源；消防电梯由应急电源供电，在首层待命。

4）与安全防范系统实现协同工作

接到安防系统的信号时，根据保安级别自动行驶至规定楼层，并对轿厢门实行监控。

特别提示

目前在我国由于电梯在设计制造时，其控制系统自成体系、相对独立。与建筑设备自动化系统在通信协议、接口等方面尚无统一的标准规范，因此大多数电梯控制系统是一个封闭的系统，建筑设备自动化系统只能对其运行状态进行监测，而无法进行直接控制。

本章小结

本章以供配电系统、照明系统和电梯系统的监控原理为中心内容。首先介绍了供配电、照明系统的基本知识和监控原理，列举了在智能建筑实际工程中的应用案例，这将有助于读者加深对供配电与照明监控系统的进一步理解和掌握。电梯系统的监控也是电气设备系统监控的一部分，电梯系统的监控与供配电、照明系统的监控一样，都是通过现场控制器进行控制，只是监控的内容不同。读者要注意的是，由于供配电、照明和电梯本身往往都配有成套的自动监控系统，所以建筑设备自动化系统对这三个系统的监控策略往往是“只监不控”的。

习　　题

一、填空题

1. 电网一般分为＿＿＿＿＿和＿＿＿＿＿两大部分。

2. 在智能楼宇用电设备中，火灾自动报警等消防用电设备属于＿＿＿＿＿级负荷。

3. 为提高智能建筑的供电可靠性，一般采用一路主供、一路备用的方式进行供电，主供电源与备用电源通过＿＿＿＿＿实现自动切换。

4. 智能建筑供配电系统的供电电压一般为＿＿＿＿＿kV。

5. 一般采用放射式专线供电的智能楼宇设备有＿＿＿＿＿、＿＿＿＿＿和＿＿＿＿＿等。

6. 一般设置在高压配电室内，为高压主开关操作、保护、自动装置及事故照明等提供直流电源的是＿＿＿＿＿。

7. 照明控制主要有＿＿＿＿＿和＿＿＿＿＿两大类。其中＿＿＿＿＿主要控制照明回路或照明子系统的启/停，＿＿＿＿＿主要控制照明效果。

8. 照明系统中如果需要根据照度自动调节照明亮度，应采用＿＿＿＿＿控制模式。

9. 应急照明包括：＿＿＿＿＿、＿＿＿＿＿和＿＿＿＿＿。

10. 应急照明系统的切换通过＿＿＿＿＿控制模式实现。

11. C-Bus照明系统通过＿＿＿＿＿与电脑相连。

12. 为避免数台电梯同时响应同一召唤造成空载运行、浪费电力，应考虑采用＿＿＿＿＿技术。

13. 电梯轿厢内外的运行状况可通过＿＿＿＿＿显示出来。

二、简答题

1. 供配电监控系统的控制功能有哪些？

2. 简述楼宇供配电系统的组成。

3. 叙述高压线路的电压及电流检测方法。

4. 建筑供配电监测的内容有哪些？

5. 某工程设计中，对供配电系统的高低压侧均进行了频率监视，试分析其是否必要？为什么？

6. 某楼宇自控系统工程采用应急柴油发电机组作为备用电源，在供配电监控子系统设计中，是否需要考虑对应急柴油发电机组进行控制？

7. 对变压器进行监测的主要目的是什么？

8. 简述照明系统的控制方式。

9. C－Bus 智能照明系统的优点有哪些？简述 C－Bus 系统的结构。

10. 照明监控系统的监控内容有哪些？

11. 结合一个工程实例，简述电气照明监控系统的监控功能。

12. 某工程设计中，对照明系统采用时间表控制、远程强制控制及联动控制三种模式相结合进行控制，这三种模式如何进行切换？

13. 简述电梯监控系统的功能及监控的内容。

14. 试总结电梯群控技术的作用。

15. 电梯监控系统与安全防范系统、消防系统如何实现联动？

三、绘图题

1. 某工程供配电设备包括变压器 1 台，高压开关柜 2 台，低压开关柜 3 台，柴油发电机 1 台，该供配电系统希望通过 BAS 实现设备群控，试绘制系统监控原理图。

2. 某照明系统包括公共区域照明、办公照明、应急照明以及停车场照明，该照明系统通过 BAS 实现控制，试绘制此照明系统的监控原理图。

第7章

BAS系统集成

教学目标

通过本章学习使学生了解系统集成的概念、功能、智能楼宇监控中心的职能，掌握建筑设备自动化系统集成的设计原则、步骤与方法，熟悉建筑智能化子系统的集成模式以及系统集成下的通信标准，了解BA工程中系统集成的常见问题。

教学步骤

能力目标	知识要点	权重	自测分数
智能建筑的系统集成	系统集成的概念	10%	
	系统集成的功能	10%	
建筑设备自动化系统集成设计	BAS系统集成方法	20%	
	系统集成设计原则	15%	
	系统集成的步骤	20%	
建筑智能化子系统的集成模式	建筑智能化子系统的集成模式种类	15%	
系统集成下的通信标准	系统集成下的通信标准种类	10%	

▶▶章节导读

智能建筑系统集成是以搭建建筑主体内的建筑智能化管理系统为目的，利用综合布线技术、楼宇自控技术、通信技术、网络互联技术、多媒体应用技术、安全防范技术等将相关设备、软件进行集成设计、安装调试、界面定制开发和应用支持。读者首先会问，智能建筑系统集成有什么优势？有系统集成建筑与无系统集成建筑的区别有多少？7.1 节正好可以让读者知道智能建筑系统集成的基础知识。

读者会接着问，智能建筑系统集成将如何设计？其实，智能建筑系统集成的方法有很多，不同种类的系统集成其构成方式也不同，因此有必要了解智能建筑系统集成的设计原则与步骤。这可以从 7.2 节中获得。

接下来，读者就想知道建筑智能化子系统的集成模式以及系统集成下的通信标准，7.3 节和 7.4 节就给读者介绍了智能建筑智能化子系统的集成模式，以及系统集成下的多种通信标准。

通过本章对智能建筑系统集成的具体介绍，读者将可以从整体上认知智能建筑系统集成的重要性，以及系统集成设计的关键要素。

引例

上海震旦大厦位于上海浦东区滨江大道，楼高 37 层，建筑面积 $10.5\times10^4 m^2$，它以浦东速度建设与发展，建成 5A 级智能建筑大厦，于 2003 年 6 月交付使用。震旦大厦的智能化系统共有 1.2 万多个监控点，23 个自动控制子系统。

震旦大厦的 BMS 系统集成采用了基于 LonWorks 技术平台开发的系列产品，从而实现了多子系统、多控制点的无缝集成和完美结合，体现了 LonWorks 技术在智能建筑中的开放性及互操作性的优势，以及对于大系统的集成适应能力。

为震旦大厦设计的智能化集成管理系统是以 INVENSYS 公司最先进的开放式、标准化的 I/A－BMS 系统为核心，综合了震旦大厦内的 OA、CA 等各个子系统的信息，对它们进行统一的监测和管理，实现必要的联动控制，真正实现了整个大厦信息和资源的共享，从而达到最佳的管理水平，为更上层的网络系统集成提供便利，为震旦大厦的使用者提供全面、高质量、安全、舒适和快捷的综合服务。

震旦大厦采用基于 LonWorks 技术 BMS 系统集成的目的是什么呢？

(1) 对各机电子系统进行统一的监视、控制和管理。

(2) 实现跨子系统的联动，提高大厦的功能水平。

(3) 提供开放的数据结构，共享信息资源。

(4) 提高工作效率，降低运行成本。

基于 BMS 系统集成的震旦大厦可以节约人员 20%～30%，节省维护费 10%～30%，提高工作效率 20%～30%，节约培训费用 20%～30%。

案例小结

智能建筑的系统集成采用基于 LonWorks 的 BMS，可以对大厦内所有实时监控系统进行集成监控、联动和管理。为建筑物提供智能化管理，使用户感到舒适、方便和安全。尽管增加了初始投资，但后续经济效益显著，这也体现了智能建筑的价值。

7.1 智能建筑的系统集成

7.1.1 建筑设备自动化系统集成的概念

所谓系统集成(Systems Integration, SI)，是指从一定的应用需求出发，将与之相关的各个分立的硬件、软件等各类构件进行改进和改造，使之组合成为一个统一、实用、高效、可靠、低耗的整体，是系统工程概念上的集成。而智能建筑的系统集成则是指将智能建筑内不同功能的智能化子系统在物理上、逻辑上和功能上连接在一起，以实现信息综合、资源共享。一般地，系统集成是通过综合布线系统及计算机网络技术，把构成智能建筑的各个子系统中的设备、功能和信息等集成到一个相互关联的、统一的、协调的系统中，使资源达到充分共享，管理实现高效便利。

狭义上讲，系统集成就是平台的集成，系统平台的关键技术就是计算机网络技术。如将 OA 与 BA 系统进行集成时，需要支持网络间互联的设备、接口、协议、Client/Server 计算机或联机事物处理的支撑软件和一组标准的应用程序接口；而广义上系统集成的概念可以从单体智能建筑扩展至智能建筑群、智慧城市的系统集成，最终集成为一个全球贯通的大系统——数字地球。

智能化楼宇集成化的技术是建立在系统集成、功能集成、网络集成和软件界面集成等多种集成技术基础上的一门新型技术。智能楼宇的智能化实质就是集成化，就是信息资源和任务的综合共享与全局一体化的综合管理。通过对智能建筑各子系统进行系统集成，可以对各个子系统进行集中监控，从而提高管理和服务效率，节省成本，降低运行和维护费用；可以优化总体设计，减少各个子系统中的硬件和软件重复投资；可以使操作和管理人员能更加容易地掌握其操作和维护技术；可以为业主或租赁户提供高效率、高质量的物业管理服务，提升建筑物的档次，使建筑物售前升值、售后保值；还可以为业主或租赁户提供一条建筑物内外四通八达的信息高速公路。

特别提示

智能大厦系统集成概念经常被错误理解，“集成”设计较弱一些的大厦仅仅有综合布线系统的建设，就称其为智能大厦，设计者没有理解系统集成的真正内涵。另外设计者对智能建筑设计的重点大多集中在智能化系统上，而在建筑平台方面注意不够。从而使建筑结构的灵活性、适应性欠佳，对智能化系统设备的安装空间、管线等考虑不周。

7.1.2 智能化系统集成的功能

单一的各个子系统是独立的，无法共享各个系统之间的信息和实现跨系统的功能联动，也就不能做到对整个智能化系统进行统一的监视和管理。系统集成是将智能化子系统通过接口连接建筑物主干局域网，实现信息共享和对外界的通信。因此，智能化集成系统具有信息共享、管理各个子系统等功能。

1. 信息汇集

集成系统将分散的、相互独立的智能化子系统用相同的环境、相同的软件界面进行集中监视。各个部门以及管理员可以通过自己的计算机或终端进行监视和控制，比如可以通过计算机查看环境温度、湿度等实时参数和历史参数，空调、电梯等设备的运行状态，建筑物的用电、用水、通风和照明情况，以及保安、巡查的布防情况，消防的烟感、温感状态等。

2. 管理子系统

单独的子系统在集成以后可以建立跨系统的联动功能，即可以实现信息点与受控点在不同子系统中的联动。例如：当建筑物发生火灾报警时，建筑物的自动控制系统关闭空调电源，门禁系统打开房门的电磁锁，相关人员监视的闭路显示系统将画面切换到火灾报警地点，同时停车场管理系统打开车门栅栏。这些事件的综合处理大大提高了建筑物的自动化水平，是在各自独立的子系统中不能实现的。

3. 共享信息资源

随着计算机和网络技术的发展，信息环境的建立已经成为了必需。目前限制信息系统发展的主要因素是不同数据类型之间的信息交换，即系统之间的通信接口和通信协议。智能系统控制着建筑物内的机电设备，如空调系统、通信系统、广播系统、安保系统等，传统上各系统自成体系工作，并不和其他系统交换信息。由于数据结构、通信格式的不同，集成系统无法采集所需的信息，信息服务系统、物业管理系统、设备维护系统等将不能发挥正常的作用。计算机集成系统的网络系统将解决这些数据、信息的交换问题。集成系统建立一个开放的工作平台，采集、转译各个子系统的数据，建立对应系统的服务程序，接受网络上所有授权用户的服务请求，即实现数据共享。

4. 系统集成的具体功能

系统集成的功能就具体而言可概括为：

(1) 对建筑物内的机电设备进行统一的监视、控制和管理。

(2) 对全局资源进行综合调度，实现流程自动化。

(3) 实现真正的信息共享，可向其他系统提供信息数据，如将安防数据提交给警方信息中心等。

管理人员在系统的任何终端利用个人的使用权限进行下列操作：

(1) 浏览或修改权限给定的信息、数据、文件等内容。

(2) 使用系统所涉及的各个子系统所具备的功能。

(3) 检测、记录和控制、调节系统内受控设备的工作情况；发生异常现象后自动报警。

(4) 在权限范围内重新构建、组织工作界面，即可生成管理人员的个性化人机交互界面。

(5) 所有数据、信息和记录都可在子系统中自由的调用，包括通过通信系统从外界获取的内容以及系统自动采样、运算、统计生成的各种数据。

(6) 根据国家标准制订和生成建筑物内设备的日常维护和检修计划。

(7) 对历史记录的分析，存储大量历年的数据库，可以对各个系统的工况进行预测、预调，辅助管理人员精确制订各种计划预算、生成和预测必要的财政收支报表。

知识链接

系统集成商的未来发展趋势

从行业的现状和趋势分析，集成商将会更多地向总包服务管理的方向发展，这是目前项目招标的一个主要趋势。总包管理可以从两个方面去看。从设计的角度看，现代智能建筑工程是复杂工程，涉及技术广泛、全面，如果没有统一的设计和综合集成，就难以保证智能系统的完整功能，也难以实现设备功能的升级和扩展以及一体化管理与服务给用户带来的方便。

从项目管理的角度看，设立总承包商，可以较好地解决工程实施过程中的各方协调问题，让用户较少费心而达到更好的工程管理；反之，各工程承担方各自工作，互不考虑，会严重影响工程的整体性。

结合行业具体情况来看，实施综合性、复杂的、高难度的大型建筑项目，设立建筑智能化系统总承包方对于保障项目的成功实施是十分必要的。这样，总承包系统集成商本身在技术上会更专业、更全面，与设备厂商的关系更加简单，对设备厂商的依赖也会逐步降低。

7.1.3 智能楼宇监控中心的职能

在一个监控中心(也称中央监控室)内实施对大厦内的消防、安防、各类机电设备、照明、电梯等进行监视与控制，切实做到三位一体、集中管理。一方面可以提高管理和服务效率，以及节省人工成本；另一方面由于采用一个操作系统的计算机平台和统一的监控等管理的界面环境，实施全局事件和事务的处理，使物业管理更趋现代化，同时可以进一步降低大厦的运行和维护费用。这个集建筑设备自动化(BA)、保安监控自动化(SA)和消防自动化(FA)于一体的集成监控系统称之为中央控制室。可以看出，中央控制室是楼宇设备控制的核心，楼宇内各种各样的机械和电子设备，如空调、电梯、给水排水、防火防盗等设备，都要求具有自动控制，使之处于最佳状态下运行，以提高工作效率和质量，确保有一个舒适、清洁、安全的生活与工作环境。

1. 监控中心的用途

监控中心安装有多种设备，主要作为建筑物自动化系统的中心，故应按照系统的要求设有中央站控制设备。监控中心安装中央站打印机、显示控制台，且应有必要的检查与维修的空间。

设备监控室可以与消防控制室及保安监控室安排在相邻或同一个控制室内。因为建筑设备自动化系统是一个综合性系统，该系统可以做到设备监控、消防、安防综合在同一个监控系统内管理，从而起到防灾指挥中心的作用。这样可以做到全面监控，相互协调，充分发挥各系统的协调功能，及时、快速地响应处理各类突发事件，提高防灾的能力和智能化物业管理的效率。同时也可以节省管理人员，以及克服以往那种各子系统采用分散的房间，占用大量宝贵地面空间的缺点。

中央监控管理室的功能通常用以下四个方面来概括。

(1) 作为防火管理中心的作用。

(2) 作为安防管理中心的作用。

(3) 作为设备管理中心的作用。

(4) 作为信息情报咨询中心的作用。

2. 监控中心的位置

通常监控中心要求环境安宁，宜设在主楼低层接近负荷中心的地方，也可以设在地下一层。监控中心要求无有害气体、蒸汽及烟尘；远离变电所、电梯、水泵房等电磁波干扰场所；远离易燃、易爆场所。要求无虫害和鼠害，上方无厨房、洗衣房、厕所等潮湿场所。

监控中心的设置，应符合消防的一般规定，即：监控室的门应向疏散方向开启，并应在入口处设置明显标志。

监控中心内应有本建筑物内重要区域和部位的消防、保安、疏散通道，及相关设备的所在位置的平面图或模拟图。

3. 监控中心的设备布置

为了满足综合功能要求和智能化管理的需要，最好建立和设置综合性的中央监控室。大型的监控中心一般设有空调、给排水、供配电、照明、电梯、消防、安防、公共广播等监视控制计算机及各种控制操作盘，还有闭路电视监视器、打印机等设备。

监控中心的布置通常是由两部分组成。一部分是中央监控与管理工作台，工作台长度为 5～7m，主要放置系统网络监控计算机及操作控制盘面；另一部分是闭路监视器和模拟显示屏(如供配电系统模拟显示屏)。工作台与监视屏之间的空间应在 1.5m 以上。一些智能化功能较强的监控中心，不需要模拟显示屏，所有的监控功能均在监控计算机上完成。

4. 监控中心的环境要求

对监控中心环境方面的考虑有以下几方面。

(1) 空调。可用自备专用空调或中央空调。

(2) 照明。平均最低照度 150～200Lx。一般天棚采用暗装照明，最好是反光照明。

(3) 消防。用二氧化碳固定式或手提式灭火装置，禁止用水灭火装置；还要有火灾报警设备。

(4) 地面和墙壁。中央监控室的装饰应进行专门的设计，并符合消防规定；中央控制室宜用架空、防静电活动地板，架空高度不低于 0.2m，以便敷设线路；如果线路不是很多，也可以不用架空活动地板，改用扁平电缆等；地面和墙壁要有一定的耐火极限。

7.2 建筑设备自动化系统集成设计

7.2.1 BAS 系统集成方式概述

1. 系统集成的多种解决方案

对建筑物内趋于功能越来越复杂的众多智能化子系统，智能建筑管理人员面临两大难题：各子系统运行的信息量大、各子系统信息交互作用多。为了解决这些问题，各国系统集成人员提出了不同的解决方案。

北美国家提出了以BA系统为核心的建筑物管理系统(Building Management System，BMS)。

日本提出了以BA系统为核心的建筑物自动化与管理系统(Building Automation Management System，BAMS)。近年又出现专用的设备管理系统(Facility Management System，FMS)概念。

在新加坡等地则在管理系统增设信息管理为任务的网站，对建筑物中所有的弱电系统进行综合信息管理，推行智能建筑管理系统IBMS(Intelligent Building Management System)和I^2BMS(Integrated Intelligent Building Management System)。

国内智能建筑的概念主要由国外引进，因此在系统集成上技术概念都能在上述的方向中加以发展。这些发展流派都有其各自的优点、缺点和使用场合。

2. 系统集成的实现方式

1）以太网将成为系统集成的基础

智能建筑系统集成的实现，离不开计算机网络和集成技术的发展，在Internet风靡全球的今天，TCP/IP协议已成为事实上的国际标准，而千兆以太网的成功应用，使以太网构成了智能建筑系统集成的基础。

由于计算机网络的普及和发展，人们对于网络带宽提出了更高的要求，诸如视频点播、多媒体通信、电子商务、远程教育、远程医疗、会议电视等。随着LAN技术和千兆以太网的成功应用，势必使以太网成为智能建筑的网络主干，而TCP/IP协议解决了网络互联和异构计算机之间的通信协议，变成了事实上的国际标准。

2）系统集成的技术手段

目前网络互联的硬件设备已趋向标准化，因此考虑系统集成时主要是解决软件集成和统一通信协议问题，随着智能建筑功能需求的不断提升，建筑设备的监控范围和种类也不断扩大，它们可能采用不同的网络平台、不同的通信协议，在实现BMS系统集成时，为解决互联和互操作问题，就要考虑采用有效、先进的集成方式。

系统集成的技术手段主要有以下几种。

(1) 采用协议转换方式实现系统集成。

(2) 采用开放式标准协议实现系统集成。

(3) 采用ODBC技术实现系统集成。

3）采用OPC技术实现系统集成

微软公司提供的OLE对象链接和嵌入是用于应用程序之间数据交换及通信的协议，它允许应用程序链接到其他软件对象中，这种用于过程控制的OLE通信标准，即OPC。OPC重点解决应用软件与过程控制设备之间的数据读取和写入的标准化及数据传输功能。

OPC使设备的软件标准化，从而实现不同网络平台、不同通信协议、不同厂家产品方便地互联和互操作。OPC技术的完善和推广，为智能建筑系统集成时，在实时控制域和信息管理域的全面集成创造了良好的软件环境，并且目前采用OPC技术进行系统集成，比采用ODBC技术更为广泛。

3. 基于 BACnet 和 LonWorks 的 BMS

建筑设备管理系统(BMS)对大厦内所有实时监控系统进行集成监控、联动和管理。这些实时监控子系统包括建筑设备自动化系统(BAS)、安防自动化系统(SAS)、火灾自动报警系统(FAS)。BMS 的特点主要体现在综合监控信号处理和快速的响应能力，以及监控参数的统计、汇总、整理等管理的能力上。

BMS 一般采用两层网络结构，上层为主要用于集中监视、信息管理的管理层网络；下层为主要用于现场设备监控的控制层网络。BMS 网络连接所有的设备监控子系统和监控信息点。

1) 管理层网络

管理层网络通常采用以太(Ethernet)局域网，把所有 BMS 监管工作站、数据库服务器、设备监控子系统接口设备等连接在这一层网络上，并把所采集的监控信息及时地反映到 BMS 上来，而 BMS 也可通过这一层网络传输程序、指令等信息到有关的子系统和相关现场监控设备。

管理层网络可连接多个管理子系统。用户不但在监控中心可监视和管理整个 BMS，也可在网络的范围内设立多个监控中心，分部门更方便地管理 BMS 的各子系统。连接多个管理分中心，可作为 BMS 的热备份，如其中任何一个主机出现故障，其他分中心设备可作为备份立刻取代之。

2) 控制层网络

控制层网络主要是在控制网与信息网之间的协议转化器与各现场监控设备之间建立网络连接，实现监控信息的采集、转换、传输和控制。

控制层网络根据厂家的不同，多采用 ARCNET 令牌总线网、RS-485 串行总线网、工业以太网和 LonWorks 现场总线网等。

基于 BACnet、LonWorks 的 BMS 集成应用方案如下所示。

(1) LonWorks 方案。一种基于 LonWorks 的 BMS 集成方案，如图 7.1 所示。

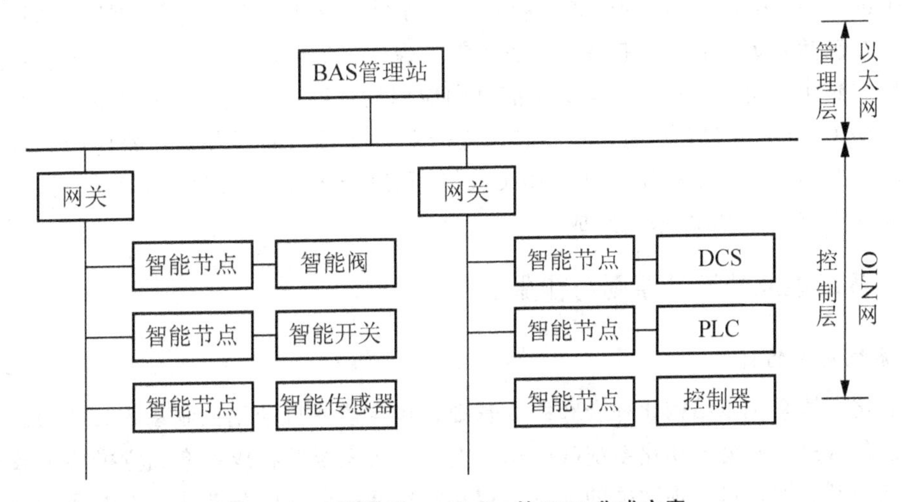

图 7.1 一种基于 LonWorks 的 BMS 集成方案

LonWorks 现场总线技术 LonWorks 网以具有智能控制功能的智能节点组成平等的一级全分布式网络结构，节点之间定义相互的关联关系，将系统的庞大控制关系转变成节点之间的互动关系，能真正实现全分布式控制网络系统。

LonWorks 现场总线网与管理层以太网的连接 LonWorks 现场总线网与管理层以太网之间通过专用的 LNS 网关实现连接。

(2) BACnet 方案。一种基于 BACnet 的 BMS 集成方案如图 7.2 所示。

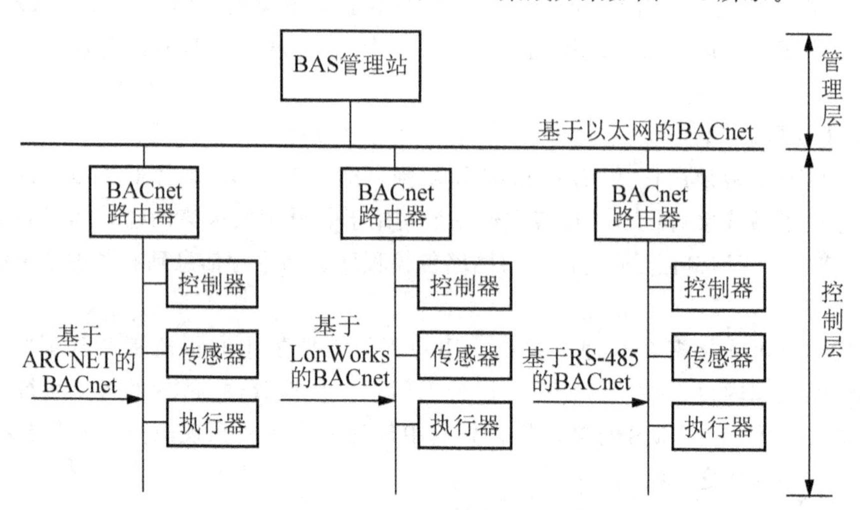

图 7.2 一种基于 BACnet 的 BMS 集成方案

BACnet 是一种用于多种物理网(ARCNET、LonWorks、RS-485、RS-232C 及以太网)互联的网络通信协议，定义了 4 层协议：物理层、数据链路层、网络层和应用层。在物理层和数据链路层上，除定义了数据链路层 MS/TP 主从令牌协议外，其他都是采纳现有物理网的相应协议。BACnet 定义了自己的网络层和应用层协议。BACnet 许可的异种物理网络之间可通过 BACnet 路由器实现互联。

BACnet 标准为应用广泛的分布控制和监控提供了解决方案。它管理所有建筑物设备的通信，如包括采暖、通风、制冷、火灾报警、保安、照明、动力等。它包含表示监控设备的配置和操作的模型，在设备间交换信息和应用局域网和广域网技术传递 BACnet 信息的规范。BACnet 服务(信息)包括报警和事件服务、文件访问服务、对象访问服务、远程设备管理服务和虚拟终端服务，因此 BACnet 特别适合于智能建筑中不同设备监控子系统之间的互联集成，即 BMS 系统集成。

7.2.2 系统集成的设计原则与步骤

1. 系统集成的目标

智能化大楼系统以结构化综合布线为基础，包含楼宇自动化控制系统(BAS)、通信自动化系统(CAS)、办公自动化系统(OAS)。上述三大系统既各成一套独立的完善系统，又具备一定的开放性，可实现数据的共享，相互间经授权可作中分功能的监视和控制。其中 BA 又分为基本楼宇自动化控制系统(BAS)、保安报警系统(SAS)、消防报警系统(FAS)

3个部分。要求“BA、FA、SA”上设 Data Server，作为数据仓库，存放各种数据。“BA、CA、OA”3大系统的集成由数据仓库(Data Server)完成。所以系统集成的核心在于科学地、合理地设置 Data Server，以满足用户提出的以下要求。

(1) 通过软件开发，在 Data Server 上提供一套接口界面管理软件，实现 BA 工作站、FA 工作站、SA 工作站的综合管理功能，采用图形界面，便于调用数据浏览。

(2) 提供通信程序使 Data Server 与 BA、FA、SA 的工作站实时交换全部。Data Server 收集报警资料、报告制表等数据。

(3) 在 OA 工作站上，授权可以 Web 方式调用 Data Server 的有关住处，如历史记录、报警资料、报告制表等数据。

(4) Data Server 在各子系统 BA、FA、SA 报警时，通过 CA 系统自动拨号。

(5) 系统联动。

① 发生火灾时，FA 系统向 BA 工作站 Data Server 发报警信号，BA 工作站根据设定的选项自动控制配电系统、照明系统、电梯系统、紧急广播系统、排风系统、门禁系统、电视监视系统进行联动，同时通过 CA 系统发出指令寻呼。

② 发生保安报警时，SA 系统向 BA 工作站、Data Server 发出报警信号，BA 工作站根据预设的功能，自动控制照明系统、门禁系统、电视监视系统、电梯系统进行联动，同时经 CA 系统拨号寻呼。

(6) 计算机硬盘记录摄像头监视图像，OA 工作站授权可查看报警处的实时图像(3 帧/s)。

(7) OA 系统软件中实现对 BA 系统的监视和 BA 部分功能的控制，比如制订会议计划后，能自动将指定会议室的空调、灯光、门锁在指定时间开关。

(8) OA 系统能统计、分析 CA 系统信息，如：各部门、各话机每月话费等。此外，系统集成中还需达到：硬件和软件的保障措施，使 Data Server 及中央工作站工作可靠，迅速故障恢复。比如：双机热备份、镜像备份、数据服务器群等措施；编程软件对用户公开，便于日后控制功能变化、调整、扩展等。

总之，智能建筑系统集成的目标如下：

(1) 实现各子系统的联动，使各子系统之间能够协同动作，增强整个智能化系统的突现性。

(2) 实现资源的共享，提高设备的利用率，节省投资。

(3) 实现信息共享，充分发挥信息综合利用的效果，方便管理和决策，提高服务的质量。

特别提示

智能大厦系统集成重点没有突出，就达不到节能等相关指标，据统计中央空调系统、弱电系统和发配电系统占智能化建筑电气系统总投资的 87%以上。因此，对该部分的资源进行有效的优化配置，对降低大厦建筑电气设备的节能和投资有重要的意义。

2. 系统集成的原则

为了达到上述目标，在进行系统集成设计时，应遵守如下的几个原则。

1）可行性和必要性

（1）系统集成是高效物业管理的客观要求。系统集成可以把建筑物内各个子系统采用同一操作系统的计算机平台，用统一的监控和管理的界面环境，在同一监控室内进行监视和控制操作，减少管理人员的人数，提高管理效率，同时降低对管理者素质的要求，降低人员培训的费用，加强事件综合控制的能力，使物业管理现代化。

（2）集成系统能为管理者提供统一的指挥和协调能力。通过软件编程和功能模块设计，智能建筑集成管理软件提供弱电系统整体的联通逻辑，从而提高了全局事件的控制能力，以保证人身及设备安全。

（3）开放的数据结构有利于共享信息资源。集成管理系统的建立提供了一个开放的平台，采集、传输各子系统的数据，建立统一的开放的数据库，使信息系统根据功能的需要自由地选择所需要的数据，充分发挥其强大的功能，提高这些信息的利用率，发挥增值服务的功能。

（4）系统集成是智能建筑系统工程建设的需要。智能建筑不是各种产品和子系统的堆集，而是利用系统工程方法和系统工程技术使各厂家产品充分发挥他们的功能，集成为一个具有高效服务、便于管理和使用的应用系统，充分发挥综合应用的优势。

（5）充分考虑高新技术的发展，为其发展提供足够的适应性、灵活性和可扩展性。任何大系统工程的投资都是十分巨大的，尽量增加其生命周期有着重大的现实意义。为保护投资者在该项目整个生命周期内的利益，系统集成能灵活地适应变化着的、不断发展的各种需求。

2）以人为本

系统集成的以人为本，即满足用户需求是智能建筑弱电系统工程设计应首先考虑的重要因素。这一点往往容易被忽视，因为业主一般注重建筑物的结构外形、内装与外装、设备与材料等，而把弱电放在最后考虑。

满足用户需求要注意以下几方面。

（1）确定智能化的目标。建筑智能化系统首先是为了提供安全、舒适、快捷的服务，使系统具有先进与科学的综合管理机制，可以提高工作效率，节省能源消耗并降低成本，从而使建筑物的竞争力得到增强。

（2）明确投资与回报。建设初期，建设方对智能建筑弱电系统的技术要求往往不是很明确，在听取大量建筑承包商、设备供应商、系统集成商介绍以后建设方才有所了解。大厦建成之后的管理费用有四大项：能耗费、管理人员费、设备维修保养费、通信费用。

3）使用与管理的原则

设计是使用的基础。设计者如果没有弱电系统全面的设计和管理经验，往往会走弯路，给建设方与管理方造成诸多不便。因此，要求设计者必须本着便于使用与管理的原则进行设计。一般要考虑以下几个方面。

（1）设计深度。设计深度是要根据用户需求而定。用户需求应该有具体的要求。如果建设方实在提不出要求，可以找几个类似的系统供参考。

（2）实用性。系统必须能够适应现代和未来技术的发展，着重解决建筑的主要实际问题。要区分哪些功能是最重要的，哪些功能是今后可以加的。从管理的角度出发应明确自动化与人工管理的界面。

(3) 可靠性。这是智能建筑弱电系统很关键的问题。在选择系统时，不能一味追求最先进，还要考虑它的成熟度。硬件设备与使用技术必须是成熟可靠的。

(4) 先进性。在选用系统时，向主流技术靠近，保证系统整体的先进性，而不是单单看重某个设备是否先进。

3. 系统集成的步骤

(1) 系统集成分析。智能建筑的系统集成就是根据用户提出的需求优选各种技术和产品，通过分析选择构架连接成一个完整系统解决方案的过程。系统集成的本质就是通过分析，优化组合达到资源共享，并体现出系统集成后的附加值。

系统集成分析主要包括两个方面：设备和信息的集成分析。所谓设备集成是指通过相似或兼容的技术使不同系统在同一技术平台上实现；所谓信息集成是指不同系统之间往往需要交换信息，或需要综合多个系统提供的信息作出判断，这就要求不同系统之间的信息能够共享。

(2) 系统设计。系统集成设计分初步系统设计和深化系统设计两个阶段。

① 初步系统设计。初步系统设计主要是根据用户需求，对系统需求、建设目标、技术方案及各子系统作出概略的功能描述；对系统总体设计与设备选型以及工程施工要求作出建议；对建设总经费作出概预算，以便建设方决策。

② 深化系统设计。系统的深化设计是对初步设计方案的修改、细化和补充。在深化设计方案中至少应包括用户需求详细说明、方案设计技术说明、系统总体架构及各系统间的关联分析、各子系统的功能描述及实现方法、设备选型分析及所选设备的功能和性能说明、设备清单、工程进度计划、工程安装施工图、系统测试及验收方式、设备及工程经费预算、工程保障措施、培训及服务计划。

(3) 系统实施与评价。

(4) 系统管理维护。

7.3 建筑智能化子系统的集成模式

智能建筑系统集成模式一般可分为两个集成层次：第一层是对楼宇综合管理层的中央集成；第二层是各个子系统的集成，也就是说首先在BA、CA、OA三个子系统上集成，形成3S系统(楼宇管理系统BMS、办公自动化系统OAS、通信与网络系统CNS)三个独立的子系统以后在3S基础上再次集成，而这次集成是以提高效率为目标的高层次集成。第一层的集成是满足楼宇管理功能的需要；第二层集成是满足楼宇服务功能的需要。在实际使用过程中集成的方式不尽相同，一般根据工程的实际需要集成，但是性质都属于这两种集成模式。

根据智能建筑工程的具体系统环境和集成要求，建筑智能化子系统之间常采用以下几种集成模式。

7.3.1 一体化集成模式

一体化集成模式就是要建立智能建筑综合管理系统IBMS，智能建筑综合管理系统IBMS示意图如图7.3所示。IBMS把各子系统BMS、OAS、CNS从各个分离的设备功能和信息等集成到一个相互关联的统一协调的系统中，以便对各类信息进行综合管理。一体化集成使整个大厦内采用统一的计算机操作平台，运行和操作同一界面下的软件以实现集中监视、控制和管理功能。IBMS是系统集成的高级阶段，但是一个真正完整的IBMS实现较为复杂，系统造价很高。

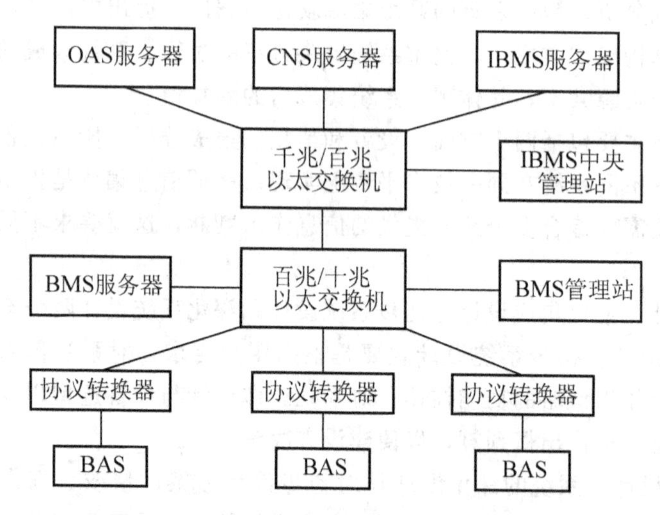

图7.3 智能建筑综合管理系统IBMS示意图

7.3.2 以BA和OA为主，面向物业管理的集成模式

这种集成模式是将BMS、OAS以及智能一卡通系统、程控电话系统等进行集成，完成OAS及BMS的紧密集成，如图7.4所示。其中属于OAS的物业管理系统(FIVIS)包括租赁管理、维护管理、收支管理、访客管理及电子公告牌、电子邮件、会议室安排、多媒

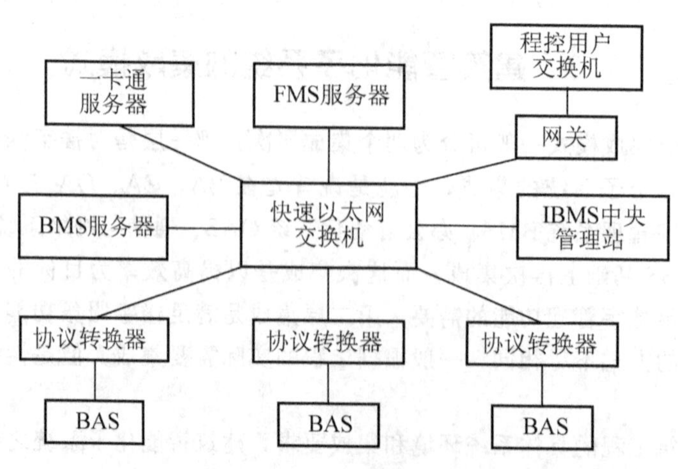

图7.4 以BA和OA为主的集成模式示意图

体信息查询等功能；BMS 管理建筑设备的自动监控，这些建筑设备包括电力、照明、电视监控、智能卡、火灾报警、安全防范、PABX 费用计费器、电子公告牌、停车场等设备；对 CNS 只集成了 PABX 的计费功能。

7.3.3 BMS 集成模式

BMS 实现 BAS 与火灾自动报警系统、安全防范系统之间的集成，如图 7.5 所示。这种集成一般基于 BAS 平台，增加信息通信、协议转换、控制管理模块，主要实现对于 FAS、SAS 的集中监视与联动。各类子系统均以 BAS 为核心，运行在 BAS 的中央监控计算机上，满足基本功能，实现起来相对简单，造价较低，可以很好地实现联动功能。国内目前大部分智能建筑采用的就是这种集成模式。

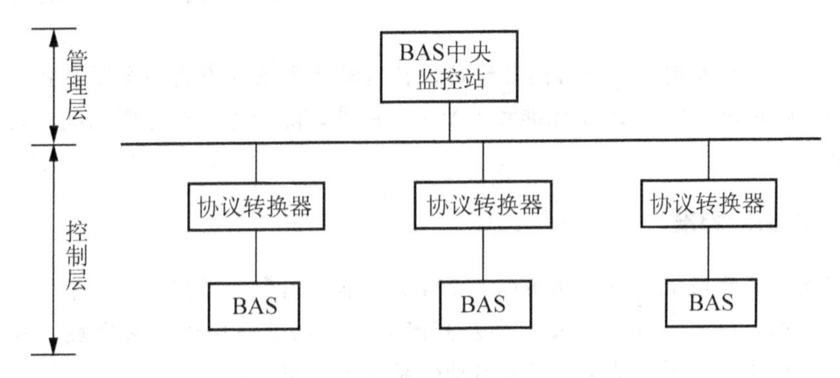

图 7.5 BMS 集成模式示意图

7.3.4 子系统集成

所谓子系统集成是指对 OAS、CNS、BAS 三个子系统设备各自的集成，这也是实现更高层次集成的基础。

(1) OAS 集成实质上是把不同技术的办公设备用联网方式集成为一体：将语言、数据、音像、文字处理等功能组合成一个系统，使办公室具有处理和利用这些信息的能力来提高日常事务处理和行政管理科学化、高效率。

(2) CNS 集成将程控电话系统、数据通信与计算机网络系统、音像系统、卫星通信系统等以 PABX 为核心进行集成。

(3) BAS 集成采用集散控制系统或现场总线控制系统，上层由中央监控计算机进行监视管理，下层由 DDC 进行现场控制，需要集成的供配电系统、照明系统、暖通空调系统、给排水系统可通过 DDC 直接集成到系统内。

特别提示

智能建筑系统集成的阶段和目标：智能大厦的设计是以智能建筑的中央监控管理系统为核心，围绕着各个子系统与核心的关系而展开，在此基础上进一步做好接口、协调和界面等细节设计。目前，我国智能大厦系统集从子系统功能集成到控制系统与控制网络集成，到目前的信息系统与信息网络集成。

7.4 系统集成下的通信标准

从理论上讲，智能建筑的自动控制系统明显属于过程控制范畴，凡适用于过程控制的标准通信协议均适用于智能建筑。因此在建筑自动化领域建立了多种开放式的标准通信协议，采用开放式标准开发的开放式系统是实现设备及子系统之间无缝连接的最好办法。

所谓开放式系统即系统所有部件均以公开的工业标准技术制造。系统符合公开的工业结构，因而不同厂商的产品，可以组合从而实现互操作，可以实现不同设备及系统无缝连接，它具有3个特点：一是系统的技术规范是所有厂商共同遵守的；二是同样功能的部件虽由不同厂家生产，但可以互相替换，可以互操作；三是符合标准的系统之间可以直接互联。

采用开放式标准实现互联是目前各建筑设备自动化子系统集成的主要方式，通常采用两种开放性国际标准：LonMark标准和BACnet标准，除上述两个主要标准协议外，还有OPC，ODBC等。

7.4.1 LonMark标准

由美国埃施朗公司1991年提出的LonMark标准在当今世界控制技术领域已获得业界认可与广泛应用。目前，LonMark标准及其产品已成功地应用于许多领域，其中楼宇自动化、小区自动化、交通自动化及工业自动化是四大主要市场。

1. LonMark标准及其开放性

LonMark标准是以LonWorks技术为基础的一套标准，LonWorks控制网络技术以其开放性、灵活性、低成本、开发迅速的特点在楼宇自动化、工业自动化和家庭自动化等方面取得了令人瞩目的成绩。1993年在世界范围推广，其发展速度远远超过其他任何一种现场总线(如CANBUS、ProfiBus等)。

其应用在智能建筑中(大型宾馆、饭店、写字楼、现代高档住宅)的建筑设备自动化系统(BAS)、工业自动化、航空航天技术等领域，但有50%以上的节点用于建筑物自动化领域。由于不同的OEM虽然都按LonWorks技术制造产品，但由于在一些技术细节上不统一，因而不能互操作。为了解决这个问题，180家重要的OEM组成了LonMark可互操作协会，编制了一系列LonMark标准，使每个技术细节都有标准文件的严密规定。

LonMark协会分有暖通空调组、家用设备组、照明组、工业组、本质安全组、网络管理组等，每个组都在制订一系列LonMark标准，称为功能概述，详细地描述了应用层接口，包括网络变量、组态特点以及网络节点加电状态等，把产品功能加以标准化。1997年3月，第一次公布的暖通空调组编制的标准，包括有温度、相对湿度、二氧化碳检测、风门执行器、屋顶单元控制、变风量控制。其后，又陆续编制了恒温控制器、冷冻机、单元通风器、墙挂式检测器、阀门执行器、报警及报警管理、数据记录及趋势分析等。

2. LonMark标准在智能建筑BAS中的应用

智能大厦楼宇自控系统主要是用来对暖通空调、给排水系统、供配电、动力设备和照明设备进行监视、控制和测量。其网络结构模式分为集散式及分布式控制方式，由管理层网络与监控层网络组成，实现对设备运行状态的监视和控制。

目前，在国际上常用的 BAS 主流产品，如 Honeywell 公司的 Excel 5000 系列及 EBI 系统，西门子公司的 S700APOGEE 系统，瑞典 TAC 公司的 Vista 系统等均已应用 LonWorks 技术。LonWorks 技术由于它的开放性、互操作性、可靠性、无中心控制等突出优点已被世人所公认，也被越来越多的 BAS 产品所采用。目前，正向全分布式 LonWorks 系统及用以太网作为主干线的全分布式 LonWorks 系统发展。

3. LonWorks 技术在小区及智能家居中的应用

目前在我国正在蓬勃发展的智能小区及家庭智能化技术主要包括防盗、紧急求助、煤气泄漏探测以及对电、水、煤气等三表的自动抄表计量。

在智能住宅建设中应用 LonWorks 技术，可以很容易地实现智能化住宅的所有功能，整个网络结构相对简单，网络布线相对容易。对于用户各种不同的功能要求，只需选用不同的控制节点，编写相应程序，直接连接到住宅区的控制网络上就完成了，在物理上不必对网络结构做任何修改。而且 LonWorks 网络可扩充性极好，增强功能。LonWorks 技术提供的高效开发平台让我们在进行系统设计和开发时对网络通信不再需要花费时间，可以把精力集中到具体的系统功能实现上，使得我们能在较短时间内针对具体任务设计出成熟稳定的系统。

由于 LonWorks 技术的开放性，产品的选择多样化，网络规模大小灵活，使得我们可以选择各种网络设备，包括国产的节点、路由器等产品，这样就能以最合理的价格组建符合要求的 LonWorks 网络，有效控制成本。无论是系统升级，或是新系统设计，可以形成不同档次的实用系统，根据客户的需求提出最贴切的实施方案，满足各层次用户的需求，并能方便地对用户节点进行修改和升级。

基于 LonWorks 技术良好的扩充性、易维护性，使得我们完全能在现有基础上增加新的功能，实现住户家电控制，家居环境控制，以及小区周边环境控制，如系统供电设备、公共照明、蓄水及消防水箱、背景音响、电梯、草地喷淋集中监测控制，停车场控制等，对于客户的各种档次要求都能在原有网络中实现。

4. LonMark 今后发展方向

以 LonWorks 技术为核心的 LonMark 标准将被世界更多标准组织认证与认可。Echelon 公司的 LonWorks 技术已经应用于数千家设备和系统生产厂商的产品中，遍及全世界的楼宇、工厂、家庭等领域，成为世界日用电器和控制设备网络化方面重要的跨行业标准，并被世界标准组织——包括 AAR、ANSI、ASHRAE、IEEE、SMEI 认证为各自的行业标准。

LonWorks 技术将人们的生活带入 Internet 时代，使我们居住的世界成为网络化的世界。这不仅是指计算机网络的相互连接已经形成国际互联网，还指在我们身边的楼宇、家庭等系统中，存在着由日用电器互相连接构成的无形网络。

7.4.2 BACnet 标准

BACnet 协议——楼宇自动控制网络数据通信协议(A Data Communication Protocol

for Building Automation and Control Networks，简称《BACnet 协议》)，是由美国暖通、空调和制冷工程师协会(ASHRAE)组织的标准项目委员会 135P 历经八年半时间开发的。协议是针对采暖、通风、空调、制冷控制设备所设计的，同时也为其他楼宇控制系统(例如照明、安保、消防等系统)的集成提供一个基本原则。BACnet 标准主要是管理层的一个开放式标准。BACnet 比 LonWarks 有更强的数据通信能力，是可以实现不同厂家 BAS、FAS、SAS 产品之间互联的网络通信技术。

自 20 世纪 80 年代出现第一幢智能建筑以来，智能建筑就在世界各国得到了迅猛发展。经过 20 多年的实践和探索，智能建筑的功能不断补充和完善，实现技术不断更新和成熟。随着现代信息技术的发展，智能建筑系统仍将不断采用最新技术进行系统集成。放眼世界，纵观全球智能建筑产业的发展趋势，在所有的智能建筑集成技术中，BACnet 标准以其先进的技术、完善的体系结构和开放的理念迅速得到了广泛的推广和应用，并正式成为建筑智能化系统领域中的唯一的 ISO 标准(的 ISO 17484—5)。

1. BACnet 标准的基本特点

BACnet 标准的基本目标有两个：一是在技术上定义一个开放的楼宇自控系统结构，实现不同系统间的互联和互操作；二是在应用上可以使用户(业主)可以自由选择自控厂商和系统集成商，寻求具有最优竞争力的产品和服务，使系统维护和升级不局限于特定的厂商，从而保护用户的投资。

从 BACnet 标准实现的目标来看，BACnet 标准就是定义了一个开放的技术平台或环境，所有楼宇自控厂商不需要得到授权或委托，均可以直接进入这个开放的平台或环境，并参与竞争。在 BACnet 标准定义的平台或环境中，竞争是完全公平的，没有其他专有标准的限制，从而促进楼宇自控产业有序地健康发展。

BACnet 标准从正式诞生到成为 ISO 标准，用了不到 10 年的时间。这充分说明了 BACnet 标准符合楼宇自控领域发展的规律，代表着楼宇自控领域的发展方向。归纳起来，BACnet 标准具有如下基本特点。

(1) 专用于楼宇自控网络，具有高效的特点。BACnet 标准是专门为楼宇自控网络制订的标准，定义了许多楼宇自控系统所特有的特性和功能。与其他标准相比，BACnet 标准具有高效的优点。

(2) 完全开放，技术先进。BACnet 标准是由非营利学会制订的标准，具有完全的开放性和广泛的参与性，从而使 BACnet 标准可以博采众长，不断注入新技术，始终代表楼宇自控领域的最高技术水平。

(3) 具有良好的互联特性和扩展性。BACnet 标准虽然从体系结构上定义了不同的局域网络，但 BACnet 标准可以扩展到其他任意通信网络。例如，BACnet/IP 标准可以实现与 Internet 的无缝互联。

(4) 具有良好的伸缩性。BACnet 标准没有限制 BACnet 系统中设备节点的数量，BACnet 集成系统可以由几个设备节点构成一个极小的自控系统，也可以形成一个规模极大的超级大系统。如美国 GAS 集成的 GEMnet 系统，该系统具有 11 个楼宇自控系统，集成总建筑面积达 $180\times10^4 m^2$，横跨 3 个州。

(5) 应用领域不断扩展。BACnet 标准最初仅用于暖通空调设备系统。由于 BACnet

标准具有良好的互联性、互操作性和扩展性，在开放模式环境下，该标准的应用领域不断扩展。目前该标准已广泛应用于楼宇设备的各个领域，如给排水系统、照明系统、安保系统等。

2. 我国推广和应用 BACnet 标准的意义

我国是一个建筑业大国，也就必然存在着对智能建筑产品和系统的大量需求，智能建筑产品和系统集成必将形成一个超级大市场。中国加入 WTO，北京 2008 年举办奥运会，以及上海世博会等，均使中国智能建筑市场充满极大的商机和挑战。面对巨大的市场，我国楼宇自控产业只有采用国际标准并与国际接轨，才能迎接挑战。

目前，我国的城市建设正在向现代化、智能化、安全化的方向发展。楼宇智能化、安全化的水平不仅是衡量一个建筑或小区是否现代化、国际化的重要标准，而且也是衡量一个区域或一个国家科技水平的重要标准。在中国经济高速发展的基础上，当今的中国正在迎来一个“数字城市”、“数字社区”建设与发展的热潮。

BACnet 标准是楼宇自控领域唯一的 ISO 标准，已在北美和欧洲等先进发达国家得到了全面的推广和应用。随着 BACnet 标准应用广度不断的扩展，该标准必将在全球范围内得到推广和应用。这是大势所趋，同时必将在全球范围内形成一个规模巨大的产业和市场。预言近几年内亚太地区将是 BACnet 标准产品需求增长最快的地区。因此在我国大力推广和应用 BACnet 标准是完全必要的，也是急需的。

3. BACnet 系统集成方法

BACnet 系统集成是 BACnet 标准在工程项目中的具体应用，它涉及 BACnet 自控网络组成、BACnet 自控产品选型和资源配置等。这些具体内容在 BACnet 标准没有明确规定，但定义了用于描述互联和互操作的基本概念和原理。因此，BACnet 系统集成因不同的厂商可以采用不同的集成方法，尤其在自控产品选型和资源配置方面存在较大的区别。但只要掌握了 BACnet 标准定义的基本概念和原理，就可以较为容易地进行 BACnet 系统集成。总之，利用 BACnet 标准进行楼宇自控系统的集成是非常灵活的，在厂商提供的软件工具帮助下可以很容易地进行网络配置。

7.4.3 OPC 技术

1. OPC 技术简介

由 OPC Task Force 制订的 OPC(OLE for Process Control)规范于 1997 年 8 月正式诞生了，随着 1997 年 2 月 Microsoft 公司推出 Windows95 支持的 DCOM 技术，1997 年 9 月新成立的 OPC Foundation 对 OPC 规范进行修改，增加了数据访问等一些标准，使 OPC 规范得到了进一步的完善。

OPC 是将 Microsoft 公司的 OLE 和组件对象模型技术应用于过程控制领域并涉及接口技术的标准。它的出现为基于 Windows 的应用程序和现场过程控制应用建立了桥梁。在过去，为了存取现场设备的数据信息，每一个应用软件开发商都需要编写专用的接口函数。由于现场设备的种类繁多，且产品的不断升级，往往给用户和软件开发商带来了巨大的工作负担。通常这样也不能满足工作的实际需要，系统集成商和开发商急切地需要一种具有高效性、可靠性、开放性、可互操作性的即插即用的设备驱动程序。

将 OPC 技术应用于智能建筑弱电系统的集成将带来以下好处：一是系统开放——对于由不同软、硬件厂商提供软件及硬件设备的情况，只要它们提供遵循 OPC 标准的接口，那么这个系统就是开放的系统；二是即插即用——在设备制造厂商和软件销售商都支持 OPC 规范的场合，所有的设备和软件都具备即插即用的功能；三是结构灵活——整个系统是模块化的结构，子系统的加入很容易实现，这对于系统的升级和修改非常方便。

在目前的大多数分布式系统常用的客户/服务器结构中，没有设备接口的通用标准，不同的应用程序为不同的设备都要编写驱动器软件，在这种模式下，各个厂家都按照自己的标准来开发设备驱动器和应用软件而没有标准的接口，所以要做到系统的集成是非常困难的。而在统一的 OPC 环境下，情况大为改观，由于各现场设备和各应用程序都使用了 OPC 标准作为其接口，各应用程序可以直接读取现场设备的数据；各现场设备也可以与不同的应用程序之间直接互联。这样，应用软件就可以做成插件式的，在系统的集成中就可以实现即插即用和无缝连接。

2. OPC 访问接口

OPC 服务器通常支持两种类型的访问接口，它们分别为不同的编程语言环境提供访问机制。这两种接口是自动化接口(Automation Interface)和自定义接口(Custom Interface)。自动化接口通常是为基于脚本编程语言而定义的标准接口，可以使用 Visual Basic、Delphi、PowerBuilder 等编程语言开发 OPC 服务器的客户应用。而自定义接口是专门为 C++ 等高级编程语言而制订的标准接口。OPC 现已成为工业界系统互联的缺省方案，为工业监控编程带来了便利，用户不用为通信协议的难题而苦恼。任何一家自动化软件解决方案的提供者，如果它不能全方位地支持 OPC，则必将被历史所淘汰。

3. OPC 技术规范

OPC 规范以 OLE/DCOM 为技术基础，而 OLE/DCOM 支持 TCP/IP 等网络协议，因此可以将各个子系统从物理上分开，分布于网络的不同节点上。OPC 按照面向对象的原则，将一个应用程序(OPC 服务器)作为一个对象封装起来，只将接口暴露在外面，客户以统一的方式去调用这个方法，从而保证软件对客户的透明性，使得用户完全从低层的开发中脱离出来。OPC 实现了远程调用，使得应用程序的分布与系统硬件的分布无关，便于系统硬件配置以及使得系统的应用范围更广。采用 OPC 规范，便于系统的组态化，将系统复杂性大大简化，可以大大缩短软件开发周期，提高软件运行的可靠性和稳定性，便于系统的升级与维护。OPC 规范了接口函数，不管现场设备以何种形式存在，客户都以统一的方式去访问，从而实现系统的开放性，易于实现与其他系统的接口。

4. OPC 技术的应用

由于 OPC 技术的采用，使得可以以更简单的系统结构、更长的寿命、更低的价格解决工业控制成为可能。同时现场设备与系统的连接也更加简单、灵活、方便。因此 OPC 技术在国内的工业控制领域得到了广泛的应用，主要应用领域如下。

1) 数据采集技术

OPC 技术通常在数据采集软件中广泛应用。现在众多硬件厂商提供的产品均带有标准的 OPC 接口，OPC 实现了应用程序和工业控制设备之间高效、灵活的数据读写，可以编制符合标准 OPC 接口的客户端应用软件完成数据的采集任务。

2）历史数据访问

OPC 提供了读取存储在过程数据存档文件、数据库或远程终端设备中的历史数据以及对其操作、编辑的方法。

3）报警和事件处理

OPC 提供了 OPC 服务器发生异常时，以及 OPC 服务器设定事件到来时向 OPC 客户发送通知的一种机制，通过使用 OPC 技术，能够更好地捕捉控制过程中的各种报警和事件，并给予相应的处理。

4）数据冗余技术

工控软件开发中，冗余技术是一项最为重要的技术，它是系统长期稳定工作的保障。OPC 技术的使用可以更加方便地实现软件冗余，而且具有较好的开放性和可互操作性。

5）远程数据访问

借助 Microsoft 的 DCOM(分散式组件对象模型)技术，OPC 实现了高性能的远程数据访问能力，从而使得工业控制软件之间的数据交换更加方便。

此外，OPC 技术对工业控制系统的影响及应用是基础性和革命性的，简单地说，它的作用主要表现在以下几个方面。

(1) 解决了设备驱动程序开发中的异构问题。OPC 解决了设备驱动程序开发中的异构问题。随着计算机技术的不断发展，用户需求的不断提高，以 DCS(集散控制系统)为主体的工业控制系统功能日趋强大，结构日益复杂，规模也越来越大，一套工业控制系统往往选用了几家甚至十几家不同公司的控制设备或系统集成为一个大的系统，但由于缺乏统一的标准，开发商必须对系统的每一种设备都编写相应的驱动程序，而且，当硬件设备升级、修改时，驱动程序也必须随之修改。同时，一个系统中如果运行不同公司的控制软件，也存在着相互冲突的风险。

有了 OPC 后，由于有了统一的接口标准，硬件厂商只需提供一套符合 OPC 技术的程序，软件开发人员也只需编写一个接口，而用户可以方便地进行设备的选型和功能的扩充，只要它们提供了 OPC 支持，所有的数据交换就都能通过 OPC 接口进行，而不论连接的控制系统或设备是哪个具体厂商提供的。

(2) 解决了现场总线系统中异构网段之间的数据交换。OPC 解决了现场总线系统中异构网段之间数据交换的问题。现场总线系统仍然存在多种总线并存的局面，因此系统集成和异构控制网段之间的数据交换面临许多困难。有了 OPC 作为异构网段集成的中间件，只要每个总线段提供各自的 OPC 服务器，任一 OPC 客户端软件都可以通过一致的 OPC 接口访问这些 OPC 服务器，从而获取各个总线段的数据，并可以很好地实现异构总线段之间的数据交互。而且，当其中某个总线的协议版本做了升级，也只需对相对应总线的程序做升级修改。

(3) 可作为访问专有数据库的中间件。OPC 可作为访问专有数据库的中间件。在实际应用中，许多控制软件都采用专有的实时数据库或历史数据库，这些数据库由控制软件的开发商自主开发。对这类数据库的访问不像访问通用数据库那么容易，只能通过调用开发商提供的 API 函数或其他特殊的方式。然而不同开发商提供的 API 函数是不一样的，这就带来和硬件驱动器开发类似的问题：要访问不同监控软件的专有数据库，必须编写不同的代码，这样显然十分烦琐。采用 OPC 则能有效解决这个问题，只要专有数据库的开发商在提供数据库的同时也能提供一个访问该数据库的 OPC 服务器，那么当用户要访问时只需按照 OPC 规范的要求编写 OPC 客户端程序而无需了解该专有数据库特定的接口要求。

(4) 便于集成不同的数据。OPC 便于集成不同的数据，为控制系统向管理系统升级提供了方便。当前控制系统的趋势之一就是网络化，控制系统内部采用网络技术，控制系统与控制系统之间也网络连接，组成更大的系统，而且，整个控制系统与企业的管理系统也网络连接，控制系统只是整个企业网的一个子网。在实现这样的企业网络过程中，OPC 也能够发挥重要作用。在企业的信息集成，包括现场设备与监控系统之间、监控系统内部各组件之间、监控系统与企业管理系统之间以及监控系统与 Internet 之间的信息集成，OPC 作为连接件，按一套标准的 COM 对象、方法和属性，提供了方便的信息流通和交换。无论是管理系统还是控制系统，无论是 PLC(可编程控制器)还是 DCS，或者是 FCS (现场总线控制系统)，都可以通过 OPC 快速可靠地彼此交换信息。换句话说，OPC 是整个企业网络的数据接口规范，所以，OPC 提升了控制系统的功能，增强了网络的功能，提高了企业管理的水平。

(5) 使控制软件能够与硬件分别设计。OPC 使控制软件能够与硬件分别设计、生产和发展，并有利于独立的第三方软件供应商产生与发展，从而形成新的社会分工，有更多的竞争机制，为社会提供更多更好的产品。OPC 作为一项逐渐成形的技术已得到国内外厂商的高度重视，许多公司都在原来产品的基础上增加了对 OPC 的支持。由于统一了数据访问的接口，使控制系统进一步走向开放，实现了信息的集成和共享，使用户能够得到更多的方便。OPC 技术改变了原有的控制系统模式，给国内系统生产厂商提出了一个发展的机遇和挑战，符合 OPC 规范的软、硬件也已被广泛应用，给工业自动化领域带来了勃勃生机。

7.4.4 开放式数据库连接 ODBC

开放式数据库连接(ODBC)是用于访问数据在异类环境中的关系和非 Microsoft 的战略界面-关系数据库管理系统。基于 SQL 访问组 ODBC 规范提供了一种开放的、非特定于供应商的方法访问存储在各种专用的个人计算机、小型计算机和主机数据库中的数据的呼叫级别接口。

ODBC 是 Microsoft 提出的数据库访问接口标准。开放数据库互联定义了访问数据库的 API 一个规范，这些 API 独立于不同厂商的 DBMS，也独立于具体的编程语言，ODBC 规范后来被 X/OPEN 和 ISO/IEC 采纳，作为 SQL 标准的一部分，具体内容可以参看《ISO/IEC 9075－3：1995(E)Call－Level Interface(SQL/CLI)》等相关的标准文件。一个基于 ODBC 的应用程序对数据库的操作不依赖任何 DBMS，不直接与 DBMS 打交道，所有的数据库操作由对应的 DBMS 的 ODBC 驱动程序完成。也就是说，不论是 FoxPro、

Access还是Oracle数据库，均可用ODBCAPI进行访问。由此可见，ODBC的最大优点是能以统一的方式处理所有的数据库。

ODBC工作起来和Windows一样，它用包含在DLL内的驱动程序完成任务。其实，ODBC提供了一套两个驱动程序：一个是数据库管理器的语言，另一个为程序设计语言提供公用接口。允许Visual C++用标准的函数调用经公用接口访问数据库的内容，是这两个驱动程序的汇合点。当然，还有其他和ODBC有关的实用程序类型的DLL。例如，一个这样的DLL允许你管理ODBC数据源。它虽然没有提供数据库管理器和C之间尽可能最好的数据转换，这种情况是有的，但它多半能像广告所说的那样去工作。唯一影响ODBC前程的是，它的速度极低，至少较早版本的产品是这样。ODBC最初面世时，一些开发者曾说，因为速度问题，ODBC永远也不会在数据库领域产生太大的影响。然而，以Microsoft的市场影响力，ODBC毫无疑问是成功了。今天，只要有两种ODBC驱动程序中的一种，那么几乎每一个数据库管理器的表现都会很卓越。

1. ODBC的种类

从结构上分，ODBC分为单束式和多束式两类。ODBC使用层次的方法来管理数据库，在数据库通信结构的每一层，对可能出现依赖数据库产品自身特性的地方，ODBC都引入一个公共接口以解决潜在的不一致性，从而很好地解决了基于数据库系统应用程序的相对独立性，这也是ODBC一经推出就获得巨大成功的重要原因之一。

1）单束式驱动程序

单束式驱动程序介于应用程序和数据库之间，像中介驱动程序一样数据提供一个统一的数据访问方式。当用户进行数据库操作时，应用程序传递一个ODBC函数调用给ODBC驱动程序管理器，由ODBC API判断该调用是由它直接处理并将结果返回还是送交驱动程序执行并将结果返回。由此可见，单束式驱动程序本身是一个数据库引擎，由它直接可完成对数据库的操作，尽管该数据库可能位于网络的任何地方。

2）多束式驱动程序

多束式驱动程序负责在数据库引擎和客户应用程序之间传送命令和数据，它本身并不执行数据处理操作而用于远程操作的网络通信协议的一个界面。前端应用程序提出对数据库处理的请求，该请求转给ODBC驱动程序管理器，驱动程序管理器依据请求的情况，就地完成或传给多束驱动程序，多束式驱动程序将请求翻译为特定厂家的数据库通信接口(如Oracle的SQLNet)所能理解的形式并交给接口去处理，接口把请求经网络传送给服务器上的数据引擎，服务器处理完后把结果发回给数据库通信接口，数据库接口将结果传给多束式ODBC驱动程序，再由驱动程序将结果传给应用程序。

2. Microsoft的MSDN中的ODBC

Mcrosoft推出的ODBC技术为异质数据库的访问提供了统一的接口。ODBC基于SQL，并把它作为访问数据库的标准。这个接口提供了最大限度的相互可操作性：一个应用程序可以通过一组通用的代码访问不同的数据库管理系统。一个软件开发者开发的客户/服务器应用程序不会被束定于某个特定的数据库之上。ODBC可以为不同的数据库提供相应的驱动程序。

ODBC的灵活性表现在以下几个方面：应用程序不会受制于某种专用的API；SQL语句以源代码的方式直接嵌入在应用程序中；应用程序可以以自己的格式接收和发送数据；ODBC的设计完全和ISO Call－Level Interface兼容；现在的ODBC数据库驱动程序支持50多家公司的数据产品。

3. ODBC的体系结构

ODBC由四个部分构成：应用程序、驱动程序管理器、数据库驱动程序和数据源管理。

1）应用程序

应用程序的主要任务包括：连接数据源；向数据源发送SQL语句；处理多个语句从数据源返回的结果集；处理错误和消息；断开与数据源的连接。

2）驱动程序管理器

驱动程序管理器是一个Windows环境下的应用程序，在Windows 98和Windows NT操作系统中的文件名为ODBCAD32.exe。驱动程序管理器的主要作用是用来装载ODBC驱动程序，管理数据源，检查ODBC调用参数的合法性和记录ODBC函数的调用等。

3）数据库驱动程序

ODBC应用程序不能直接存取数据库，其操作请求是由驱动程序管理器提交给数据库ODBC驱动程序，再通过驱动程序实现对数据源的各种操作，数据库的操作结果也通过驱动程序返回给应用程序。

驱动程序的任务包括：连接数据源；向数据源提交SQL语句；根据实际需要，对进出数据源的数据进行格式和类型转换；返回处理结果；将执行错误转换为ODBC定义的标准错误代码，返回给应用程序；根据需要定义和使用游标。

4）数据源管理

数据源(Data Source Name，DSN)是数据库驱动程序与数据库系统连接的桥梁，它为ODBC驱动程序指出数据库服务器，以及用户的默认连接参数等。所以，在开发ODBC数据库应用程序时应先建立数据源。ODBC数据源分为三大类：

（1）用户数据源。只有创建数据源的用户才可使用他们自己创建的数据源，所有用户不能使用其他用户创建的用户数据源。在Windows NT下以服务方式运行的应用程序也不能使用用户数据源。

（2）系统数据源。所有用户和在Windows NT下以服务方式运行的应用程序均可使用系统数据源。

（3）文件数据源。文件数据源是ODBC3.0以后版本添加的一种数据源，所有安装了相同数据库驱动程序的用户均可以共享文件数据源。文件数据源没有存储在操作系统的登录表数据库中，它们被存储在客户端的一个文件中。所以，使用文件数据源有利于ODBC数据库应用程序的开发。

创建数据源最简单的方法是使用ODBC驱动程序管理器。同样，重新配置或者删除数据源，也是通过ODBC驱动程序管理器。

本章小结

系统集成是将智能建筑内不同功能的智能化子系统在物理上、逻辑上和功能上连接在一起，以实现信息综合、资源共享。本章内容旨在让读者建立起建筑设备自动化系统集成的理念，重点介绍了系统集成的概念、智能楼宇监控中心的职能、基于 BAS 的布线技术、系统集成的模式等内容。

习　　题

一、填空题

1. 对于系统集成的解决方案，北美国家提出了以 BAS 为核心的__________，新加坡等地提出对建筑物中所有的弱电系统进行综合信息管理，推行__________和__________。

2. 通常监控中心要求环境安宁，宜设在主楼低层接近__________的地方，也可以设在地下一层。

3. BMS 集成模式是实现 BAS 与__________和__________之间的集成。

4. 所谓子系统集成是指对__________、__________和__________三个子系统设备各自的集成。

5. __________标准是以 LonWorks 技术为基础的一套标准。

6. __________标准是楼宇自控领域唯一的 ISO 标准，已在北美和欧洲等先进发达国家得到了全面的推广和应用。

二、简答题

1. 简述系统集成的概念。
2. 简述智能化系统集成的功能。
3. 简述监控中心的功能用途。
4. 智能楼宇对监控中心的位置、环境有哪些要求？
5. 简述系统集成的设计原则与步骤。
6. 智能建筑子系统的集成模式有哪些？
7. 简述 BACnet 和 LonWorks 技术在系统集成中的优缺点。
8. 简述系统集成下的通信标准有哪些。
9. 绘制基于 LonWorks 和 BACnet 的 BMS 集成方案示意图。

参考文献

[1] 中华人民共和国国家标准．智能建筑设计标准(GB/T 50314—2006)[S]. 北京：中国计划出版社，2006.

[2] 中华人民共和国行业标准．民用建筑电气设计规范(JGJ 16—2008)[S]. 北京：中国建筑工业出版社，2008.

[3] 王盛卫，徐正元．智能建筑与楼宇自动化[M]. 北京：中国建筑工业出版社，2010.

[4] 何志议．智能建筑中的楼宇自动化系统理论浅析[J]. 电工技术杂志，2004(8)：57 - 61.

[5] 胡崇岳．智能建筑自动化技术[M]. 北京：机械工业出版社，1999.

[6] 刘耀浩．建筑环境与设备控制技术[M]. 天津：天津大学出版社，2006.

[7] 李界家．楼宇设备控制系统[M]. 北京：中国电力出版社，2011.

[8] 张子慧．建筑设备管理系统[M]. 北京：人民交通出版社，2009.

[9] 卿晓霞，李楠，王波．建筑设备自动化[M]. 2 版．重庆：重庆大学出版社，2009.

[10] 洪滨，林春泉．智能建筑 BAS 设计应注意的若干问题[J]. 低压电器，2009(2).

[11] 王再英，韩养社，高虎贤．楼宇自动化系统原理与应用[M]. 北京：电子工业出版社，2008.

[12] 沈晔．楼宇自动化技术与工程[M]. 北京：机械工业出版社，2009.

[13] [瑞士]O. 嘎斯曼，[德]H. 梅尔斯纳．智能建筑传感器[M]. 陈祥光，姜波，曹鑫，译．北京：化学工业出版社，2005.

[14] 张九根，马小军，朱顺兵．建筑设备自动化系统设计[M]. 北京：人民邮电出版社，2003.

[15] 杨守权．建筑设备监控系统工程验收技术细则[J]. 智能建筑与城市信息，2005(3).

[16] 张青虎，岳子平．智能建筑工程检测技术——智能建筑工程检测规程应用指南[M]. 北京：中国建筑工业出版社，2005

[17] 杨守权．建筑设备监控系统的软件系统[J]. 电气应用，2005(12).

[18] 杨守权．建筑设备监控系统网络及控制器[J]. 智能建筑与城市信息，2006(1).

[19] 沈晔，程大章．建筑设备监控系统之空调/给排水系统设备的调试[J]. 智能建筑与城市信息，2005(3).

[20] 韩宝琦，李树林．制冷空调原理及应用[M]. 北京：机械工业出版社，1995.

[21] 邢振禧．高级制冷设备维修工[M]. 北京：机械工业出版社，2001.

[22] 朱瑞琪．制冷装置自动化[M]. 西安：西安交通大学出版社，1993.

[23] 王如竹，丁国良．制冷原理与技术[M]. 北京：科学出版社，2003 .

[24] 陈芝久，吴静怡．制冷装置自动化[M]. 北京：机械工业出版社，2010.

[25] 牟连佳，杨丽萍．通信协议与 IT 技术在智能建筑系统集成中应用研究[J]. 计算机与数字工程，2006，35(3).

[26] 章云，许锦标．建筑智能化系统[M]. 北京：清华大学出版社，2007.

[27] 董春桥．智能楼宇 BACnet 原理与应用[M]. 北京：电子工业出版社，2003.

[28] 郭风雷．风机、水泵变频控制的设计和研究[J]. 建筑电气，2007(11).

[29] 陈虹．楼宇自动化技术与应用[M]. 北京：机械工业出版社，2007.

[30] 李贲．施耐德．PowerLogic 配电监控系统的应用[J]. 电气应用，2005(12).

[31] 张毅敏．建筑设备控制系统施工[M]. 北京：中国建筑工业出版社，2005.

[32] 马少华．楼宇设备自动控制[M]. 北京：中国水利水电出版社，2004.

[33] 程大章．智能建筑楼宇自控系统[M]. 北京：中国建筑工业出版社，2005.

北京大学出版社高职高专土建系列教材书目

序号	书　　名	书　　号	编著者	定价	出版时间	配套情况
	"互联网+"创新规划教材					
1	建筑构造(第二版)	978-7-301-26480-5	肖　芳	42.00	2016.1	PPT/APP/二维码
2	建筑装饰构造(第二版)	978-7-301-26572-7	赵志文等	39.50	2016.1	PPT/二维码
3	建筑工程概论	978-7-301-25934-4	申淑荣等	40.00	2015.8	PPT/二维码
4	市政管道工程施工	978-7-301-26629-8	雷彩虹	46.00	2016.5	PPT/二维码
5	市政道路工程施工	978-7-301-26632-8	张雪丽	49.00	2016.5	PPT/二维码
6	建筑三维平法结构图集(第二版)	978-7-301-29049-1	傅华夏	68.00	2018.1	APP
7	建筑三维平法结构识图教程(第二版)	978-7-301-29121-4	傅华夏	68.00	2018.1	APP/PPT
8	建筑工程制图与识图(第2版)	978-7-301-24408-1	白丽红	34.00	2016.8	APP/二维码
9	建筑设备基础知识与识图(第2版)	978-7-301-24586-6	靳慧征等	47.00	2016.8	二维码
10	建筑结构基础与识图	978-7-301-27215-2	周　晖	58.00	2016.9	APP/二维码
11	建筑构造与识图	978-7-301-27838-3	孙　伟	40.00	2017.1	APP/二维码
12	建筑工程施工技术(第三版)	978-7-301-27675-4	钟汉华等	66.00	2016.11	APP/二维码
13	工程建设监理案例分析教程(第二版)	978-7-301-27864-2	刘志麟等	50.00	2017.1	PPT/二维码
14	建筑工程质量与安全管理(第二版)	978-7-301-27219-0	郑　伟	55.00	2016.8	PPT/二维码
15	建筑工程计量与计价——透过案例学造价(第2版)	978-7-301-23852-3	张　强	59.00	2017.1	PPT/二维码
16	城乡规划原理与设计(原城市规划原理与设计)	978-7-301-27771-3	谭婧婧等	43.00	2017.1	PPT/素材/二维码
17	建筑工程计量与计价	978-7-301-27866-6	吴育萍等	49.00	2017.1	PPT/二维码
18	建筑工程计量与计价(第3版)	978-7-301-25344-1	肖明和等	65.00	2017.1	APP/二维码
19	市政工程计量与计价(第三版)	978-7-301-27983-0	郭良娟等	59.00	2017.2	PPT/二维码
20	高层建筑施工	978-7-301-28232-8	吴俊臣	65.00	2017.4	PPT/答案
21	建筑施工机械(第二版)	978-7-301-28247-2	吴志强等	35.00	2017.5	PPT/答案
22	市政工程概论	978-7-301-28260-1	郭　福等	46.00	2017.5	PPT/二维码
23	建筑工程测量(第二版)	978-7-301-28296-0	石　东等	51.00	2017.5	PPT/二维码
24	工程项目招投标与合同管理(第三版)	978-7-301-28439-1	周艳冬	44.00	2017.7	PPT/二维码
25	建筑制图(第三版)	978-7-301-28411-7	高丽荣	38.00	2017.7	PPT/APP/二维码
26	建筑制图习题集(第三版)	978-7-301-27897-0	高丽荣	35.00	2017.7	APP
27	建筑力学(第三版)	978-7-301-28600-5	刘明晖	55.00	2017.8	PPT/二维码
28	中外建筑史(第三版)	978-7-301-28689-0	袁新华等	42.00	2017.9	PPT/二维码
29	建筑施工技术(第三版)	978-7-301-28575-6	陈雄辉	54.00	2018.1	PPT/二维码
30	建筑工程经济(第三版)	978-7-301-28723-1	张宁宁等	36.00	2017.9	PPT/答案/二维码
31	建筑材料与检测	978-7-301-28809-2	陈玉萍	44.00	2017.10	PPT/二维码
32	建筑识图与构造	978-7-301-28876-4	林秋怡等	46.00	2017.11	PPT/二维码
33	建筑工程材料	978-7-301-28982-2	向积波等	42.00	2018.1	PPT/二维码
34	建筑力学与结构(少学时版)(第二版)	978-7-301-29022-4	吴承霞等	46.00	2017.12	PPT/答案
35	建筑工程测量(第三版)	978-7-301-29113-9	张敬伟等	49.00	2018.1	PPT/答案/二维码
36	建筑工程测量实验与实训指导(第三版)	978-7-301-29112-2	张敬伟等	29.00	2018.1	答案/二维码
37	安装工程计量与计价(第四版)	978-7-301-16737-3	冯钢	59.00	2018.1	PPT/答案/二维码
38	建筑工程施工组织设计(第二版)	978-7-301-29103-0	鄢维峰等	37.00	2018.1	PPT/答案/二维码
39	建筑材料与检测(第2版)	978-7-301-25347-2	梅　杨等	35.00	2015.2	PPT/答案/二维码
40	建设工程监理概论（第三版）	978-7-301-28832-0	徐锡权等	44.00	2018.2	PPT/答案/二维码
41	建筑供配电与照明工程	978-7-301-29227-3	羊　梅	38.00	2018.2	PPT/答案/二维码
42	建筑工程资料管理(第二版)	978-7-301-29210-5	孙　刚等	47.00	2018.3	PPT/二维码
43	建设工程法规(第三版)	978-7-301-29221-1	皇甫婧琪	44.00	2018.4	PPT/素材/二维码
44	AutoCAD建筑制图教程(第三版)	978-7-301-29036-1	郭　慧	49.00	2018.4	PPT/素材/二维码
45	房地产投资分析	978-7-301-27529-0	刘永胜	47.00	2016.9	PPT/二维码
46	建筑施工技术	978-7-301-28756-9	陆艳侠	58.00	2018.1	PPT/二维码
	"十二五"职业教育国家规划教材					
1	★建筑工程应用文写作(第2版)	978-7-301-24480-7	赵立等	50.00	2014.8	PPT
2	★土木工程实用力学(第2版)	978-7-301-24681-8	马景善	47.00	2015.7	PPT
3	★建设工程监理(第2版)	978-7-301-24490-6	斯　庆	35.00	2015.1	PPT/答案
4	★建筑节能工程与施工	978-7-301-24274-2	吴明军等	35.00	2015.5	PPT
5	★建筑工程经济(第2版)	978-7-301-24492-0	胡六星等	41.00	2014.9	PPT/答案

序号	书　　名	书　　号	编著者	定价	出版时间	配套情况
6	★建设工程招投标与合同管理(第 3 版)	978-7-301-24483-8	宋春岩	40.00	2014.9	PPT/答案/试题/教案
7	★工程造价概论	978-7-301-24696-2	周艳冬	31.00	2015.1	PPT/答案
8	★建筑工程计量与计价(第 3 版)	978-7-301-25344-1	肖明和等	65.00	2017.1	APP/二维码
9	★建筑工程计量与计价实训(第 3 版)	978-7-301-25345-8	肖明和等	29.00	2015.7	
10	★建筑装饰施工技术(第 2 版)	978-7-301-24482-1	王　军	37.00	2014.7	PPT
11	★工程地质与土力学(第 2 版)	978-7-301-24479-1	杨仲元	41.00	2014.7	PPT
	基础课程					
1	建设法规及相关知识	978-7-301-22748-0	唐茂华等	34.00	2013.9	PPT
2	建筑工程法规实务(第 2 版)	978-7-301-26188-0	杨陈慧等	49.50	2017.6	PPT
3	建筑法规	978-7-301-19371-6	董伟等	39.00	2011.9	PPT
4	建设工程法规	978-7-301-20912-7	王先恕	32.00	2012.7	PPT
5	AutoCAD 建筑绘图教程(第 2 版)	978-7-301-24540-8	唐英敏等	44.00	2014.7	PPT
6	建筑 CAD 项目教程(2010 版)	978-7-301-20979-0	郭　慧	38.00	2012.9	素材
7	建筑工程专业英语(第二版)	978-7-301-26597-0	吴承霞	24.00	2016.2	PPT
8	建筑工程专业英语	978-7-301-20003-2	韩薇等	24.00	2012.2	PPT
9	建筑识图与构造(第 2 版)	978-7-301-23774-8	郑贵超	40.00	2014.2	PPT/答案
10	房屋建筑构造	978-7-301-19883-4	李少红	26.00	2012.1	PPT
11	建筑识图	978-7-301-21893-8	邓志勇等	35.00	2013.1	PPT
12	建筑识图与房屋构造	978-7-301-22860-9	贠禄等	54.00	2013.9	PPT/答案
13	建筑构造与设计	978-7-301-23506-5	陈玉萍	38.00	2014.1	PPT/答案
14	房屋建筑构造	978-7-301-23588-1	李元玲等	45.00	2014.1	PPT
15	房屋建筑构造习题集	978-7-301-26005-0	李元玲	26.00	2015.8	PPT/答案
16	建筑构造与施工图识读	978-7-301-24470-8	南学平	52.00	2014.8	PPT
17	建筑工程识图实训教程	978-7-301-26057-9	孙　伟	32.00	2015.12	PPT
18	建筑制图习题集(第 2 版)	978-7-301-24571-2	白丽红	25.00	2014.8	
19	◎建筑工程制图(第 2 版)(附习题册)	978-7-301-21120-5	肖明和	48.00	2012.8	PPT
20	建筑制图与识图(第 2 版)	978-7-301-24386-2	曹雪梅	38.00	2015.8	PPT
21	建筑制图与识图习题册	978-7-301-18652-7	曹雪梅等	30.00	2011.4	
22	建筑制图与识图(第二版)	978-7-301-25834-7	李元玲	32.00	2016.9	PPT
23	建筑制图与识图习题集	978-7-301-20425-2	李元玲	24.00	2012.3	PPT
24	新编建筑工程制图	978-7-301-21140-3	方筱松	30.00	2012.8	PPT
25	新编建筑工程制图习题集	978-7-301-16834-9	方筱松	22.00	2012.8	
	建筑施工类					
1	建筑工程测量	978-7-301-19992-3	潘益民	38.00	2012.2	PPT
2	建筑工程测量	978-7-301-28757-6	赵　昕	50.00	2018.1	PPT/二维码
3	建筑工程测量实训(第 2 版)	978-7-301-24833-1	杨凤华	34.00	2015.3	答案
4	建筑工程测量	978-7-301-22485-4	景　铎等	34.00	2013.6	PPT
5	建筑施工技术	978-7-301-16726-7	叶　雯等	44.00	2010.8	PPT/素材
6	建筑施工技术	978-7-301-19997-8	苏小梅	38.00	2012.1	PPT
7	基础工程施工	978-7-301-20917-2	董　伟等	35.00	2012.7	PPT
8	建筑施工技术实训(第 2 版)	978-7-301-24368-8	周晓龙	30.00	2014.7	
9	土木工程力学	978-7-301-16864-6	吴明军	38.00	2010.4	PPT
10	PKPM 软件的应用(第 2 版)	978-7-301-22625-4	王　娜等	34.00	2013.6	
11	◎建筑结构(第 2 版)(上册)	978-7-301-21106-9	徐锡权	41.00	2013.4	PPT/答案
12	◎建筑结构(第 2 版)(下册)	978-7-301-22584-4	徐锡权	42.00	2013.6	PPT/答案
13	建筑结构学习指导与技能训练(上册)	978-7-301-25929-0	徐锡权	28.00	2015.8	PPT
14	建筑结构学习指导与技能训练(下册)	978-7-301-25933-7	徐锡权	28.00	2015.8	PPT
15	建筑结构	978-7-301-19171-2	唐春平等	41.00	2011.8	PPT
16	建筑结构基础	978-7-301-21125-0	王中发	36.00	2012.8	PPT
17	建筑结构原理及应用	978-7-301-18732-6	史美东	45.00	2012.8	PPT
18	建筑结构与识图	978-7-301-26935-0	相秉志	37.00	2016.2	
19	建筑力学与结构	978-7-301-20988-2	陈水广	32.00	2012.8	PPT
20	建筑力学与结构	978-7-301-23348-1	杨丽君等	44.00	2014.1	PPT
21	建筑结构与施工图	978-7-301-22188-4	朱希文等	35.00	2013.3	PPT
22	建筑材料(第 2 版)	978-7-301-24633-7	林祖宏	35.00	2014.8	PPT
23	建筑材料检测试验指导	978-7-301-16729-8	王美芬等	18.00	2010.10	
24	建筑材料与检测(第二版)	978-7-301-26550-5	王　辉	40.00	2016.1	PPT
25	建筑材料与检测试验指导(第二版)	978-7-301-28471-1	王　辉	23.00	2017.7	PPT

序号	书　　名	书　　号	编著者	定价	出版时间	配套情况
26	建筑材料选择与应用	978-7-301-21948-5	申淑荣等	39.00	2013.3	PPT
27	建筑材料检测实训	978-7-301-22317-8	申淑荣等	24.00	2013.4	
28	建筑材料	978-7-301-24208-7	任晓菲	40.00	2014.7	PPT/答案
29	建筑材料检测试验指导	978-7-301-24782-2	陈东佐等	20.00	2014.9	PPT
30	建筑工程商务标编制实训	978-7-301-20804-5	钟振宇	35.00	2012.7	PPT
31	◎地基与基础(第2版)	978-7-301-23304-7	肖明和等	42.00	2013.11	PPT/答案
32	地基与基础	978-7-301-16130-2	孙平平等	26.00	2010.10	PPT
33	地基与基础实训	978-7-301-23174-6	肖明和等	25.00	2013.10	PPT
34	土力学与地基基础	978-7-301-23675-8	叶火炎等	35.00	2014.1	PPT
35	土力学与基础工程	978-7-301-23590-4	宁培淋等	32.00	2014.1	PPT
36	土力学与地基基础	978-7-301-25525-4	陈东佐	45.00	2015.2	PPT/答案
37	建筑工程质量事故分析(第2版)	978-7-301-22467-0	郑文新	32.00	2013.9	PPT
38	建筑工程施工组织实训	978-7-301-18961-0	李源清	40.00	2011.6	PPT
39	建筑施工组织与进度控制	978-7-301-21223-3	张廷瑞	36.00	2012.9	PPT
40	建筑施工组织项目式教程	978-7-301-19901-5	杨红玉	44.00	2012.1	PPT/答案
41	钢筋混凝土工程施工与组织	978-7-301-19587-1	高　雁	32.00	2012.5	PPT
42	建筑施工工艺	978-7-301-24687-0	李源清等	49.50	2015.1	PPT/答案
	工程管理类					
1	建筑工程经济	978-7-301-24346-6	刘晓丽等	38.00	2014.7	PPT/答案
2	施工企业会计(第2版)	978-7-301-24434-0	辛艳红等	36.00	2014.7	PPT/答案
3	建筑工程项目管理(第2版)	978-7-301-26944-2	范红岩等	42.00	2016. 3	PPT
4	建设工程项目管理(第二版)	978-7-301-24683-2	王　辉	36.00	2014.9	PPT/答案
5	建设工程项目管理(第2版)	978-7-301-28235-9	冯松山等	45.00	2017.6	PPT
6	建筑施工组织与管理(第2版)	978-7-301-22149-5	翟丽旻等	43.00	2013.4	PPT/答案
7	建设工程合同管理	978-7-301-22612-4	刘庭江	46.00	2013.6	PPT/答案
8	建筑工程招投标与合同管理	978-7-301-16802-8	程超胜	30.00	2012.9	PPT
9	工程招投标与合同管理实务	978-7-301-19035-7	杨甲奇等	48.00	2011.8	PPT
10	工程招投标与合同管理实务	978-7-301-19290-0	郑文新等	43.00	2011.8	PPT
11	建设工程招投标与合同管理实务	978-7-301-20404-7	杨云会等	42.00	2012.4	PPT/答案/习题
12	工程招投标与合同管理	978-7-301-17455-5	文新平	37.00	2012.9	PPT
13	工程项目招投标与合同管理(第2版)	978-7-301-24554-5	李洪军等	42.00	2014.8	PPT/答案
14	建设工程监理概论	978-7-301-15518-9	曾庆军等	24.00	2009.9	PPT
15	建筑工程安全管理(第2版)	978-7-301-25480-6	宋　健等	42.00	2015.8	PPT/答案
16	施工项目质量与安全管理	978-7-301-21275-2	钟汉华	45.00	2012.10	PPT/答案
17	工程造价控制(第2版)	978-7-301-24594-1	斯　庆	32.00	2014.8	PPT/答案
18	工程造价管理(第二版)	978-7-301-27050-9	徐锡权等	44.00	2016.5	PPT
19	工程造价控制与管理	978-7-301-19366-2	胡新萍等	30.00	2011.11	PPT
20	建筑工程造价管理	978-7-301-20360-6	柴　琦等	27.00	2012.3	PPT
21	工程造价管理(第2版)	978-7-301-28269-4	曾　浩等	38.00	2017.5	PPT/答案
22	工程造价案例分析	978-7-301-22985-9	甄　凤	30.00	2013.8	PPT
23	建设工程造价控制与管理	978-7-301-24273-5	胡芳珍等	38.00	2014.6	PPT/答案
24	◎建筑工程造价	978-7-301-21892-1	孙咏梅	40.00	2013.2	PPT
25	建筑工程计量与计价	978-7-301-26570-3	杨建林	46.00	2016.1	PPT
26	建筑工程计量与计价综合实训	978-7-301-23568-3	龚小兰	28.00	2014.1	
27	建筑工程估价	978-7-301-22802-9	张　英	43.00	2013.8	PPT
28	安装工程计量与计价综合实训	978-7-301-23294-1	成春燕	49.00	2013.10	素材
29	建筑安装工程计量与计价	978-7-301-26004-3	景巧玲等	56.00	2016.1	PPT
30	建筑安装工程计量与计价实训(第2版)	978-7-301-25683-1	景巧玲等	36.00	2015.7	
31	建筑水电安装工程计量与计价(第二版)	978-7-301-26329-7	陈连姝	51.00	2016.1	PPT
32	建筑与装饰装修工程工程量清单(第2版)	978-7-301-25753-1	翟丽旻等	36.00	2015.5	PPT
33	建筑工程清单编制	978-7-301-19387-7	叶晓容	24.00	2011.8	PPT
34	建设项目评估(第二版)	978-7-301-28708-8	高志云等	38.00	2017.9	PPT
35	钢筋工程清单编制	978-7-301-20114-5	贾莲英	36.00	2012.2	PPT
36	建筑装饰工程预算(第2版)	978-7-301-25801-9	范菊雨	44.00	2015.7	PPT
37	建筑装饰工程计量与计价	978-7-301-20055-1	李茂英	42.00	2012.2	PPT
38	建筑工程安全技术与管理实务	978-7-301-21187-8	沈万岳	48.00	2012.9	PPT
	建筑设计类					
1	建筑装饰CAD项目教程	978-7-301-20950-9	郭　慧	35.00	2013.1	PPT/素材

序号	书　　名	书　　号	编著者	定价	出版时间	配套情况
2	建筑设计基础	978-7-301-25961-0	周圆圆	42.00	2015.7	
3	室内设计基础	978-7-301-15613-1	李书青	32.00	2009.8	PPT
4	建筑装饰材料(第2版)	978-7-301-22356-7	焦　涛等	34.00	2013.5	PPT
5	设计构成	978-7-301-15504-2	戴碧锋	30.00	2009.8	PPT
6	设计色彩	978-7-301-21211-0	龙黎黎	46.00	2012.9	PPT
7	设计素描	978-7-301-22391-8	司马金桃	29.00	2013.4	PPT
8	建筑素描表现与创意	978-7-301-15541-7	于修国	25.00	2009.8	
9	3ds Max 效果图制作	978-7-301-22870-8	刘　晗等	45.00	2013.7	PPT
10	Photoshop 效果图后期制作	978-7-301-16073-2	脱忠伟等	52.00	2011.1	素材
11	3ds Max & V-Ray 建筑设计表现案例教程	978-7-301-25093-8	郑恩峰	40.00	2014.12	PPT
12	建筑表现技法	978-7-301-19216-0	张　峰	32.00	2011.8	PPT
13	装饰施工读图与识图	978-7-301-19991-6	杨丽君	33.00	2012.5	PPT
	规划园林类					
1	居住区景观设计	978-7-301-20587-7	张群成	47.00	2012.5	PPT
2	居住区规划设计	978-7-301-21031-4	张　燕	48.00	2012.8	PPT
3	园林植物识别与应用	978-7-301-17485-2	潘利等	34.00	2012.9	PPT
4	园林工程施工组织管理	978-7-301-22364-2	潘利等	35.00	2013.4	PPT
5	园林景观计算机辅助设计	978-7-301-24500-2	于化强等	48.00	2014.8	PPT
6	建筑・园林・装饰设计初步	978-7-301-24575-0	王金贵	38.00	2014.10	PPT
	房地产类					
1	房地产开发与经营(第2版)	978-7-301-23084-8	张建中等	33.00	2013.9	PPT/答案
2	房地产估价(第2版)	978-7-301-22945-3	张　勇等	35.00	2013.9	PPT/答案
3	房地产估价理论与实务	978-7-301-19327-3	褚菁晶	35.00	2011.8	PPT/答案
4	物业管理理论与实务	978-7-301-19354-9	裴艳慧	52.00	2011.9	PPT
5	房地产营销与策划	978-7-301-18731-9	应佐萍	42.00	2012.8	PPT
6	房地产投资分析与实务	978-7-301-24832-4	高志云	35.00	2014.9	PPT
7	物业管理实务	978-7-301-27163-6	胡大见	44.00	2016.6	
	市政与路桥					
1	市政工程施工图案例图集	978-7-301-24824-9	陈亿琳	43.00	2015.3	PDF
2	市政工程计价	978-7-301-22117-4	彭以舟等	39.00	2013.3	PPT
3	市政桥梁工程	978-7-301-16688-8	刘　江等	42.00	2010.8	PPT/素材
4	市政工程材料	978-7-301-22452-6	郑晓国	37.00	2013.5	PPT
5	道桥工程材料	978-7-301-21170-0	刘水林等	43.00	2012.9	PPT
6	路基路面工程	978-7-301-19299-3	偶昌宝等	34.00	2011.8	PPT/素材
7	道路工程技术	978-7-301-19363-1	刘　雨等	33.00	2011.12	PPT
8	城市道路设计与施工	978-7-301-21947-8	吴颖峰	39.00	2013.1	PPT
9	建筑给排水工程技术	978-7-301-25224-6	刘　芳等	46.00	2014.12	PPT
10	建筑给水排水工程	978-7-301-20047-6	叶巧云	38.00	2012.2	PPT
11	数字测图技术	978-7-301-22656-8	赵　红	36.00	2013.6	PPT
12	数字测图技术实训指导	978-7-301-22679-7	赵　红	27.00	2013.6	PPT
13	道路工程测量(含技能训练手册)	978-7-301-21967-6	田树涛等	45.00	2013.2	PPT
14	道路工程识图与 AutoCAD	978-7-301-26210-8	王容玲等	35.00	2016.1	PPT
	交通运输类					
1	桥梁施工与维护	978-7-301-23834-9	梁　斌	50.00	2014.2	PPT
2	铁路轨道施工与维护	978-7-301-23524-9	梁　斌	36.00	2014.1	PPT
3	铁路轨道构造	978-7-301-23153-1	梁　斌	32.00	2013.10	PPT
4	城市公共交通运营管理	978-7-301-24108-0	张洪满	40.00	2014.5	PPT
5	城市轨道交通车站行车工作	978-7-301-24210-0	操　杰	31.00	2014.7	PPT
6	公路运输计划与调度实训教程	978-7-301-24503-3	高福军	31.00	2014.7	PPT/答案
	建筑设备类					
1	建筑设备识图与施工工艺(第2版)(新规范)	978-7-301-25254-3	周业梅	44.00	2015.12	PPT
2	水泵与水泵站技术	978-7-301-22510-3	刘振华	40.00	2013.5	PPT
3	智能建筑环境设备自动化	978-7-301-21090-1	余志强	40.00	2012.8	PPT
4	流体力学及泵与风机	978-7-301-25279-6	王　宁等	35.00	2015.1	PPT/答案

注：为“互联网+”创新规划教材；★为“十二五”职业教育国家规划教材；◎为国家级、省级精品课程配套教材，省重点教材。相关教学资源如电子课件、习题答案、样书等可通过以下方式联系我们。

联系方式：010-62756290，010-62750667，yxlu@pup.cn，pup_6@163.com，欢迎来电咨询。